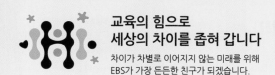

교육의 힘으로
세상의 차이를 좁혀 갑니다

차이가 차별로 이어지지 않는 미래를 위해
EBS가 가장 든든한 친구가 되겠습니다.

 모든 교재 정보와 다양한 이벤트가 가득!
EBS 교재사이트 book.ebs.co.kr

 본 교재는 EBS 교재사이트에서
eBook으로도 구입하실 수 있습니다.

수능특강

과학탐구영역 | 생명과학 I

기획 및 개발
권현지(EBS 교과위원)
강유진(EBS 교과위원)
심미연(EBS 교과위원)
조은정(개발총괄위원)

감수
한국교육과정평가원

책임 편집
박재영

본 교재의 강의는 TV와 모바일 APP, EBS*i* 사이트(www.ebsi.co.kr)에서 무료로 제공됩니다.

발행일 2025. 1. 31. **1쇄 인쇄일** 2025. 1. 24. **신고번호** 제2017-000193호 **펴낸곳** 한국교육방송공사 경기도 고양시 일산동구 한류월드로 281
표지디자인 디자인싹 **내지디자인** ㈜글사랑 **내지조판** 다우 **인쇄** ㈜테라북스 **사진** 게티이미지코리아, ㈜아이엠스톡
인쇄 과정 중 잘못된 교재는 구입하신 곳에서 교환하여 드립니다. 신규 사업 및 교재 광고 문의 pub@ebs.co.kr

정답과 해설 PDF 파일은 EBS*i* 사이트(www.ebsi.co.kr)에서 내려받으실 수 있습니다.

교 재 **내 용** **문 의**	교재 및 강의 내용 문의는 EBS*i* 사이트 (www.ebsi.co.kr)의 학습 Q&A 서비스를 활용하시기 바랍니다.	**교 재** **정오표** **공 지**	발행 이후 발견된 정오 사항을 EBS*i* 사이트 정오표 코너에서 알려 드립니다. 교재 → 교재 자료실 → 교재 정오표	**교 재** **정 정** **신 청**	공지된 정오 내용 외에 발견된 정오 사항이 있다면 EBS*i* 사이트를 통해 알려 주세요. 교재 → 교재 정정 신청

동국대학교
DUICA

수능특강

과학탐구영역 | 생명과학 I

이 책의 차례

Contents

학생

인공지능 DANCHOQ
푸리봇 문|제|검|색

EBS*i* 사이트와 EBS*i* 고교강의 APP 하단의 AI 학습도우미 푸리봇을 통해 문항코드를 검색하면 푸리봇이 해당 문제의 해설과 해설 강의를 찾아 줍니다. **사진 촬영으로도 검색**할 수 있습니다.

문제별 문항코드 확인

[25025-0001]

1. 아래 그래프를 이해한 내용으로 가장 적절한 것은?

문항코드 검색

25025-0001

사진 촬영 검색

선생님

EBS 교사지원센터
교재 관련 자|료|제|공

교재의 문항 한글(HWP) 파일과
교재이미지, 강의자료를 무료로 제공합니다.

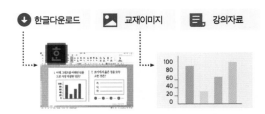

⬇ 한글다운로드   🖼 교재이미지   📋 강의자료

• 교사지원센터(teacher.ebsi.co.kr)에서 '교사인증' 이후 이용하실 수 있습니다.
• 교사지원센터에서 제공하는 자료는 교재별로 다를 수 있습니다.

교육과정의 **핵심 개념 학습**과 **문제 해결 능력** 신장

[EBS 수능특강]은 고등학교 교육과정과 교과서를 분석·종합하여 개발한 교재입니다.
본 교재를 활용하여 대학수학능력시험이 요구하는 교육과정의 핵심 개념과 다양한 난이도의 수능형 문항을
학습함으로써 문제 해결 능력을 기를 수 있습니다. EBS가 심혈을 기울여 개발한 [EBS 수능특강]을 통해 다양한
출제 유형을 연습함으로써, 대학수학능력시험 준비에 도움이 되기를 바랍니다.

충실한 개념 설명과 보충 자료 제공

1. 핵심 개념 정리

주요 개념을 요약·정리하고 탐구 상황에 적용하였으며, 보다 깊이 있는 이해를 돕기 위해 보충 설명과
관련 자료를 풍부하게 제공하였습니다.

과학 돋보기 🔍

개념의 통합적인 이해를 돕는 보충 설명 자료
나 배경 지식, 과학사, 자료 해석 방법 등을 제시
하였습니다.

🧪 탐구자료 살펴보기

주요 개념의 이해를 돕고 적용 능력을 기를 수
있도록 시험 문제에 자주 등장하는 탐구 상황을
소개하였습니다.

2. 개념 체크 및 날개 평가

본문에 소개된 주요 개념을 요약·정리하고 간단한 퀴즈를 제시하여 학습한 내용을 갈무리하고 점검할 수
있도록 구성하였습니다.

단계별 평가를 통한 실력 향상

[EBS 수능특강]은 문제를 수능 시험과 유사하게 **수능 2점 테스트, 수능 3점 테스트**로 구분하여 제시하였
습니다. 수능 2점 테스트는 필수적인 개념을 간략한 문제 상황으로 다루고 있으며, 수능 3점 테스트는 다양한
개념을 복잡한 문제 상황이나 탐구 활동에 적용하였습니다.

01 생명 과학의 이해

개념 체크

➡ 세포
생물의 구조적·기능적 기본 단위로, 물질의 출입을 조절하는 세포막으로 둘러싸여 있음

➡ 물질대사
물질을 합성하는 동화 작용과 물질을 분해하는 이화 작용으로 구분되며, 효소에 의해 반응이 촉매됨

1. 모든 생물은 구조적·기능적 단위인 (　　)로 이루어져 있다.

2. 물질대사 중 (　　) 작용에서는 고분자 물질이 저분자 물질로 분해되며, 반응 결과 에너지가 (　　)된다.

※ ○ 또는 ×

3. 아메바는 몸이 많은 수의 세포로 이루어진 다세포 생물이다. (　　)

4. 빛에너지를 흡수해 이산화 탄소와 물을 포도당으로 합성하는 광합성은 동화 작용에 해당한다. (　　)

1 생물의 특성

(1) 생물의 특성

① **세포로 구성**: 모든 생물은 세포로 이루어져 있다.
- 세포: 생물의 몸을 구성하는 구조적 단위이고, 생명 활동이 일어나는 기능적 단위이다.
- 세포의 수에 따른 생물의 구분

구분	특징
단세포 생물	• 몸이 하나의 세포로 이루어져 있다. • 📖 짚신벌레, 아메바, 대장균 등
다세포 생물	• 몸이 많은 수의 세포로 이루어져 있다. • 세포 → 조직 → 기관 → 개체에 이르는 복잡하고 정교한 체제를 갖추고 있다. • 📖 사람을 비롯한 동물, 양파를 비롯한 식물 등

아메바

사람의 근육 세포

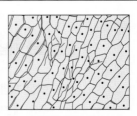
양파의 표피 세포

② **물질대사**: 생명을 유지하기 위해 생물체에서 일어나는 모든 화학 반응이다.
- 물질대사 과정에서 물질의 전환과 에너지의 출입이 일어난다.
- 생물체는 물질대사를 통해 생명 활동에 필요한 물질과 에너지를 얻는다.

> **과학 돋보기 🔍 물질대사**
>
> • 물질 전환과 에너지 출입에 따른 물질대사의 구분
>
> | 구분 | 동화 작용 | 이화 작용 |
> |---|---|---|
> | 물질 전환 | 합성
(저분자 물질 → 고분자 물질) | 분해
(고분자 물질 → 저분자 물질) |
> | 에너지 출입 | 흡수 | 방출 |
> | 예 | 광합성, 단백질 합성 등 | 세포 호흡, 소화 등 |
>
> • 광합성: 빛에너지를 흡수해 이산화 탄소와 물을 포도당으로 합성하는 동화 작용이다.
> • 세포 호흡: 포도당을 이산화 탄소와 물로 분해해 에너지를 방출하는 이화 작용이다.

③ **자극에 대한 반응과 항상성**: 생물은 자극에 대해 반응하며 항상성을 유지한다.
- 자극에 대한 반응: 생물은 환경 변화를 자극으로 받아들이고, 그 자극에 적절히 반응하여 생명을 유지한다.
- 항상성: 체내·외의 환경 변화에 대해 생물이 체내 환경을 일정 범위로 유지하려는 성질이다.

정답
1. 세포
2. 이화, 방출
3. ×
4. ○

- 자극에 대한 반응의 예
  - 지렁이가 빛을 피해 이동한다.
  - 식물이 빛을 향해 굽어 자란다.
  - 뜨거운 물체에 손이 닿으면 순간적으로 손을 뗀다.
  - 미모사의 잎은 다른 물체가 닿으면 오므라든다.
  - 밝은 곳에서는 동공이 작아지고, 어두운 곳에서는 동공이 커진다.
- 항상성의 예
  - 물을 많이 마시면 오줌의 양이 늘어난다.
  - 사람은 더울 때 땀을 흘려 체온을 조절한다.
  - 신경계와 내분비계의 작용으로 혈당량이 조절된다.

④ **발생과 생장**: 다세포 생물은 발생과 생장을 통해 구조적·기능적으로 완전한 개체가 된다.
  - **발생**: 하나의 수정란이 세포 분열을 하여 세포 수가 늘어나고, 세포의 종류와 기능이 다양해지면서 개체가 되는 것이다.
  - **생장**: 어린 개체가 세포 분열을 통해 몸이 커지며 성체로 자라는 것이다.

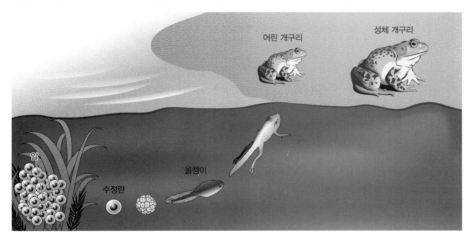

어린 개구리   성체 개구리
알
수정란   올챙이

개구리의 발생과 생장

⑤ **생식과 유전**: 생물은 생식과 유전을 통해 종족을 유지한다.
  - **생식**: 생물이 자신과 닮은 자손을 만드는 것이다. **예** 짚신벌레는 분열법으로 번식한다. 사람은 생식세포의 수정을 통해 자손을 만든다.
  - **유전**: 생식을 통해 어버이의 유전 물질이 자손에게 전달되어 자손이 어버이의 유전 형질을 물려받는 것이다. **예** 적록 색맹인 어머니로부터 적록 색맹인 아들이 태어난다.

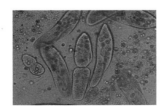

짚신벌레의 생식

곰의 털 색 유전

1. 생물은 자신이 살아가는 환경에 (   )해 나가면서 새로운 종으로 진화한다.

2. 건조한 사막에 사는 캥거루쥐는 (묽은 , 진한) 오줌을 (소량 , 다량) 배설해 물의 손실을 줄인다.

※ ○ 또는 ×

3. 가랑잎벌레가 포식자의 눈에 띄지 않게 나뭇잎과 비슷한 모습을 갖는 것과 가장 관련이 깊은 생물의 특성은 자극에 대한 반응이다. (   )

4. 생물이 여러 세대에 걸쳐 환경에 적응한 결과 집단의 유전적 구성이 변하고, 형질이 달라지면 새로운 종으로 진화가 일어날 수 있다. (   )

⑥ **적응과 진화**: 생물은 환경에 적응해 나가면서 새로운 종으로 진화한다.
- **적응**: 생물이 자신이 살아가는 환경에 적합한 몸의 형태와 기능, 생활 습성 등을 갖게 되는 것이다.
- **진화**: 생물이 여러 세대에 걸쳐 환경에 적응한 결과 집단의 유전적 구성이 변하고, 형질이 달라져 새로운 종이 나타나는 것이다.

과학 돋보기 🔍 적응과 진화의 예

- 뱀은 아래턱이 분리되어 큰 먹이를 먹기에 적합하다.
- 가랑잎벌레는 포식자의 눈에 띄지 않게 나뭇잎과 비슷한 모습을 가진다.
- 건조한 사막에 사는 캥거루쥐는 진한 오줌을 소량만 배설해 물의 손실을 줄인다.
- 사막여우는 북극여우보다 몸집에 비해 몸의 말단부가 커서 열을 효과적으로 방출한다.
- 사막에 사는 선인장은 잎이 가시로 변해 물의 손실을 줄이고, 물을 저장하는 조직이 발달해 있다.
- 갈라파고스 군도에 사는 핀치들은 섬의 먹이 환경에 적응하여 진화한 결과 부리 모양이 섬에 따라 조금씩 다르다.

가랑잎벌레

사막여우(좌)와 북극여우(우)

선인장

갈라파고스 군도의 핀치

탐구자료 살펴보기 🧪 강아지와 강아지 로봇의 비교

탐구 자료
- 강아지 로봇의 특징
  - 센서가 있어 공을 던지면 물어 오거나, 장애물을 피해 가며 이동한다.
  - 인공 지능을 갖추고 있어 짖고, 걷고, 주인을 알아볼 수 있다.
  - 주인이 말을 하면 꼬리를 흔들고, 안아 주면 꼬리를 더욱 세차게 흔들기도 한다.
  - 화학 전지로부터 얻은 전기 에너지를 소모하면서 움직인다.

강아지 로봇

정답
1. 적응
2. 진한, 소량
3. ×
4. ○

탐구 분석

• 강아지와 강아지 로봇의 공통점과 차이점

구분	강아지	강아지 로봇
공통점	• 머리, 몸통, 다리, 꼬리를 가져 전체적인 모습이 비슷하다. • 자극에 대해 적절히 반응하며, 소리를 낸다. • 다양한 활동을 위해 에너지가 필요하며, 에너지는 화학 반응을 통해 얻는다.	
차이점	• 몸이 세포로 구성되어 있으며, 세포가 모여 조직과 기관을 이룬다. • 음식을 섭취한 후 소화, 흡수를 통해 물질 (영양소)을 얻는다. • 세포 안에서 물질대사가 일어나 생명 활동에 필요한 물질과 에너지를 얻는다. • 발생과 생장, 생식과 유전, 적응과 진화와 같은 생물의 특성을 모두 나타낸다.	• 몸이 플라스틱과 같은 화학 소재로 만들어졌다. • 음식을 섭취하지 않으며, 화학 전지 이외에 다른 물질을 얻지 않는다. • 화학 전지에서 화학 반응이 일어나 에너지를 얻는다. • 발생과 생장, 생식과 유전, 적응과 진화의 특성을 모두 나타내지 않는다.

탐구 결과

• 강아지는 세포로 구성되어 있으며, 세포 안에서 물질대사가 일어나는 등 생물의 특성을 모두 나타내므로 생물이다.
• 강아지 로봇은 세포로 구성되어 있지 않으며, 생물의 특성 중 일부만 나타내므로 비생물이다.

(2) 바이러스

① 바이러스의 구조

• 모양이 매우 다양하고, 크기가 10 nm~100 nm 정도로 세균보다 훨씬 작다.

• 단백질 껍질 속에 유전 물질인 핵산이 들어 있는 구조로 되어 있다.

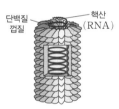

박테리오파지   담배 모자이크 바이러스

② 바이러스의 특성: 바이러스는 비생물적 특성과 생물적 특성을 모두 나타낸다.

구분	특징
비생물적 특성	• 세포로 이루어져 있지 않으며, 숙주 세포 밖에서 입자(결정체)로 존재한다. • 스스로 물질대사를 할 수 없다.
생물적 특성	• 유전 물질인 핵산(DNA 또는 RNA)을 가진다. • 숙주 세포 안에서 핵산을 복제해 증식하며, 이 과정에서 유전 현상이 나타난다. • 돌연변이가 일어나 새로운 형질이 나타나면서 환경에 적응하고 진화한다.

개념 체크

➔ 바이러스

숙주 세포 안에서는 유전 물질을 이용하여 일부 생물적 특성(유전, 돌연변이, 적응과 진화 등)을 나타내지만 숙주 세포 밖에서는 단백질 결정체로 존재하며, 비생물적 특성을 나타냄

1. 강아지는 음식을 섭취한 후 소화나 세포 호흡과 같은 여러 (   )를 통해 생명 활동에 필요한 물질과 에너지를 얻지만, 강아지 로봇은 화학 전지에서 일어나는 화학 반응을 통해 에너지를 얻는다.

2. 바이러스의 (   ) 껍질 속에는 유전 물질인 핵산이 들어 있다.

※ ○ 또는 ×

3. 바이러스는 비생물적 특성만 갖고, 생물적 특성은 갖지 않는다.   (   )

4. 모든 바이러스의 크기는 세균보다 훨씬 크다.   (   )

정답
1. 물질대사
2. 단백질
3. ×
4. ×

개념 체크

⊙ **바이러스의 증식**
바이러스는 독립적인 물질대사를 할 수 없어 숙주 세포가 가진 효소 등의 물질대사 체계를 이용하여 증식함

1. 바이러스의 증식 과정에서 바이러스는 자신의 (　　)을 숙주 세포 안으로 주입한다.

2. 박테리오파지는 (　　)로 이루어진 정이십면체 머리를 갖고 있다.

※ ○ 또는 ×

3. 바이러스는 숙주 세포 없이도 스스로 물질대사를 한다.　　(　　)

4. 생명 과학은 지구에 살고 있는 생명체의 특성과 다양한 생명 현상을 연구하는 학문이다.　　(　　)

정답
1. 유전 물질(핵산)
2. 단백질
3. ×
4. ○

과학 돋보기 🔍　**바이러스의 증식**

❶ 자신의 유전 물질(핵산)을 숙주 세포 안으로 주입한다.
❷ 숙주 세포 안에서 바이러스의 유전 물질이 복제되고, 단백질이 합성된다.
❸ 자손 바이러스가 조립된 후 숙주 세포 바깥으로 방출된다.

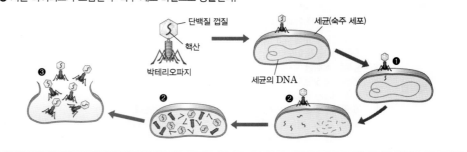

탐구자료 살펴보기　**박테리오파지 모형 만들기**

탐구 과정
① 정이십면체 도형의 전개도를 가위로 자른 후 점선을 따라 접어 머리를 만든다.
② 가는 철사를 말아 정이십면체 머리 안에 넣고 셀로판테이프로 붙인다.
③ 굵은 철사를 구부려 꼬리를 6개 만든 후 모두 모아 털실 철사를 감아 고정한다.
④ 머리와 꼬리를 붙여 모형을 그림과 같이 완성한다.

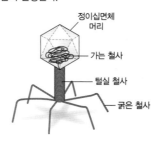

탐구 결과
• 정이십면체 머리는 박테리오파지의 단백질 껍질에 해당한다.
• 가는 철사는 박테리오파지의 유전 물질인 핵산에 해당한다.

2 생명 과학의 특성

(1) 생명 과학의 통합적 특성

① 생명 과학은 지구에 살고 있는 생명체의 특성과 다양한 생명 현상을 연구하는 학문이다.
② 생명 과학은 생명의 본질을 밝힐 뿐 아니라, 그 성과를 인류의 생존과 복지에 응용하는 종합적인 학문이다.
③ 생명 과학에서는 생물을 구성하는 분자에서부터 생태계에 이르기까지 다양한 범위의 대상을 통합적으로 연구한다.

> 분자 → 세포 → 조직 → 기관 → 개체 → 개체군 → 군집 → 생태계

(2) 생명 과학과 다른 학문 분야와의 연계

① 생명 과학은 다른 학문 분야와 많은 영향을 주고받으며 발달하고 있다.

② **연계된 학문 분야**: 의학, 심리학, 물리학, 수학, 공학, 정보학, 화학 등 다양한 분야가 있다.

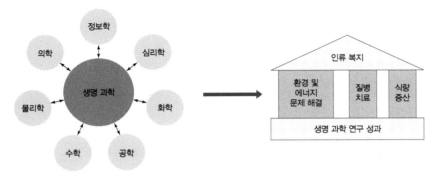

다른 학문 분야와 연계된 생명 과학의 통합적 특성

과학 돋보기 🔍 **생명 과학과 다른 학문 분야와의 연계 사례**

• **전자 현미경**: 물리학의 원리를 이용해 개발되었으며, 미세한 것을 확대해서 볼 수 있게 해주어 생명 과학의 발달에 기여했다.

• **생체 모방 공학**: 생명 과학과 공학이 연계되어 생물의 우수한 특징을 모방한 제품을 개발한다.

• **사람 유전체 분석**: 생명 과학, 기계 공학, 물리학, 화학, 정보학 등이 연계되어 사람이 가진 모든 DNA의 염기 서열을 분석한다.

• **생물 정보학**: 생명 과학과 정보학이 연계되어 통계 기법과 컴퓨터를 이용해 DNA의 염기 서열과 단백질의 아미노산 서열을 분석하고, 단백질의 구조와 기능을 예측한다.

3 생명 과학의 탐구 방법

(1) 귀납적 탐구 방법

① 자연 현상을 관찰하여 얻은 자료를 종합하고 분석하여 규칙성을 발견하고, 이로부터 일반적인 원리나 법칙을 이끌어내는 탐구 방법이다.

② 여러 개별적인 사실로부터 결론을 이끌어내며, 연역적 탐구 방법에서와 달리 가설을 설정하지 않는다.

③ **귀납적 탐구 과정**

```
자연 현상의 관찰
    ↓
관찰 주제의 선정  →  관찰 방법과 절차의 고안  →  관찰의 수행  →  관찰 결과 분석과 결론 도출
```

개념 체크

❖ **생명 과학의 특성과 연구 범위**
생명 과학은 지구에 살고 있는 생명체를 연구하는 학문으로 다양한 학문과 연계되어 발전하고 있으며, 연구 범위에 따라 생리학, 발생학, 생화학, 분자생물학 등 여러 분야로 나뉨

1. 생명 과학과 정보학이 연계된 학문 분야인 (   )에서는 통계 기법과 컴퓨터를 이용해 단백질 구조와 기능을 예측한다.

2. 생명 과학의 탐구 방법 중 (   )은 여러 개별적인 사실로부터 결론을 이끌어내며, 가설을 설정하지 않는다.

※ ○ 또는 ×

3. 생명 과학과 공학을 연계하면 생물의 우수한 특징을 모방한 제품을 개발할 수 있다.   (   )

4. 귀납적 탐구 방법에서는 자연 현상을 관찰하여 얻은 자료를 종합하고 분석하여 규칙성을 발견한다.
              (   )

정답
1. 생물 정보학
2. 귀납적 탐구 방법
3. ○
4. ○

개념 체크

● 귀납적 탐구 방법
개별적인 관찰 사실들을 종합·분석하여 발견한 규칙성으로부터 일반적인 결론을 도출하며, 가설 설정 단계가 없음

1. 여러 과학자들이 (　　　)으로 다양한 생물을 관찰하여 모든 생물은 (　　　)로 구성되어 있다는 세포설을 주장한 것은 귀납적 탐구 사례의 예에 해당한다.

2. 연역적 탐구 방법에서는 자연 현상을 관찰하면서 생긴 의문에 대한 답을 찾기 위해 (　　　)을 세우고, 이를 실험적으로 검증한다.

※ ○ 또는 ✕

3. 대조 실험에서는 대조군과 실험군을 비교하여 탐구 결과의 타당성을 높인다.
(　　　)

4. 연역적 탐구 과정의 결론이 가설과 일치하면 실험 결과에 따라 결론을 도출하고 일반화한다. (　　　)

정답
1. 현미경, 세포
2. 가설
3. ○
4. ○

---

④ **귀납적 탐구 사례**

• **세포설**: 여러 과학자들이 현미경으로 다양한 생물을 관찰한 결과 모든 생물은 세포로 구성되어 있다는 결론을 이끌어냈다.

• **다윈의 자연 선택설**: 다윈은 갈라파고스 군도를 비롯한 여러 나라에 살고 있는 생물의 특성을 관찰하고 자료를 수집하여 분석한 결과를 바탕으로 자연 선택에 의한 진화의 원리를 밝혔다.

과학 돋보기 🔍 다윈의 귀납적 탐구

자연 현상의 관찰	갈라파고스 군도에 사는 핀치의 부리 모양이 서로 다른 것을 관찰했다.
관찰 주제의 선정	다양한 환경에 서식하는 핀치의 부리를 관찰하기로 했다.
관찰 방법과 절차의 고안	갈라파고스 군도의 각 섬에 사는 핀치를 관찰, 채집한 후 부리 모양을 서로 비교했다.
관찰의 수행	
관찰 결과 분석과 결론 도출	서식 지역과 먹이에 따라 핀치의 부리 모양이 달라졌다는 결론을 내렸다.

(2) 연역적 탐구 방법

① 자연 현상을 관찰하면서 생긴 의문에 대한 답을 찾기 위해 가설을 세우고, 이를 실험적으로 검증해 결론을 이끌어내는 탐구 방법이다.

② **가설**: 의문에 대한 답을 추측하여 내린 잠정적인 결론이다.

• 가설은 예측 가능해야 하며, 실험이나 관측 등을 통해 옳은지 그른지 검증될 수 있어야 한다.

③ **연역적 탐구 과정**

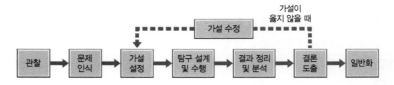

※ 일부 교과서에서는 가설이 옳지 않을 때 가설 수정으로 가는 경로가 결론 도출이 아닌 결과 정리 및 분석에서 이루어지는 것으로 기술하고 있다.

④ **대조 실험**: 탐구를 수행할 때 대조군을 설정하고 실험군과 비교하는 대조 실험을 해야 탐구 결과의 타당성이 높아진다.

• **대조군**: 실험군과 비교하기 위해 아무 요인(변인)도 변화시키지 않은 집단이다.

• **실험군**: 가설을 검증하기 위해 의도적으로 어떤 요인(변인)을 변화시킨 집단이다.

⑤ 변인: 탐구와 관계된 다양한 요인으로, 독립변인과 종속변인이 있다.

구분	특징
독립변인	탐구 결과에 영향을 미칠 수 있는 요인으로, 조작 변인과 통제 변인이 있다. • 조작 변인: 대조군과 달리 실험군에서 의도적으로 변화시키는 변인이다. • 통제 변인: 대조군과 실험군에서 모두 동일하게 유지하는 변인이다.
종속변인	조작 변인의 영향을 받아 변하는 요인으로, 탐구에서 측정되는 값에 해당한다.

과학 돋보기 🔍 연역적 탐구 사례

[사례 1] 플레밍의 페니실린 발견

관찰 및 문제 인식	배양 접시에 핀 푸른곰팡이가 주변에 세균이 증식하지 않은 까닭은 무엇일까?
가설 설정	푸른곰팡이에서 생성된 어떤 물질이 세균의 증식을 억제할 것이다.
탐구 설계 및 수행	세균 배양 접시를 두 집단으로 나눈다. • 대조군: 푸른곰팡이를 접종하지 않고 세균을 배양했다. • 실험군: 푸른곰팡이를 접종하고 세균을 배양했다.
결과 분석	대조군의 배양 접시에서는 세균이 증식했지만, 실험군의 배양 접시에서는 세균이 증식하지 않았다.
결론 도출	푸른곰팡이는 세균의 증식을 억제하는 물질을 생성한다.

• 조작 변인은 푸른곰팡이의 접종 여부이고, 종속변인은 세균의 증식 여부이다.

[사례 2] 파스퇴르의 탄저병 백신 개발

관찰 및 문제 인식	탄저병 백신으로 탄저병을 예방할 수 있을까?
가설 설정	탄저병 백신을 주사한 양은 탄저병에 걸리지 않을 것이다.
탐구 설계 및 수행	건강한 양을 두 집단으로 나눈다. • 대조군: 탄저병 백신을 주사하지 않고 탄저균을 투여했다. • 실험군: 탄저병 백신을 주사한 후 탄저균을 투여했다.
결과 분석	대조군의 양은 탄저병에 걸렸지만, 실험군의 양은 모두 건강했다.
결론 도출	탄저병 백신은 탄저병을 예방한다.

• 조작 변인은 탄저병 백신의 접종 여부이고, 종속변인은 양의 탄저병 발생 여부이다.

개념 체크

◆ 연역적 탐구 방법
가설을 세우고 이를 실험적으로 검증해 결론을 이끌어내는 탐구 방법으로, 일반적인 원리로부터 여러 개별적인 사실들을 알아내는 연역적 사고가 이용됨

◆ 변인
가설을 설정하는 연역적 탐구 방법에 관계된 다양한 요인을 변인이라고 함. 변인에는 독립변인(조작 변인, 통제 변인)과 종속변인이 있음

1. 대조군과 달리 실험군에서 의도적으로 변화시키는 변인을 (　　　)이라 하고, 대조군과 실험군에서 모두 동일하게 유지하는 변인을 (　　　)이라 한다.

2. 파스퇴르의 탄저병 백신 개발 과정에서 탄저병 백신을 주사한 양은 탄저병에 (걸릴 것 , 걸리지 않을 것)이라는 가설을 세웠다.

※ ○ 또는 ✕

3. 독립변인은 탐구 결과에 영향을 미칠 수 있으므로 탐구 과정에서 정교하게 설정해야 한다. (　　)

4. 연역적 탐구 과정의 탐구 설계 및 수행에서는 가설을 검증하기 위한 실험이 이루어진다. (　　)

정답
1. 조작 변인, 통제 변인
2. 걸리지 않을 것
3. ○
4. ○

[25025-0001]

01 그림 (가)는 석회 동굴에서 발견되는 지형인 석순, 석주, 종유석을, (나)는 튤립의 싹을 나타낸 것이다.

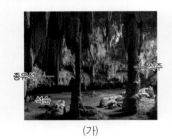 

|(가)|(나)|

이에 대한 설명으로 옳은 것만을 〈보기〉에서 있는 대로 고른 것은?

〔 보기 〕

ㄱ. 종유석이 만들어질 때 물질대사가 일어난다.
ㄴ. '광합성을 통해 양분을 합성한다.'는 튤립이 갖는 특징이다.
ㄷ. 석순과 튤립의 싹이 자라는 것은 모두 생물의 특성인 생장에 해당한다.

① ㄱ   ② ㄴ   ③ ㄷ   ④ ㄱ, ㄷ   ⑤ ㄴ, ㄷ

[25025-0002]

02 그림은 세균 A를 숙주로 하는 바이러스 X의 증식 과정을 나타낸 것이다.

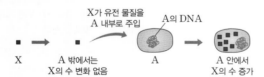

이에 대한 설명으로 옳은 것만을 〈보기〉에서 있는 대로 고른 것은?

〔 보기 〕

ㄱ. X는 단백질을 갖는다.
ㄴ. X는 스스로 물질대사를 한다.
ㄷ. '돌연변이가 일어날 수 있다.'는 A와 X가 모두 갖는 특징이다.

① ㄱ   ② ㄷ   ③ ㄱ, ㄴ   ④ ㄱ, ㄷ   ⑤ ㄴ, ㄷ

[25025-0003]

03 그림은 어떤 탐구 과정의 일부를 나타낸 것이다. 이 탐구 과정에는 귀납적 탐구 방법과 연역적 탐구 방법 중 한 가지의 탐구 방법이 이용되었다.

이 자료에 대한 설명으로 옳은 것만을 〈보기〉에서 있는 대로 고른 것은?

〔 보기 〕

ㄱ. 귀납적 탐구 방법이 이용되었다.
ㄴ. 탐구 과정 중 가설을 설정하는 단계가 있다.
ㄷ. 개별적인 사실들로부터 결론을 이끌어냈다.

① ㄱ   ② ㄷ   ③ ㄱ, ㄴ   ④ ㄱ, ㄷ   ⑤ ㄴ, ㄷ

[25025-0004]

04 다음은 삽다리두꺼비(*Scaphiopus*)에 대한 설명이다.

삽다리두꺼비는 ⓐ뾰족한 삽 모양의 뒷다리로 토양을 쉽게 파내 땅속에 굴을 만들 수 있다. 하루 대부분을 땅굴에서 보내다가 겨울과 여름 강우 기간에는 땅굴에서 나와 ⓑ번식을 한다.

이에 대한 설명으로 옳은 것만을 〈보기〉에서 있는 대로 고른 것은?

〔 보기 〕

ㄱ. 삽다리두꺼비는 세포로 구성된다.
ㄴ. ⓐ와 가장 관련이 깊은 생물의 특성은 적응과 진화이다.
ㄷ. ⓑ를 통해 종족이 유지된다.

① ㄴ   ② ㄷ   ③ ㄱ, ㄴ   ④ ㄱ, ㄷ   ⑤ ㄱ, ㄴ, ㄷ

05 표는 여러 동물에서 작용하는 호르몬 X의 기능 (가)~(다)를 나타낸 것이다.

> (가) 포유류에서 젖샘의 생장을 자극한다.
> (나) 조류에서 ⓐ지방 대사와 생식을 조절한다.
> (다) ⓑ양서류에서 변태를 지연시킨다.

이에 대한 설명으로 옳은 것만을 〈보기〉에서 있는 대로 고른 것은?

─〔 보기 〕─
ㄱ. X는 생물종에 따라 다양한 기능을 수행한다.
ㄴ. ⓐ 과정에서 에너지의 출입이 일어난다.
ㄷ. ⓑ와 가장 관련이 깊은 생물의 특성은 항상성이다.

① ㄱ ② ㄷ ③ ㄱ, ㄴ ④ ㄴ, ㄷ ⑤ ㄱ, ㄴ, ㄷ

06 표는 X와 Y의 특징을, 그림은 X와 Y에 대해 학생 A와 B가 추론하여 발표한 내용이다. X와 Y는 대장균과 박테리오파지를 순서 없이 나타낸 것이다.

> X와 Y는 모두 ⓐ유전 물질을 갖지만, X는 독립적으로 물질대사를 하지 못한다.

이에 대한 설명으로 옳은 것만을 〈보기〉에서 있는 대로 고른 것은?

─〔 보기 〕─
ㄱ. Y는 세포막을 갖는다.
ㄴ. DNA는 ⓐ에 해당한다.
ㄷ. A와 B 중 제시한 내용이 옳은 학생은 1명이다.

① ㄱ ② ㄷ ③ ㄱ, ㄴ ④ ㄴ, ㄷ ⑤ ㄱ, ㄴ, ㄷ

07 다음은 두 생물종의 소화관에 대한 자료이다.

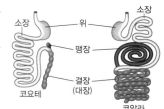

> • 그림은 육식동물인 코요테와 초식동물인 코알라의 소화관을 나타낸 것이다.
> • 코알라는 코요테에 비해 긴 맹장을 가지며, ⓐ코알라의 소화관에 서식하는 장내 세균은 코알라의 먹이인 유칼립투스 잎을 분해하는 데 도움을 주고, 코알라는 장내 세균에게 번식에 필요한 영양분과 서식지를 제공해 준다.

이 자료에 대한 설명으로 옳은 것만을 〈보기〉에서 있는 대로 고른 것은?

─〔 보기 〕─
ㄱ. 코요테의 소화관에서 물질대사가 일어난다.
ㄴ. ⓐ는 코알라와 공생 관계에 있다.
ㄷ. 코알라와 코요테가 서로 다른 형태의 소화관을 갖는 것은 적응과 진화의 예에 해당한다.

① ㄱ ② ㄷ ③ ㄱ, ㄴ ④ ㄴ, ㄷ ⑤ ㄱ, ㄴ, ㄷ

08 표는 생물의 특성의 예를 나타낸 것이다. (가)와 (나)는 항상성과 생식과 유전을 순서 없이 나타낸 것이다.

생물의 특성	예
(가)	ABO식 혈액형이 A형인 아버지와 O형인 어머니로부터 A형인 아이가 태어난다.
(나)	추울 때 ⓐ물질대사를 촉진하는 호르몬을 분비하여 체온을 조절한다.
적응과 진화	ⓑ

이에 대한 설명으로 옳은 것만을 〈보기〉에서 있는 대로 고른 것은?

─〔 보기 〕─
ㄱ. (가)는 생식과 유전이다.
ㄴ. ⓐ 과정에서 효소가 이용된다.
ㄷ. '선인장은 잎이 가시로 변해 건조한 환경에 살기에 적합하다.'는 ⓑ에 해당한다.

① ㄱ ② ㄷ ③ ㄱ, ㄴ ④ ㄴ, ㄷ ⑤ ㄱ, ㄴ, ㄷ

[25025-0009]

09 표는 개나리와 부레옥잠의 서식 환경과 각 식물 잎의 앞면과 뒷면 중 기공(기체 교환이 일어나는 곳)이 많이 분포하는 면을 나타낸 것이다.

구분	개나리	부레옥잠
서식 환경	육상	물 위
㉠잎에서 기공이 많이 분포하는 면	뒷면	앞면

이에 대한 설명으로 옳은 것만을 〈보기〉에서 있는 대로 고른 것은?

〔 보기 〕
ㄱ. 개나리에서 이화 작용이 일어난다.
ㄴ. 부레옥잠은 다세포 생물이다.
ㄷ. 서식 환경에 따라 ㉠이 다르게 나타나는 것과 가장 관련이 깊은 생물의 특성은 발생과 생장이다.

① ㄱ   ② ㄷ   ③ ㄱ, ㄴ   ④ ㄴ, ㄷ   ⑤ ㄱ, ㄴ, ㄷ

[25025-0010]

10 다음은 검은골풀(*Juncus gerardii*)에 대한 실험의 일부이다.

[실험 과정 및 결과]
(가) 검은골풀이 없는 염습지 토양에서 식물 종의 수가 크게 감소하는 것을 관찰하고, 검은골풀이 염습지 토양을 다른 식물이 살기 좋은 환경으로 만들 것이라고 생각했다.
(나) 동일한 조건의 염습지를 구역 A와 B로 나눈 후, B에서만 검은골풀을 제거하고, 일정 시간이 지난 후 A와 B에서 관찰되는 식물 종 수를 확인했다.

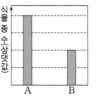

(다) 검은골풀이 염습지 토양을 다른 식물이 살기 좋은 환경으로 만든다는 결론을 내렸다.
*염습지: 바닷물이 드나들어 염분 변화가 큰 습지

이에 대한 설명으로 옳은 것만을 〈보기〉에서 있는 대로 고른 것은? (단, 제시된 조건 이외는 고려하지 않는다.)

〔 보기 〕
ㄱ. 연역적 탐구 방법이 이용되었다.
ㄴ. (나)에서 대조 실험이 수행되었다.
ㄷ. 조작 변인은 검은골풀의 제거 여부이다.

① ㄱ   ② ㄷ   ③ ㄱ, ㄴ   ④ ㄴ, ㄷ   ⑤ ㄱ, ㄴ, ㄷ

[25025-0011]

11 다음은 종자(식물의 씨앗) 발아에 대한 자료이다.

• 휴면 상태의 종자는 발아할 때 ⓐ종자 내부의 특정 조직이 자라 어린 식물로 발달한다.
• 종자가 물을 흡수하면 영양분을 분해하는 효소들이 활성화되고, 그 결과 저장된 양분을 사용하여 어린 뿌리와 잎이 자란다. 이후 ⓑ광합성을 통해 생장에 필요한 양분을 얻는다.

이에 대한 설명으로 옳은 것만을 〈보기〉에서 있는 대로 고른 것은?

〔 보기 〕
ㄱ. ⓐ와 가장 관련이 깊은 생물의 특성은 생식과 유전이다.
ㄴ. ⓑ는 동화 작용의 예에 해당한다.
ㄷ. 휴면 상태의 종자가 발아하기 위해서는 물이 필요하다.

① ㄱ   ② ㄴ   ③ ㄱ, ㄴ   ④ ㄱ, ㄷ   ⑤ ㄴ, ㄷ

[25025-0012]

12 표는 생명 과학과 연계된 학문 분야 (가)~(다)의 연구 내용을 나타낸 것이다. (가)~(다)는 생명 공학, 생물 정보학, 생물 통계학을 순서 없이 나타낸 것이다.

학문 분야	연구 내용
(가)	생물학적 정보를 수집하여 분석하고, 컴퓨터를 이용해 단백질의 구조와 기능을 예측한다.
(나)	생명체의 유용한 특성을 의료, 농업, 환경, 에너지, 바이오 소재 등과 연결지어 다양한 기술을 개발한다.
(다)	생명 현상을 수학적인 원리에 따라 통계학적으로 분석한다.

이에 대한 설명으로 옳은 것만을 〈보기〉에서 있는 대로 고른 것은?

〔 보기 〕
ㄱ. (가)는 생물 정보학이다.
ㄴ. 생체 모방 기술을 개발하는 것은 (나)의 연구 내용에 해당한다.
ㄷ. 생명 과학은 여러 학문 분야와 영향을 주고받으며 발달한다.

① ㄱ   ② ㄷ   ③ ㄱ, ㄴ   ④ ㄴ, ㄷ   ⑤ ㄱ, ㄴ, ㄷ

01 다음은 기후 변화에 대한 탐구 과정의 일부를 나타낸 것이다.

[25025-0013]

(가) 기후 변화로 인해 생물종의 서식지가 북상하는 것을 관찰하고, 미국너도밤나무의 분포가 기온 상승에 의해 어떻게 변화할지 궁금증이 생겼다.

(나) 빙하기가 끝난 후 온대 지방의 호수와 늪에 쌓인 ⓐ화분 화석 데이터를 분석하여 생물종마다 서식지가 북상하는 속도가 다름을 확인하고 미국너도밤나무 서식지의 변화 경향성을 발견하였다.

(다) (나)의 분석 결과를 토대로 기온이 상승함에 따라 다음 세기에 미국너도밤나무의 서식 범위가 현재보다 700~900 km로 올라갈 것으로 예측하였다. 기온 상승에 따른 서식 범위를 지도에 표시한 것은 그림과 같다.

(a) 현재 서식 범위　(b) 다음 세기에 기온이 4.5 ℃ 상승했을 경우　(c) 다음 세기에 기온이 6.5 ℃ 상승했을 경우

이 자료에 대한 설명으로 옳은 것만을 〈보기〉에서 있는 대로 고른 것은?

〈 보기 〉
ㄱ. 귀납적 탐구 방법이 이용되었다.
ㄴ. ⓐ를 분석하여 기온 상승에 따른 미국너도밤나무 서식지의 변화 경향성을 발견하였다.
ㄷ. 상승하는 기온의 폭이 클수록 미국너도밤나무의 서식지는 더욱 북쪽으로 이동할 것이다.

① ㄱ　　　② ㄴ　　　③ ㄱ, ㄷ　　　④ ㄴ, ㄷ　　　⑤ ㄱ, ㄴ, ㄷ

귀납적 탐구 방법에서는 자연 현상을 관찰하여 얻은 자료를 종합하고 분석하여 규칙성을 발견하고, 이를 토대로 일반적인 원리나 법칙을 이끌어낸다.

02 그림은 (가)의 구조를, 표는 사람에게 질병을 일으키는 X와 Y의 외부 구조와 물질대사 과정의 특징을 나타낸 것이다. X와 Y는 대장균과 바이러스를 순서 없이 나타낸 것이고, (가)는 X와 Y 중 하나이다.

[25025-0014]

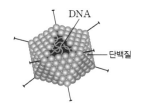

구분	X	Y
외부 구조	세포벽과 세포막이 있음	?
물질대사 과정의 특징	ⓐ	숙주 내에서만 물질대사가 가능함

이에 대한 설명으로 옳은 것만을 〈보기〉에서 있는 대로 고른 것은?

〈 보기 〉
ㄱ. (가)는 Y이다.
ㄴ. Y는 세포막을 갖는다.
ㄷ. '스스로 물질대사가 가능함'은 ⓐ에 해당한다.

① ㄱ　　　② ㄴ　　　③ ㄱ, ㄷ　　　④ ㄴ, ㄷ　　　⑤ ㄱ, ㄴ, ㄷ

바이러스는 단백질 껍질 속에 유전 물질인 핵산이 들어 있는 구조로 되어 있고, 세포 구조가 아니다.

[25025-0015]

03 다음은 어떤 과학자가 수행한 탐구의 일부이다.

조작 변인은 대조군과 달리 실험군에서 의도적으로 변화시키는 변인이고, 통제 변인은 대조군과 실험군에서 모두 일정하게 유지하는 변인이다. 종속변인은 조작 변인의 영향을 받아 변하는 요인이다.

[실험 과정 및 결과]

(가) 종자 크기가 커질수록 묘목의 생존 확률이 증가하고, 종자 크기가 동일할 때 건조한 환경보다는 습한 환경에서 묘목의 생존 확률이 높을 것이라고 생각하였다.

(나) 어떤 식물의 종자를 크기별로 여러 개 준비한 후, 두 집단 A와 B로 나누어 한 집단은 건조한 환경, 나머지 한 집단은 습한 환경에서 발아시켜 묘목의 생존 확률을 관찰하였다.

(다) 종자 크기가 커질수록 묘목의 생존 확률이 증가하고, 종자 크기가 동일할 때 건조한 환경보다는 습한 환경에서 묘목의 생존 확률이 높다는 결론을 도출하였다.

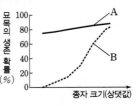

이에 대한 설명으로 옳은 것만을 〈보기〉에서 있는 대로 고른 것은? (단, 제시된 조건 이외는 고려하지 않는다.)

〈 보기 〉
ㄱ. A는 종자를 습한 환경에서 발아시킨 집단이다.
ㄴ. (가)에서 가설을 설정했다.
ㄷ. 종속변인은 종자 크기이다.

① ㄱ   ② ㄷ   ③ ㄱ, ㄴ   ④ ㄱ, ㄷ   ⑤ ㄴ, ㄷ

[25025-0016]

04 다음은 담수어류와 양서류에 대한 자료이다.

담수는 강이나 호수와 같이 염분 함량이 상대적으로 낮은 물을 뜻한다. 체내·외의 환경 변화에 대해 생물이 삼투압, 체온, 혈당량 등의 체내 환경을 일정 범위로 유지하려는 성질을 항상성이라고 한다.

• 담수어류와 양서류의 ⓐ체액 농도 조절 기작에는 유사성이 있다.
• 담수어류는 상대적으로 농도가 높은 체액을 가져 체외에서 체내로 물이 지속적으로 유입되고, 많은 양의 오줌을 내보내며, 염류를 재흡수하여 체액의 농도를 유지한다.
• 양서류는 물속에서 생활할 때는 피부에서 염류를 흡수하여 축적하고 묽은 오줌을 생성하지만, 육상으로 올라오면 방광에서 많은 양의 물을 ㉠한다. ㉠은 방출과 재흡수 중 하나이다.

이에 대한 설명으로 옳은 것만을 〈보기〉에서 있는 대로 고른 것은?

〈 보기 〉
ㄱ. ⓐ와 가장 관련이 깊은 생물의 특성은 항상성이다.
ㄴ. ㉠은 재흡수이다.
ㄷ. 양서류에 속하는 생물은 많은 수의 세포로 이루어져 있다.

① ㄱ   ② ㄷ   ③ ㄱ, ㄴ   ④ ㄴ, ㄷ   ⑤ ㄱ, ㄴ, ㄷ

05 표 (가)는 생물 A~C에서 특징 ㉠~㉢의 유무를, (나)는 ㉠~㉢을 순서 없이 나타낸 것이다. A~C는 대장균, 민들레, 사막여우를 순서 없이 나타낸 것이고, ⓐ와 ⓑ는 '있음'과 '없음'을 순서 없이 나타낸 것이다.

[25025-0017]

구분	㉠	㉡	㉢
A	?	ⓐ	ⓑ
B	?	?	ⓐ
C	ⓑ	ⓐ	ⓑ

(가)

특징(㉠~㉢)
· 광합성을 한다.
· 다세포 생물이다.
· 환경에 적응하여 생활한다.

(나)

이 자료에 대한 설명으로 옳은 것만을 〈보기〉에서 있는 대로 고른 것은?

┌─〔 보기 〕
| ㄱ. ⓐ는 '없음'이다.
| ㄴ. ㉠은 '환경에 적응하여 생활한다.'이다.
| ㄷ. 각 생물을 구성하는 세포의 수에 따라 생물을 구분할 때 C와 짚신벌레는 동일한 집단으로
| 구분된다.

① ㄱ   ② ㄷ   ③ ㄱ, ㄴ   ④ ㄴ, ㄷ   ⑤ ㄱ, ㄴ, ㄷ

각 생물을 구성하는 세포의 수에 따라 생물을 구분할 때 대장균과 짚신벌레는 단세포 생물에 속하고, 민들레와 사막여우는 다세포 생물에 속한다.

06 다음은 어떤 과학자가 수행한 탐구 과정을 순서 없이 나타낸 것이다.

[25025-0018]

(가) 황조롱이가 많은 수의 새끼를 양육할수록 어버이(암수 어미새)의 생존에 부정적 영향을 준다는 결론을 내렸다.

(나) 새끼의 수를 고려하여 황조롱이 집단을 A, B, C로 나누고, 각 집단에서 어버이의 생존율을 조사한 결과는 그림과 같다. A~C는 새끼의 수가 3~4마리인 집단, 5~6마리인 집단, 7~8마리인 집단을 순서 없이 나타낸 것이다.

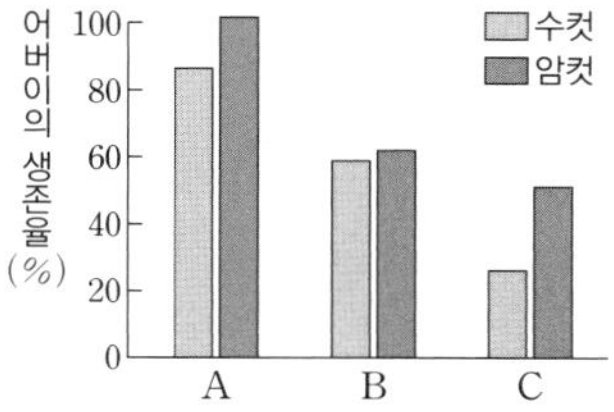

(다) 황조롱이 어버이의 새끼 양육을 관찰한 결과 양육하는 새끼의 수가 많은 집단에서 어버이의 생존율이 상대적으로 낮게 나타나는 것을 관찰하였다.

(라) 황조롱이가 많은 수의 새끼를 양육할수록 어버이의 생존율이 감소할 것이라고 생각하였다.

이에 대한 설명으로 옳은 것만을 〈보기〉에서 있는 대로 고른 것은? (단, 제시된 조건 이외는 고려하지 않는다.)

┌─〔 보기 〕
| ㄱ. 연역적 탐구 방법이 이용되었다.
| ㄴ. A는 새끼의 수가 3~4마리인 집단이다.
| ㄷ. 탐구 과정은 (라) → (다) → (나) → (가) 순으로 이루어졌다.

① ㄱ   ② ㄷ   ③ ㄱ, ㄴ   ④ ㄴ, ㄷ   ⑤ ㄱ, ㄴ, ㄷ

연역적 탐구 방법에서는 자연 현상을 관찰하면서 생긴 의문에 대한 답을 찾기 위해 가설을 세우고, 이를 실험적으로 검증해 결론을 이끌어낸다.

02 생명 활동과 에너지

1 세포의 생명 활동

모든 생물은 생명을 유지하기 위해 끊임없이 에너지를 필요로 한다.

(1) 물질대사: 생물체 내에서 일어나는 화학 반응으로 대부분 효소가 관여한다.

(2) 물질대사의 종류: 물질대사에는 물질을 합성하는 동화 작용과 물질을 분해하는 이화 작용이 있으며, 물질대사가 일어날 때는 에너지의 출입(흡수 또는 방출)이 함께 일어난다.

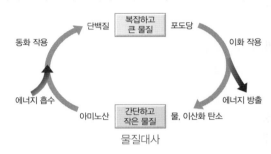

물질대사

(3) 우리 몸의 물질대사: 우리 몸을 이루는 여러 기관에서 다양한 물질대사가 일어나는데, 이러한 물질대사를 통해 생명 활동에 필요한 물질을 합성하고 분해하며, 에너지를 얻는다.

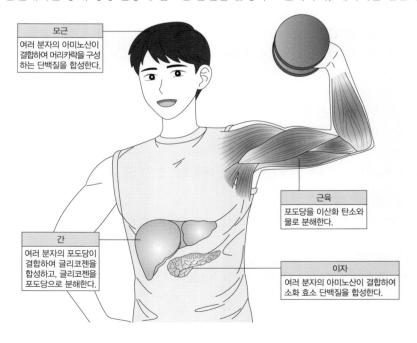

모근
여러 분자의 아미노산이 결합하여 머리카락을 구성하는 단백질을 합성한다.

근육
포도당을 이산화 탄소와 물로 분해한다.

간
여러 분자의 포도당이 결합하여 글리코젠을 합성하고, 글리코젠을 포도당으로 분해한다.

이자
여러 분자의 아미노산이 결합하여 소화 효소 단백질을 합성한다.

개념 체크

⊙ 화학 반응
어떤 물질이 화학적 성질이 다른 물질로 변하는 과정을 화학 반응이라고 하며, 생명체 내에서 물질대사가 일어날 때에는 물질의 변화와 함께 에너지의 출입이 일어나므로 물질대사를 에너지 대사라고도 함

⊙ 효소
생물체 내의 물질대사를 촉진하는 생체 촉매로, 물질대사의 각 과정에는 특정 효소가 관여함

1. 물질대사에는 물질을 합성하는 (   ) 작용과 물질을 분해하는 (   ) 작용이 있다.

2. (   )는 물질대사를 촉진하는 생체 촉매의 기능을 한다.

※ ○ 또는 ×

3. 근육에서 포도당을 이산화 탄소와 물로 분해하는 반응은 이화 작용의 예에 해당한다. (   )

4. 동화 작용이 일어날 때는 에너지가 흡수된다. (   )

정답
1. 동화, 이화
2. 효소
3. ○
4. ○

과학 돋보기 물질대사

동화 작용	이화 작용
• 간단하고 작은 물질을 복잡하고 큰 물질로 합성하는 반응이다. • 동화 작용은 에너지가 흡수되는 반응이다.	• 복잡하고 큰 물질을 간단하고 작은 물질로 분해하는 반응이다. • 이화 작용은 에너지가 방출되는 반응이다.
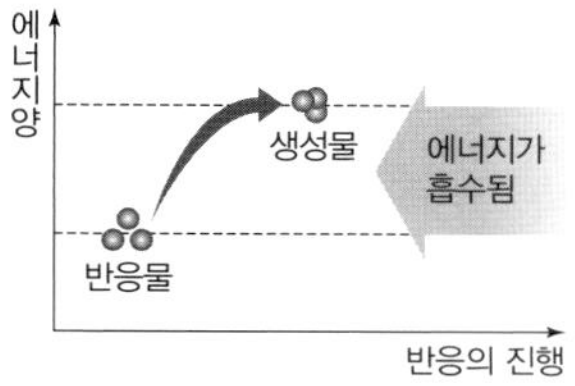	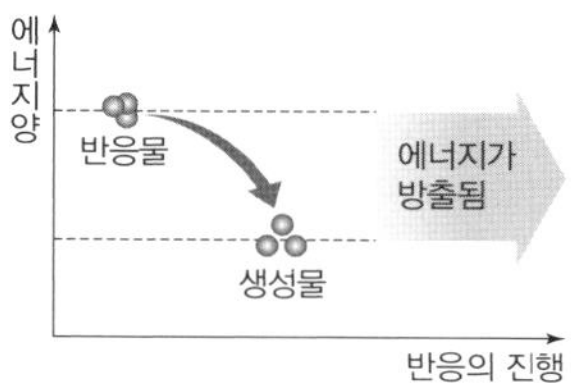

2 에너지 전환과 이용

(1) 세포 호흡

① **음식물 속의 에너지 전환:** 우리가 섭취한 음식물에는 화학 에너지 형태로 에너지가 저장되어 있는데, 음식물의 화학 에너지는 세포 호흡에 의해 생명 활동에 필요한 에너지로 전환된다.

② **세포 호흡:** 세포 내에서 영양소를 분해하여 생명 활동에 필요한 에너지를 얻는 반응이다.

③ **세포 호흡 장소:** 주로 미토콘드리아에서 일어나며, 일부 과정은 세포질에서 진행된다.

④ **세포 호흡 과정:** 포도당과 같은 영양소는 조직 세포로 운반된 산소에 의해 산화되어 이산화 탄소와 물로 최종 분해되고, 이 과정에서 에너지가 방출된다. 세포 호흡 과정에서 방출된 에너지의 일부는 ATP에 저장되고, 나머지는 열에너지로 방출된다.

포도당＋산소 ⟶ 이산화 탄소＋물＋ATP＋열에너지

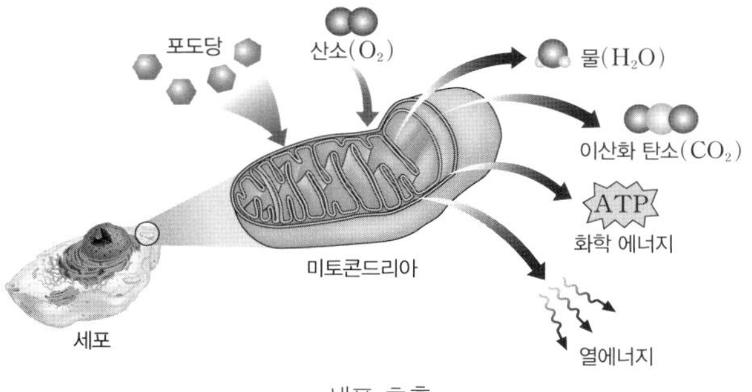

세포 호흡

과학 돋보기 근육 세포 내 미토콘드리아

사람의 근육 세포의 일부를 확대하면, 세포가 생명 활동을 하는 데 필요한 에너지를 공급하는 미토콘드리아가 관찰된다.

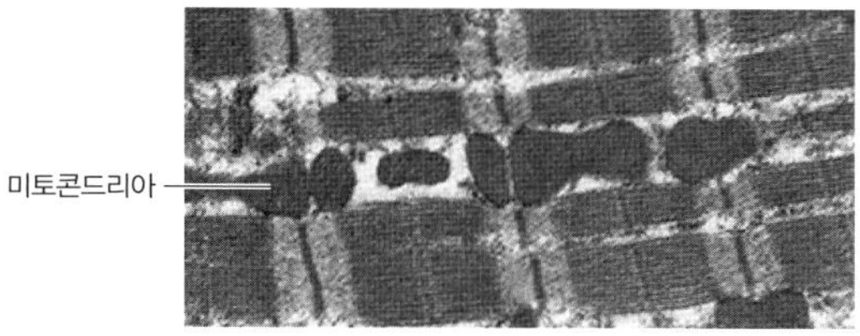

개념 체크

➲ **동화 작용과 이화 작용의 예**
- 포도당을 결합하여 글리코젠을 합성하는 과정, 아미노산을 결합하여 단백질을 합성하는 과정, 뉴클레오타이드를 결합하여 DNA를 합성하는 과정은 동화 작용의 예에 해당함
- 음식물의 소화 과정, 포도당을 이산화 탄소와 물로 분해하는 세포 호흡 과정은 이화 작용의 예에 해당함

➲ **세포 호흡**
- 생물체의 각 조직 세포에서 산소를 이용해서 영양소를 분해하여 생명 활동에 필요한 에너지를 얻는 반응으로, 이화 작용의 예에 해당함
- 방출된 에너지의 일부는 ATP에 저장되고, 나머지는 열에너지로 방출됨

1. 세포 호흡 과정에서 방출된 에너지의 일부는 ( )에 저장되고, 나머지는 ( )에너지로 방출된다.

2. 세포 호흡 과정에서 포도당이 ( )에 의해 산화되어 ( )와 물로 최종 분해된다.

※ ○ 또는 ×

3. 세포 호흡 과정에는 효소가 관여한다. ( )

4. 사람에서 세포 호흡의 전 과정은 미토콘드리아에서 일어난다. ( )

정답
1. ATP, 열
2. 산소, 이산화 탄소
3. ○
4. ×

과학 돋보기 🔍 **광합성과 세포 호흡**

· **광합성**: 동화 작용의 대표적인 예로 엽록체에서 일어난다. 작은 분자인 물과 이산화 탄소가 큰 분자인 포도당으로 합성되며, 에너지가 흡수된다.
· **세포 호흡**: 이화 작용의 대표적인 예로 주로 미토콘드리아에서 일어난다. 큰 분자인 포도당이 산소와 반응하여 작은 분자인 물과 이산화 탄소로 분해되며, 에너지가 방출된다.
· **공통점**: 두 반응 모두 여러 종류의 효소가 관여한다.

(2) 에너지의 전환과 이용

① **ATP**: 아데노신(아데닌＋리보스)에 3개의 인산이 결합한 화합물로 생명 활동에 이용되는 에너지 저장 물질이다.

과학 돋보기 🔍 **ATP의 생성과 분해**

· ATP는 아데닌과 리보스, 3개의 인산이 결합한 화합물이다.
· ATP가 ADP와 무기 인산(P_i)으로 분해될 때 에너지가 방출된다.
· ADP가 무기 인산(P_i) 1분자와 결합하여 ATP가 생성되면서 에너지가 저장된다.

② 세포 호흡에 의해 포도당의 화학 에너지 일부는 ATP의 화학 에너지로 저장된다.
③ ATP의 화학 에너지는 여러 형태의 에너지로 전환되어 발성, 정신 활동, 체온 유지, 근육 운동, 생장 등의 생명 활동에 이용된다.

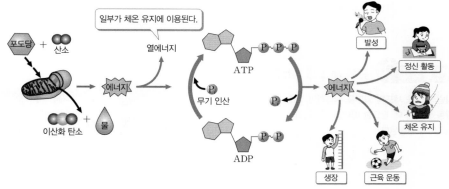

에너지의 전환과 이용

탐구자료 살펴보기 | 효모에 의한 이산화 탄소 방출량 비교하기

탐구 목표

효모의 물질대사로 발생하는 이산화 탄소의 양을 비교할 수 있다.

준비물

포도당, 건조 효모, 증류수, 약숟가락, 약포지, 솜, 비커, 유리 막대, 눈금실린더, 발효관, 전자저울, 시계, 온도계

탐구 과정

① 증류수에 포도당을 녹여 5 %의 포도당 용액과 10 %의 포도당 용액을 만든다.
② 37 ℃~40 ℃의 증류수에 건조 효모를 녹여 효모액을 만든다.
③ 발효관 A~C에 용액을 다음과 같이 넣는다.

맹관부
솜
발효관

발효관	용액
A	10 % 포도당 용액 20 mL+증류수 15 mL
B	10 % 포도당 용액 20 mL+효모액 15 mL
C	5 % 포도당 용액 20 mL+효모액 15 mL

④ 맹관부에 기체가 들어가지 않도록 발효관을 세우고 입구를 솜으로 막는다.
⑤ 맹관부에 모이는 이산화 탄소의 부피를 2분 간격으로 측정하여 기록한다.
⑥ 기체가 더 이상 발생하지 않으면 측정하는 것을 중단하고, 스포이트로 각 발효관의 용액
   20 mL를 덜어 낸 후, 수산화 칼륨 수용액을 20 mL씩 넣고 입구를 막는다.
⑦ 맹관부에 모인 기체의 부피 변화를 관찰한다.

맹관부
처리한 용액을 각 발효관의 맹관부가 가득 차게 넣는다.

2분 간격으로 맹관부에 모인 기체의 부피를 측정한다.

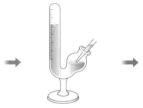
더 이상 기체의 부피가 변하지 않으면 각 발효관의 용액을 20 mL씩 덜어 낸다.

각 발효관에 수산화 칼륨 수용액을 20 mL씩 넣는다.

탐구 결과

(단위: mL)

발효관＼시간(분)	0	2	4	6	8	10	12
A	0	0	0	0	0	0	0
B	0	0.5	1	3	5	8	10
C	0	0.2	0.5	1.4	2.5	4	4.9

• 수산화 칼륨 수용액을 처리한 이후 발효관 B와 C의 맹관부에 모인 기체의 부피가 감소하였다.

분석 point

• A에는 포도당을 분해할 수 있는 효소를 가진 효모가 없어 물질대사가 일어나지 않았다.
• B와 C에는 효모가 있기 때문에 효모가 포도당을 이용하여 물질대사를 한 결과 이산화 탄소가 발생하였다.
• B의 포도당 용액 농도가 C의 포도당 용액 농도보다 높기 때문에 B에서가 C에서보다 이산화 탄소 발생량이 많다.
• 수산화 칼륨 수용액을 처리하면 수산화 칼륨과 이산화 탄소의 화학 반응으로 맹관부에 모인 이산화 탄소의 부피가
  감소한다.

개념 체크

❱ 효모와 물질대사
• 효모는 포도당을 분해할 수 있는 효소를 가지고 있음
• 산소가 있을 때는 산소 호흡으로 물과 이산화 탄소를 생성하고, 산소가 없을 때는 발효로 이산화 탄소와 에탄올을 생성함

❱ 수산화 칼륨(KOH)과 이산화 탄소(CO_2)의 화학 반응
수산화 칼륨과 이산화 탄소가 반응하면 흰색의 침전물(K_2CO_3)이 생성됨

$$2KOH + CO_2 \rightarrow K_2CO_3 + H_2O$$

1. 좌측의 [탐구자료 살펴보기]의 발효관 A에서는 포도당을 분해할 수 있는 효소를 가진 (   )가 존재하지 않아 이산화 탄소가 발생하지 않았다.

2. 좌측의 [탐구자료 살펴보기]에서 종속변인은 맹관부에 모인 (   )의 부피이다.

※ ○ 또는 ×

3. 좌측의 [탐구자료 살펴보기]의 발효관 B에서 이화작용이 일어나 이산화 탄소가 발생하였다. (   )

4. 좌측의 [탐구자료 살펴보기]의 발효관 C에서 맹관부에 모인 기체의 부피는 수산화 칼륨을 처리한 이후에 감소하였다. (   )

정답
1. 효모
2. 기체(이산화 탄소)
3. ○
4. ○

01 그림은 사람에서 일어나는 물질대사 과정의 일부를 나타낸 것이다. ㉠과 ㉡은 O_2와 CO_2를 순서 없이 나타낸 것이다.

[25025-0019]

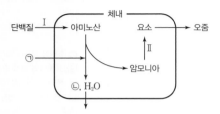

이에 대한 설명으로 옳은 것만을 〈보기〉에서 있는 대로 고른 것은?

┌─ 보 기 ┐
ㄱ. ㉠은 CO_2이다.
ㄴ. 과정 Ⅰ에서 에너지가 방출된다.
ㄷ. 과정 Ⅱ에서 효소가 이용된다.
└─────────┘

① ㄱ   ② ㄷ   ③ ㄱ, ㄴ   ④ ㄱ, ㄷ   ⑤ ㄴ, ㄷ

02 그림은 사람에서 일어나는 물질대사 Ⅰ과 Ⅱ를, 표는 Ⅰ과 Ⅱ에서 에너지의 출입을 나타낸 것이다. ㉠과 ㉡은 글리코젠과 포도당을 순서 없이 나타낸 것이다.

[25025-0020]

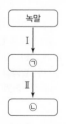

구분	에너지 출입
Ⅰ	방출
Ⅱ	흡수

이에 대한 설명으로 옳은 것만을 〈보기〉에서 있는 대로 고른 것은?

┌─ 보 기 ┐
ㄱ. ㉠은 글리코젠이다.
ㄴ. 1분자당 에너지양은 ㉠이 ㉡보다 크다.
ㄷ. 간에서 Ⅱ가 일어난다.
└─────────┘

① ㄱ   ② ㄷ   ③ ㄱ, ㄴ   ④ ㄱ, ㄷ   ⑤ ㄴ, ㄷ

03 표는 자동차에서 일어나는 연소와 사람에서 일어나는 세포 호흡을 비교하여 나타낸 것이다.

[25025-0021]

구분	연소	세포 호흡
에너지원	휘발유	포도당
에너지 전환	화학 에너지 → 운동 에너지, ⓐ	화학 에너지 → 화학 에너지, ⓐ
공통점	산소에 의한 화학 반응이 일어난다.	
차이점	㉠	

이에 대한 설명으로 옳은 것만을 〈보기〉에서 있는 대로 고른 것은?

┌─ 보 기 ┐
ㄱ. 세포 호흡은 이화 작용에 해당한다.
ㄴ. 열에너지는 ⓐ에 해당한다.
ㄷ. 'ATP 생성 여부가 다르다.'는 ㉠에 해당한다.
└─────────┘

① ㄱ   ② ㄷ   ③ ㄱ, ㄴ   ④ ㄴ, ㄷ   ⑤ ㄱ, ㄴ, ㄷ

04 그림은 ADP와 ATP의 전환을 나타낸 것이다.

[25025-0022]

이에 대한 설명으로 옳은 것만을 〈보기〉에서 있는 대로 고른 것은?

┌─ 보 기 ┐
ㄱ. 1분자당 고에너지 인산 결합의 수는 ㉠이 ㉡보다 많다.
ㄴ. 운동 중일 때 근육 세포에서 과정 Ⅰ이 일어난다.
ㄷ. 세포 호흡에서 방출된 에너지의 일부는 과정 Ⅱ에 이용된다.
└─────────┘

① ㄴ   ② ㄷ   ③ ㄱ, ㄴ   ④ ㄱ, ㄷ   ⑤ ㄱ, ㄴ, ㄷ

05 그림 (가)는 어떤 사람이 오르막길, 평탄한 길, 내리막길을 달릴 때 속도에 따른 에너지 소비량을, (나)는 이 사람에서 일어나는 물질대사 I을 나타낸 것이다.

[25025-0023]

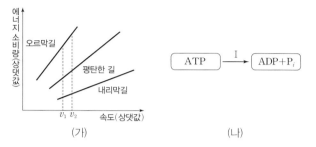

(가)   (나)

이에 대한 설명으로 옳은 것만을 〈보기〉에서 있는 대로 고른 것은? (단, 제시된 조건 이외는 고려하지 않는다.)

┌─〔 보기 〕
ㄱ. I에서 에너지가 방출된다.
ㄴ. (가)에서 평탄한 길을 v_2로 달릴 때가 v_1로 달릴 때보다 단위 시간당 발생하는 이산화 탄소의 양이 적다.
ㄷ. (가)에서 달리는 속도가 v_2일 때 단위 시간당 소모되는 ATP의 양은 오르막길을 달릴 때가 내리막길을 달릴 때보다 많다.
└─

① ㄱ   ② ㄴ   ③ ㄷ   ④ ㄱ, ㄷ   ⑤ ㄴ, ㄷ

06 표는 사람의 근육 세포에서 포도당을 분해하여 에너지를 얻는 과정 (가)와 (나)의 특징을 나타낸 것이다.

[25025-0024]

과정	특징
(가)	세포에 산소가 충분히 공급될 때 일어나며, 포도당이 산소와 반응하여 ㉠과 이산화 탄소로 최종 분해된다.
(나)	세포에 산소가 부족할 때 일어나며, 포도당이 불완전 분해되어 젖산이 생성된다.

이에 대한 설명으로 옳은 것만을 〈보기〉에서 있는 대로 고른 것은?

┌─〔 보기 〕
ㄱ. ㉠은 물(H_2O)이다.
ㄴ. (가)에서 ATP가 생성된다.
ㄷ. (나)에서 방출된 에너지의 일부는 근육 수축에 이용된다.
└─

① ㄱ   ② ㄷ   ③ ㄱ, ㄴ   ④ ㄴ, ㄷ   ⑤ ㄱ, ㄴ, ㄷ

07 그림은 효모의 세포 호흡을 확인하기 위한 실험 장치를, 표는 이 실험의 결과를 나타낸 것이다. 기체 A는 O_2와 CO_2 중 하나이다.

[25025-0025]

일정 시간이 지난 후 ㉠효모의 세포 호흡 결과 방출된 A에 의해 석회수가 뿌옇게 흐려지고, ㉡병 안의 온도가 높아졌다.

이 실험에 대한 설명으로 옳은 것만을 〈보기〉에서 있는 대로 고른 것은? (단, 제시된 조건 이외는 고려하지 않는다.)

┌─〔 보기 〕
ㄱ. A는 CO_2이다.
ㄴ. ㉠ 과정에서 ⓐ가 분해되는 화학 반응이 일어났다.
ㄷ. 효모의 세포 호흡 결과 발생한 열에너지에 의해 ㉡이 일어났다.
└─

① ㄱ   ② ㄷ   ③ ㄱ, ㄴ   ④ ㄴ, ㄷ   ⑤ ㄱ, ㄴ, ㄷ

08 그림 (가)는 사람에서 일어나는 물질대사 I과 II를, (나)는 I과 II 중 하나의 반응이 일어날 때 물질 ㉠과 ㉡에 저장된 에너지양을 나타낸 것이다. ㉠과 ㉡은 단백질과 아미노산을 순서 없이 나타낸 것이다.

[25025-0026]

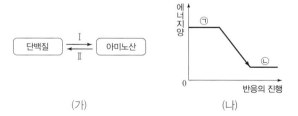

(가)   (나)

이에 대한 설명으로 옳은 것만을 〈보기〉에서 있는 대로 고른 것은?

┌─〔 보기 〕
ㄱ. ㉠은 아미노산이다.
ㄴ. I과 II에서 모두 효소가 이용된다.
ㄷ. 음식물의 소화 과정에서 (나)와 같은 에너지 변화가 일어난다.
└─

① ㄱ   ② ㄷ   ③ ㄱ, ㄴ   ④ ㄴ, ㄷ   ⑤ ㄱ, ㄴ, ㄷ

09 그림은 삼각 플라스크에 포도당 수용액과 효모액을 첨가한 후 고무풍선으로 입구를 막고 두 시점 t_1과 t_2일 때 관찰한 결과를 나타낸 것이다.

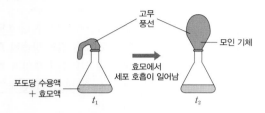

이에 대한 설명으로 옳은 것만을 〈보기〉에서 있는 대로 고른 것은?

〈 보기 〉
ㄱ. t_1에서 t_2로의 변화 과정에서 에너지가 방출되는 화학 반응이 일어났다.
ㄴ. 삼각 플라스크에 들어 있는 용액 내 포도당의 양은 t_2일 때가 t_1일 때보다 많다.
ㄷ. t_2일 때 고무풍선에 모인 기체에는 이산화 탄소(CO_2)가 있다.

① ㄱ　　② ㄴ　　③ ㄱ, ㄷ　　④ ㄴ, ㄷ　　⑤ ㄱ, ㄴ, ㄷ

10 그림은 사람의 세포에서 일어나는 세포 호흡과 에너지 전환을 나타낸 것이다. ㉠과 ㉡은 각각 CO_2와 포도당 중 하나이다.

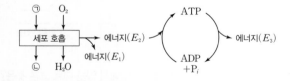

이에 대한 설명으로 옳은 것만을 〈보기〉에서 있는 대로 고른 것은?

〈 보기 〉
ㄱ. 1분자당 저장된 에너지는 ㉡이 ㉠보다 크다.
ㄴ. E_1은 열에너지이다.
ㄷ. E_3은 생명 활동에 이용된다.

① ㄱ　　② ㄷ　　③ ㄱ, ㄴ　　④ ㄴ, ㄷ　　⑤ ㄱ, ㄴ, ㄷ

11 그림 (가)는 물질대사 A와 B에서의 물질 전환을, (나)는 물질 X를 나타낸 것이다. A와 B는 각각 광합성과 세포 호흡 중 하나이고, X는 ADP와 ATP 중 하나이다.

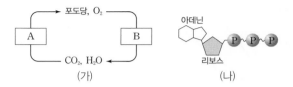

이에 대한 설명으로 옳은 것만을 〈보기〉에서 있는 대로 고른 것은?

〈 보기 〉
ㄱ. 사람의 간세포에서 A가 일어난다.
ㄴ. A와 B에서 모두 에너지 전환이 일어난다.
ㄷ. B에서 방출되는 에너지의 일부는 X에 저장된다.

① ㄱ　　② ㄷ　　③ ㄱ, ㄴ　　④ ㄴ, ㄷ　　⑤ ㄱ, ㄴ, ㄷ

12 다음은 물질대사에 대한 학생 A~C의 발표 내용이다.

제시한 내용이 옳은 학생만을 있는 대로 고른 것은?

① A　　② B　　③ A, C　　④ B, C　　⑤ A, B, C

[25025-0031]

01 그림 (가)는 팔을 구부리는 과정에서 근육 X의 수축을, (나)는 근육 세포 내의 세포 소기관 Y에서 일어나는 물질대사 과정을 나타낸 것이다. ㉠~㉣은 ADP, ATP, CO_2, O_2를 순서 없이 나타낸 것이다.

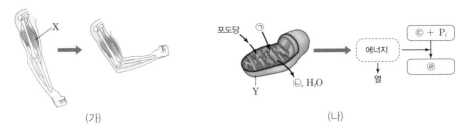

(가)   (나)

이에 대한 설명으로 옳은 것만을 〈보기〉에서 있는 대로 고른 것은?

┌─ 보기 ┐
ㄱ. Y는 미토콘드리아이다.
ㄴ. ㉠은 O_2이다.
ㄷ. (가)에서 X가 수축할 때 ㉣에 저장된 에너지가 이용된다.
└─────────┘

① ㄱ   ② ㄴ   ③ ㄱ, ㄷ   ④ ㄴ, ㄷ   ⑤ ㄱ, ㄴ, ㄷ

근육 세포에서는 포도당을 이산화 탄소와 물로 분해하는 세포 호흡이 일어나며, 이 과정의 일부는 세포 내 소기관인 미토콘드리아에서 일어난다.

[25025-0032]

02 그림은 세포 호흡과 단백질 합성 과정을 나타낸 것이다. ㉠~㉢은 ADP, ATP, H_2O을 순서 없이 나타낸 것이다.

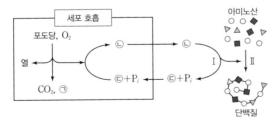

단백질

이에 대한 설명으로 옳은 것만을 〈보기〉에서 있는 대로 고른 것은?

┌─ 보기 ┐
ㄱ. ㉠은 H_2O이다.
ㄴ. 과정 Ⅰ에서 방출된 에너지가 과정 Ⅱ에서 이용된다.
ㄷ. ㉢이 ㉡으로 전환될 때 인산 결합이 형성된다.
└─────────┘

① ㄱ   ② ㄷ   ③ ㄱ, ㄴ   ④ ㄴ, ㄷ   ⑤ ㄱ, ㄴ, ㄷ

ATP가 ADP와 무기 인산(P_i)으로 분해될 때 에너지가 방출되고, 이 에너지는 여러 형태로 전환되어 생명 활동에 이용된다.

효모에서는 이화 작용인 세포 호흡과 발효가 일어난다. 세포 호흡과 발효의 결과 포도당이 분해되고 이산화 탄소가 발생한다.

[25025-0033]

03 다음은 MBL(컴퓨터 기반 과학 실험) 장치를 이용한 효모의 세포 호흡 측정에 관한 내용이다.

[실험 과정 및 결과]

(가) 삼각 플라스크 A~C에 표와 같이 용액을 넣는다. ㉠과 ㉡은 5 % 포도당 용액과 10 % 포도당 용액을 순서 없이 나타낸 것이다.

삼각 플라스크	용액
A	㉠ 20 mL+증류수 15 mL
B	㉠ 20 mL+효모액 15 mL
C	㉡ 20 mL+효모액 15 mL

(나) 기체 X를 감지할 수 있는 센서를 꽂은 후 삼각 플라스크 입구를 밀봉한다. X는 O_2와 CO_2 중 하나이다.

(다) MBL 프로그램으로 A~C에서 시간에 따른 X의 총 발생량을 측정한 결과는 그림과 같다.

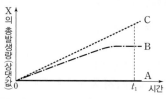

이에 대한 설명으로 옳은 것만을 〈보기〉에서 있는 대로 고른 것은? (단, 제시된 조건 이외는 고려하지 않는다.)

〈 보기 〉
ㄱ. X는 CO_2이다.
ㄴ. ㉠은 10 % 포도당 용액이다.
ㄷ. t_1일 때 포도당이 분해되는 속도는 B에서가 C에서보다 빠르다.

① ㄱ   ② ㄷ   ③ ㄱ, ㄴ   ④ ㄱ, ㄷ   ⑤ ㄴ, ㄷ

생물체에서는 물질대사를 통해 생명 활동에 필요한 물질을 합성하고, 이 과정에서 에너지 전환이 일어난다.

[25025-0034]

04 다음은 반딧불이에서 일어나는 물질대사의 특징을 나타낸 것이다.

반딧불이의 발광 세포에는 발광 물질인 루시페린이 있다. 루시페린이 ㉠산소에 의해 산화되면 빛이 나는데, 이 과정에서 루시페레이스라는 ㉡효소가 이용된다.

이에 대한 설명으로 옳은 것만을 〈보기〉에서 있는 대로 고른 것은?

〈 보기 〉
ㄱ. 반딧불이의 발광 과정에서 루시페린에 저장된 화학 에너지가 빛에너지로 전환된다.
ㄴ. 사람의 세포 호흡 과정에서 포도당이 ㉠과 반응하면 물과 이산화 탄소가 생성된다.
ㄷ. ㉡은 생물체 내에서의 화학 반응에 관여한다.

① ㄱ   ② ㄷ   ③ ㄱ, ㄴ   ④ ㄴ, ㄷ   ⑤ ㄱ, ㄴ, ㄷ

05 그림 (가)는 외부 온도에 따른 동물 A와 B의 체온을, (나)는 외부 온도에 따른 A와 B의 물질대사율을 나타낸 것이다.

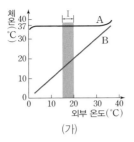
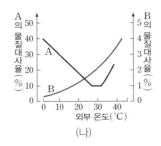

(가)   (나)

이 자료에 대한 설명으로 옳은 것만을 〈보기〉에서 있는 대로 고른 것은? (단, 제시된 조건 이외는 고려하지 않는다.)

┌─〔 보기 〕
│ ㄱ. 외부 온도가 25 °C에서 15 °C로 낮아지면 A에서 세포 호흡이 촉진된다.
│ ㄴ. 구간 Ⅰ에서 외부 온도에 따른 체온 변화는 B에서가 A에서보다 크다.
│ ㄷ. 외부 온도가 30 °C일 때 생물체의 단위 부피당 물질대사에 의한 열 발생량은 A에서가 B
│   에서보다 많다.

① ㄱ   ② ㄷ   ③ ㄱ, ㄴ   ④ ㄴ, ㄷ   ⑤ ㄱ, ㄴ, ㄷ

06 그림 (가)는 사람에서 음식물에 들어 있는 물질 X가 소화 과정을 거쳐 세포 호흡이 일어나는 과정을, (나)는 화학 반응의 진행에 따른 에너지의 변화를 나타낸 것이다. X는 탄수화물과 단백질 중 하나이고, ㉠~㉣은 요소, 아미노산, O_2, H_2O을 순서 없이 나타낸 것이다.

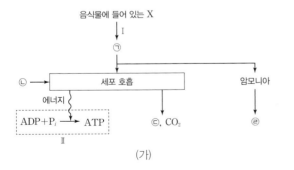

(가)   (나)

이에 대한 설명으로 옳은 것만을 〈보기〉에서 있는 대로 고른 것은?

┌─〔 보기 〕
│ ㄱ. ㉠과 ㉣ 각각을 구성하는 원소에는 모두 질소(N)가 있다.
│ ㄴ. ㉢은 H_2O이다.
│ ㄷ. 과정 Ⅰ과 Ⅱ에서 모두 (나)와 같은 에너지 변화가 일어난다.

① ㄱ   ② ㄷ   ③ ㄱ, ㄴ   ④ ㄱ, ㄷ   ⑤ ㄴ, ㄷ

03 물질대사와 건강

➊ 영양소의 흡수와 이동
탄수화물과 단백질의 최종 소화 산물인 단당류와 아미노산은 소장 융털의 모세 혈관으로 흡수된 후, 간을 거쳐 심장으로 이동하고, 지방의 소화 산물인 지방산과 모노글리세리드는 림프관의 일종인 암죽관으로 흡수된 후 심장으로 이동함

1. 영양소의 소화와 흡수를 담당하는 기관계는 (   )이다.

2. 지방의 최종 소화 산물은 (   )과 (   )이다.

※ ○ 또는 ×

3. 소장에서 흡수된 영양소는 순환계를 통해 조직의 세포로 공급된다. (   )

4. 소화계와 호흡계에서 모두 세포 호흡이 일어난다. (   )

1 기관계와 에너지 대사

(1) 영양소의 흡수와 이동: 음식물 속에 들어 있는 영양소를 체내에서 이용하기 위해 흡수 가능한 형태인 포도당, 지방산, 아미노산 등으로 분해하여 흡수한다. 소화계에서 영양소의 소화와 흡수가 이루어지고, 흡수된 영양소는 순환계를 통해 이동한다.
① **영양소**: 에너지원으로 이용할 수 있는 영양소에는 탄수화물, 단백질, 지방이 있다.
② **영양소의 소화**: 3대 영양소인 탄수화물, 단백질, 지방은 분자의 크기가 커서 세포막을 통과하지 못하므로 음식물이 소화관을 지나는 동안 소화 과정을 통해 작은 분자로 분해되어 체내로 흡수된다.
③ **3대 영양소의 소화 산물**: 탄수화물은 포도당, 과당, 갈락토스와 같은 단당류로, 단백질은 아미노산으로, 지방은 지방산과 모노글리세리드로 분해된다.
④ **영양소의 흡수 및 운반**: 소장에서 최종 소화된 영양소는 소장 내벽의 융털에서 모세 혈관과 암죽관으로 흡수된 후, 순환계를 통하여 온몸의 조직 세포로 공급된다.

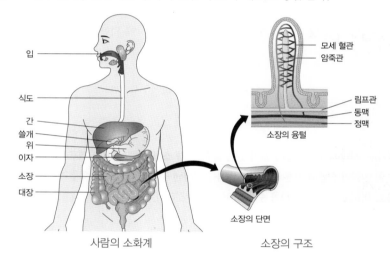

사람의 소화계   소장의 구조

(2) 기체의 교환과 물질의 운반: 호흡계를 통해 세포 호흡에 필요한 산소가 흡수되고, 물질대사 결과 생성된 노폐물인 이산화 탄소와 물이 배출된다. 흡수된 산소는 순환계를 통해 조직 세포로 이동하고, 조직 세포에서 생성된 이산화 탄소는 순환계를 통해 호흡계로 이동한다.
① **호흡계**: 코, 기관, 기관지, 폐 등으로 이루어져 있다. 폐는 작은 주머니 모양의 매우 많은 폐포로 구성되어 있어 공기와 접하는 표면적이 넓다.
② **순환계**: 심장, 혈관 등으로 구성되어 있다. 혈액은 온몸에 퍼져 있는 혈관을 따라 순환하며 물질을 운반한다.
③ **기체 교환**: 폐로 들어온 외부 공기 중 산소는 폐포에서 모세 혈관(혈액)으로 유입된 후 조직 세포로 이동하고, 세포 호흡 결과 생성된 이산화 탄소는 조직 세포에서 모세 혈관(혈액)으로 이동한 후 폐포로 배출된다.

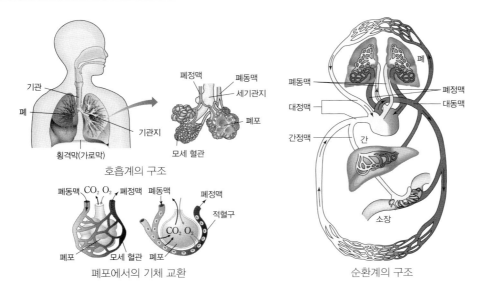

호흡계의 구조

폐포에서의 기체 교환

순환계의 구조

④ **순환계를 통한 물질 운반:** 혈액은 소화 기관에서 흡수한 영양소와 호흡 기관에서 흡수한 산소를 조직 세포에 공급하고, 조직 세포에서 생성된 이산화 탄소와 요소 등의 노폐물을 각각 호흡 기관인 폐와 배설 기관인 콩팥으로 운반하는 일을 담당한다.

(3) 노폐물의 생성과 배설

① **노폐물의 생성과 제거:** 조직 세포에서 세포 호흡의 결과 생성된 노폐물은 혈액으로 운반되어 날숨과 오줌을 통해 몸 밖으로 배출된다.

영양소	노폐물	제거 경로
탄수화물, 지방, 단백질	이산화 탄소	폐에서 날숨을 통해 배출
	물	콩팥을 통해 오줌으로 배설되거나 폐에서 날숨을 통해 배출
단백질	암모니아	대부분 간에서 요소로 전환된 후 콩팥에서 걸러져 오줌을 통해 배설

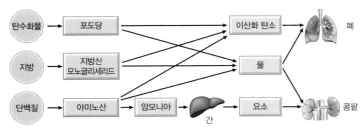

노폐물의 생성과 제거

② **이산화 탄소의 생성과 제거:** 탄수화물, 지방, 단백질의 분해 과정에서 이산화 탄소가 생성되며, 이산화 탄소는 주로 폐로 운반되어 날숨을 통해 배출된다.

③ **물의 생성과 제거:** 탄수화물, 지방, 단백질의 분해 과정에서 물이 생성되며, 물은 몸속에서 다시 이용되거나 콩팥이나 폐로 운반되어 오줌이나 날숨을 통해 배출된다.

④ **암모니아의 생성과 제거:** 단백질의 분해 과정에서 생성된 암모니아는 간으로 운반되어 비교적 독성이 약한 요소로 전환된 다음, 콩팥으로 운반되어 오줌을 통해 배설된다.

개념 체크

유레이스
생콩즙 속에 있는 효소인 유레이스는 요소를 분해하여 염기성의 암모니아를 생성함

$$(NH_2)_2CO + H_2O$$
$$\rightarrow CO_2 + 2NH_3$$

1. 생콩즙에 포함된 ( )는 요소를 암모니아와 이산화 탄소로 분해하는 효소이다.

2. BTB 용액은 산성일 때 노란색, 중성일 때 ( )색, 염기성일 때 ( )색을 띤다.

※ ○ 또는 ×

3. 세포 호흡에 이용되는 영양소는 소화계를 통해, 산소는 호흡계를 통해 몸 안으로 들어온다. ( )

4. 유레이스에 의해 요소가 분해되어 암모니아가 생성되면 용액의 pH는 감소한다. ( )

🧪 **탐구자료 살펴보기** | **생콩즙으로 오줌 속의 요소 분해하기**

탐구 과정

① 물에 불린 콩을 물과 함께 믹서에 넣고 갈아서 거름망으로 걸러 생콩즙을 만든다.

② 증류수, 요소 용액, 오줌을 준비한다.

증류수   요소 용액   오줌   생콩즙

③ 시험관 A~F에 다음과 같이 용액을 넣어 섞은 후 BTB 용액을 떨어뜨려 변화된 색깔을 관찰한다.

시험관	용액	시험관	용액
A	증류수	D	증류수 + 생콩즙
B	요소 용액	E	요소 용액 + 생콩즙
C	오줌	F	오줌 + 생콩즙

탐구 결과

시험관	A	B	C	D	E	F
용액	증류수	요소 용액	오줌	증류수 + 생콩즙	요소 용액 + 생콩즙	오줌 + 생콩즙
변화된 색깔	초록색	초록색	초록색	노란색	푸른색	푸른색

탐구 point

- BTB 용액은 산성일 때 노란색, 중성일 때 초록색, 염기성일 때 푸른색을 띤다.
- 생콩즙에 있는 효소 유레이스는 요소를 분해하여 염기성인 암모니아를 생성한다. 따라서 요소가 포함되어 있는 용액에 생콩즙을 넣으면 생콩즙 속 유레이스가 요소를 분해하여 암모니아가 생성되므로 BTB 용액을 넣으면 푸른색을 띤다.
- E와 F 모두 생콩즙 속 유레이스에 의해 요소가 분해되어 암모니아가 생성되었으므로 푸른색을 띤다.

---

2 기관계의 통합적 작용

생명 활동이 지속적으로 이루어지기 위해서는 소화계, 순환계, 호흡계, 배설계의 상호 작용이 원활하게 일어나야 한다.

(1) 순환계와 다른 기관계의 상호 작용: 순환계는 각 기관계를 연결하는 중요한 역할을 한다.

① **소화계와 순환계**: 음식물에 들어 있는 영양소를 소화하여 흡수한 후 온몸의 조직 세포로 운반한다.

② **호흡계와 순환계**: 폐에서 산소를 흡수한 후 조직 세포로 운반하고, 조직 세포의 세포 호흡 결과 발생한 이산화 탄소를 폐로 운반한다.

③ **배설계와 순환계**: 조직 세포의 세포 호흡 결과 생성된 노폐물을 콩팥까지 운반하고, 콩팥에서 노폐물을 걸러내 몸 밖으로 내보낸다.

(2) 각 기관계의 통합적 작용: 소화계, 호흡계, 순환계, 배설계는 각각 고유의 기능을 수행하면서 서로 협력하여 에너지 생성에 필요한 영양소와 산소를 세포에 공급하고 노폐물을 몸 밖으로 내보내는 기능을 함으로써 생명 활동이 원활하게 이루어지도록 한다.

정답
1. 유레이스
2. 초록, 푸른
3. ○
4. ×

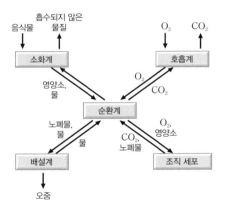

순환계와 다른 기관계의 상호 작용

소화계	순환계
음식물 속의 영양소를 세포가 흡수할 수 있는 크기로 분해하고 몸속으로 흡수한다.	소화계를 통해 흡수된 영양소와 호흡계를 통해 흡수된 산소를 조직 세포로 운반하고, 조직 세포에서 세포 호흡 결과 생성된 이산화 탄소와 노폐물을 각각 호흡계와 배설계로 운반한다.

호흡계	배설계
세포 호흡에 필요한 산소를 흡수하고, 세포 호흡 결과 생성된 이산화 탄소를 몸 밖으로 내보낸다.	조직 세포에서 세포 호흡의 결과 생성된 노폐물을 오줌의 형태로 몸 밖으로 내보낸다.

③ 대사성 질환과 에너지 균형

(1) **대사성 질환**: 우리 몸에서 물질대사 장애에 의해 발생하는 질환을 모두 일컬어 대사성 질환이라 한다.

① 대사성 질환의 종류와 증상: 당뇨병, 고혈압, 고지혈증(고지질 혈증), 심혈관 질환, 뇌혈관 질환 등

당뇨병	혈당량 조절에 필요한 인슐린의 분비가 부족하거나 인슐린이 제대로 작용하지 못해 발생한다. 혈당량이 정상보다 높아 오줌 속에 포도당이 섞여 나오고 여러 가지 합병증을 일으킨다.
고혈압	혈압이 정상보다 높은 만성 질환으로, 심혈관 질환 및 뇌혈관 질환의 원인이 된다.
고지혈증 (고지질 혈증)	혈액 속에 콜레스테롤이나 중성 지방이 많은 상태로 지질 성분이 혈관 내벽에 쌓이면 동맥 벽의 탄력이 떨어지고 혈관의 지름이 좁아지는 동맥 경화 등 심혈관 질환의 원인이 된다.

② 대사 증후군: 체내 물질대사 장애로 인해 높은 혈압, 높은 혈당, 비만, 이상 지질 혈증 등의 증상이 한 사람에게서 동시에 나타나는 것을 말한다.

③ 대사 증후군의 예방: 대사 증후군을 방치하면 당뇨병, 심혈관 질환 등 심각한 질환으로 발전할 가능성이 높으므로 대사 증후군이 발생하지 않도록 예방하는 것이 필요하다.

과학 돋보기 🔍 **고지혈증(고지질 혈증)**

- 고지혈증은 혈액 속에 콜레스테롤, 중성 지방 등이 과다하게 들어 있는 상태를 말한다.
- 혈액 속 콜레스테롤이 혈관벽에 쌓이면 혈액의 흐름을 방해하여 혈액 순환이 잘 이루어지지 않으며 심하면 혈액의 흐름이 멈추기도 한다.

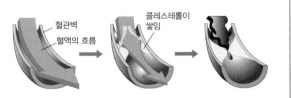

혈액의 흐름이 수월하다.   혈액의 흐름이 약해진다.   혈액의 흐름이 멈춘다.

(2) **에너지의 균형**: 생명 활동을 정상적으로 유지하고 건강한 생활을 하기 위해서는 음식물 섭취로부터 얻는 에너지양과 활동으로 소비하는 에너지양 사이에 균형이 잘 이루어져야 한다.

① **기초 대사량**: 체온 조절, 심장 박동, 혈액 순환, 호흡 활동과 같은 생명 현상을 유지하는 데 필요한 최소한의 에너지양이다.

◆ 에너지 섭취량과 소비량
에너지 섭취량은 음식물을 통해 섭취하는 에너지양이고, 에너지 소비량은 다양한 물질대사 및 활동으로 소비하는 에너지양임

1. (   ) 대사량은 하루 동안의 기초 대사량, 활동 대사량, 소화와 흡수에 필요한 에너지양을 모두 더한 값이다.

2. 에너지 섭취량이 에너지 소비량보다 많으면 영양 (과다 , 부족) 상태가 되고, 체중이 (감소 , 증가) 한다.

※ ○ 또는 ×

3. 섭취한 음식을 체내에서 소화, 흡수, 이동하는 데에도 에너지가 소비된다. (   )

4. 기초 대사량은 성별, 나이에 관계없이 항상 동일하다. (   )

② **활동 대사량**: 밥 먹기, 공부하기, 운동하기 등 다양한 활동을 하면서 소모되는 에너지양이다.
③ **1일 대사량**: 기초 대사량과 활동 대사량, 음식물의 소화와 흡수에 필요한 에너지양 등을 더한 값으로 하루 동안 생활하는 데 필요한 총 에너지양이다. 1일 대사량은 성별, 나이, 체질, 활동의 종류에 따라 다르다.
④ **에너지 섭취량과 소비량의 균형**
- 에너지 섭취량이 에너지 소비량보다 많을 때: 사용하고 남은 에너지가 체내에 축적되어 비만이 될 수 있다. 비만은 다양한 질병의 원인이 된다.
- 에너지 소비량이 에너지 섭취량보다 많을 때: 에너지가 부족하여 우리 몸에 저장된 지방이나 단백질로부터 에너지를 얻게 된다. 따라서 체중이 감소하고 영양 부족 상태가 될 수 있다.

에너지 균형 상태 　　　 에너지 과잉 상태 　　　 에너지 부족 상태

탐구자료 살펴보기　　**1일 에너지 섭취량과 소비량**

자료 탐구
- 체중이 60 kg인 철수의 1일 에너지 섭취량과 활동에 따른 에너지 소비량 및 1일간 활동 시간을 나타낸 것이다.
- 음식물로부터 얻은 에너지 섭취량(kcal)

아침		점심		저녁	
음식물	에너지양	음식물	에너지양	음식물	에너지양
쌀밥	300	자장면	780	쌀밥	360
된장국	110	탕수육	320	미역국	260
배추김치	60	배추김치	50	고등어구이	180
달걀찜	80	단무지	20	도라지나물	60
버섯볶음	60			배추김치	60
합계	610	합계	1170	합계	920

- 활동에 따른 에너지 소비량(kcal/kg·h)

활동	에너지양	활동	에너지양
잠자기	1.0	축구	8.5
식사	1.8	TV 시청	1.1
걷기	3.0	청소	3.0
공부하기	1.8	기타 활동	1.5

- 1일간 활동 시간(h)

활동	시간	활동	시간
잠자기	7.0	축구	1.0
식사	3.0	TV 시청	1.5
걷기	1.5	청소	0.5
공부하기	8.0	기타 활동	1.5

탐구 분석
- 철수의 1일 에너지 섭취량은 하루 종일 음식물로부터 얻은 에너지 섭취량을 합하여 계산한다.
  610+1170+920=2700(kcal)
- 철수의 1일 에너지 소비량은 활동에 따른 에너지 소비량과 체중, 활동 시간을 곱하여 활동별로 합하여 계산한다. 잠자기$(1×60×7)$+식사$(1.8×60×3)$+걷기$(3×60×1.5)$+공부하기$(1.8×60×8)$+축구$(8.5×60×1)$+TV 시청$(1.1×60×1.5)$+청소$(3×60×0.5)$+기타 활동$(1.5×60×1.5)$=2712(kcal)

탐구 point
- 철수의 1일 에너지 섭취량은 2700 kcal이고 1일 에너지 소비량은 2712 kcal로 거의 비슷하므로 에너지 균형을 이루고 있다.

01 표 (가)는 물질의 특징 3가지를, (나)는 (가)의 특징 중 물질 A~C가 갖는 특징의 개수를 나타낸 것이다. A~C는 물, 요소, 이산화 탄소를 순서 없이 나타낸 것이다.

[25025-0037]

특징
• 질소(N)를 포함한다.
• 오줌을 통해 배출된다.
• 아미노산이 세포 호흡에 이용된 후 배출된다.

(가)

물질	특징의 개수
A	⊙
B	1
C	2

(나)

이에 대한 설명으로 옳은 것만을 〈보기〉에서 있는 대로 고른 것은?

〈 보기 〉
ㄱ. ⊙은 0이다.
ㄴ. B는 물이다.
ㄷ. 날숨을 통해 C가 배출된다.

① ㄱ ② ㄷ ③ ㄱ, ㄴ ④ ㄴ, ㄷ ⑤ ㄱ, ㄴ, ㄷ

02 표는 사람의 기관과 각 기관이 속하는 기관계 (가)~(라)를 나타낸 것이다. (가)~(라)는 배설계, 소화계, 순환계, 호흡계를 순서 없이 나타낸 것이다.

[25025-0038]

기관	대장	ⓐ	콩팥	폐
기관계	(가)	(나)	(다)	(라)

이에 대한 설명으로 옳은 것만을 〈보기〉에서 있는 대로 고른 것은?

〈 보기 〉
ㄱ. 혈관은 ⓐ에 해당한다.
ㄴ. (가)에서 생성된 요소는 (나)를 통해 (다)로 운반된다.
ㄷ. (라)를 구성하는 세포에서 세포 호흡이 일어난다.

① ㄴ ② ㄷ ③ ㄱ, ㄴ ④ ㄱ, ㄷ ⑤ ㄱ, ㄴ, ㄷ

03 그림은 사람의 혈액 순환 경로를 나타낸 것이다. A~C는 각각 폐, 심장, 콩팥 중 하나이며, ⊙과 ⓒ은 혈관이다.
이에 대한 설명으로 옳은 것만을 〈보기〉에서 있는 대로 고른 것은?

[25025-0039]

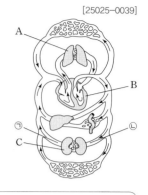

〈 보기 〉
ㄱ. A에서 흡수한 O_2의 일부는 C로 이동한다.
ㄴ. B는 순환계에 속한다.
ㄷ. 단위 부피당 요소의 양은 ⊙의 혈액이 ⓒ의 혈액보다 많다.

① ㄴ ② ㄷ ③ ㄱ, ㄴ ④ ㄱ, ㄷ ⑤ ㄱ, ㄴ, ㄷ

04 표 (가)는 기관 A~C에서 특징 ⊙~ⓒ의 유무를, (나)는 ⊙~ⓒ을 순서 없이 나타낸 것이다. A~C는 폐, 소장, 콩팥을 순서 없이 나타낸 것이다.

[25025-0040]

기관 특징	A	B	C
⊙	×	○	?
ⓒ	?	?	○
ⓒ	?	○	?

(○: 있음, ×: 없음)

(가)

특징(⊙~ⓒ)
• 노폐물을 몸 밖으로 배출하는 기관계에 속한다.
• 소화된 양분을 융털을 통해 흡수한다.
• 항이뇨 호르몬(ADH)이 작용하여 수분의 재흡수가 일어난다.

(나)

이에 대한 설명으로 옳은 것만을 〈보기〉에서 있는 대로 고른 것은?

〈 보기 〉
ㄱ. A는 폐이다.
ㄴ. C와 간은 같은 기관계에 속한다.
ㄷ. ⓒ은 '노폐물을 몸 밖으로 배출하는 기관계에 속한다.'이다.

① ㄱ ② ㄷ ③ ㄱ, ㄴ ④ ㄴ, ㄷ ⑤ ㄱ, ㄴ, ㄷ

[25025-0041]

05 그림은 아미노산이 세포 호흡에 이용될 때 생성되는 노폐물의 전환과 이동 경로 일부를, 표는 ㉠과 ㉡ 용액이 들어 있는 시험관 Ⅰ~Ⅳ에 각각 생콩즙과 증류수를 넣고 일정 시간이 지난 후의 pH 변화를 나타낸 것이다. ㉠과 ㉡은 각각 요소와 암모니아 중 하나이다.

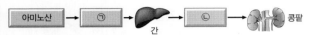

아미노산 → ㉠ → 간 → ㉡ → 콩팥

시험관	용액	pH 변화
Ⅰ	㉠ 용액+증류수	변화 없음
Ⅱ	㉠ 용액+생콩즙	변화 없음
Ⅲ	㉡ 용액+증류수	변화 없음
Ⅳ	㉡ 용액+생콩즙	pH 증가

이에 대한 설명으로 옳은 것만을 〈보기〉에서 있는 대로 고른 것은? (단, 제시된 조건 이외의 다른 조건은 동일하다.)

〔 보기 〕
ㄱ. ㉡은 요소이다.
ㄴ. Ⅳ에서 ㉠이 생성되었다.
ㄷ. 생콩즙에는 ㉠을 ㉡으로 전환하는 효소가 있다.

① ㄱ ② ㄷ ③ ㄱ, ㄴ ④ ㄴ, ㄷ ⑤ ㄱ, ㄴ, ㄷ

[25025-0042]

06 사람의 몸을 구성하는 기관계에 대한 설명으로 옳은 것만을 〈보기〉에서 있는 대로 고른 것은?

〔 보기 〕
ㄱ. 소화계의 기관에서는 동화 작용과 이화 작용이 모두 일어난다.
ㄴ. 배설계에서 재흡수된 물의 일부는 순환계를 통해 호흡계로 운반된다.
ㄷ. 배설계에는 교감 신경이 작용하는 기관이 있다.

① ㄱ ② ㄷ ③ ㄱ, ㄴ ④ ㄴ, ㄷ ⑤ ㄱ, ㄴ, ㄷ

[25025-0043]

07 표는 사람의 기관 A~C에서 3가지 특징의 유무를 나타낸 것이다. A~C는 간, 폐, 이자를 순서 없이 나타낸 것이고, ㉠과 ㉡은 '있음'과 '없음'을 순서 없이 나타낸 것이다.

특징 \ 기관	A	B	C
소화계에 속한다.	?	㉠	?
글루카곤을 분비한다.	?	?	㉠
순환계와 연결되어 있다.	?	㉡	?

이에 대한 설명으로 옳은 것만을 〈보기〉에서 있는 대로 고른 것은?

〔 보기 〕
ㄱ. ㉠은 '있음'이다.
ㄴ. A와 B에서 모두 물질대사가 일어난다.
ㄷ. C는 인슐린의 표적 기관이다.

① ㄴ ② ㄷ ③ ㄱ, ㄴ ④ ㄱ, ㄷ ⑤ ㄴ, ㄷ

[25025-0044]

08 표 (가)는 사람 A가 하루 동안 섭취한 에너지양을, (나)는 A가 하루 동안 소비한 에너지양을 나타낸 것이다. ㉠은 생명 현상을 유지하는 데 필요한 최소한의 에너지양이고, ㉡은 ㉠ 이외의 활동 등에 필요한 에너지양이다.

구분	에너지 섭취량 (kcal)
탄수화물	1400
단백질	140
지방	360

(가)

구분	에너지 소비량 (kcal)
㉠	1890
㉡	810

(나)

이에 대한 설명으로 옳은 것만을 〈보기〉에서 있는 대로 고른 것은? (단, 제시된 조건 이외는 고려하지 않는다.)

〔 보기 〕
ㄱ. ㉠은 기초 대사량이다.
ㄴ. 음식물의 소화와 흡수에 필요한 에너지양은 ㉡에 포함된다.
ㄷ. A가 (가)와 같은 에너지 섭취와 (나)와 같은 에너지 소비를 지속하면 체중이 증가할 것이다.

① ㄴ ② ㄷ ③ ㄱ, ㄴ ④ ㄱ, ㄷ ⑤ ㄱ, ㄴ, ㄷ

[25025-0045]

09 그림은 아미노산이 세포 호흡에 이용되어 최종 분해 산물이 생성되는 과정을, 표는 기관계 (가)~(다)의 특징을 나타낸 것이다. ㉠~㉣은 O_2, H_2O, 요소, 암모니아를 순서 없이 나타낸 것이고, (가)~(다)는 배설계, 소화계, 호흡계를 순서 없이 나타낸 것이다.

기관계	특징
(가)	음식물 속의 영양소를 분해하여 흡수한다.
(나)	방광이 속한다.
(다)	ⓐ

이에 대한 설명으로 옳은 것만을 〈보기〉에서 있는 대로 고른 것은?

〈 보기 〉
ㄱ. (가)에서 ㉡이 ㉢으로 전환된다.
ㄴ. (나)에서 ㉢과 ㉣이 몸 밖으로 배출된다.
ㄷ. '㉠을 흡수하고 ㉣을 배출한다.'는 ⓐ에 해당한다.

① ㄴ ② ㄷ ③ ㄱ, ㄴ ④ ㄱ, ㄷ ⑤ ㄱ, ㄴ, ㄷ

[25025-0046]

10 표 (가)는 사람 A~C의 에너지 소비량과 에너지 섭취량을, (나)는 A~C의 에너지 소비량과 에너지 섭취량이 (가)와 같은 상태로 일정 기간 동안 지속되었을 때 A~C의 체중 변화를 나타낸 것이다. ㉠과 ㉡은 '증가함'과 '감소함'을 순서 없이 나타낸 것이다.

사람	에너지양(kcal)		사람	체중 변화
	소비량	섭취량		
A	2000	2650	A	㉠
B	2350	ⓐ	B	㉡
C	2700	2700	C	?
	(가)			(나)

이에 대한 설명으로 옳은 것만을 〈보기〉에서 있는 대로 고른 것은? (단, 제시된 조건 이외는 고려하지 않는다.)

〈 보기 〉
ㄱ. ㉠은 '증가함'이다.
ㄴ. ⓐ는 2350보다 크다.
ㄷ. (가)와 같은 에너지 소비와 섭취가 지속되면 A~C 중 비만이 될 가능성이 가장 높은 사람은 C이다.

① ㄱ ② ㄷ ③ ㄱ, ㄴ ④ ㄴ, ㄷ ⑤ ㄱ, ㄴ, ㄷ

[25025-0047]

11 표는 대사성 질환 (가)~(다)의 증상을, 그림은 건강한 사람과 (가)~(다) 중 하나의 질환을 나타내는 환자 P가 동일한 포도당 용액을 섭취한 후 시간에 따른 혈중 ㉠의 농도를 나타낸 것이다. (가)~(다)는 고혈압, 당뇨병, 고지혈증(고지질 혈증)을 순서 없이 나타낸 것이고, P는 ㉠의 분비나 작용에 이상이 있는 사람이다. ㉠은 인슐린과 글루카곤 중 하나이다.

대사성 질환	증상
(가)	동맥 경화가 일어날 수 있다.
(나)	오줌 속에 포도당이 섞여 나온다.
(다)	혈압이 정상보다 높다.

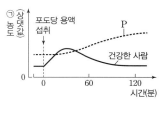

이에 대한 설명으로 옳은 것만을 〈보기〉에서 있는 대로 고른 것은? (단, 제시된 조건 이외는 고려하지 않는다.)

〈 보기 〉
ㄱ. (다)는 심혈관 질환의 원인이 된다.
ㄴ. P는 인슐린이 분비되지 못해 (나)의 질환을 나타낸다.
ㄷ. (가)는 혈액 속에 콜레스테롤이나 중성 지방이 과다하게 들어 있는 상태이다.

① ㄴ ② ㄷ ③ ㄱ, ㄴ ④ ㄱ, ㄷ ⑤ ㄴ, ㄷ

[25025-0048]

12 다음은 에너지 대사와 균형에 대한 학생 A~C의 대화 내용이다.

제시한 내용이 옳은 학생만을 있는 대로 고른 것은?

① A ② C ③ A, B ④ B, C ⑤ A, B, C

단백질의 분해 과정에서 생성된 암모니아는 간으로 운반되어 요소로 전환된 다음, 콩팥을 통해 오줌으로 배설된다.

[25025-0049]

01 그림은 사람의 혈액 순환 경로를, 표는 노폐물 (가)~(다)에서 수소(H)와 질소(N)의 유무를 나타낸 것이다. A~C는 각각 간, 폐, 콩팥 중 하나이고, (가)~(다)는 물, 암모니아, 이산화 탄소를 순서 없이 나타낸 것이다. ㉠과 ㉡은 혈관이다.

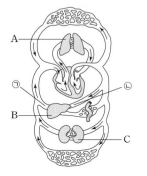

노폐물	수소(H)	질소(N)
(가)	?	?
(나)	?	○
(다)	×	?

(○: 있음, ×: 없음)

이에 대한 설명으로 옳은 것만을 〈보기〉에서 있는 대로 고른 것은?

┌─〈 보기 〉──────────────────────────────┐
│ ㄱ. A를 통해 (가)가 몸 밖으로 배출된다. │
│ ㄴ. $\dfrac{㉠을\ 흐르는\ 혈액의\ 단위\ 부피당\ (나)의\ 양}{㉡을\ 흐르는\ 혈액의\ 단위\ 부피당\ (나)의\ 양}$ 은 1보다 크다. │
│ ㄷ. C는 항이뇨 호르몬(ADH)의 표적 기관이다. │
└──────────────────────────────────────┘

① ㄱ   ② ㄴ   ③ ㄱ, ㄷ   ④ ㄴ, ㄷ   ⑤ ㄱ, ㄴ, ㄷ

세포 호흡에 필요한 산소는 호흡계를 통해 흡수되고, 영양소는 소화계를 통해 흡수된 후, 순환계를 통해 온몸의 조직 세포로 공급된다.

[25025-0050]

02 그림 (가)는 사람의 조직 세포에서 일어나는 세포 호흡 과정의 일부와 물질 ㉠~㉢의 이동을, (나)는 기관 X를 나타낸 것이다. ㉠~㉢은 CO_2, O_2, 아미노산을 순서 없이 나타낸 것이고, Ⅰ과 Ⅱ는 각각 소화계와 호흡계 중 하나이다. ⓐ와 ⓑ는 혈관이다.

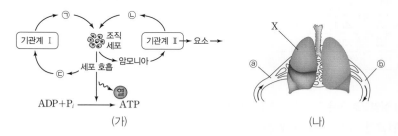

이에 대한 설명으로 옳은 것만을 〈보기〉에서 있는 대로 고른 것은?

┌─〈 보기 〉──────────────────────────────┐
│ ㄱ. ㉠과 ㉡은 모두 순환계를 통해 조직 세포로 이동한다. │
│ ㄴ. X는 Ⅱ에 속한다. │
│ ㄷ. 단위 부피당 ㉢의 양은 ⓐ의 혈액이 ⓑ의 혈액보다 많다. │
└──────────────────────────────────────┘

① ㄱ   ② ㄷ   ③ ㄱ, ㄴ   ④ ㄱ, ㄷ   ⑤ ㄴ, ㄷ

[25025—0051]

03 그림 (가)는 사람의 각 기관계의 통합적 작용을, (나)는 한 기관에서 일어나는 물질대사 과정 Ⅰ~Ⅲ 을 나타낸 것이다. A~C는 배설계, 소화계, 순환계를 순서 없이 나타낸 것이고, ㉠과 ㉡은 요소와 포도당 을 순서 없이 나타낸 것이다.

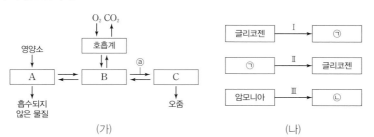

(가)   (나)

글리코젠의 합성과 분해, 요 소의 합성이 일어나는 간은 소화계에 속하는 기관이다.

이에 대한 설명으로 옳은 것만을 〈보기〉에서 있는 대로 고른 것은?

┌─〔 보기 〕──────────────────────────────
│ ㄱ. ㉡은 요소이다.
│ ㄴ. A에 Ⅰ~Ⅲ이 모두 일어나는 기관이 있다.
│ ㄷ. ⓐ에는 ㉠과 ㉡의 이동이 모두 포함된다.
└──────────────────────────────────────

① ㄱ   ② ㄷ   ③ ㄱ, ㄴ   ④ ㄴ, ㄷ   ⑤ ㄱ, ㄴ, ㄷ

[25025—0052]

04 표는 성인의 체질량 지수에 따른 분류를, 그림은 이 분류에 따른 당뇨병, 고혈압, 고지혈증(고지질 혈증)을 나타내는 사람의 비율을 나타낸 것이다.

체질량 지수*	분류
18.5 미만	저체중
18.5 이상 25.0 미만	정상 체중
25.0 이상 30.0 미만	비만 1단계
30.0 이상 35.0 미만	비만 2단계
35.0 이상	비만 3단계

*체질량 지수 = $\dfrac{\text{몸무게(kg)}}{\text{키의 제곱(m}^2)}$

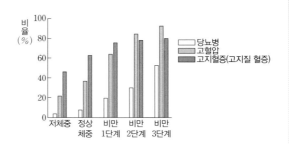

대사성 질환인 당뇨병, 고혈 압, 고지혈증(고지질 혈증)을 나타내는 사람의 비율은 일반 적으로 비만인 사람 집단에서 가 정상 체중인 사람 집단에 서보다 높다.

이에 대한 설명으로 옳은 것만을 〈보기〉에서 있는 대로 고른 것은? (단, 제시된 자료 이외는 고려하지 않 는다.)

┌─〔 보기 〕──────────────────────────────
│ ㄱ. 체질량 지수가 22.0인 성인은 정상 체중으로 분류된다.
│ ㄴ. 당뇨병과 고혈압을 나타내는 사람의 비율은 모두 비만인 사람 집단에서가 정상 체중인 사
│   람 집단에서보다 높다.
│ ㄷ. 비만 1단계인 사람 집단과 비만 3단계인 사람 집단에서 질병을 나타내는 사람의 비율의
│   차이는 고지혈증(고지질 혈증)에서가 고혈압에서보다 크다.
└──────────────────────────────────────

① ㄱ   ② ㄷ   ③ ㄱ, ㄴ   ④ ㄴ, ㄷ   ⑤ ㄱ, ㄴ, ㄷ

소화계는 영양소의 소화 및 흡수와 암모니아의 요소 전환에 관여하고, 배설계는 물과 요소의 배출에 관여한다. 호흡계는 O_2의 흡수와 물과 CO_2의 배출에 관여한다.

[25025–0053]

05 그림은 사람 몸에서 생명 활동에 필요한 에너지를 얻기 위해 일어나는 과정의 일부를, 표는 기관계 (가)~(다)의 작용을 나타낸 것이다. (가)~(다)는 배설계, 소화계, 호흡계를 순서 없이 나타낸 것이고, ⓐ~ⓔ는 과정 ㉠~㉤을 순서 없이 나타낸 것이며, ⓒ는 대동맥을 통해, ⓓ는 대정맥을 통해 일어난다.

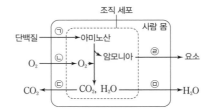

(가)~(다)의 작용
• (가)는 ⓑ와 ⓔ에 관여한다.
• (나)는 ⓐ, ⓒ, ⓓ에 관여한다.
• (다)는 ⓐ와 ⓔ에 관여한다.

이에 대한 설명으로 옳은 것만을 〈보기〉에서 있는 대로 고른 것은?

┌─ 보 기 ─────────────────────────────────┐
ㄱ. (가)는 배설계이다.
ㄴ. ㉡은 ⓒ이다.
ㄷ. (나)에 속하는 기관의 작용을 조절하는 중추에는 연수가 있다.
└──────────────────────────────────────┘

① ㄱ   ② ㄷ   ③ ㄱ, ㄴ   ④ ㄴ, ㄷ   ⑤ ㄱ, ㄴ, ㄷ

생콩즙에는 요소를 암모니아로 분해하는 효소인 유레이스가 들어 있다.

[25025–0054]

06 다음은 어떤 학생이 수행한 탐구 활동의 일부이다.

┌───┐
(가) 콩에는 오줌 속의 요소를 분해하여 염기성인 암모니아를 생성하는 물질이 있을 것이라고 생각했다.

(나) 시험관 I ~ IV에 오줌, 요소 용액, 생콩즙, 증류수를 표와 같이 넣었다.

시험관	I	II	III	IV
용액	요소 용액 +증류수	요소 용액 +생콩즙	오줌 +증류수	오줌 +생콩즙

(다) 일정 시간이 지난 후 I ~ IV의 pH 변화를 측정하여 표로 나타내었다. ㉠과 ㉡은 각각 '변화 없음', 'pH 증가', 'pH 감소' 중 하나이다.

시험관	I	II	III	IV
pH 변화	㉠	㉡	㉠	㉡

(라) 콩에는 오줌 속의 요소를 분해하여 염기성인 암모니아를 생성하는 물질이 있다는 결론을 내렸다.
└───┘

이에 대한 설명으로 옳은 것만을 〈보기〉에서 있는 대로 고른 것은? (단, 제시된 조건 이외의 다른 조건은 동일하다.)

┌─ 보 기 ─────────────────────────────────┐
ㄱ. ㉡은 'pH 증가'이다.
ㄴ. (나)에서 대조 실험이 수행되었다.
ㄷ. pH 변화는 종속변인이다.
└──────────────────────────────────────┘

① ㄱ   ② ㄷ   ③ ㄱ, ㄴ   ④ ㄴ, ㄷ   ⑤ ㄱ, ㄴ, ㄷ

07 표는 기관계 (가)~(다)의 특징을, 그림은 혈액이 기관 X에 존재하는 모세 혈관을 흐를 때 혈액의 단위 부피당 O_2와 CO_2양의 변화를 나타낸 것이다. (가)~(다)는 배설계, 소화계, 호흡계를 순서 없이 나타낸 것이다.

[25025-0055]

기관계	특징
(가)	질소 노폐물을 몸 밖으로 배출한다.
(나)	X가 속한다.
(다)	ⓐ

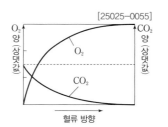

이에 대한 설명으로 옳은 것만을 〈보기〉에서 있는 대로 고른 것은?

〔 보기 〕
ㄱ. (가)에서 생성된 물질 중에 (나)를 통해 몸 밖으로 배출되는 물질이 있다.
ㄴ. (나)에서 O_2가 이용되는 이화 작용이 일어난다.
ㄷ. '동화 작용을 하는 기관이 속한다.'는 ⓐ에 해당한다.

① ㄱ　　　② ㄷ　　　③ ㄱ, ㄴ　　　④ ㄴ, ㄷ　　　⑤ ㄱ, ㄴ, ㄷ

모세 혈관을 흐르는 혈액의 단위 부피당 O_2양이 증가하고, CO_2양이 감소하는 기관은 호흡계에 속한 폐이다.

[25025-0056]

08 다음은 남자 A와 B가 하루 동안 섭취하고 소비한 에너지양에 대한 자료이다.

• A와 B의 하루 동안 에너지 섭취량은 각각 2800 kcal이다.
• 표는 활동에 따른 에너지 소비량(kcal/kg·h)을 나타낸 것이다. 활동에 따른 에너지 소비량에는 각 활동에 필요한 기초 대사량과 음식물의 소화와 흡수 등에 필요한 에너지가 포함되어 있다.

활동	에너지 소비량	활동	에너지 소비량	활동	에너지 소비량
잠자기	0.9	걷기	3.0	축구	8.0
식사	2.0	공부	1.8	청소	3.0

• 하루 동안 소비되는 에너지양은 다음과 같이 계산한다.

하루 동안의 '활동 유형별 에너지 소비량×체중(kg)×활동 시간(h)'을 모두 더한 값

• 표는 남자 A와 B의 체중 및 하루 동안의 활동과 시간을 나타낸 것이다.

남자	체중(kg)	활동	시간(h)	활동	시간(h)	활동	시간(h)
A	60	잠자기	8	걷기	2	축구	2
		식사	3	공부	8	청소	1
B	60	잠자기	9	걷기	1	축구	1
		식사	3	공부	9	청소	1

이에 대한 설명으로 옳은 것만을 〈보기〉에서 있는 대로 고른 것은? (단, 제시된 자료 이외는 고려하지 않는다.)

〔 보기 〕
ㄱ. A의 1일 에너지 소비량은 3100 kcal이다.
ㄴ. B가 하루 동안 가장 많은 에너지를 소비한 활동은 공부이다.
ㄷ. 이 상태로 에너지 섭취량과 에너지 소비량이 지속되면 A와 B는 모두 체중이 감소할 것이다.

① ㄱ　　　② ㄴ　　　③ ㄷ　　　④ ㄱ, ㄴ　　　⑤ ㄴ, ㄷ

1일 에너지 소비량은 '활동 유형별 에너지 소비량×체중(kg)×활동 시간(h)'의 합으로 구하고, 활동 유형별 에너지 소비량에는 기초 대사량, 활동 대사량, 기타 에너지 소비량이 포함되어 있다.

04 자극의 전달

1 뉴런

(1) **뉴런의 구조**: 신경계를 구성하는 뉴런은 매우 다양한 형태를 가지고 있으나 기본적으로 신경 세포체, 가지 돌기, 축삭 돌기로 이루어져 있다.

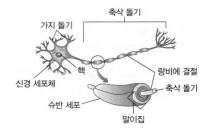

① **신경 세포체**: 핵, 미토콘드리아 등이 있는 신경 세포체는 뉴런에 필요한 물질과 에너지를 생성하며, 뉴런의 생명 활동을 조절한다.

② **가지 돌기**: 신경 세포체에서 뻗어 나온 나뭇가지 모양의 짧은 돌기로, 다른 뉴런이나 세포로부터 자극을 받아들인다.

③ **축삭 돌기**: 신경 세포체에서 뻗어 나온 긴 돌기로, 말단 부위까지 신호가 이동하며 다른 뉴런이나 세포로 신호를 전달한다.

④ **말이집**: 슈반 세포가 뉴런의 축삭 돌기를 반복적으로 감아 형성된 구조로 말이집으로 싸여 있는 부분에서는 흥분이 발생하지 않는다.

과학 돋보기 🔍 뉴런의 다양한 구조

• 뉴런의 기본적인 구조는 신호를 받아들이는 부분, 신호를 이동시키는 부분, 신호를 다른 세포로 전달하는 부분으로 구성된다.
• 뉴런은 기능과 위치에 따라 다양한 구조를 갖는다.
• 뉴런을 구조에 따라 분류할 때 신경 세포체의 위치와 같은 특성을 기준으로 분류한다.

(2) **뉴런의 종류**: 뉴런을 구분하는 기준에는 말이집의 유무나 뉴런의 기능 등이 있다.

① **말이집 유무에 따른 구분**
• **민말이집 뉴런**: 축삭 돌기가 말이집으로 싸여 있지 않은 뉴런을 민말이집 뉴런이라고 한다. 민말이집 뉴런은 축삭 돌기의 전체에서 흥분이 발생한다.
• **말이집 뉴런**: 축삭 돌기의 일부가 말이집으로 싸여 있는 뉴런을 말이집 뉴런이라고 한다. 말이집에 의해 절연된 축삭 돌기 부분에서는 흥분이 발생하지 않고 말이집으로 싸여 있지 않은 랑비에 결절에서만 흥분이 발생한다. 이처럼 랑비에 결절에서 연속적으로 흥분이 발생해 흥분이 전도되는 현상을 도약전도라고 한다. 도약전도가 일어나는 말이집 뉴런은 도약전도가 일어나지 않는 민말이집 뉴런보다 흥분 전도 속도가 빠르다.

민말이집 뉴런

말이집 뉴런

탐구자료 살펴보기 | 흥분 전도 속도 비교하기

탐구 과정

① 일반적인 도미노 (가)와 중간에 도미노 팻말을 밀 수 있는 막대를 매달아 놓은 변형 도미노 (나)를 설치한다. (가)와 (나)의 길이는 서로 같다.

② 시작점에서 동시에 도미노 팻말을 넘어뜨린다.

③ 어느 도미노에서 마지막 도미노 팻말이 먼저 넘어지는지 확인한다.

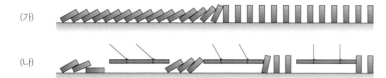

탐구 결과

• 막대를 매달아 놓지 않은 (가)에서보다 막대를 매달아 놓은 (나)에서 도미노의 마지막 팻말이 먼저 넘어진다.

탐구 point

• 도미노 팻말 중간에 매달아 놓은 막대는 뉴런의 말이집과 같은 기능을 한다.

• 모형에서 볼 수 있듯이 말이집은 뉴런에서 흥분이 이동하는 속도를 빠르게 해준다.

---

② 기능에 따른 구분

• 구심성 뉴런(감각 뉴런): 몸 안팎에 존재하는 여러 가지 자극을 받아들인 감각 기관으로부터 발생한 흥분을 연합 뉴런으로 전달하거나, 구심성 뉴런이 직접 자극을 받아들여 연합 뉴런으로 전달한다. 가지 돌기가 비교적 긴 편이고 신경 세포체가 축삭 돌기의 중간 부분에 있다. 중추 신경계를 향해 흥분이 이동하므로 구심성 뉴런이라고 한다.

• 원심성 뉴런(운동 뉴런): 연합 뉴런으로부터 반응 명령을 전달받아 근육과 같은 반응 기관으로 흥분을 전달한다. 길게 발달된 축삭 돌기의 말단은 반응 기관에 분포하며, 신경 세포체가 비교적 크게 발달되어 있다. 중추 신경계에서 전달된 흥분이 반응 기관을 향해 이동하므로 원심성 뉴런이라고 한다.

• 연합 뉴런: 구심성 뉴런과 원심성 뉴런을 연결하는 뉴런으로 뇌와 척수에 존재한다. 구심성 뉴런으로부터 흥분을 전달받아 정보를 처리하고 처리 결과에 따른 명령을 원심성 뉴런에 전달한다.

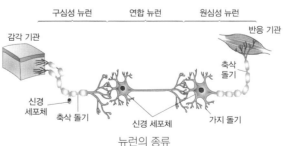

뉴런의 종류

(3) **자극의 전달 경로**: 자극에 의해 감각 기관에서 발생한 흥분은 구심성 뉴런을 거쳐 연합 뉴런으로 전달되고, 연합 뉴런에서 정보를 처리하여 발생한 흥분은 원심성 뉴런으로 전달된 후 근육 등의 반응 기관으로 전해진다. 이러한 과정을 거쳐 자극에 대한 반응이 일어난다.

> 자극 → 감각 기관 → 구심성 뉴런 → 연합 뉴런 → 원심성 뉴런 → 반응 기관 → 반응

개념 체크

⊙ 도약전도

말이집 뉴런에서는 랑비에 결절에서만 연속적으로 흥분이 발생하는데, 이를 도약전도라고 함

1. 구심성 뉴런은 자극을 받아들이는 (   )가 비교적 긴 편이고, 신경 세포체가 (   )의 중간 부분에 있다.

2. 연합 뉴런은 (   ) 뉴런으로부터 흥분을 전달받아 정보를 처리하고, 처리 결과에 따른 명령을 (   ) 뉴런에 전달한다.

※ ○ 또는 ×

3. 연합 뉴런은 뇌에는 있지만, 척수에는 없다.
(   )

4. 자극의 전달 경로 중 연합 뉴런에서 정보를 처리하여 발생한 흥분은 원심성 뉴런(운동 뉴런)을 통해 반응 기관으로 전달된다.
(   )

정답
1. 가지 돌기, 축삭 돌기
2. 구심성(감각), 원심성(운동)
3. ×
4. ○

과학 돋보기 🔍 **축삭 돌기의 굵기와 흥분 이동 속도**

• 뉴런의 축삭 돌기에서 흥분 이동 속도에 영향을 미치는 요인으로 말이집의 유무와 함께 축삭 돌기의 굵기가 있다.
• 축삭 돌기의 굵기는 뉴런의 종류마다 다르며, 일반적으로 축삭 돌기가 굵을수록 저항이 감소하여 흥분 이동 속도가 빠르다.

뉴런의 종류	축삭 돌기의 굵기 (μm)	흥분 이동 속도 (m/s)
골격근에 연결된 체성 뉴런	11~16	60~80
온도 감각 뉴런	1~6	2~30
통증 감각 뉴런	0.5~1.5	0.25~1.5

2 흥분의 전도

(1) 분극

① **분극**: 자극을 받지 않아 휴지 상태인 뉴런은 세포막을 경계로 안쪽이 상대적으로 음(−)전하를 띠고, 바깥쪽이 상대적으로 양(+)전하를 띤다. 이러한 상태를 양극으로 나누어진 상태라고 하여 분극이라고 하며, 이때 형성되는 막전위를 휴지 전위라고 한다.

② **분극의 원인**: 뉴런의 세포막에는 여러 종류의 막단백질이 존재한다. 막단백질에는 Na^+과 K^+의 능동 수송을 담당하는 Na^+-K^+ 펌프, Na^+의 확산을 담당하는 Na^+ 통로, K^+의 확산을 담당하는 K^+ 통로 등이 있다. Na^+-K^+ 펌프는 ATP를 분해하여 얻은 에너지를 이용하여 세포 안의 Na^+을 세포 밖으로 내보내고, 세포 밖의 K^+을 세포 안으로 들여온다. 이로 인해 뉴런의 Na^+ 농도는 항상 세포 밖이 안보다 높고, K^+ 농도는 세포 안이 밖보다 높다. 휴지 상태에서는 K^+ 통로가 일부 열려 있어 K^+이 안에서 밖으로 확산되지만 Na^+ 통로는 거의 대부분 닫혀 있어 Na^+이 밖에서 안으로 확산되지 못한다. 또한 세포 안에는 음(−)전하를 띠고 있는 단백질이 세포 밖보다 많이 존재한다. 이러한 이온의 불균등 분포, 이온의 막 투과도 차이, 음(−)전하 단백질로 인해 세포 안은 상대적으로 음(−)전하를, 세포 밖은 상대적으로 양(+)전하를 띤다.

이온	세포 밖	세포 안
K^+	3.5~5 mM	150 mM
Na^+	135~145 mM	15 mM

③ **휴지 전위**: 분극 상태에서 세포 안과 밖의 전위차를 휴지 전위라고 한다. 휴지 전위는 세포에 따라 $-60\,mV \sim -90\,mV$로 다양하며, 뉴런의 휴지 전위는 $-70\,mV$이다.

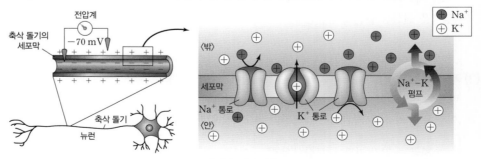

분극 상태일 때의 이온 분포

(2) 탈분극

① **탈분극**: 역치 이상의 자극이 가해진 뉴런의 부위에서 안정적으로 유지되던 막전위가 상승하는 현상을 탈분극이라고 한다.

② **탈분극의 원인**: 뉴런이 역치 이상의 자극을 받으면 자극을 받은 부위에서 Na^+ 통로가 열리면서 Na^+에 대한 막 투과도가 커지고, Na^+이 세포 안으로 급격하게 확산된다. 이러한 과정이 진행되면서 막전위가 상승하는 탈분극이 일어난다.

(3) 재분극

① **재분극**: 상승한 막전위가 다시 휴지 전위로 하강하는 현상을 재분극이라고 한다.

② **재분극의 원인**: 열린 Na^+ 통로는 시간이 지남에 따라 닫히고, 닫혀 있던 K^+ 통로가 열린다. 이로 인해 Na^+의 막 투과도는 감소하고 K^+의 막 투과도는 증가하여, Na^+ 통로를 통한 Na^+의 확산은 감소하고 K^+ 통로를 통한 K^+의 확산은 증가한다. 이러한 과정이 진행되면서 막전위가 하강하는 재분극이 일어난다.

③ **과분극**: 재분극이 일어나면서 막전위가 휴지 전위($-70\,mV$)보다 더 낮은 $-80\,mV$까지 하강하였다가 휴지 전위로 회복되는데 이처럼 뉴런의 막전위가 휴지 전위보다 낮아지는 현상을 과분극이라고 한다.

🧪 탐구자료 살펴보기   탈분극과 재분극에서 이온의 막 투과도

자료 탐구

• 그림 (가)는 어떤 뉴런에 역치 이상의 자극을 주었을 때 이 뉴런의 축삭 돌기 한 지점에서 시간에 따른 막전위를, (나)는 이 지점에서 시간에 따른 Na^+과 K^+의 막 투과도를 나타낸 것이다.

• Na^+ 통로가 열리면 Na^+의 막 투과도가 증가하고, K^+ 통로가 열리면 K^+의 막 투과도가 증가한다.

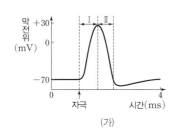
(가)

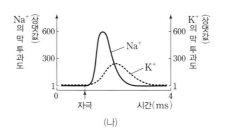
(나)

탐구 point

• (가)에서 막전위가 변하는 것은 Na^+ 통로와 K^+ 통로의 열리고 닫히는 상태가 변하고, 이로 인해 (나)에서와 같이 Na^+과 K^+의 막 투과도가 변하기 때문이다.

• (가)의 구간 Ⅰ은 탈분극 구간이고, Ⅱ는 재분극 구간이다.

• 구간 Ⅰ에서 막전위 상승은 주로 Na^+ 통로가 열려 Na^+이 세포 안으로 유입되어 일어나고, Ⅱ에서의 막전위 하강은 주로 K^+ 통로가 열려 K^+이 세포 밖으로 유출되어 일어난다.

(4) 활동 전위

① **활동 전위**: 휴지 상태인 뉴런의 한 지점에 역치 이상의 자극이 가해지면 막전위가 빠르게 상승하였다가 하강한다. 이러한 막전위 변화를 활동 전위라고 한다.

② **활동 전위와 흥분의 전도**: 뉴런의 한 지점에서 활동 전위가 일어나면 일정 시간 뒤 그 지점과 가까운 지점에서 다시 활동 전위가 발생한다. 이처럼 연쇄적으로 활동 전위가 발생하여 흥분이 뉴런 내에서 이동하는 현상을 흥분의 전도라고 한다.

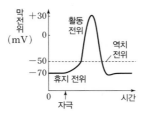

휴지 전위와 활동 전위   탈분극 시 이온의 이동

(5) 흥분의 전도 과정

① 뉴런의 특정 부위에 탈분극이 일어나 활동 전위가 발생하면 일정 시간 뒤 인접한 부위에서도 탈분극이 일어나 활동 전위가 발생한다. 이를 통해 흥분이 축삭 돌기를 따라 뉴런의 말단 부위까지 전도된다.

② 만약 축삭 돌기의 중간 지점에서 활동 전위가 발생하면 흥분 전도는 양방향으로 진행된다.

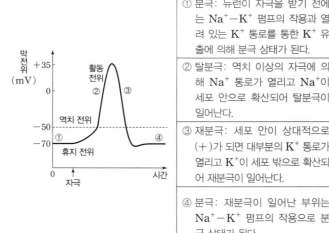

① 분극: 뉴런이 자극을 받기 전에는 Na^+-K^+ 펌프의 작용과 열려 있는 K^+ 통로를 통한 K^+ 유출에 의해 분극 상태가 된다.	
② 탈분극: 역치 이상의 자극에 의해 Na^+ 통로가 열리고 Na^+이 세포 안으로 확산되어 탈분극이 일어난다.	
③ 재분극: 세포 안이 상대적으로 (＋)가 되면 대부분의 K^+ 통로가 열리고 K^+이 세포 밖으로 확산되어 재분극이 일어난다.	
④ 분극: 재분극이 일어난 부위는 Na^+-K^+ 펌프의 작용으로 분극 상태가 된다.	

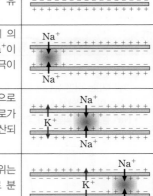

3 흥분의 전달

(1) 흥분의 전달

① **흥분의 전달**: 자극을 받아 활동 전위가 발생한 뉴런에서 흥분이 다음 뉴런의 가지 돌기나 신경 세포체로 전달되는 현상을 흥분의 전달이라고 한다.

② **시냅스**: 뉴런의 축삭 돌기 말단과 다른 뉴런의 가지 돌기나 신경 세포체가 약 20 nm의 틈을 두고 접한 부위를 시냅스라고 한다. 하나의 뉴런이 다수의 뉴런과 시냅스를 형성하기도 한다. 시냅스를 기준으로 흥분을 전달하는 뉴런을 시냅스 이전 뉴런이라고 하고, 흥분을 전달받는 뉴런을 시냅스 이후 뉴런이라고 한다.

③ **흥분의 전달 과정**: 시냅스 이전 뉴런의 흥분이 축삭 돌기 말단까지 전도되면 축삭 돌기 말단에 존재하는 시냅스 소포가 세포막과 융합되면서 시냅스 소포에 있던 신경 전달 물질이 시냅스 틈으로 분비된다. 이 신경 전달 물질이 확산되어 시냅스 이후 뉴런의 신경 전달 물질 수용체에 결합하면 시냅스 이후 뉴런의 이온 통로가 열리면서 탈분극이 일어난다.

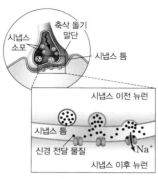

흥분 전달 과정

(2) **흥분의 전달 방향**: 시냅스 소포는 축삭 돌기 말단에만 있으므로 흥분은 항상 시냅스 이전 뉴런의 축삭 돌기 말단에서 시냅스 이후 뉴런의 가지 돌기나 신경 세포체로만 전달된다.

◆ **시냅스**
- 그리스어 'syn — (함께)'과 'haptein(결합하다)'의 합성어에서 유래됨
- 시냅스 이전 뉴런에서 방출된 신경 전달 물질에 의해 시냅스 이후 뉴런으로의 흥분 전달이 일어남

1. 흥분의 전달 과정에서 시냅스 이전 뉴런의 시냅스 소포에 있던 (   )이 시냅스 틈으로 분비되고 확산되어 시냅스 이후 뉴런의 수용체에 결합한다.

2. 흥분의 전달은 시냅스 이전 뉴런의 (   ) 돌기 말단에서 시냅스 이후 뉴런의 (   ) 돌기 방향으로 이루어진다.

※ ○ 또는 ×

3. 시냅스를 기준으로 흥분을 전달하는 뉴런을 시냅스 이후 뉴런이라고 한다.
(   )

4. 뉴런의 축삭 돌기 말단과 다른 뉴런의 가지 돌기나 신경 세포체가 틈을 두고 접한 부위를 시냅스라고 한다.
(   )

🧪 **탐구자료 살펴보기** | **뉴런의 각 지점에서의 막전위**

자료 탐구
- 그림 (가)는 민말이집 신경 A~C의 지점 d_1로부터 세 지점 d_2~d_4까지의 거리를, (나)는 A와 B의 d_1~d_4에서, (다)는 C의 d_1~d_4에서 활동 전위가 발생하였을 때 각 지점에서의 막전위 변화를 나타낸 것이다.
- A와 C의 흥분 전도 속도는 2 cm/ms이고, B의 흥분 전도 속도는 3 cm/ms이다.
- A~C의 d_1에 역치 이상의 자극을 동시에 1회 주고 4 ms가 경과되었다.

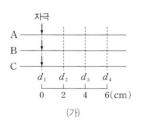

(가)

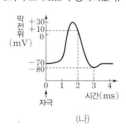

(나)

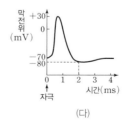

(다)

탐구 point
- d_1에서는 자극과 동시에 활동 전위가 발생하므로 경과된 시간이 4 ms일 때 A~C에서 d_1의 막전위는 모두 −70 mV이다.
- d_2~d_4에서 활동 전위가 발생하기 위해서는 흥분의 전도가 일어나야 한다. 각 지점에서 막전위 변화가 진행된 시간은 전체 경과된 시간 4 ms에서 흥분이 전도되는 데 걸린 시간을 뺀 시간이다.
- A의 흥분 전도 속도는 2 cm/ms이므로 d_1에서 d_2로 흥분이 전도될 때 경과되는 시간이 1 ms이다. 그러므로 d_2에서 막전위 변화는 3 ms 동안 진행되며, 이때 막전위는 −80 mV이다.
- B의 흥분 전도 속도는 3 cm/ms이므로 d_1에서 d_4로 흥분이 전도될 때 경과되는 시간이 2 ms이다. 그러므로 d_4에서 막전위 변화는 2 ms 동안 진행되며, 이때 막전위는 약 +10 mV이다.
- C의 흥분 전도 속도는 2 cm/ms이므로 d_1에서 d_3으로 흥분이 전도될 때 경과되는 시간이 2 ms이다. 그러므로 d_3에서 막전위 변화는 2 ms 동안 진행되며, 이때 막전위는 −80 mV이다.

정답
1. 신경 전달 물질
2. 축삭, 가지
3. ×
4. ○

4 근육의 수축

(1) 골격근의 작용

① **골격근**: 힘줄에 의해서 뼈에 붙어 있으며, 몸의 움직임에 관여하는 근육을 골격근이라고 한다. 골격근을 이루는 근육 섬유의 세포막과 접해있는 원심성 뉴런(운동 뉴런)으로부터 흥분을 전달받아 수축한다.

② **골격근의 작용**: 골격근은 힘줄에 의해서 서로 다른 뼈에 붙어 있으며, 두 뼈는 관절과 인대에 의해서 서로 연결되어 있다. 한 쌍의 근육은 관절을 각각 반대 방향으로 움직이게 하는데, 예를 들면 팔을 굽힐 때는 이두박근이 수축하고, 팔을 펼 때는 삼두박근이 수축한다.

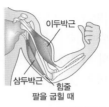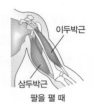

골격근의 수축과 이완

(2) 골격근의 구조

① **골격근의 구조**: 골격근은 여러 개의 근육 섬유 다발로 구성되어 있고, 근육 섬유 다발은 여러 개의 근육 섬유로 구성되어 있다. 근육 섬유는 근육을 구성하는 근육 세포로 근육 세포에는 여러 개의 핵이 존재한다. 근육 섬유에는 미세한 근육 원섬유 다발이 들어 있으며, 이 근육 원섬유는 가는 액틴 필라멘트와 굵은 마이오신 필라멘트 등으로 구성되어 있다. 근육 원섬유를 관찰하면 밝은 부분인 명대(I대)와 어두운 부분인 암대(A대)가 반복되어 나타나며, 명대의 중앙에 Z선이 관찰된다. Z선과 Z선 사이를 근육 원섬유 마디라고 한다.

② **근육 원섬유 마디의 구조**: 마이오신 필라멘트가 존재하는 부분은 A대, 액틴 필라멘트만 존재하는 부분은 I대이다. 근육 원섬유 마디의 중앙에는 마이오신 필라멘트만 존재하는 H대가 있으며, H대 양옆으로 마이오신 필라멘트와 액틴 필라멘트가 겹쳐진 부분이 존재한다. 이 부분 옆으로 액틴 필라멘트만 존재하는 I대가 있다.

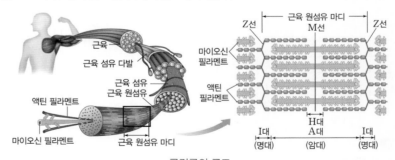

골격근의 구조

(3) 골격근의 수축 원리

① **활주설**: 액틴 필라멘트가 마이오신 필라멘트 사이로 미끄러져 들어가 근육 원섬유 마디의 길이가 짧아지면 근육의 길이가 짧아지는 근수축이 일어난다.

② 근수축이 일어나는 과정에서 H대의 길이, 액틴 필라멘트와 마이오신 필라멘트가 겹치는 부분의 길이, I대의 길이가 변하며, 액틴 필라멘트와 마이오신 필라멘트의 길이는 변하지 않는다.

③ 마이오신 필라멘트 길이와 같은 A대의 길이는 변하지 않는다. A대의 길이는 H대와 액틴 필라멘트와 마이오신 필라멘트가 겹치는 부분을 합한 길이이므로 근수축이 일어날 때 H대가 줄어든 길이만큼 액틴 필라멘트와 마이오신 필라멘트가 겹치는 부분의 길이는 증가한다.
④ 근수축이 강하게 일어나면 H대는 사라지기도 한다.

(4) 근수축의 에너지원
① **근수축의 에너지원:** 근육 원섬유가 수축하는 과정에 필요한 에너지는 ATP로부터 공급받는다. ATP가 분해될 때 방출되는 에너지는 액틴 필라멘트가 마이오신 필라멘트 사이로 미끄러져 들어가는 데 사용된다.
② **근육의 ATP 생성:** 근육에서 ATP는 크레아틴 인산의 분해와 세포 호흡 과정 등으로 생성된다. 크레아틴 인산의 인산이 ADP로 전달되면서 ATP가 빠르게 생성되지만 지속되는 시간이 짧다. 그러므로 근수축의 초기에는 크레아틴 인산의 분해로 생성되는 ATP를 이용하지만 이후에는 포도당 등을 이용한 세포 호흡을 통해 생성된 ATP가 근수축에 공급된다.

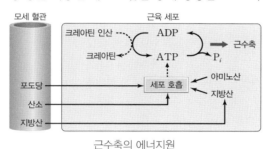

근수축의 에너지원

개념 체크

❯ **골격근 수축 과정에서의 길이 변화**
근수축이 일어나는 과정에서 H대가 줄어든 길이만큼 액틴 필라멘트와 마이오신 필라멘트가 겹치는 부분의 길이는 증가하며, A대의 길이는 변화하지 않음

❯ **근수축의 에너지원**
· ATP가 분해될 때 방출되는 에너지를 사용함
· 근육에서 ATP는 크레아틴 인산의 분해와 세포 호흡, 젖산 발효 등으로 생성됨

1. 근수축이 일어날 때 근육 원섬유 마디에서 (H대 , A대)의 길이는 줄어들고, 액틴 필라멘트와 마이오신 필라멘트가 겹치는 부분의 길이는 증가하며, (H대 , A대)의 길이는 변하지 않는다.

2. 근육 세포에서 크레아틴 인산이 (   )으로 분해되는 과정에서 생성된 인산이 ADP로 전달되어 ATP가 생성된다.

※ ○ 또는 ×

3. 근수축이 강하게 일어나면 A대는 사라지기도 한다.
(   )

4. 근육 원섬유는 수축 과정에서 필요한 에너지를 ATP로부터 공급받는다.
(   )

🧪 탐구자료 살펴보기 근수축 시 각 부분의 길이

자료 탐구
· 표는 시점 ⓐ와 ⓑ일 때 근육 원섬유 마디 X의 길이를 나타낸 것이다.
· 그림은 X의 구조를 나타낸 것이다. ㉠은 액틴 필라멘트만 있는 부분, ㉡은 마이오신 필라멘트와 액틴 필라멘트가 겹치는 부분, ㉢은 마이오신 필라멘트만 있는 부분이다. ㉠의 길이와 ㉢의 길이를 더한 값은 1.0 μm이고, 마이오신 필라멘트의 길이는 1.6 μm이다. X는 좌우 대칭이다.

시점	X의 길이(μm)
ⓐ	3.0
ⓑ	2.2

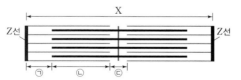

탐구 point
· ⓐ일 때 ㉠의 길이는 0.7 μm, ㉡의 길이는 0.3 μm, ㉢의 길이는 1.0 μm이다. ⓑ일 때 ㉠의 길이는 0.3 μm, ㉡의 길이는 0.7 μm, ㉢의 길이는 0.2 μm이다.
· 근수축 시 ㉠의 길이는 X의 길이가 감소한 것의 절반만큼 감소한다.
· 근수축 시 ㉡의 길이는 X의 길이가 감소한 것의 절반만큼 증가한다.
· 근수축 시 ㉢의 길이는 X의 길이가 감소한 만큼 감소한다.

정답
1. H대, A대
2. 크레아틴
3. ×
4. ○

01 그림은 시냅스로 연결된 두 뉴런 A와 B의 일부를 나타낸 것이다. ⊙~ⓒ은 가지 돌기, 축삭 돌기, 랑비에 결절을 순서 없이 나타낸 것이다.

[25025–0057]

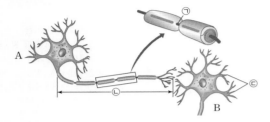

이에 대한 설명으로 옳은 것만을 〈보기〉에서 있는 대로 고른 것은?

ㄱ. ⊙ 부위의 뉴런 세포막에는 Na^+ 통로가 있다.
ㄴ. ⓒ의 말단에는 시냅스 소포가 있다.
ㄷ. B의 ⓒ에 역치 이상의 자극이 주어지면 A의 ⊙에서 활동 전위가 발생한다.

① ㄱ   ② ㄷ   ③ ㄱ, ㄴ   ④ ㄱ, ㄷ   ⑤ ㄴ, ㄷ

02 그림 (가)와 (나)는 뉴런 X에 세기가 서로 다른 자극을 충분한 시간 차를 두고 주었을 때 각 자극에 의한 X에서의 활동 전위 발생 빈도를 나타낸 것이다. 주어진 자극의 세기는 (나)에서가 (가)에서보다 크다.

[25025–0058]

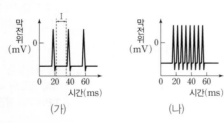

이에 대한 설명으로 옳은 것만을 〈보기〉에서 있는 대로 고른 것은?

ㄱ. 주어진 자극의 세기가 클수록 활동 전위 발생 빈도가 감소한다.
ㄴ. (가)와 (나)에서 모두 역치 이상의 자극이 주어졌다.
ㄷ. 구간 Ⅰ에서 X의 세포막에 있는 Na^+-K^+ 펌프를 통해 Na^+이 세포 안으로 이동한다.

① ㄴ   ② ㄷ   ③ ㄱ, ㄴ   ④ ㄱ, ㄷ   ⑤ ㄴ, ㄷ

03 그림은 시냅스로 연결된 뉴런 (가)~(다)를 나타낸 것이다. (가)~(다)는 각각 연합 뉴런, 구심성 뉴런(감각 뉴런), 원심성 뉴런(운동 뉴런) 중 하나이고, 기관 X와 Y는 골격근과 피부를 순서 없이 나타낸 것이다.

[25025–0059]

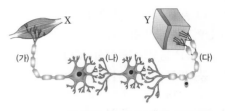

이에 대한 설명으로 옳은 것만을 〈보기〉에서 있는 대로 고른 것은?

ㄱ. X는 골격근이다.
ㄴ. 척수에는 (나)가 있다.
ㄷ. (가)에서 발생한 흥분은 (다)로 전달된다.

① ㄱ   ② ㄷ   ③ ㄱ, ㄴ   ④ ㄱ, ㄷ   ⑤ ㄴ, ㄷ

04 그림은 어떤 뉴런에 역치 이상의 자극을 주고, 탈분극의 한 시점 t_1일 때 전압계를 이용하여 측정한 막전위와 이온 통로 A를 통한 Na^+의 이동을 나타낸 것이다. (가)와 (나)는 각각 세포 밖과 세포 안 중 하나이다.

[25025–0060]

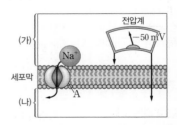

이에 대한 설명으로 옳은 것만을 〈보기〉에서 있는 대로 고른 것은?

ㄱ. (가)는 세포 밖이다.
ㄴ. A를 통한 Na^+의 이동에 ATP가 사용된다.
ㄷ. t_1일 때 K^+ 농도는 세포 밖이 세포 안보다 높다.

① ㄱ   ② ㄷ   ③ ㄱ, ㄴ   ④ ㄴ, ㄷ   ⑤ ㄱ, ㄴ, ㄷ

05 그림 (가)는 뉴런 X에 역치 이상의 자극을 주었을 때 이 뉴런 세포막의 한 지점에서 측정한 이온 ⓐ와 ⓑ의 막 투과도를 시간에 따라 나타낸 것이고, (나)는 분극 상태일 때 X의 안과 밖에서 이온 ㉠과 ㉡의 농도를 나타낸 것이다. ⓐ와 ⓑ는 Na⁺과 K⁺을 순서 없이 나타낸 것이고, ㉠과 ㉡은 각각 ⓐ와 ⓑ 중 하나이다.

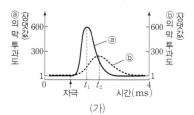
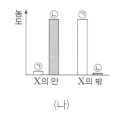

(가)   (나)

이에 대한 설명으로 옳은 것만을 〈보기〉에서 있는 대로 고른 것은?

─〈 보 기 〉─

ㄱ. ㉡은 ⓐ이다.

ㄴ. X의 안에서 ㉠의 농도는 t_1일 때가 분극 상태일 때보다 높다.

ㄷ. t_2일 때 이온 통로를 통해 ㉡이 X의 안에서 X의 밖으로 확산된다.

① ㄱ ② ㄷ ③ ㄱ, ㄴ ④ ㄴ, ㄷ ⑤ ㄱ, ㄴ, ㄷ

06 그림 (가)는 역치 이상의 자극을 주었을 때 정상 뉴런에서 발생한 활동 전위를, (나)는 역치 이상의 자극을 주었을 때 이온 ㉠ 통로에 이상이 있는 돌연변이 뉴런에서 발생한 활동 전위를 나타낸 것이다. ㉠은 Na⁺과 K⁺ 중 하나이다.

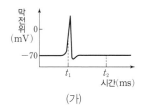
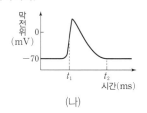

(가)   (나)

이에 대한 설명으로 옳은 것만을 〈보기〉에서 있는 대로 고른 것은? (단, 제시된 조건 이외는 고려하지 않는다.)

─〈 보 기 〉─

ㄱ. ㉠은 K⁺이다.

ㄴ. (가)에서 확산에 의한 Na⁺의 막 투과도는 t_1일 때가 t_2일 때보다 크다.

ㄷ. (나)에서 t_2일 때 Na⁺−K⁺ 펌프를 통해 K⁺이 세포 안으로 유입된다.

① ㄱ ② ㄷ ③ ㄱ, ㄴ ④ ㄴ, ㄷ ⑤ ㄱ, ㄴ, ㄷ

07 다음은 아데노신과 카페인에 대한 자료이다.

• 그림 (가)는 아데노신을, (나)는 카페인을 나타낸 것이다.

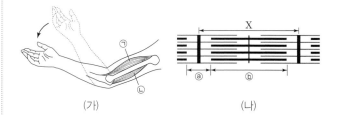

(가)   (나)

• 아데노신은 자율 신경의 아데노신 수용체에 결합하여 ⓐ시냅스 이전 뉴런의 축삭 돌기 말단에서의 신경 전달 물질 분비를 억제한다.

• 카페인은 아데노신 대신 아데노신 수용체에 결합하여 시냅스 이전 뉴런에서 시냅스 이후 뉴런으로의 흥분 전달을 촉진한다.

이에 대한 설명으로 옳은 것만을 〈보기〉에서 있는 대로 고른 것은?

─〈 보 기 〉─

ㄱ. 카페인에는 아데노신 수용체에 결합할 수 있는 부위가 있다.

ㄴ. 카페인을 섭취하면 ⓐ가 억제된다.

ㄷ. 카페인을 과도하게 섭취하면 신체 내 부작용이 나타날 수 있다.

① ㄱ ② ㄴ ③ ㄱ, ㄷ ④ ㄴ, ㄷ ⑤ ㄱ, ㄴ, ㄷ

08 그림 (가)는 어떤 사람이 구부린 팔을 펴는 과정을, (나)는 이 사람의 근육 ㉠을 구성하는 근육 원섬유 마디 X의 구조를 나타낸 것이다. ⓐ와 ⓑ는 암대와 명대를 순서 없이 나타낸 것이다.

(가)   (나)

이에 대한 설명으로 옳은 것만을 〈보기〉에서 있는 대로 고른 것은?

─〈 보 기 〉─

ㄱ. ㉠과 ㉡에는 모두 원심성 뉴런(운동 뉴런)이 연결되어 있다.

ㄴ. (가)가 일어날 때 ㉠에서 $\dfrac{X의\ 길이}{ⓑ의\ 길이}$ 는 증가한다.

ㄷ. ⓐ는 마이오신 필라멘트만 있는 부분이다.

① ㄱ ② ㄷ ③ ㄱ, ㄴ ④ ㄴ, ㄷ ⑤ ㄱ, ㄴ, ㄷ

[25025-0065]

09 그림 (가)는 어떤 동물의 골격근에서 근육 원섬유 마디 X의 길이에 따른 수축 강도를, (나)는 X의 길이(L_1, L_2, L_3)에 따른 근육 원섬유 마디의 구조를 나타낸 것이다.

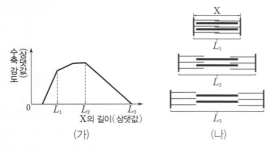

(가)   (나)

이에 대한 설명으로 옳은 것만을 〈보기〉에서 있는 대로 고른 것은?

─〈 보기 〉─
ㄱ. A대의 길이에 따라 수축 강도가 달라진다.
ㄴ. L_1~L_3 중 H대의 길이는 L_3일 때가 가장 길다.
ㄷ. L_2에서 L_1로 변할 때 액틴 필라멘트의 길이는 변하지 않는다.

① ㄱ ② ㄴ ③ ㄱ, ㄷ ④ ㄴ, ㄷ ⑤ ㄱ, ㄴ, ㄷ

[25025-0066]

10 그림 (가)는 어떤 뉴런에 역치 이상의 자극을 주었을 때 이 뉴런의 축삭 돌기 한 지점에서의 막전위 변화를, (나)는 이 지점에서 이온 통로를 통한 이온 A와 B의 확산 방향을 나타낸 것이다. A와 B는 각각 K^+과 Na^+ 중 하나이다.

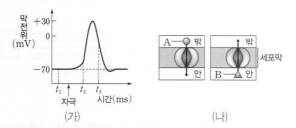

(가)   (나)

이에 대한 설명으로 옳은 것만을 〈보기〉에서 있는 대로 고른 것은?

─〈 보기 〉─
ㄱ. t_1일 때 세포 안에는 음전하를 띠는 단백질이 있다.
ㄴ. A는 Na^+이다.
ㄷ. 이온 통로를 통한 B의 막 투과도는 t_2일 때가 t_3일 때보다 크다.

① ㄱ ② ㄴ ③ ㄱ, ㄴ ④ ㄱ, ㄷ ⑤ ㄴ, ㄷ

[25025-0067]

11 그림 (가)는 민말이집 뉴런을, (나)는 말이집 뉴런을 나타낸 것이고, 표는 (가)와 (나)의 지점 d_1에 역치 이상의 자극을 동시에 1회 주고 경과한 시간이 t_1일 때 지점 ㉠, ㉡, d_3에서 측정한 막전위를 나타낸 것이다. (가)와 (나)는 말이집의 유무만 다르며, X와 Y는 각각 (가)와 (나) 중 하나이고, ㉠과 ㉡은 d_1과 d_2를 순서 없이 나타낸 것이다.

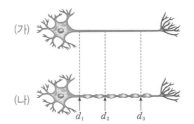

(단위: mV)

구분	X	Y
㉠	−80	−80
㉡	+10	+30
d_3	−70	−68

이에 대한 설명으로 옳은 것만을 〈보기〉에서 있는 대로 고른 것은? (단, (가)와 (나)에서 흥분의 전도는 각각 1회 일어났고, 휴지 전위는 −70 mV이다.)

─〈 보기 〉─
ㄱ. X는 (가)이다.
ㄴ. t_1일 때 (가)의 d_2에서 Na^+이 세포 밖에서 세포 안으로 확산된다.
ㄷ. t_1일 때 Y의 d_3에서 탈분극이 일어나고 있다.

① ㄱ ② ㄷ ③ ㄱ, ㄴ ④ ㄴ, ㄷ ⑤ ㄱ, ㄴ, ㄷ

[25025-0068]

12 그림은 좌우 대칭인 근육 원섬유 마디 X의 구조를, 표는 골격근 수축 과정의 두 시점 t_1과 t_2일 때 A대의 길이, H대의 길이, 마이오신 필라멘트와 액틴 필라멘트가 겹치는 부분(㉠)의 길이를 나타낸 것이다.

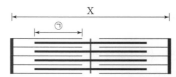

시점	길이(μm)		
	A대	H대	㉠
t_1	1.6	ⓐ	?
t_2	?	0.4	ⓐ

이에 대한 설명으로 옳은 것만을 〈보기〉에서 있는 대로 고른 것은?

─〈 보기 〉─
ㄱ. ⓐ는 0.8이다.
ㄴ. X의 길이는 t_1일 때가 t_2일 때보다 0.2 μm 길다.
ㄷ. $\dfrac{㉠의 길이}{I대의 길이}$ 는 t_2일 때가 t_1일 때보다 작다.

① ㄱ ② ㄴ ③ ㄱ, ㄴ ④ ㄱ, ㄷ ⑤ ㄴ, ㄷ

13 표는 뉴런 X의 세포막에서 막전위 형성에 관여하는 막단백질 (가)~(다)에 의한 Na^+과 K^+의 이동 여부와 ATP 사용 여부를, 그림은 X에 역치 이상의 자극을 주었을 때 X의 한 지점에서의 막전위 변화를 나타낸 것이다. (가)~(다)는 Na^+-K^+ 펌프, Na^+ 통로, K^+ 통로를 순서 없이 나타낸 것이다. ⓐ와 ⓑ는 '이동함'과 '이동 안 함'을 순서 없이 나타낸 것이다.

[25025-0069]

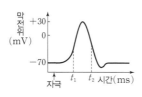

막단백질	이온		ATP
	Na^+	K^+	
(가)	?	ⓐ	사용 안 함
(나)	ⓐ	ⓑ	?
(다)	?	ⓑ	?

이에 대한 설명으로 옳은 것만을 〈보기〉에서 있는 대로 고른 것은?

┌ 보기 ┐

ㄱ. (가)는 K^+ 통로이다.

ㄴ. Na^+의 막 투과도는 t_1일 때가 t_2일 때보다 크다.

ㄷ. (다)를 통해 Na^+은 세포 안에서 세포 밖으로 이동한다.

① ㄱ   ② ㄴ   ③ ㄱ, ㄷ   ④ ㄴ, ㄷ   ⑤ ㄱ, ㄴ, ㄷ

14 표는 골격근을 이루는 A~C의 특징을 나타낸 것이다. A~C는 근육 섬유, 근육 원섬유, 근육 섬유 다발을 순서 없이 나타낸 것이고, ㉠은 액틴 필라멘트와 마이오신 필라멘트 중 하나이다.

[25025-0070]

• A에는 여러 개의 핵이 있고, B는 A로 이루어진다.

• C는 단백질성 필라멘트로 이루어진 구조로, C의 구조 중 ㉠으로만 이루어진 부분을 H대라고 한다.

이에 대한 설명으로 옳은 것만을 〈보기〉에서 있는 대로 고른 것은?

┌ 보기 ┐

ㄱ. A는 다핵성 세포이다.

ㄴ. B는 근육 섬유이다.

ㄷ. C에서 ㉠이 있는 부분은 전자 현미경으로 관찰했을 때 밝게 보이는 명대이다.

① ㄱ   ② ㄷ   ③ ㄱ, ㄴ   ④ ㄴ, ㄷ   ⑤ ㄱ, ㄴ, ㄷ

15 다음은 골격근의 수축 과정에 대한 자료이다.

[25025-0071]

• 그림은 근육 원섬유 마디 X의 구조를, 표는 골격근 수축 과정의 두 시점 t_1과 t_2일 때 X의 길이에서 ⓐ의 길이를 뺀 값(X−ⓐ), ⓑ의 길이에서 ⓒ의 길이를 뺀 값(ⓑ−ⓒ)을 나타낸 것이다. ⓐ~ⓒ는 ㉠~㉢을 순서 없이 나타낸 것이다. X는 좌우 대칭이다. ㉢에는 액틴 필라멘트가 있고, t_1일 때 H대의 길이는 $1.0\ \mu m$이다.

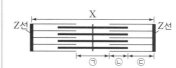

(단위: μm)

시점	X−ⓐ	ⓑ−ⓒ
t_1	2.2	0.7
t_2	2.0	0.1

• 구간 ㉠은 마이오신 필라멘트만 있는 부분이고, ㉡은 액틴 필라멘트와 마이오신 필라멘트가 겹치는 부분이며, ㉢은 액틴 필라멘트만 있는 부분이다.

이에 대한 설명으로 옳은 것만을 〈보기〉에서 있는 대로 고른 것은?

┌ 보기 ┐

ㄱ. t_1일 때 A대의 길이는 $1.8\ \mu m$이다.

ㄴ. t_2일 때 H대의 길이는 $0.6\ \mu m$이다.

ㄷ. ⓐ의 길이와 ⓑ의 길이를 더한 값은 t_1일 때가 t_2일 때보다 $0.2\ \mu m$ 길다.

① ㄱ   ② ㄴ   ③ ㄱ, ㄷ   ④ ㄴ, ㄷ   ⑤ ㄱ, ㄴ, ㄷ

16 그림은 골격근의 근육 원섬유 일부를 나타낸 것이고, 표는 학생 A~C가 그림을 보고 발표한 내용을 나타낸 것이다. ㉠과 ㉡은 각각 액틴 필라멘트와 마이오신 필라멘트 중 하나이고, ⓐ와 ⓑ는 각각 H대와 I대 중 하나이다.

[25025-0072]

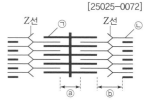

학생	발표한 내용
A	㉠은 마이오신 필라멘트입니다.
B	골격근의 수축 과정에서 ㉡의 길이는 짧아집니다.
C	골격근이 수축할 때 ⓐ의 길이 변화량은 ⓑ의 길이 변화량과 같습니다.

제시한 내용이 옳은 학생만을 있는 대로 고른 것은?

① A   ② B   ③ A, C   ④ B, C   ⑤ A, B, C

신경 전달 물질은 시냅스 소포에 존재하며, 시냅스 소포가 세포막과 융합됨으로써 시냅스 틈으로 신경 전달 물질이 분비된다.

[25025–0073]

01 표는 신경 전달 물질 ㉠과 우울증 환자의 특징을, 그림은 ㉠의 재흡수 억제제 X를 처리했을 때 시냅스에서의 작용을 나타낸 것이다. 시냅스에서의 흥분 전달은 시냅스 틈으로 분비된 신경 전달 물질이 시냅스 이전 뉴런에 재흡수되면 중단된다.

㉠은 기분, 식욕, 수면 등의 조절에 관여하며, 우울증 환자에서는 ㉠의 분비량이 감소하여 불안, 섭식 장애, 수면 장애 등의 증세가 나타난다.

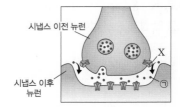

시냅스 이전 뉴런

X

시냅스 이후 뉴런

㉠

이에 대한 설명으로 옳은 것만을 〈보기〉에서 있는 대로 고른 것은? (단, 제시된 조건 이외는 고려하지 않는다.)

┌─〈 보기 〉─
│ ㄱ. X는 ㉠을 통한 시냅스에서의 흥분 전달을 억제한다.
│ ㄴ. X는 우울증 환자에게 치료제로 사용될 수 있다.
│ ㄷ. 시냅스 이전 뉴런의 축삭 돌기 말단에서 ㉠이 들어 있는 시냅스 소포가 세포막과 융합하면 시냅스 틈으로 ㉠이 방출된다.

① ㄱ　　　② ㄷ　　　③ ㄱ, ㄴ　　　④ ㄴ, ㄷ　　　⑤ ㄱ, ㄴ, ㄷ

[25025–0074]

말이집 뉴런에서 말이집에 의해 절연된 축삭 돌기 부분에는 Na^+ 통로가 거의 존재하지 않아 흥분이 발생하지 않고, 말이집으로 싸여 있지 않은 랑비에 결절에서만 흥분이 발생한다.

02 그림 (가)는 어떤 사람에서 정상 뉴런 A의 말이집이 손상되어 뉴런 B가 되는 과정을, (나)는 A와 B의 d_1에 역치 이상의 동일한 자극을 1회 주었을 때 d_2에서 측정한 막전위 변화를 나타낸 것이다. d_1과 d_2는 각각 랑비에 결절의 한 지점이고, d_3은 말이집 부위 축삭 돌기의 한 지점이며, ㉠과 ㉡은 A와 B를 순서 없이 나타낸 것이다. 말이집이 손상되면 도약전도가 정상적으로 일어나지 못한다.

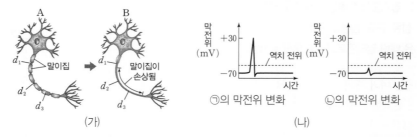

A

B

d_1　말이집

d_1　말이집이 손상됨

d_2

d_3

d_2

d_3

(가)

막전위 (mV)　+30　역치 전위　-70　시간

㉠의 막전위 변화

막전위 (mV)　+30　역치 전위　-70　시간

㉡의 막전위 변화

(나)

이에 대한 설명으로 옳은 것만을 〈보기〉에서 있는 대로 고른 것은? (단, 제시된 조건 이외는 고려하지 않는다.)

┌─〈 보기 〉─
│ ㄱ. (가)의 A에서 말이집은 슈반 세포로 이루어져 있다.
│ ㄴ. (나)에서 말이집이 손상된 뉴런의 d_2에서는 활동 전위가 발생하지 않았다.
│ ㄷ. B의 d_1에 역치 이상의 자극을 주면 d_3에서는 활동 전위가 발생한다.

① ㄱ　　　② ㄷ　　　③ ㄱ, ㄴ　　　④ ㄴ, ㄷ　　　⑤ ㄱ, ㄴ, ㄷ

[25025-0075]

03 그림은 민말이집 신경 A~C의 흥분 전도와 전달에 대한 자료이다.

> 경과된 시간이 5 ms일 때
> 자극 지점에서의 막전위는
> A~C에서 모두 같고, 흥분
> 의 전달은 시냅스 이전 뉴런
> 의 축삭 돌기 말단에서 시냅
> 스 이후 뉴런의 가지 돌기 방
> 향으로 이루어진다.

- 그림은 A~C의 지점 d_1~d_4의 위치를 나타낸 것이다. B와 C에는 각각 ㉮와 ㉯ 중 서로 다른 한 곳에만 시냅스가 있다.
- 표는 A~C의 d_4에 역치 이상의 자극을 동시에 1회 주고 경과된 시간이 5 ms일 때 d_1~d_4에서의 막전위를 나타낸 것이다. Ⅰ~Ⅳ는 d_1~d_4를 순서 없이 나타낸 것이고, ㉠~㉢은 −80, 0, +30을 순서 없이 나타낸 것이다.

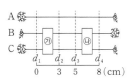

신경	5 ms일 때 막전위(mV)			
	Ⅰ	Ⅱ	Ⅲ	Ⅳ
A	㉠	−70	?	−70
B	㉡	㉠	−68	?
C	?	㉢	?	−70

- A의 흥분 전도 속도는 ⓐ cm/ms이고, B를 구성하는 두 뉴런과 C를 구성하는 두 뉴런의 흥분 전도 속도는 모두 ⓑ cm/ms이다. ⓐ와 ⓑ는 1과 2를 순서 없이 나타낸 것이다.
- A~C 각각에서 활동 전위가 발생하였을 때, 각 지점에서의 막전위 변화는 그림과 같다.

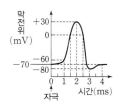

이에 대한 설명으로 옳은 것만을 〈보기〉에서 있는 대로 고른 것은? (단, A~C에서 흥분의 전도는 각각 1회 일어났고, 휴지 전위는 −70 mV이다.)

┌─〈 보기 〉─────────────────────
ㄱ. ㉡은 −80이다.
ㄴ. Ⅱ는 d_1이다.
ㄷ. C의 d_2에 역치 이상의 자극을 주고 경과된 시간이 4 ms일 때 C의 Ⅳ에서의 막전위는 0 mV이다.
└────────────────────────────

① ㄱ   ② ㄷ   ③ ㄱ, ㄴ   ④ ㄱ, ㄷ   ⑤ ㄴ, ㄷ

시냅스 이후 뉴런의 신경 전달 물질 수용체에 시냅스 이전 뉴런에서 방출된 신경 전달 물질이 결합하면 시냅스 이후 뉴런의 이온 통로가 열리면서 Na^+이 세포 내로 유입되어 탈분극이 일어난다.

[25025-0076]

04 그림 (가)는 시냅스에서의 흥분 전달 과정 일부를, (나)는 (가)의 시냅스에서 흥분 전달이 종결되는 과정을 나타낸 것이다. ㉠은 K^+과 Na^+ 중 하나이고, X와 Y는 각각 시냅스 이전 뉴런과 시냅스 이후 뉴런 중 하나이다. (나)에서 불활성화 효소에 의해 구조가 변형된 신경 전달 물질은 신경 전달 물질 수용체에 결합하지 못한다.

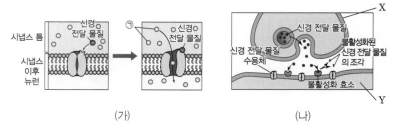

(가)   (나)

이에 대한 설명으로 옳은 것만을 〈보기〉에서 있는 대로 고른 것은?

─〈 보기 〉─
ㄱ. ㉠은 X에서 Y로의 흥분 전달에 관여한다.
ㄴ. 시냅스 이전 뉴런에는 신경 전달 물질이 들어 있는 시냅스 소포가 있다.
ㄷ. (나)에서 Y의 세포막에 있는 불활성화 효소는 시냅스 틈에 방출된 신경 전달 물질의 작용을 저해한다.

① ㄱ   ② ㄷ   ③ ㄱ, ㄴ   ④ ㄴ, ㄷ   ⑤ ㄱ, ㄴ, ㄷ

휴지 상태의 뉴런은 Na^+-K^+ 펌프의 작동으로 Na^+ 농도는 항상 세포 밖이 안보다 높고, K^+ 농도는 항상 세포 안이 밖보다 높다. 세포 밖 K^+ 농도의 변화는 휴지 전위에 영향을 준다.

[25025-0077]

05 그림 (가)와 (나)는 사람 X, (다)는 사람 Y, (라)는 사람 Z의 한 뉴런에 각각 자극을 주었을 때 자극을 준 뉴런의 축삭 돌기 한 지점에서의 막전위 변화를 나타낸 것이다. Y는 분극 상태일 때 세포 밖의 K^+ 농도가 X보다 높은 사람이고, Z는 분극 상태일 때 세포 밖의 K^+ 농도가 X보다 낮은 사람이며, 주어진 자극의 세기는 (가)와 (다)에서 S_1이고, (나)와 (라)에서 S_2이다.

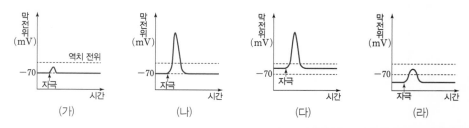

(가)   (나)   (다)   (라)

이에 대한 설명으로 옳은 것만을 〈보기〉에서 있는 대로 고른 것은? (단, 제시된 조건 이외는 고려하지 않는다.)

─〈 보기 〉─
ㄱ. 분극 상태일 때 세포 밖의 K^+ 농도는 휴지 전위 형성에 영향을 미친다.
ㄴ. X에서 K^+ 농도는 세포 안에서가 세포 밖에서보다 높다.
ㄷ. 활동 전위를 발생시키는 최소한의 자극의 세기는 Y에서가 Z에서보다 크다.

① ㄱ   ② ㄴ   ③ ㄷ   ④ ㄱ, ㄴ   ⑤ ㄴ, ㄷ

[25025-0078]

06 다음은 말이집 신경 A와 민말이집 신경 B, C의 흥분 전도와 전달에 대한 자료이다.

- 그림 (가)는 A~C의 지점 d_1~d_4의 위치를, (나)~(마)는 A~C의 지점 ⓐ에 역치 이상의 자극을 동시에 1회 주었을 때 A~C의 특정 지점에서 일어나는 막전위 변화를 ⓐ에 자극을 준 시점부터 나타낸 것이다.
- d_1과 d_2 사이의 거리는 d_2와 d_3 사이의 거리보다 짧으며, d_2와 d_3 사이의 거리, d_3과 d_4 사이의 거리는 서로 같다.

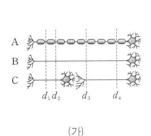
(가)

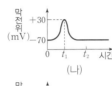
(나)

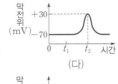
(다)

(라)

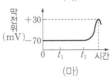
(마)

- A의 흥분 전도 속도는 B와 C보다 빠르고, B와 C를 구성하는 두 뉴런의 흥분 전도 속도는 서로 같으며, A~C 각각에서 활동 전위가 발생하였을 때 각 지점에서의 막전위 변화는 동일하다.
- A~C의 지점 ⓐ에 역치 이상의 자극을 동시에 1회 주었을 때 ⓐ~ⓓ에서의 막전위 변화는 표와 같다. ⓐ~ⓓ는 d_1~d_4를 순서 없이 나타낸 것이고, ㉠은 (나)~(마) 중 하나이다.

구분	ⓐ	ⓑ	ⓒ	ⓓ
A	?	(라)	?	㉠
B	(나)	?	?	(다)
C	(나)	(마)	?	(다)

이 자료에 대한 설명으로 옳은 것만을 〈보기〉에서 있는 대로 고른 것은? (단, A~C에서 흥분의 전도는 각각 1회 일어났고, 휴지 전위는 −70 mV이다.)

┌─ 보기 ├─
ㄱ. ⓐ는 d_3이다.
ㄴ. ㉠은 (라)이다.
ㄷ. B의 ⓓ에 역치 이상의 자극을 주고 경과된 시간이 t_1일 때, ⓒ에서 재분극이 일어나고 있다.
└──────────

① ㄱ   ② ㄷ   ③ ㄱ, ㄴ   ④ ㄴ, ㄷ   ⑤ ㄱ, ㄴ, ㄷ

말이집 신경에서는 도약전도가 일어나므로 민말이집 신경에서보다 흥분 전도 속도가 빠르다.

[25025-0079]

역치 이상의 자극을 주었을 때 자극 지점의 막전위는 A~C에서 같고, 자극 지점에서 멀리 떨어질수록 흥분이 도달하는 데 더 많은 시간이 소요된다.

07 다음은 민말이집 신경 A~C의 흥분 전도에 대한 자료이다.

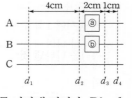

- 그림은 A~C의 지점 d_1~d_4의 위치를 나타낸 것이다. A~C의 흥분 전도 속도는 각각 1 cm/ms, 2 cm/ms, 3 cm/ms 중 하나이고, ⓐ와 ⓑ 중 하나에만 시냅스가 있다.
- 그림은 A~C 각각에서 활동 전위가 발생하였을 때 각 지점에서의 막전위 변화를, 표는 A~C의 지점 P에 역치 이상의 자극을 동시에 1회 주고 경과한 시간이 5 ms일 때 d_1~d_4에서의 막전위를 나타낸 것이다. P는 d_1과 d_4 중 하나이고, ㉠~㉣은 d_1~d_4를 순서 없이 나타낸 것이다.

신경	5 ms일 때 막전위(mV)			
	㉠	㉡	㉢	㉣
A	−80	?	?	−60
B	−60	−70	−70	?
C	?	?	−80	?

이에 대한 설명으로 옳은 것만을 〈보기〉에서 있는 대로 고른 것은? (단, A~C에서 흥분의 전도는 각각 1회 일어났고, 휴지 전위는 −70 mV이다.)

〔 보기 〕
ㄱ. ㉠은 d_2이다.
ㄴ. ⓑ에 시냅스가 있다.
ㄷ. 흥분 전도 속도는 C가 A보다 느리다.

① ㄱ   ② ㄷ   ③ ㄱ, ㄴ   ④ ㄱ, ㄷ   ⑤ ㄴ, ㄷ

[25025-0080]

근육 세포에서 ATP는 크레아틴 인산의 분해와 세포 호흡 과정 등으로 생성된다.

08 그림 (가)는 근수축에 필요한 에너지를 얻는 과정을, (나)는 운동 시작 후 체내에서 이용되는 에너지원의 비율 변화를 나타낸 것이다. ㉠~㉢은 각각 크레아틴 인산, 크레아틴, ATP 중 하나이다.

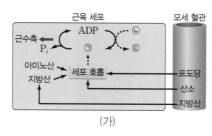

(가)

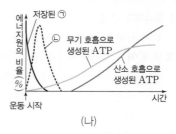

(나)

이 자료에 대한 설명으로 옳은 것만을 〈보기〉에서 있는 대로 고른 것은?

〔 보기 〕
ㄱ. (가)에서 ㉡이 ㉢으로 전환될 때 ADP에 인산기가 전달된다.
ㄴ. (가)에서 근수축에 필요한 에너지 공급을 위해 영양소의 분해가 일어난다.
ㄷ. 운동 초기에는 근육 세포에 저장된 ATP가 크레아틴 인산보다 먼저 소비된다.

① ㄱ   ② ㄷ   ③ ㄱ, ㄴ   ④ ㄴ, ㄷ   ⑤ ㄱ, ㄴ, ㄷ

09 다음은 골격근의 수축 과정에 대한 자료이다.

[25025–0081]

- 그림은 좌우 대칭인 근육 원섬유 마디 X의 구조를, 표는 골격근 수축 과정의 세 시점 $t_1 \sim t_3$ 일 때 X의 길이, ⓑ의 길이를 ⓐ의 길이로 나눈 값 $\left(\dfrac{ⓑ}{ⓐ}\right)$, ⓒ의 길이를 ⓑ의 길이로 나눈 값 $\left(\dfrac{ⓒ}{ⓑ}\right)$을 나타낸 것이다. ⓐ~ⓒ는 ㉠~㉢을 순서 없이 나타낸 것이다.

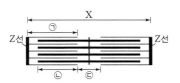

시점	X의 길이	$\dfrac{ⓑ}{ⓐ}$	$\dfrac{ⓒ}{ⓑ}$
t_1	2.8 μm	0.3	3.0
t_2	?	1.5	1.5
t_3	3.0 μm	?	4.5

- 구간 ㉠은 액틴 필라멘트가 있는 부분이고, ㉡은 액틴 필라멘트와 마이오신 필라멘트가 겹치는 부분이며, ㉢은 마이오신 필라멘트만 있는 부분이다.

이에 대한 설명으로 옳은 것만을 〈보기〉에서 있는 대로 고른 것은?

┌─〔 보기 〕
ㄱ. t_2일 때 X의 길이는 2.2 μm이다.
ㄴ. t_1일 때 ㉢의 길이는 t_3일 때 ㉢의 길이보다 짧다.
ㄷ. X의 길이가 2.4 μm일 때 ⓑ의 길이는 0.5 μm이다.
└────

① ㄱ ② ㄷ ③ ㄱ, ㄴ ④ ㄴ, ㄷ ⑤ ㄱ, ㄴ, ㄷ

골격근의 수축 과정에서 액틴 필라멘트와 마이오신 필라멘트의 길이는 변하지 않고, X의 길이 변화량은 H대의 길이 변화량과 같다.

10 다음은 골격근의 수축 과정에 대한 자료이다.

[25025–0082]

- 그림은 근육 원섬유 마디 X의 구조를 나타낸 것이다. X는 좌우 대칭이고, Z_1과 Z_2는 X의 Z선이다.
- 구간 ㉠은 액틴 필라멘트만 있는 부분이고, ㉡은 액틴 필라멘트와 마이오신 필라멘트가 겹치는 부분이며, ㉢은 마이오신 필라멘트만 있는 부분이다.

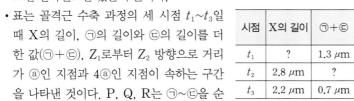

- 표는 골격근 수축 과정의 세 시점 $t_1 \sim t_3$일 때 X의 길이, ㉠의 길이와 ㉢의 길이를 더한 값(㉠+㉢), Z_1로부터 Z_2 방향으로 거리가 ⓐ인 지점과 4ⓐ인 지점이 속하는 구간을 나타낸 것이다. P, Q, R는 ㉠~㉢을 순서 없이 나타낸 것이고, ⓐ는 0.4 μm보다 짧으며, t_2일 때 A대의 길이는 1.6 μm이다.

시점	X의 길이	㉠+㉢	해당하는 구간	
			ⓐ인 지점	4ⓐ인 지점
t_1	?	1.3 μm	?	P
t_2	2.8 μm	?	Q	?
t_3	2.2 μm	0.7 μm	R	?

이 자료에 대한 설명으로 옳은 것만을 〈보기〉에서 있는 대로 고른 것은?

┌─〔 보기 〕
ㄱ. ⓐ는 0.3 μm보다 길다.   ㄴ. Q는 ㉡이다.
ㄷ. t_3일 때 ㉡의 길이는 t_1일 때 ㉠의 길이보다 작다.
└────

① ㄱ ② ㄷ ③ ㄱ, ㄴ ④ ㄴ, ㄷ ⑤ ㄱ, ㄴ, ㄷ

근수축 과정에서 ㉠의 길이 변화량이 d일 때, ㉢의 길이 변화량은 $2d$이고, X의 길이 변화량은 $2d$이다.

05 신경계

1 신경계

(1) 신경계의 구성

① 사람의 신경계는 크게 몸 밖과 안의 정보를 받아들여 통합하고 처리하는 중추 신경계와 정보를 중추 신경계에 전달하고 중추 신경계의 명령을 반응 기관으로 전달하는 말초 신경계로 구분된다.

② 중추 신경계는 뇌와 척수로 구분된다.

③ 말초 신경계는 해부학적으로 뇌와 연결된 뇌 신경과 척수와 연결된 척수 신경으로 구분되며, 기능적으로 구심성 신경(감각 신경)과 원심성 신경(운동 신경)으로 구분된다.

④ 원심성 신경(운동 신경)은 골격근에 명령을 전달하는 체성 신경과 심장근, 내장근, 분비샘에 명령을 전달하는 자율 신경으로 구분된다.

⑤ 자율 신경은 길항 작용을 하는 교감 신경과 부교감 신경으로 구분된다.

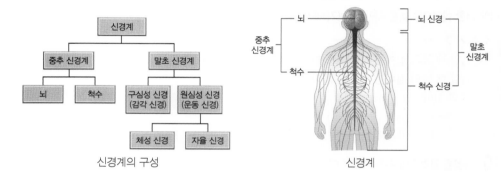

신경계의 구성   신경계

2 중추 신경계

(1) 뇌: 사람의 뇌는 대뇌, 소뇌, 간뇌, 중간뇌, 뇌교, 연수로 구성된다.

① 대뇌

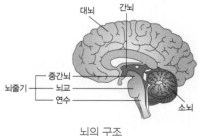

뇌의 구조

- 좌우 2개의 반구로 나누어지며 표면에 주름이 많아 표면적이 넓다.
- 좌우 반구의 겉질은 각각 몸의 반대쪽을 담당하므로 정보를 받아들이는 경로와 명령이 전달되는 경로가 좌우 교차된다.
- 언어, 기억, 추리, 상상, 감정 등의 고등 정신 활동과 감각, 수의(의식적) 운동의 중추이다.
- 대뇌 겉질은 뉴런의 신경 세포체가 모인 회색질이며, 기능에 따라 감각령, 연합령, 운동령으로, 위치에 따라 전두엽, 두정엽, 측두엽, 후두엽으로 구분된다.
- 대뇌 속질은 주로 뉴런의 축삭 돌기가 모인 백색질이다. 대뇌 속질의 일부 신경 섬유에서 좌반구와 우반구가 연결되어 정보 교환이 이루어진다.

탐구자료 살펴보기 　**대뇌 기능의 분업화**

탐구 과정

① 방사성 동위 원소가 포함된 물질과 이 물질이 활발히 사용되는 뇌의 부위를 확인할 수 있는 장치를 준비한다.

② 다양한 신체 활동을 하면서 대뇌 겉질 중 어느 부위가 활성화되는지 확인한다.

탐구 결과

그림 (가)는 여러 가지 신체 활동을 할 때 대뇌 겉질 중 물질대사가 활발한 부위를, (나)는 이 방법을 비롯한 여러 가지 연구를 통해 알아낸 대뇌 겉질의 영역별 기능을 나타낸 것이다.

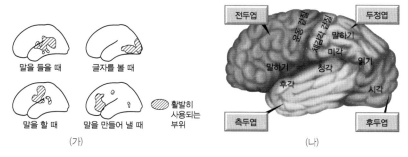

(가)

(나)

탐구 point

- 말을 들을 때는 측두엽 부분의 청각 영역이 활성화된다.
- 글자를 볼 때는 후두엽 부분의 시각 영역이 활성화된다.
- 말을 할 때와 말을 만들어 낼 때는 공통적으로 전두엽의 일부가 활성화된다.
- 대뇌 겉질은 부위에 따라 기능이 분업화되어 있다.

② **소뇌**
- 대뇌 뒤쪽 아래에 위치하며 좌우 2개의 반구로 나누어진다.
- 대뇌에서 시작된 수의 운동이 정확하고 원활하게 일어나도록 조절한다.
- 평형 감각 기관으로부터 오는 정보에 따라 몸의 자세와 균형 유지를 담당하는 몸의 평형 유지 중추이다.

③ **간뇌**
- 대뇌와 중간뇌 사이, 소뇌 앞에 위치하며 시상과 시상 하부로 구분된다.
- 시상은 후각 이외의 자극, 특히 척수나 연수로부터 오는 감각 신호를 대뇌 겉질의 적합한 부위로 보내는 역할을 한다.
- 시상 하부는 자율 신경과 내분비샘의 조절 중추로 체온, 혈당량, 혈장 삼투압 조절 등 항상성 조절에 중요한 역할을 한다.

④ **중간뇌**
- 간뇌의 아래쪽과 뇌교의 위쪽 사이에 위치하며 뇌 중에 크기가 제일 작다.
- 소뇌와 함께 몸의 평형을 조절한다.
- 홍채를 이용한 동공의 크기 조절과 안구 운동의 중추이다.
- 뇌교, 연수와 함께 뇌줄기를 구성한다.

⑤ **뇌교**
- 중간뇌의 아래쪽과 연수의 위쪽 사이에 위치한다. 소뇌의 좌우 반구를 다리처럼 연결하고 있다.
- 소뇌와 대뇌 사이의 정보 전달을 중계하며, 호흡 운동의 조절에 관여한다.

개념 체크

- ⊙ 소뇌는 몸의 자세와 균형 유지를 담당함
- ⊙ 간뇌의 시상 하부는 자율 신경과 내분비샘을 조절하여 항상성을 유지하는 데 중요한 역할을 함
- ⊙ 중간뇌는 동공의 크기 조절과 안구 운동의 중추임
- ⊙ 뇌줄기는 중간뇌, 뇌교, 연수로 구성됨

1. 간뇌는 시상과 (　　)로 구분된다.

2. 평형 감각 기관으로부터 오는 정보는 뇌 중 (　　)로 전달된다.

※ ○ 또는 ×

3. 체온, 혈당량, 혈장 삼투압 조절 등을 뇌교에서 담당한다. (　　)

4. 소뇌는 뇌줄기에 포함된다. (　　)

정답
1. 시상 하부
2. 소뇌
3. ×
4. ×

⑥ 연수
- 뇌교의 아래쪽과 척수의 위쪽 사이에 위치하며, 대뇌와 연결되는 대부분의 신경이 교차되는 장소이다.
- 심장 박동, 호흡 운동, 소화 운동, 소화액 분비 등을 조절하는 중추이며, 기침, 재채기, 하품, 침 분비 등에도 관여한다.

(2) 척수
① 뇌와 척수 신경 사이에서 정보를 전달하는 역할을 한다.
② 대뇌와 달리 척수의 겉질은 주로 축삭 돌기로 이루어진 백색질이고, 속질은 신경 세포체로 이루어진 회색질이다.
③ 척추의 마디마다 배 쪽으로는 원심성 뉴런(운동 뉴런) 다발이 좌우로 1개씩 전근을 이루고, 등 쪽으로 구심성 뉴런(감각 뉴런) 다발이 좌우로 1개씩 후근을 이룬다.

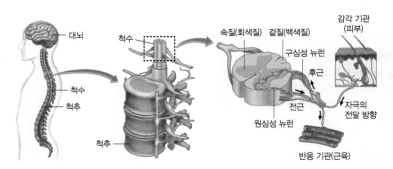

척수의 구조와 흥분 전달 경로

(3) 의식적인 반응과 무조건 반사
① **의식적인 반응**: 대뇌의 판단과 명령에 따라 일어나는 행동이다.
② **무조건 반사**: 반응의 중추가 대뇌가 아니라 중간뇌, 연수, 척수 등이며, 주로 자극에 대해 무의식적이고 순간적인 반응을 일으키며, 의식적인 반응에 비해 반응 속도가 빠르다.

반사	중추	반응
중간뇌 반사	중간뇌	동공 반사, 안구 운동 등
연수 반사	연수	재채기, 하품, 침 분비 등
척수 반사	척수	무릎 반사, 회피 반사, 배변 · 배뇨 반사 등

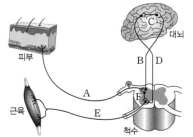

- 의식적인 반응의 경로:
  A → B → C → D → E
- 척수 반사의 경로:
  A → F → E

의식적인 반응과 척수 반사의 경로

3 말초 신경계

(1) 뇌 신경과 척수 신경
① 뇌와 주변 기관 사이를 연결하고 있는 신경을 뇌 신경이라고 하며, 좌우 12쌍으로 구성된다.
② 척수와 주변 기관 사이를 연결하고 있는 신경을 척수 신경이라고 하며, 좌우 31쌍으로 구성된다.

(2) 구심성 신경(감각 신경): 감각 기관에서 수용한 자극을 중추 신경계로 전달한다.

(3) 원심성 신경(운동 신경)
① 중추 신경계의 명령을 반응 기관으로 전달한다.
② 원심성 신경(운동 신경)에는 체성 신경과 자율 신경이 있다.
③ 체성 신경
  • 주로 대뇌의 지배를 받으며, 골격근에 아세틸콜린을 분비하여 명령을 전달한다.
  • 중추 신경계와 반응 기관 사이에서 하나의 신경이 명령을 전달하며 신경절이 없다.
④ 자율 신경
  • 대뇌의 직접적인 지배를 받지 않으며 중간뇌, 연수, 척수의 명령을 심장근, 내장근, 분비샘 등에 전달한다.
  • 교감 신경과 부교감 신경은 심장근, 내장근, 분비샘 등의 반응 기관에 연결되며, 일반적으로 길항 작용을 하면서 반응 기관을 조절한다.
  • 대부분 중추 신경계와 반응 기관 사이에 하나의 신경절이 존재한다.
  • 교감 신경: 척수와 연결되어 있으며, 신경절 이전 뉴런의 축삭 돌기 말단에서는 아세틸콜린이, 신경절 이후 뉴런의 축삭 돌기 말단에서는 노르에피네프린이 분비된다. 일반적으로 신경절 이전 뉴런이 신경절 이후 뉴런보다 짧다.
  • 부교감 신경: 중간뇌, 연수, 척수와 연결되어 있으며, 신경절 이전 뉴런과 신경절 이후 뉴런의 축삭 돌기 말단에서 모두 아세틸콜린이 분비된다. 신경절 이전 뉴런이 신경절 이후 뉴런보다 길다.

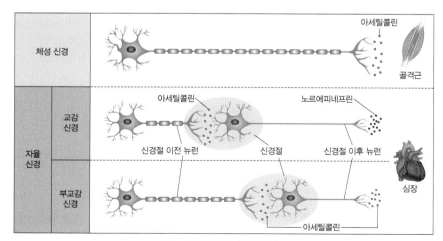

체성 신경과 자율 신경의 비교

개념 체크

● 구심성 신경(감각 신경)은 감각 기관에서 수용한 자극을 중추 신경계로 전달하고, 원심성 신경(운동 신경)은 중추 신경계의 명령을 반응 기관으로 전달함

● 체성 신경은 골격근에 연결되어 있고, 자율 신경은 심장근, 내장근, 분비샘에 연결되어 있음

● 교감 신경과 부교감 신경은 길항 작용을 함

1. 체성 신경은 주로 (   )의 지배를 받는다.

2. 교감 신경의 신경절 이후 뉴런에서는 신경 전달 물질로 (   )이 분비된다.

※ ○ 또는 ×

3. 체성 신경은 중추 신경계와 반응 기관 사이에 신경절이 없다.   (   )

4. 부교감 신경은 신경절 이전 뉴런이 신경절 이후 뉴런보다 길다.   (   )

정답
1. 대뇌
2. 노르에피네프린
3. ○
4. ○

➔ 교감 신경이 작용하면 동공 확장, 심장 박동 촉진, 소화 작용 억제, 방광 확장이 일어남

➔ 부교감 신경이 작용하면 동공 축소, 심장 박동 억제, 소화 작용 촉진, 방광 수축이 일어남

1. 동공이 확장될 때 흥분 발생 빈도가 증가하는 자율 신경은 (   ) 신경이다.

2. 심장 박동 속도가 증가할 때 흥분 발생 빈도가 증가하는 자율 신경은 (   ) 신경이다.

※ ○ 또는 ×

3. 교감 신경의 신경절 이전 뉴런의 신경 세포체는 모두 척수에 있다. (   )

4. 방광과 연결된 자율 신경의 신경절 이전 뉴런의 신경 세포체는 모두 척수에 있다. (   )

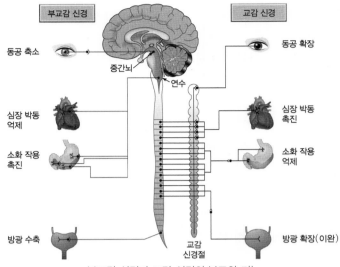

부교감 신경과 교감 신경의 분포와 기능

🧪 탐구자료 살펴보기 | **자율 신경에 의한 심장 박동 조절**

탐구 과정

① 자율 신경 A와 B가 연결된 2개의 개구리 심장을 준비한다.
② 심장을 생리식염수가 담긴 비커에 넣는다.
③ A에 전기 자극을 준 후 심장 세포에서 활동 전위가 발생하는 빈도를 측정한다.
④ B에 전기 자극을 준 후 심장 세포에서 활동 전위가 발생하는 빈도를 측정한다.

탐구 결과

A를 자극하였을 때보다 B를 자극하였을 때 심장 세포에서 활동 전위의 발생 빈도가 낮게 나타났다.

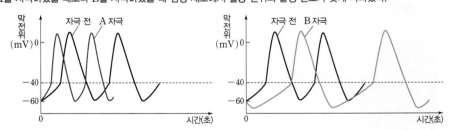

탐구 point

• A는 심장 박동을 촉진하는 데 관여하는 교감 신경이다.
• B는 심장 박동을 억제하는 데 관여하는 부교감 신경이다.

4 신경계의 이상과 질환

(1) 중추 신경계 이상

① **알츠하이머병**: 대뇌 기능의 저하로 기억력과 인지 기능이 약화되는 질환이다.

② **파킨슨병**: 중간뇌에서 분비되는 신경 전달 물질 중 도파민의 분비 이상으로 몸이 경직되고 자세가 불안정해지는 질환이다.

(2) 운동 신경 이상

① **근위축성 측삭 경화증**: 골격근을 조절하는 체성 신경이 파괴되어 근육이 경직되고 경련을 일으키며 점차 약해지는 질환이다.

알츠하이머병

파킨슨병

근위축성 측삭 경화증

개념 체크

● 알츠하이머병과 파킨슨병은 중추 신경계에 이상이 생긴 질환임

● 근위축성 측삭 경화증은 말초 신경계에 이상이 생긴 질환임

1. 알츠하이머병 환자는 (　　)의 기능이 저하되어 기억력과 인지 기능이 약화된다.

2. 근위축성 측삭 경화증 환자는 (　　)을 조절하는 체성 신경이 파괴된다.

※ ○ 또는 ×

3. 파킨슨병 환자는 중간뇌에서 분비되는 도파민의 분비에 이상이 있다.
(　　)

4. 알츠하이머병 진단에 PET가 활용된다. (　　)

🧪 **탐구자료 살펴보기** **알츠하이머병 진단**

탐구 과정

① PET 스캔 장비를 이용하여 정상인, 가벼운 인지 장애인, 알츠하이머병 환자의 뇌를 스캔한다.

※ PET(양전자 방출 단층 촬영): PET 스캔은 방사성 양전자를 이용하여 신체의 물질대사와 화학적인 활성 정도를 관찰하는 기술이다. 방사성 동위 원소로 표지된 포도당을 주입한 후 이 포도당이 활발히 소모되는 부분을 분석할 수 있다.

② 각각의 스캔 이미지를 비교하여 알츠하이머병과 관련된 대뇌 겉질 부분을 분석한다.

탐구 결과

그림은 정상인, 가벼운 인지 장애인, 알츠하이머병 환자의 PET 스캔 이미지를 나타낸 것이다.

활동성 최대

활동성 최소

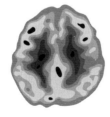
정상인

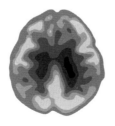
가벼운 인지 장애인

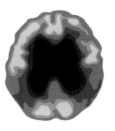
알츠하이머병 환자

탐구 point

• 뇌의 활동성이 낮은 부위는 알츠하이머병 환자＞가벼운 인지 장애인＞정상인 순서로 많다.

• 알츠하이머병 환자는 두정엽, 측두엽, 전두엽 등의 대뇌 겉질에 이상이 있다.

정답
1. 대뇌
2. 골격근
3. ○
4. ○

01 그림은 사람의 신경계를 구분하여 나타낸 것이다. A~C는 각각 뇌, 말초 신경계, 원심성 신경(운동 신경) 중 하나이다.

[25025-0083]

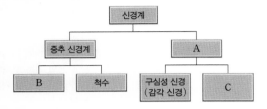

이에 대한 설명으로 옳은 것만을 〈보기〉에서 있는 대로 고른 것은?

〔 보기 〕
ㄱ. A는 말초 신경계이다.
ㄴ. 뇌 신경은 B에 속한다.
ㄷ. 교감 신경과 부교감 신경은 모두 C에 속한다.

① ㄱ   ② ㄷ   ③ ㄱ, ㄴ   ④ ㄱ, ㄷ   ⑤ ㄴ, ㄷ

02 그림은 사람의 신경계를 나타낸 것이다. A~D는 각각 대뇌, 척수, 뇌줄기, 척수 신경 중 하나이다.

[25025-0084]

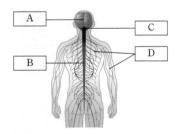

이에 대한 설명으로 옳은 것만을 〈보기〉에서 있는 대로 고른 것은?

〔 보기 〕
ㄱ. A와 B의 겉질은 모두 백색질이다.
ㄴ. 연수는 C에 속한다.
ㄷ. D는 척수 신경이다.

① ㄱ   ② ㄴ   ③ ㄷ   ④ ㄱ, ㄷ   ⑤ ㄴ, ㄷ

03 그림은 사람 뇌의 구조를 나타낸 것이다. A~C는 각각 대뇌, 소뇌, 중간뇌 중 하나이다.

[25025-0085]

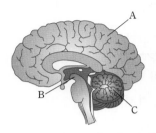

이에 대한 설명으로 옳은 것만을 〈보기〉에서 있는 대로 고른 것은?

〔 보기 〕
ㄱ. A의 겉질은 기능에 따라 감각령, 연합령, 운동령으로 구분된다.
ㄴ. B는 홍채의 크기를 조절한다.
ㄷ. C는 뇌줄기에 속한다.

① ㄱ   ② ㄷ   ③ ㄱ, ㄴ   ④ ㄴ, ㄷ   ⑤ ㄱ, ㄴ, ㄷ

04 그림 (가)는 대뇌의 단면을, (나)는 A와 B 중 하나의 영역별 기능을 나타낸 것이다. A와 B는 각각 겉질과 속질 중 하나이고, ㉠과 ㉡은 각각 두정엽과 측두엽 중 하나이다.

[25025-0086]

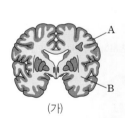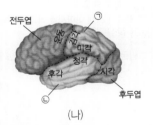

(가)   (나)

이에 대한 설명으로 옳은 것만을 〈보기〉에서 있는 대로 고른 것은?

〔 보기 〕
ㄱ. (나)는 A의 영역별 기능을 나타낸 것이다.
ㄴ. ㉠은 두정엽이다.
ㄷ. ㉡이 손상되면 소리를 듣는 기능에 이상이 생길 수 있다.

① ㄱ   ② ㄷ   ③ ㄱ, ㄴ   ④ ㄴ, ㄷ   ⑤ ㄱ, ㄴ, ㄷ

05 그림 (가)는 중추 신경계를 구성하는 ㉠으로부터 말초 신경이 눈에 연결된 경로를, (나)는 중추 신경계를 구성하는 ㉡으로부터 말초 신경이 방광에 연결된 경로를 나타낸 것이다. ㉠과 ㉡은 각각 뇌와 척수 중 하나이다. [25025-0087]

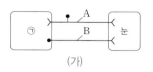 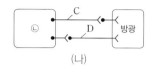

(가)　　　　　　　　(나)

이에 대한 설명으로 옳은 것만을 〈보기〉에서 있는 대로 고른 것은?

―〈 보기 〉―
ㄱ. ㉠은 뇌이다.
ㄴ. A와 C는 모두 감각 뉴런에 속한다.
ㄷ. B와 D는 모두 자율 신경계에 속한다.

① ㄱ　　② ㄷ　　③ ㄱ, ㄴ　　④ ㄱ, ㄷ　　⑤ ㄴ, ㄷ

07 그림은 중추 신경계로부터 말초 신경이 기관 ㉠, ㉡, 피부에 연결된 경로를 나타낸 것이다. ㉠과 ㉡은 각각 심장과 팔의 골격근 중 하나이다. [25025-0089]

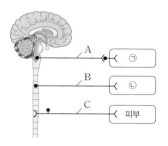

이에 대한 설명으로 옳은 것만을 〈보기〉에서 있는 대로 고른 것은?

―〈 보기 〉―
ㄱ. ㉠은 심장이다.
ㄴ. A와 B의 축삭 돌기 말단에서 분비되는 신경 전달 물질은 같다.
ㄷ. C는 감각 뉴런이다.

① ㄱ　　② ㄷ　　③ ㄱ, ㄴ　　④ ㄴ, ㄷ　　⑤ ㄱ, ㄴ, ㄷ

06 그림은 환자 (가)와 (나)의 뇌에서 기능이 상실된 부위를 나타낸 것이다. (가)와 (나) 중 한 사람은 대뇌만, 다른 한 사람은 연수만 기능이 상실되었다. [25025-0088]

（가）　　　　（나）　　　　기능이 상실된 부위

이에 대한 설명으로 옳은 것만을 〈보기〉에서 있는 대로 고른 것은?

―〈 보기 〉―
ㄱ. (가)는 연수의 기능이 상실되었다.
ㄴ. (나)는 스스로 호흡을 할 수 없다.
ㄷ. (가)와 (나)에서 모두 동공 반사가 일어난다.

① ㄱ　　② ㄴ　　③ ㄷ　　④ ㄱ, ㄷ　　⑤ ㄴ, ㄷ

08 표는 중추 신경계를 구성하는 A~C에서 특징의 유무를 나타낸 것이다. A~C는 연수, 척수, 중간뇌를 순서 없이 나타낸 것이다. [25025-0090]

구분	A	B	C
뇌줄기를 구성한다.	×	?	○
자율 신경을 통해 홍채와 연결된다.	ⓐ	×	○

(○: 있음, ×: 없음)

이에 대한 설명으로 옳은 것만을 〈보기〉에서 있는 대로 고른 것은?

―〈 보기 〉―
ㄱ. C는 연수이다.
ㄴ. ⓐ는 '×'이다.
ㄷ. A는 방광의 수축과 이완에 모두 관여한다.

① ㄴ　　② ㄷ　　③ ㄱ, ㄴ　　④ ㄱ, ㄷ　　⑤ ㄴ, ㄷ

09 [25025-0091]
그림은 척수 단면과 뉴런 A∼C를 나타낸 것이다. A∼C는 각각 감각 뉴런, 연합 뉴런, 운동 뉴런 중 하나이다. C는 다리의 골격근과 연결되어 있다.

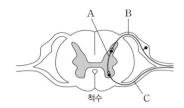

이에 대한 설명으로 옳은 것만을 〈보기〉에서 있는 대로 고른 것은?

┌─〈 보기 〉──────────────────
ㄱ. A는 연합 뉴런이다.
ㄴ. B는 전근을 이룬다.
ㄷ. C는 체성 신경계에 속한다.
└────────────────────────

① ㄱ   ② ㄴ   ③ ㄱ, ㄷ   ④ ㄴ, ㄷ   ⑤ ㄱ, ㄴ, ㄷ

10 [25025-0092]
그림 (가)는 중추 신경계로부터 자율 신경 A와 B가 심장에 연결된 경로를, (나)는 A와 B 중 하나를 자극했을 때 심장 세포에서 활동 전위가 발생하는 빈도의 변화를 나타낸 것이다.

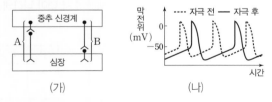

이에 대한 설명으로 옳은 것만을 〈보기〉에서 있는 대로 고른 것은?

┌─〈 보기 〉──────────────────
ㄱ. A의 신경절 이전 뉴런의 신경 세포체는 척수에 있다.
ㄴ. B의 신경절 이후 뉴런의 축삭 돌기 말단에서는 노르에피네프린이 분비된다.
ㄷ. (나)는 B를 자극했을 때의 변화를 나타낸 것이다.
└────────────────────────

① ㄱ   ② ㄴ   ③ ㄷ   ④ ㄱ, ㄷ   ⑤ ㄴ, ㄷ

11 [25025-0093]
그림은 척수로부터 말초 신경이 요도의 골격근 및 방광에 연결된 경로를 나타낸 것이다.

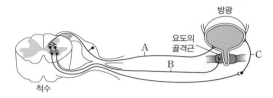

이에 대한 설명으로 옳은 것만을 〈보기〉에서 있는 대로 고른 것은?

┌─〈 보기 〉──────────────────
ㄱ. A는 감각 뉴런이다.
ㄴ. B는 체성 신경계에 속한다.
ㄷ. C의 축삭 돌기 말단에서 아세틸콜린이 분비된다.
└────────────────────────

① ㄴ   ② ㄷ   ③ ㄱ, ㄴ   ④ ㄱ, ㄷ   ⑤ ㄱ, ㄴ, ㄷ

12 [25025-0094]
그림은 중추 신경계를 구성하는 연수, A, B로부터 자율 신경이 기관 ㉠, ㉡, 홍채에 각각 연결된 경로를 나타낸 것이다. A와 B는 척수와 중간뇌를 순서 없이 나타낸 것이고, ㉠과 ㉡은 방광과 심장을 순서 없이 나타낸 것이다.

이에 대한 설명으로 옳은 것만을 〈보기〉에서 있는 대로 고른 것은?

┌─〈 보기 〉──────────────────
ㄱ. ㉠은 심장이다.
ㄴ. A는 척수이다.
ㄷ. B는 뇌줄기에 속한다.
└────────────────────────

① ㄱ   ② ㄴ   ③ ㄱ, ㄷ   ④ ㄴ, ㄷ   ⑤ ㄱ, ㄴ, ㄷ

13 그림은 손이 날카로운 물체에 닿는 자극에 의한 반사가 일어날 때 흥분 전달 경로를 나타낸 것이다.

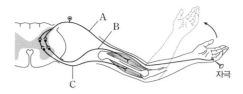

이에 대한 설명으로 옳은 것만을 〈보기〉에서 있는 대로 고른 것은?

┌─ 보기 ┐
ㄱ. A와 B는 모두 감각 뉴런이다.
ㄴ. C는 전근을 이룬다.
ㄷ. 단위 시간당 $\dfrac{B의\ 말단에서\ 분비되는\ 신경\ 전달\ 물질의\ 양}{C의\ 말단에서\ 분비되는\ 신경\ 전달\ 물질의\ 양}$ 은 자극 전이 자극 후보다 크다.
└────────────┘

① ㄱ   ② ㄴ   ③ ㄱ, ㄴ   ④ ㄱ, ㄷ   ⑤ ㄴ, ㄷ

[25025-0095]

---

14 그림은 중추 신경계로부터 자율 신경이 홍채에 연결된 경로를 나타낸 것이다.

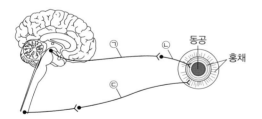

이에 대한 설명으로 옳은 것만을 〈보기〉에서 있는 대로 고른 것은?

┌─ 보기 ┐
ㄱ. ㉠의 신경 세포체는 중간뇌에 있다.
ㄴ. ㉡의 축삭 돌기 말단에서 아세틸콜린이 분비된다.
ㄷ. ㉢에서 활동 전위 발생 빈도가 증가하면 동공이 축소된다.
└────────────┘

① ㄱ   ② ㄷ   ③ ㄱ, ㄴ   ④ ㄴ, ㄷ   ⑤ ㄱ, ㄴ, ㄷ

[25025-0096]

---

15 그림은 중추 신경계로부터 자율 신경이 심장에 연결된 경로를 나타낸 것이다.

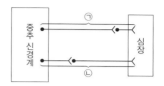

이에 대한 설명으로 옳은 것만을 〈보기〉에서 있는 대로 고른 것은?

┌─ 보기 ┐
ㄱ. ㉠과 ㉡은 모두 자율 신경계에 속한다.
ㄴ. ㉠의 신경절 이전 뉴런의 신경 세포체는 척수에 있다.
ㄷ. ㉡의 신경절 이후 뉴런에서 분비되는 신경 전달 물질의 양이 증가하면 심장 박동 속도가 감소한다.
└────────────┘

① ㄱ   ② ㄴ   ③ ㄷ   ④ ㄱ, ㄴ   ⑤ ㄱ, ㄷ

[25025-0097]

---

16 표 (가)는 중추 신경계를 구성하는 A~C에서 특징 ㉠~㉢의 유무를, (나)는 ㉠~㉢을 순서 없이 나타낸 것이다. A~C는 각각 간뇌, 소뇌, 척수 중 하나이다.

구조＼특징	㉠	㉡	㉢
A	○	×	ⓐ
B	×	○	×
C	×	×	ⓑ

(○: 있음, ×: 없음)

(가)

특징(㉠~㉢)
• 뇌를 구성한다.
• 체온 조절 중추이다.
• 무릎 반사 중추이다.

(나)

이에 대한 설명으로 옳은 것만을 〈보기〉에서 있는 대로 고른 것은?

┌─ 보기 ┐
ㄱ. ⓐ와 ⓑ는 모두 '○'이다.
ㄴ. B의 겉질은 백색질이다.
ㄷ. ㉠은 '무릎 반사 중추이다.'이다.
└────────────┘

① ㄱ   ② ㄴ   ③ ㄱ, ㄴ   ④ ㄱ, ㄷ   ⑤ ㄴ, ㄷ

[25025-0098]

대뇌는 좌우 반구로 구분되며, 대뇌 겉질에는 몸의 움직임을 담당하는 운동령과 몸의 감각을 담당하는 감각령이 있다.

[25025-0099]

01 그림은 대뇌의 운동령의 겉질 ㉠과 감각령의 겉질 ㉡에서 각각에 연결된 사람의 신체 부분을 나타낸 것이다. A는 무릎과 연결된 부위이고, B는 손과 연결된 부위이다.

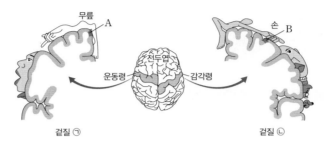

이에 대한 설명으로 옳은 것만을 〈보기〉에서 있는 대로 고른 것은?

┌─〔 보기 〕─────────────────────
ㄱ. ㉠은 대뇌의 좌반구에 속한다.
ㄴ. A가 손상되면 무릎 반사가 일어나지 않는다.
ㄷ. B가 손상되면 손을 움직일 수 없다.
└──────────────────────────

① ㄱ   ② ㄷ   ③ ㄱ, ㄴ   ④ ㄴ, ㄷ   ⑤ ㄱ, ㄴ, ㄷ

[25025-0100]

02 다음은 말하기와 관련된 대뇌 겉질에 대한 자료이다.

대뇌 겉질에는 말하기와 관련된 여러 가지 부위가 있다. 단어를 보는 것은 후두엽이 담당하고, 단어를 듣는 것과 이해하는 것은 측두엽이 관여한다. 자신이 의도한 단어를 말하는 것에는 전두엽이 관여한다.

┌──
• 그림 (가)는 단어를 보고 말할 때, (나)는 단어를 듣고 따라 말할 때 대뇌 겉질에서 활성화되는 영역과 순서를 각각 나타낸 것이다. ㉠은 대뇌 겉질의 운동령과 감각령 중 하나이다.

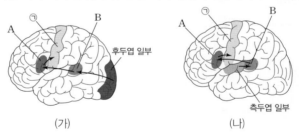

• A가 손상되면 단어의 뜻은 이해하지만 자신이 말하고자 하는 단어를 말하기 어렵다.
• B가 손상되면 단어의 뜻을 이해하지 못하고, 의미 없는 단어를 말한다.
└──

이에 대한 설명으로 옳은 것만을 〈보기〉에서 있는 대로 고른 것은?

┌─〔 보기 〕─────────────────────
ㄱ. ㉠은 운동령이다.
ㄴ. 대뇌 겉질에서 보는 것과 듣는 것을 담당하는 영역은 서로 다르다.
ㄷ. A와 B 중 단어의 뜻을 이해하는 데 관여하는 영역은 B이다.
└──────────────────────────

① ㄱ   ② ㄷ   ③ ㄱ, ㄴ   ④ ㄴ, ㄷ   ⑤ ㄱ, ㄴ, ㄷ

03 그림은 중추 신경계로부터 말초 신경이 눈과 손에 각각 연결된 경로의 일부와 뇌와 척수가 연결된
경로의 일부를, 표는 자극에 대한 반응의 예 (가)~(다)를 나타낸 것이다. (가)~(다)가 각각 일어날 때 신경
A~F 중 일부가 관여한다.

[25025–0101]

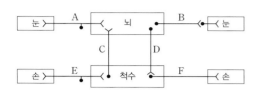

구분	예
(가)	어두운 곳에서 밝은 곳으로 이동하자 동공이 축소되었다.
(나)	날아오는 공을 보고 손으로 잡았다.
(다)	눈을 감은 채 가방에 손을 넣고 더듬어서 필통을 잡았다.

이에 대한 설명으로 옳은 것만을 〈보기〉에서 있는 대로 고른 것은?

─〈 보기 〉─
ㄱ. A는 (가)와 (나)가 일어날 때 모두 관여한다.
ㄴ. (다)가 일어날 때 흥분은 E → C → 뇌 → D → F로 전달된다.
ㄷ. B와 F는 모두 체성 신경계에 속한다.

① ㄱ   ② ㄷ   ③ ㄱ, ㄴ   ④ ㄴ, ㄷ   ⑤ ㄱ, ㄴ, ㄷ

> 의식적인 반응에는 대뇌가 관여하며, 무조건 반사에는 대뇌가 아닌 다른 뇌의 부위나 척수가 관여한다.

04 그림 (가)는 동공의 크기를 조절하는 자율 신경 A와 B를, (나)는 빛의 세기에 따른 동공의 크기를 나타낸 것이다.

[25025–0102]

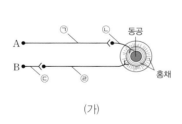

(가)

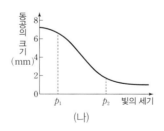

(나)

이에 대한 설명으로 옳은 것만을 〈보기〉에서 있는 대로 고른 것은?

─〈 보기 〉─
ㄱ. ㉠의 신경 세포체는 척수에 있다.
ㄴ. 축삭 돌기 말단에서 분비되는 신경 전달 물질은 ㉡과 ㉢이 같다.
ㄷ. 빛의 세기가 p_1에서 p_2로 변할 때 단위 시간당 $\dfrac{㉣의\ 말단에서\ 분비되는\ 신경\ 전달\ 물질의\ 양}{㉡의\ 말단에서\ 분비되는\ 신경\ 전달\ 물질의\ 양}$ 은 커진다.

① ㄱ   ② ㄴ   ③ ㄱ, ㄴ   ④ ㄱ, ㄷ   ⑤ ㄴ, ㄷ

> 눈으로 들어오는 빛의 세기가 증가하면 부교감 신경에서의 활동 전위 발생 빈도는 증가하고, 교감 신경에서의 활동 전위 발생 빈도는 감소하여 동공의 크기가 작아진다.

심장과 연결된 자율 신경에서 신경 전달 물질이 분비되면 신경 전달 물질이 심장의 수용체와 결합하여 심장 박동의 변화를 일으킬 수 있다.

[25025–0103]

05 그림 (가)는 생리식염수가 담긴 용기 ㉠과 ㉡에 각각 넣은 동물 심장 Ⅰ과 Ⅱ를, (나)는 Ⅰ에 연결된 자율 신경 A를 자극하였을 때 심장 @와 ⓑ의 세포에서 활동 전위 발생 빈도의 변화를 나타낸 것이다. @와 ⓑ는 각각 Ⅰ과 Ⅱ 중 하나이다.

이에 대한 설명으로 옳은 것만을 〈보기〉에서 있는 대로 고른 것은? (단, 제시된 조건 이외는 고려하지 않는다.)

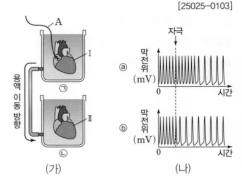

(가)　　　　　(나)

〔 보기 〕
ㄱ. A에서 분비된 신경 전달 물질은 ㉠에서 ㉡으로 이동하였다.
ㄴ. @는 Ⅱ이다.
ㄷ. ㉡에 노르에피네프린을 처리하면 Ⅱ의 세포에서 활동 전위 발생 빈도가 증가한다.

① ㄱ　　　　② ㄷ　　　　③ ㄱ, ㄴ　　　　④ ㄴ, ㄷ　　　　⑤ ㄱ, ㄴ, ㄷ

자율 신경은 길항 작용하는 교감 신경과 부교감 신경으로 이루어지며, 교감 신경은 신경절 이전 뉴런이 신경절 이후 뉴런보다 짧고, 부교감 신경은 신경절 이전 뉴런이 신경절 이후 뉴런보다 길다.

[25025–0104]

06 그림은 자율 신경 (가)와 (나)의 작용에 의한 폐의 기관지와 소화액 분비의 변화를, 표는 신경 A와 B의 작용에 의한 심장과 방광의 반응을 나타낸 것이다. A와 B는 각각 (가)와 (나) 중 서로 다른 하나에 속하며, ㉠과 ㉡은 각각 수축과 이완 중 하나이다.

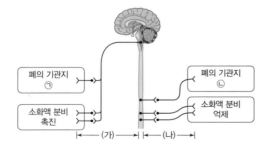

신경	기관	반응
A	심장	심장 박동이 빨라진다.
B	방광	@

이에 대한 설명으로 옳은 것만을 〈보기〉에서 있는 대로 고른 것은?

〔 보기 〕
ㄱ. ㉠은 수축이다.
ㄴ. (나)의 신경절 이전 뉴런의 축삭 돌기 말단에서는 노르에피네프린이 분비된다.
ㄷ. '방광이 수축된다.'는 @에 해당한다.

① ㄱ　　　　② ㄷ　　　　③ ㄱ, ㄴ　　　　④ ㄱ, ㄷ　　　　⑤ ㄴ, ㄷ

07 그림은 뜨거운 물체를 만졌을 때 순간적으로 손을 떼는 반사가 일어날 때 흥분 전달 경로와 뜨거운 물체를 대뇌가 인식하는 경로를 나타낸 것이다. C는 팔의 골격근과 연결되어 있다.

[25025-0105]

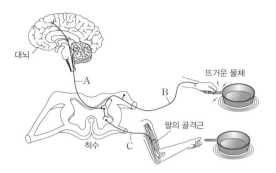

이에 대한 설명으로 옳은 것만을 〈보기〉에서 있는 대로 고른 것은?

─〈 보기 〉─
ㄱ. A가 손상되면 뜨거운 물체를 만졌을 때 순간적으로 손을 떼는 반사는 일어나지 않는다.
ㄴ. B는 후근을 이룬다.
ㄷ. C는 자율 신경계에 속한다.

① ㄱ   ② ㄴ   ③ ㄷ   ④ ㄱ, ㄴ   ⑤ ㄴ, ㄷ

뜨거운 물체를 잡았을 때 척수 반사가 일어나 순간적으로 손을 뜨거운 물체에서 떼며, 뜨거운 물체를 잡았을 때 자극은 대뇌로도 전달되어 뜨거운 물체를 잡았다는 것을 인식한다.

08 그림은 무릎 반사가 일어날 때 흥분 전달 경로와 신경 A, B와 연결된 골격근을 구성하는 근육 원섬유 마디를 나타낸 것이다. ㉠과 ㉡은 각각 A대와 H대 중 하나이다.

[25025-0106]

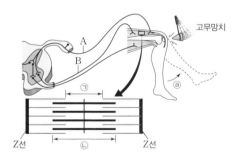

이에 대한 설명으로 옳은 것만을 〈보기〉에서 있는 대로 고른 것은?

─〈 보기 〉─
ㄱ. A는 감각 뉴런이다.
ㄴ. B의 활동 전위 발생 빈도는 고무망치로 무릎을 치기 전이 친 후보다 높다.
ㄷ. ⓐ가 일어날 때 $\dfrac{㉡의\ 길이}{㉠의\ 길이}$ 는 커진다.

① ㄱ   ② ㄷ   ③ ㄱ, ㄴ   ④ ㄱ, ㄷ   ⑤ ㄴ, ㄷ

고무망치로 무릎을 치는 자극을 받으면 무릎 반사가 일어나며, 무릎 반사가 일어날 때는 대퇴근이 수축한다. 대퇴근이 수축할 때는 대퇴근을 구성하는 근육 원섬유 마디에서 H대의 길이가 짧아진다.

06 항상성

1 호르몬의 특성과 종류

(1) 호르몬의 특성

① 내분비샘에서 생성되어 혈액이나 조직액으로 분비된다.

② 혈액을 따라 이동하다가 특정 호르몬 수용체를 가진 표적 세포(기관)에 작용한다.

③ 미량으로 생리 작용을 조절하며 부족하면 결핍증이, 많으면 과다증이 나타난다.

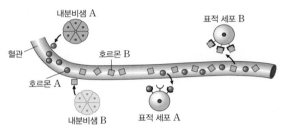

호르몬의 분비와 작용

> 과학 돋보기 🔍 **내분비샘과 외분비샘**
>
> • 내분비샘: 분비관 없이 분비물(호르몬 등)을 혈액이나 조직액으로 내보낸다. **예** 뇌하수체, 갑상샘 등
> • 외분비샘: 분비관을 통해 분비물(소화액 등)을 체외로 내보낸다. **예** 땀샘, 소화샘, 침샘, 눈물샘 등
>
>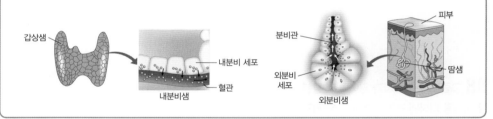

(2) 호르몬과 신경의 작용 비교

① **호르몬의 작용**: 혈액을 통해 온몸 구석구석 퍼져 멀리 떨어진 표적 세포(기관)에 신호를 전달하므로 신경의 작용보다 전달 속도가 느리고, 효과가 지속적이다.

② **신경의 작용**: 뉴런이나 시냅스를 통해 특정 세포(기관)로 신호를 전달하므로 호르몬의 작용보다 전달 속도가 빠르고, 효과가 일시적이다.

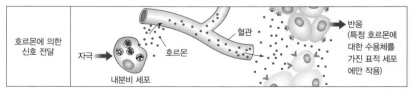

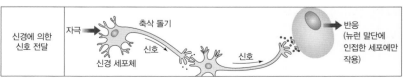

호르몬과 신경의 작용 비교

(3) 사람의 내분비샘과 호르몬

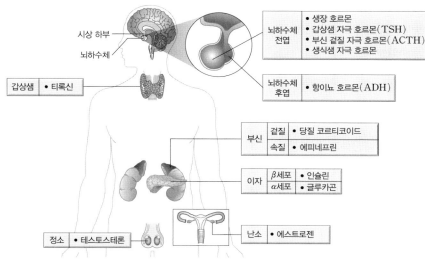

사람의 내분비샘과 주요 호르몬

내분비샘		호르몬의 종류	특징
뇌하수체	전엽	• 생장 호르몬	생장 촉진
		• 갑상샘 자극 호르몬(TSH)	갑상샘에서 티록신 분비 촉진
		• 부신 겉질 자극 호르몬(ACTH)	부신 겉질에서 코르티코이드 분비 촉진
	후엽	• 항이뇨 호르몬(ADH)	콩팥에서 물의 재흡수 촉진
갑상샘		• 티록신	물질대사 촉진
부신	겉질	• 당질 코르티코이드	혈당량 증가
	속질	• 에피네프린	혈당량 증가, 심장 박동 촉진, 혈압 상승
이자	β세포	• 인슐린	혈당량 감소(포도당이 글리코젠으로 전환되는 과정 촉진, 조직 세포로 포도당 흡수 촉진)
	α세포	• 글루카곤	혈당량 증가(글리코젠이 포도당으로 전환되는 과정 촉진)

2 내분비계 질환

(1) 당뇨병

① **원인**: 인슐린 분비 이상이나 표적 세포가 인슐린에 적절하게 반응하지 못하기 때문에 나타나는 질병으로, 탄수화물 섭취 후 혈중 포도당 농도가 정상 수준으로 감소하지 못하고 높게 나타난다.

② **증상**: 오줌으로 포도당이 빠져나가는 질환으로 당뇨병에 걸린 사람은 오줌이 자주 마렵고 갈증과 식욕을 많이 느끼며, 시각이 흐려지거나 쉽게 피곤해지는 증상이 나타난다.

③ **합병증**: 체중이 급격하게 줄고, 콩팥, 눈, 손, 발 등에 심각한 합병증이 나타날 수 있다.

④ **종류**

종류	원인	예방 및 치료
제1형 당뇨병	이자의 β세포가 파괴되어 인슐린을 생성하지 못함	인슐린 처방, 혈당량을 급속히 증가시키는 음식물 섭취 조절
제2형 당뇨병	인슐린의 표적 세포가 인슐린에 정상적으로 반응하지 못함	약물 치료, 음식물 섭취 조절, 운동

개념 체크

◆ 호르몬은 내분비샘에서 분비됨

◆ 당뇨병은 인슐린 분비 이상이나 표적 세포가 인슐린에 적절하게 반응하지 못해 발병함

1. 갑상샘 자극 호르몬(TSH)은 (　　　) 전엽에서 분비된다.

2. 이자의 β세포가 파괴되어 인슐린을 생성하지 못하면 제(　　)형 당뇨병이 발병한다.

※ ○ 또는 ×

3. 당질 코르티코이드가 작용하면 혈당량이 감소한다.
(　　　)

4. 당뇨병 환자는 오줌으로 포도당이 빠져나간다.
(　　　)

정답
1. 뇌하수체
2. 1
3. ×
4. ○

(2) 거인증과 소인증

① 원인
- 생장 호르몬의 분비량이 너무 많으면 거인증이 나타나고, 생장 호르몬의 분비량이 너무 적으면 소인증이 나타난다.
- 거인증은 주로 뇌하수체 종양으로 인해 발병하며, 뼈의 생장판이 닫힌 이후에도 생장 호르몬이 과다 분비되면 말단 비대증의 형태로 나타난다.

② 치료: 약물 치료나 뇌하수체 종양 제거로 치료할 수 있다.

(3) 갑상샘 기능 항진증과 저하증

① 원인: 티록신 분비량이 너무 많으면 갑상샘 기능 항진증이 나타나고, 티록신 분비량이 너무 적으면 갑상샘 기능 저하증이 나타난다.

② 증상 및 치료

종류	증상	치료
갑상샘 기능 항진증	• 대사량 증가: 땀을 많이 흘리고, 체중이 감소하고, 심박수와 심장 박출량이 증가한다. • 성격이 과민해지고, 눈이 돌출되는 경우도 있다.	갑상샘 기능 억제제 복용 방사성 아이오딘 치료
갑상샘 기능 저하증	• 대사량 감소: 동작이 느려지고, 추위를 많이 타고, 체중이 증가하고, 심박수와 심장 박출량이 감소한다.	갑상샘 호르몬(티록신) 복용

❸ 항상성

항상성이란 체내·외의 환경 변화에 대해 혈당량, 체온, 혈장 삼투압 등의 체내 환경을 정상 범위로 유지하는 성질이며, 주로 내분비계와 신경계의 작용에 의해 조절된다.

(1) 항상성 유지의 원리

① **음성 피드백**: 어느 과정의 산물이 그 과정을 억제하는 조절을 음성 피드백이라고 한다.

예 티록신의 분비 조절

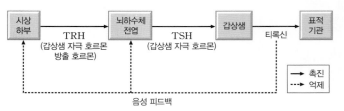

음성 피드백에 의한 티록신의 분비 조절

- 혈중 티록신의 농도가 높아지면 티록신에 의해 시상 하부의 TRH 분비와 뇌하수체 전엽의 TSH 분비가 각각 억제되어 혈중 티록신의 농도가 감소한다.
- 혈중 티록신의 농도가 낮아지면 시상 하부의 TRH 분비와 뇌하수체 전엽의 TSH 분비가 각각 촉진되어 혈중 티록신의 농도가 증가한다.

② **길항 작용**: 두 가지 요인이 같은 생리 작용에 대해 서로 반대로 작용하여 서로의 효과를 줄이는 것을 길항 작용이라고 한다. 예 교감 신경과 부교감 신경에 의한 심장 박동 속도 조절, 인슐린과 글루카곤에 의한 혈당량 조절

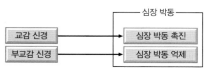

교감 신경과 부교감 신경의 길항 작용

인슐린과 글루카곤의 길항 작용

(2) **혈당량 조절**: 혈액 속에 있는 포도당의 농도를 혈당량이라고 하고, 공복 시 정상 혈당량은 100 mL당 70 mg~99 mg이다. 포도당은 체내의 중요한 에너지원이므로 혈당량이 일정하게 유지되는 것은 중요하다. 혈당량은 주로 이자에서 체내 혈당량을 직접 감지하여 조절함으로써 일정하게 유지되기도 하고, 간뇌의 시상 하부에서 자율 신경을 통해 이자나 부신을 자극하여 혈당량 조절 호르몬의 분비를 조절함으로써 일정하게 유지되기도 한다.

① 정상인의 혈당량은 인슐린과 글루카곤의 길항 작용에 의해 정상 범위로 유지된다.

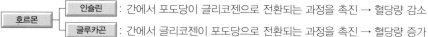

호르몬 ┬ 인슐린 : 간에서 포도당이 글리코젠으로 전환되는 과정을 촉진 → 혈당량 감소
└ 글루카곤 : 간에서 글리코젠이 포도당으로 전환되는 과정을 촉진 → 혈당량 증가

② **혈당량 조절 과정**

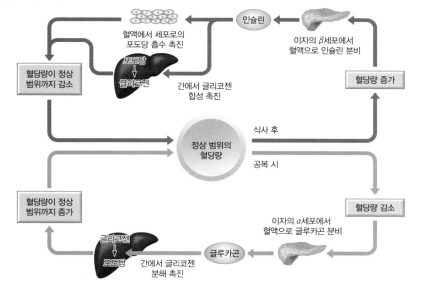

혈당량 조절 과정

- 혈당량이 정상 범위보다 높을 때의 조절: 이자의 β세포에서 인슐린의 분비가 증가 → 분비된 인슐린이 간에 작용하면 포도당이 글리코젠으로 합성되는 과정이 촉진되고, 혈액에서 조직 세포로의 포도당 흡수가 촉진 → 혈당량이 정상 범위까지 낮아지면 음성 피드백에 따라 인슐린 분비량이 감소
- 혈당량이 정상 범위보다 낮을 때의 조절: 이자의 α세포에서 글루카곤의 분비가 증가 → 분비된 글루카곤이 간에 작용하면 글리코젠이 포도당으로 전환되는 과정을 촉진하여 포도당을 혈액으로 방출 → 혈당량이 정상 범위까지 높아지면 음성 피드백에 따라 글루카곤의 분비량이 감소

개념 체크

→ 혈당량은 이자와 간뇌의 시상 하부에서 감지되며, 인슐린과 글루카곤의 길항 작용으로 조절됨

→ 인슐린은 간에서 글리코젠 합성을 촉진하고 조직 세포로의 포도당 흡수를 촉진함

→ 글루카곤은 간에서 글리코젠 분해를 촉진함

1. 이자의 β세포에서는 (　　) 이 분비된다.

2. 글루카곤이 간에 작용하면 간에서 (　　)의 분해가 촉진된다.

※ ○ 또는 ×

3. 혈당량 조절에는 신경과 호르몬이 모두 관여한다.
(　　)

4. 혈중 인슐린 농도가 증가하면 조직 세포로의 포도당 흡수가 촉진된다.
(　　)

정답
1. 인슐린
2. 글리코젠
3. ○
4. ○

1. 식사 후 (   )이 증가하면 혈중 인슐린 농도는 증가하고 글루카곤 농도는 감소한다.

2. 부신 속질에 연결된 (   ) 신경은 에피네프린의 분비를 촉진한다.

※ ○ 또는 ×

3. 운동을 시작해 혈당량이 감소하면 글루카곤의 분비가 억제된다. (   )

4. 체온 변화를 감지하고 조절하는 중추는 간뇌의 시상 하부이다. (   )

📋 **탐구자료 살펴보기** | **식사와 운동 후의 혈당량 조절**

자료 탐구

그림 (가)는 탄수화물 위주의 식사 후 혈중 포도당, 인슐린, 글루카곤의 농도 변화를, (나)는 운동 시작 후 혈중 글루카곤의 농도 변화를 나타낸 것이다.

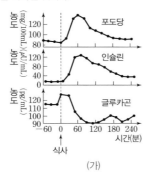

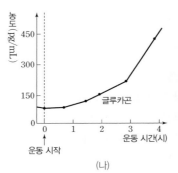

(가)   (나)

탐구 분석

• (가)에서 식사 후 혈당량이 증가하면 인슐린의 농도는 증가하고, 글루카곤의 농도는 감소하여 혈당량이 점차 낮아진다. 식사 후 1시간이 지나 혈당량이 감소되면 인슐린의 농도도 감소한다.

• (나)에서 운동을 시작하면 평소보다 많은 양의 포도당이 필요하여 혈당량이 빠르게 감소한다. 운동으로 부족해진 혈당을 보충하기 위해 글루카곤의 분비량이 증가한다.

🔍 **과학 돋보기** | **신경계에 의한 혈당량 조절**

1. 신경계에 의한 혈당량 조절

① 이자에 연결된 교감 신경은 α세포에서 글루카곤의 분비를 촉진하고, 이자에 연결된 부교감 신경은 β세포에서 인슐린의 분비를 촉진한다.

② 부신 속질에 연결된 교감 신경은 에피네프린의 분비를 촉진한다. 에피네프린은 간에 저장되어 있는 글리코젠을 포도당으로 분해하여 혈당량을 증가시킨다.

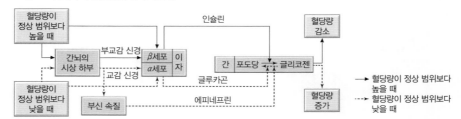

2. 추위나 긴장 등의 스트레스 상황에서 시상 하부는 신경계와 내분비계를 조절하여 에피네프린과 당질 코르티코이드의 작용으로 혈당량을 높인다.

(3) **체온 조절**: 우리 몸에서 일어나는 다양한 물질대사에는 효소가 관여하는데, 단백질이 주성분인 효소는 체온이 너무 낮거나 높으면 제 기능을 할 수 없다. 따라서 체온을 일정하게 유지하는 일은 생명 유지에 매우 중요하다.

① **체온 유지 원리**: 체온 변화 감지와 조절의 중추는 간뇌의 시상 하부이며, 자율 신경과 호르몬의 작용으로 열 발생량과 열 발산량을 조절함으로써 체온을 일정하게 유지시킨다.

② 체온 조절 과정

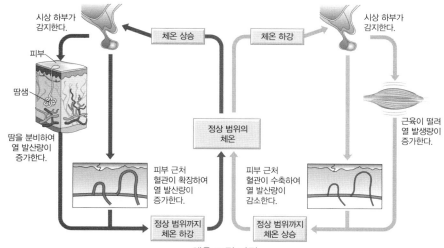

체온 조절 과정

- 체온이 정상 범위보다 높아졌을 때: 시상 하부가 고체온을 감지하면 피부 근처 혈관이 확장되어 피부 근처를 흐르는 혈액의 양이 증가하고, 땀 분비가 촉진됨으로써 열 발산량이 증가한다.
- 체온이 정상 범위보다 낮아졌을 때: 시상 하부가 저체온을 감지하면 골격근이 빠르게 수축·이완되어 몸이 떨리고, 열 발생량이 증가한다. 또한 피부 근처 혈관이 수축됨으로써 피부 근처를 흐르는 혈액의 양이 감소하여 열 발산량이 감소한다.

과학 돋보기 🔍 신경계와 내분비계의 조절 작용을 통한 체온 조절

1. 체온이 정상 범위보다 낮아졌을 때의 체온 조절
① 열 발생량의 증가: 신경계와 내분비계의 조절에 의해 간과 근육에서 물질대사가 촉진되고, 몸 떨림과 같은 근육 운동이 일어나 열 발생량이 증가한다.
② 열 발산량의 감소: 교감 신경의 작용 강화에 의해 피부 근처 혈관이 수축하여 피부 근처로 흐르는 혈액량이 감소함으로써 체표면을 통한 열 발산량이 감소한다.
2. 체온이 정상 범위보다 높아졌을 때의 체온 조절
① 열 발생량의 감소: 신경계와 내분비계의 조절에 의해 간과 근육에서 물질대사가 억제되어 열 발생량이 감소한다.
② 열 발산량의 증가: 피부 근처 혈관이 확장되며, 땀 분비가 촉진되어 체표면을 통한 열 발산량이 증가한다.

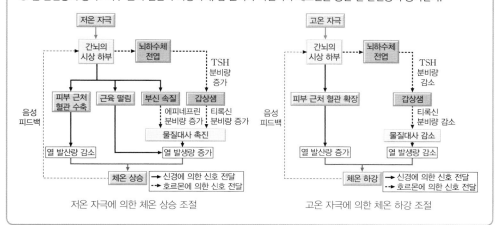

저온 자극에 의한 체온 상승 조절   고온 자극에 의한 체온 하강 조절

개념 체크

◑ 혈장 삼투압 조절에 관여하는 항이뇨 호르몬(ADH)은 뇌하수체 후엽에서 분비됨

◑ 혈중 항이뇨 호르몬(ADH) 농도가 증가하면 콩팥에서 물의 재흡수가 촉진됨

1. 항이뇨 호르몬(ADH)은 뇌하수체 (   )에서 분비된다.

2. 혈중 항이뇨 호르몬(ADH) 농도가 증가하면 (   )에서 물의 재흡수가 촉진된다.

※ ○ 또는 ×

3. 전체 혈액량이 증가할수록 항이뇨 호르몬(ADH) 분비는 촉진된다. (   )

4. 혈장 삼투압이 증가할수록 항이뇨 호르몬(ADH) 분비는 촉진된다. (   )

(4) 삼투압 조절: 혈장 삼투압은 세포의 모양과 기능을 유지하는 데 중요하다. 혈장 삼투압이 정상 범위보다 높거나 낮으면 세포는 부피가 변하고 정상적으로 기능을 하기 어렵다.

① 간뇌의 시상 하부는 삼투압 조절 중추로 혈장 삼투압을 감지하여 항이뇨 호르몬(ADH)의 분비량을 조절함으로써 정상 범위의 혈장 삼투압을 유지할 수 있도록 조절한다.

② 뇌하수체 후엽에서 분비되는 항이뇨 호르몬(ADH)은 콩팥에서 물의 재흡수를 촉진하여 혈장 삼투압을 감소시킨다.

③ 혈장 삼투압은 항이뇨 호르몬(ADH)에 의해 조절된다.

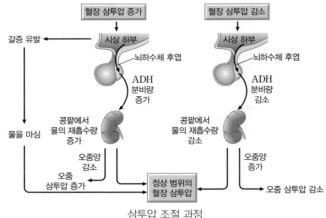

삼투압 조절 과정

- 혈장 삼투압이 정상 범위보다 높을 때: 뇌하수체 후엽에서 항이뇨 호르몬(ADH)의 분비량 증가 → 콩팥에서 물의 재흡수량 증가 → 혈장 삼투압 감소, 오줌양 감소, 오줌 삼투압 증가
- 혈장 삼투압이 정상 범위보다 낮을 때: 뇌하수체 후엽에서 항이뇨 호르몬(ADH)의 분비량 감소 → 콩팥에서 물의 재흡수량 감소 → 혈장 삼투압 증가, 오줌양 증가, 오줌 삼투압 감소

🧪 탐구자료 살펴보기 | 삼투압 조절

자료 탐구

그림 (가)와 (나)는 건강한 사람에서 각각 ㉠과 ㉡이 변할 때 혈중 ADH의 농도 변화를 나타낸 것이다. ㉠과 ㉡은 각각 혈장 삼투압과 전체 혈액량 중 하나이다.

탐구 분석

- (가)에서 ㉠이 안정 상태일 때보다 감소했을 때 혈중 ADH 농도가 증가하는 것으로 보아 ㉠은 전체 혈액량이다.
- (나)에서 ㉡이 안정 상태일 때보다 증가했을 때 혈중 ADH 농도가 증가하는 것으로 보아 ㉡은 혈장 삼투압이다.
- 혈중 ADH 농도가 증가할수록 콩팥의 단위 시간당 수분 재흡수량이 증가하므로 (가)에서 t_1일 때와 (나)에서 t_2일 때는 안정 상태일 때보다 오줌양이 적고, 오줌 삼투압이 높다.

정답
1. 후엽
2. 콩팥
3. ×
4. ○

[25025–0107]
01 그림 (가)와 (나)는 신경에 의한 신호 전달과 호르몬에 의한 신호 전달을 순서 없이 나타낸 것이다. 물질 A와 B는 각각 티록신과 아세틸콜린 중 하나이며, A는 세포 ㉠에, B는 세포 ㉡에 작용한다.

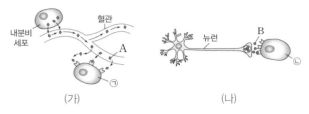

(가)   (나)

이에 대한 설명으로 옳은 것만을 〈보기〉에서 있는 대로 고른 것은?

┌─〈 보기 〉─────────────────────┐
  ㄱ. (가)는 호르몬에 의한 신호 전달이다.
  ㄴ. ㉡에 아세틸콜린 수용체가 있다.
  ㄷ. 신호 전달 속도는 (나)가 (가)보다 빠르다.
└──────────────────────────┘

① ㄱ   ② ㄷ   ③ ㄱ, ㄴ   ④ ㄴ, ㄷ   ⑤ ㄱ, ㄴ, ㄷ

[25025–0108]
02 표는 사람의 호르몬 A~C를 분비하는 내분비샘을 나타낸 것이다. A~C는 인슐린, 생장 호르몬, 에피네프린을 순서 없이 나타낸 것이다.

호르몬	내분비샘
A	뇌하수체 전엽
B	㉠
C	부신 속질

이에 대한 설명으로 옳은 것만을 〈보기〉에서 있는 대로 고른 것은?

┌─〈 보기 〉─────────────────────┐
  ㄱ. A는 생장 호르몬이다.
  ㄴ. ㉠은 이자이다.
  ㄷ. 혈중 C의 농도가 증가하면 혈당량이 감소한다.
└──────────────────────────┘

① ㄱ   ② ㄷ   ③ ㄱ, ㄴ   ④ ㄴ, ㄷ   ⑤ ㄱ, ㄴ, ㄷ

[25025–0109]
03 표는 사람의 호르몬 A~C의 특징을 나타낸 것이다. A~C는 티록신, 글루카곤, 항이뇨 호르몬(ADH)을 순서 없이 나타낸 것이다.

호르몬	특징
A	이자에서 분비된다.
B	㉠
C	콩팥에서 물의 재흡수를 촉진한다.

이에 대한 설명으로 옳은 것만을 〈보기〉에서 있는 대로 고른 것은?

┌─〈 보기 〉─────────────────────┐
  ㄱ. A는 티록신이다.
  ㄴ. C는 뇌하수체 후엽에서 분비된다.
  ㄷ. '표적 세포의 물질대사를 촉진한다.'는 ㉠에 해당한다.
└──────────────────────────┘

① ㄱ   ② ㄷ   ③ ㄱ, ㄴ   ④ ㄴ, ㄷ   ⑤ ㄱ, ㄴ, ㄷ

[25025–0110]
04 그림은 사람의 내분비샘 A~D를 나타낸 것이다. A~D는 각각 부신, 이자, 갑상샘, 뇌하수체 전엽 중 하나이다.

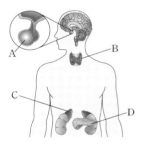

이에 대한 설명으로 옳은 것만을 〈보기〉에서 있는 대로 고른 것은?

┌─〈 보기 〉─────────────────────┐
  ㄱ. A에서 B에 작용하는 호르몬이 분비된다.
  ㄴ. C에서 티록신이 분비된다.
  ㄷ. D에서 혈당량 조절에 관여하는 호르몬이 분비된다.
└──────────────────────────┘

① ㄱ   ② ㄴ   ③ ㄱ, ㄷ   ④ ㄴ, ㄷ   ⑤ ㄱ, ㄴ, ㄷ

[25025–0111]

05 그림은 호르몬 A~C의 분비 기관과 표적 기관을 나타낸 것이다. A~C는 각각 티록신, TRH, TSH 중 하나이며, ㉠과 ㉡은 각각 시상 하부와 뇌하수체 전엽 중 하나이다.

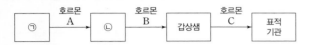

이에 대한 설명으로 옳은 것만을 〈보기〉에서 있는 대로 고른 것은?

┌─〈 보기 〉──────────────────────┐
ㄱ. ㉠은 시상 하부이다.

ㄴ. B는 TRH이다.

ㄷ. C의 혈중 농도가 정상 범위보다 증가하면 ㉡에서 B의 분비가 촉진된다.
└────────────────────────────┘

① ㄱ   ② ㄷ   ③ ㄱ, ㄴ   ④ ㄱ, ㄷ   ⑤ ㄴ, ㄷ

[25025–0112]

06 그림은 정상인의 이자의 세포 X와 Y에서 분비되는 호르몬 ㉠과 ㉡이 혈당량에 미치는 영향을 나타낸 것이다. X와 Y는 α세포와 β세포를 순서 없이 나타낸 것이고, ㉠과 ㉡은 각각 인슐린과 글루카곤 중 하나이다.

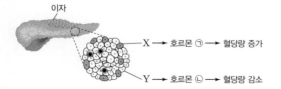

이에 대한 설명으로 옳은 것만을 〈보기〉에서 있는 대로 고른 것은?

┌─〈 보기 〉──────────────────────┐
ㄱ. X는 α세포이다.

ㄴ. ㉡은 인슐린이다.

ㄷ. ㉡은 세포로의 포도당 흡수를 촉진한다.
└────────────────────────────┘

① ㄱ   ② ㄴ   ③ ㄱ, ㄷ   ④ ㄴ, ㄷ   ⑤ ㄱ, ㄴ, ㄷ

[25025–0113]

07 그림은 정상인이 서로 다른 온도의 물에 들어갔을 때 피부 근처 혈관을 나타낸 것이다. (가)와 (나)는 각각 체온보다 높은 온도의 물에 들어갔을 때와 체온보다 낮은 온도의 물에 들어갔을 때 중 하나이다. (가)와 (나) 중 하나일 때만 열 발생량(열 생산량) 증가를 위한 몸의 떨림이 일어났다.

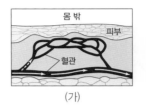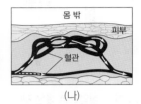

(가)   (나)

이에 대한 설명으로 옳은 것만을 〈보기〉에서 있는 대로 고른 것은?

┌─〈 보기 〉──────────────────────┐
ㄱ. (가)는 체온보다 낮은 온도의 물에 들어갔을 때이다.

ㄴ. (나)일 때 열 발생량 증가를 위한 몸의 떨림이 일어났다.

ㄷ. 단위 시간당 열 발생량은 (가)일 때가 (나)일 때보다 많다.
└────────────────────────────┘

① ㄱ   ② ㄴ   ③ ㄱ, ㄷ   ④ ㄴ, ㄷ   ⑤ ㄱ, ㄴ, ㄷ

[25025–0114]

08 그림 (가)는 정상인의 내분비샘 ㉠에서 호르몬 X가 분비되었을 때 혈장 삼투압의 변화를, (나)는 @에 따른 혈중 X의 농도를 나타낸 것이다. @는 혈장 삼투압과 전체 혈액량 중 하나이다.

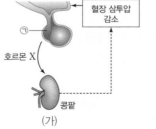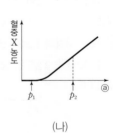

(가)   (나)

이에 대한 설명으로 옳은 것만을 〈보기〉에서 있는 대로 고른 것은? (단, 제시된 조건 이외는 고려하지 않는다.)

┌─〈 보기 〉──────────────────────┐
ㄱ. ㉠은 뇌하수체 전엽이다.

ㄴ. @는 전체 혈액량이다.

ㄷ. 단위 시간당 오줌 생성량은 p_1일 때가 p_2일 때보다 많다.
└────────────────────────────┘

① ㄱ   ② ㄴ   ③ ㄷ   ④ ㄱ, ㄷ   ⑤ ㄴ, ㄷ

09 그림은 정상인이 체온보다 높은 온도의 물에 들어갔다가 체온보다 낮은 온도의 물에 들어갔을 때 A와 B의 변화를 나타낸 것이다. A와 B는 땀 분비량과 열 발생량(열 생산량)을 순서 없이 나타낸 것이다.

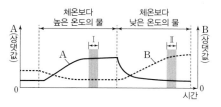

이에 대한 설명으로 옳은 것만을 〈보기〉에서 있는 대로 고른 것은?

─〈 보기 〉─
ㄱ. 체온 조절 중추는 시상 하부이다.
ㄴ. A는 땀 분비량이다.
ㄷ. 피부 근처 혈관을 흐르는 단위 시간당 혈액량은 구간 Ⅰ에서가 구간 Ⅱ에서보다 많다.

① ㄱ   ② ㄴ   ③ ㄱ, ㄷ   ④ ㄴ, ㄷ   ⑤ ㄱ, ㄴ, ㄷ

10 그림은 정상인이 A를 섭취하였을 때 혈장 삼투압의 변화를 나타낸 것이다. A는 1 L의 물과 1 L의 소금물 중 하나이다.

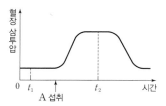

이에 대한 설명으로 옳은 것만을 〈보기〉에서 있는 대로 고른 것은? (단, 제시된 조건 이외는 고려하지 않는다.)

─〈 보기 〉─
ㄱ. A는 1 L의 소금물이다.
ㄴ. 생성되는 오줌의 삼투압은 t_1일 때가 t_2일 때보다 높다.
ㄷ. 혈중 항이뇨 호르몬(ADH)의 농도는 t_1일 때가 t_2일 때보다 높다.

① ㄱ   ② ㄴ   ③ ㄷ   ④ ㄱ, ㄷ   ⑤ ㄴ, ㄷ

11 그림은 정상인이 탄수화물을 섭취한 후 호르몬 ㉠과 ㉡의 혈중 농도 변화를 나타낸 것이다. ㉠과 ㉡은 인슐린과 글루카곤을 순서 없이 나타낸 것이다.

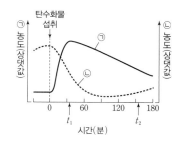

이에 대한 설명으로 옳은 것만을 〈보기〉에서 있는 대로 고른 것은? (단, 제시된 조건 이외는 고려하지 않는다.)

─〈 보기 〉─
ㄱ. ㉠은 인슐린이다.
ㄴ. 이자의 β세포에서 ㉡이 분비된다.
ㄷ. 혈당량은 t_1일 때가 t_2일 때보다 높다.

① ㄴ   ② ㄷ   ③ ㄱ, ㄴ   ④ ㄱ, ㄷ   ⑤ ㄱ, ㄴ, ㄷ

12 표는 정상인과 오줌 생성에 이상이 있는 환자 A와 B에서 평상시와 항이뇨 호르몬(ADH) 투여 시 체중 1 kg당 하루 오줌 생성량을 나타낸 것이다. A와 B는 각각 ADH 분비가 부족한 환자와 콩팥 세포가 ADH에 반응하지 않는 환자 중 하나이다.

구분	체중 1 kg당 하루 오줌 생성량(mL/kg)	
	평상시	ADH 투여 시
정상인	20	㉠
A	50	25
B	50	50

이에 대한 설명으로 옳은 것만을 〈보기〉에서 있는 대로 고른 것은? (단, 제시된 조건 이외는 고려하지 않는다.)

─〈 보기 〉─
ㄱ. 뇌하수체 후엽에서 ADH가 분비된다.
ㄴ. ㉠은 20보다 크다.
ㄷ. A는 ADH 분비가 부족한 환자이다.

① ㄱ   ② ㄴ   ③ ㄱ, ㄷ   ④ ㄴ, ㄷ   ⑤ ㄱ, ㄴ, ㄷ

13 그림은 정상인이 활동 (가)를 시작한 후 혈중 글루카곤 농도의 변화를 나타낸 것이다. (가)는 탄수화물 위주의 식사와 운동 중 하나이다.

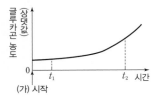

이에 대한 설명으로 옳은 것만을 〈보기〉에서 있는 대로 고른 것은? (단, 제시된 조건 이외는 고려하지 않는다.)

〔 보기 〕
ㄱ. (가)는 탄수화물 위주의 식사이다.
ㄴ. 혈중 인슐린 농도는 t_1일 때가 t_2일 때보다 높다.
ㄷ. 간에서 단위 시간당 분해되는 글리코젠의 양은 t_1일 때가 t_2일 때보다 많다.

① ㄱ   ② ㄴ   ③ ㄱ, ㄴ   ④ ㄱ, ㄷ   ⑤ ㄴ, ㄷ

14 그림은 휴식 중인 정상인이 t_1일 때 운동을 시작하고, t_2일 때 운동을 중단했을 때 열 발생량(열 생산량)과 열 발산량(열 방출량)의 변화를 나타낸 것이다. A와 B는 열 발생량과 열 발산량을 순서 없이 나타낸 것이다. 구간 Ⅰ에서는 체온이 올라갔고, 구간 Ⅱ에서는 체온이 내려갔다.

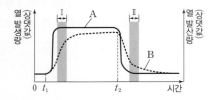

이에 대한 설명으로 옳은 것만을 〈보기〉에서 있는 대로 고른 것은? (단, 제시된 조건 이외는 고려하지 않는다.)

〔 보기 〕
ㄱ. A는 열 발생량(열 생산량)이다.
ㄴ. 단위 시간당 땀 분비량은 구간 Ⅰ에서가 구간 Ⅱ에서보다 많다.
ㄷ. 피부 근처 혈관을 흐르는 단위 시간당 혈액량은 t_1일 때가 t_2일 때보다 많다.

① ㄱ   ② ㄷ   ③ ㄱ, ㄴ   ④ ㄴ, ㄷ   ⑤ ㄱ, ㄴ, ㄷ

15 그림은 사람 Ⅰ과 Ⅱ에서 ⓐ의 변화량에 따른 혈중 항이뇨호르몬(ADH) 농도를 나타낸 것이다. ⓐ는 혈장 삼투압과 전체 혈액량 중 하나이다. Ⅰ과 Ⅱ 중 한 사람에서는 ADH가 정상적으로 분비되고, 다른 한 사람에서는 ADH가 과다하게 분비된다.

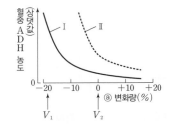

이에 대한 설명으로 옳은 것만을 〈보기〉에서 있는 대로 고른 것은? (단, 제시된 조건 이외는 고려하지 않는다.)

〔 보기 〕
ㄱ. ⓐ는 전체 혈액량이다.
ㄴ. Ⅱ는 ADH가 과다하게 분비되는 사람이다.
ㄷ. Ⅰ에서 생성되는 오줌의 삼투압은 V_1일 때가 V_2일 때보다 높다.

① ㄱ   ② ㄴ   ③ ㄱ, ㄷ   ④ ㄴ, ㄷ   ⑤ ㄱ, ㄴ, ㄷ

16 그림은 정상인이 서로 다른 온도의 물에 들어갔을 때 피부 근처 혈관의 혈류량 변화를 나타낸 것이다. 물의 온도 ⓐ~ⓒ는 20 ℃, 36 ℃, 42 ℃를 순서 없이 나타낸 것이다. t_1과 t_2 중 한 시점

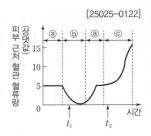

에서 열 발생량(열 생산량) 증가를 위한 몸의 떨림이 일어났다.
이에 대한 설명으로 옳은 것만을 〈보기〉에서 있는 대로 고른 것은? (단, 제시된 조건 이외는 고려하지 않는다.)

〔 보기 〕
ㄱ. ⓐ는 ⓑ보다 높다.
ㄴ. t_2일 때 열 발생량 증가를 위한 몸의 떨림이 일어났다.
ㄷ. 피부 근처 혈관의 혈류량 조절에는 교감 신경이 관여한다.

① ㄱ   ② ㄴ   ③ ㄱ, ㄴ   ④ ㄱ, ㄷ   ⑤ ㄴ, ㄷ

01 다음은 사람 피부의 냉점과 온점에 대한 자료이다.

[25025-0123]

- 피부에는 저온 자극을 감지하는 냉점과 고온 자극을 감지하는 온점이 있다.
- 온도가 ㉠~㉢인 물에 각각 들어갔을 때 냉점과 연결된 신경과 온점과 연결된 신경의 단위 시간당 활동 전위 발생 수는 그림과 같다. ㉠~㉢은 30 ℃, 36 ℃, 42 ℃를 순서 없이 나타낸 것이다.

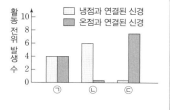

냉점과 온점에서 받아들인 온도 감각은 각각 연결된 신경을 통해 시상 하부로 전달된다.

이에 대한 설명으로 옳은 것만을 〈보기〉에서 있는 대로 고른 것은? (단, 제시된 조건 이외는 고려하지 않는다.)

─〈 보기 〉─
ㄱ. ㉠은 30 ℃이다.
ㄴ. 피부 근처 혈관을 흐르는 단위 시간당 혈액량은 온도가 ㉠인 물에 들어갔을 때가 ㉡인 물에 들어갔을 때보다 많다.
ㄷ. 단위 시간당 땀 분비량은 온도가 ㉡인 물에 들어갔을 때가 ㉢인 물에 들어갔을 때보다 많다.

① ㄱ   ② ㄴ   ③ ㄷ   ④ ㄱ, ㄴ   ⑤ ㄴ, ㄷ

02 표 (가)는 사람 A~C에서 내분비샘 이상 부위와 증상을, (나)는 사람 ㉠~㉢의 혈중 TSH와 티록신 농도를 나타낸 것이다. ㉠~㉢은 A~C를 순서 없이 나타낸 것이고, ⓐ는 과다와 부족 중 하나이다.

[25025-0124]

사람	내분비샘 이상 부위	증상
A	갑상샘	티록신 분비 과다
B	갑상샘	티록신 분비 부족
C	뇌하수체 전엽	TSH 분비 ⓐ

(가)

사람	혈중 농도	
	TSH	티록신
㉠	−	+
㉡	−	−
㉢	+	−

(＋ : 정상보다 높음. − : 정상보다 낮음)

(나)

시상 하부, 뇌하수체 전엽, 갑상샘에 이상이 생기면 혈중 티록신 농도가 정상인보다 높거나 낮을 수 있다.

이에 대한 설명으로 옳은 것만을 〈보기〉에서 있는 대로 고른 것은? (단, 제시된 조건 이외는 고려하지 않는다.)

─〈 보기 〉─
ㄱ. B는 ㉡이다.
ㄴ. ⓐ는 과다이다.
ㄷ. ㉢에게 티록신을 투여하면 투여 전보다 TSH 분비가 촉진된다.

① ㄱ   ② ㄷ   ③ ㄱ, ㄴ   ④ ㄴ, ㄷ   ⑤ ㄱ, ㄴ, ㄷ

고온 자극을 받으면 피부 근처 혈관은 확장되고 털세움근은 이완된다.

03 그림 (가)는 어떤 동물의 체온 조절 중추에 ㉠ 자극과 ㉡ 자극을 주었을 때 시간에 따른 체온을, (나)는 이 동물에서 털세움근과 피부 근처 혈관의 변화를 나타낸 것이다. ㉠과 ㉡은 고온과 저온을 순서 없이 나타낸 것이다.

(가)　　(나)

이에 대한 설명으로 옳은 것만을 〈보기〉에서 있는 대로 고른 것은? (단, 제시된 조건 이외는 고려하지 않는다.)

─〈 보기 〉─
ㄱ. ㉠은 고온이다.
ㄴ. 이 동물에 ㉡ 자극을 주면 과정 ⓐ가 일어난다.
ㄷ. 과정 ⓑ가 일어나면 열 발산량(열 방출량)은 증가한다.

① ㄱ　　② ㄷ　　③ ㄱ, ㄴ　　④ ㄴ, ㄷ　　⑤ ㄱ, ㄴ, ㄷ

[25025-0126]

인슐린의 분비가 부족하거나 인슐린의 표적 세포가 인슐린에 반응하지 않으면 혈당량 조절에 이상이 생길 수 있다.

04 그림은 혈당량 조절에 이상이 있는 환자 A와 환자 B의 식사 후 혈당량과 혈중 인슐린 농도의 변화를 나타낸 것이다. A와 B 중 한 사람에서는 이자의 ㉠이 파괴되어 인슐린 분비가 정상보다 적고, 다른 한 사람에서는 인슐린의 표적 세포가 인슐린에 반응하지 않는다. ㉠은 α세포와 β세포 중 하나이다.

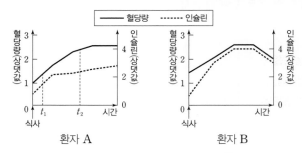

환자 A　　환자 B

이에 대한 설명으로 옳은 것만을 〈보기〉에서 있는 대로 고른 것은? (단, 제시된 조건 이외는 고려하지 않는다.)

─〈 보기 〉─
ㄱ. ㉠은 β세포이다.
ㄴ. B는 인슐린의 표적 세포가 인슐린에 반응하지 않는 환자이다.
ㄷ. A에서 단위 시간당 세포로 흡수되는 포도당의 양은 t_1일 때가 t_2일 때보다 많다.

① ㄱ　　② ㄷ　　③ ㄱ, ㄴ　　④ ㄴ, ㄷ　　⑤ ㄱ, ㄴ, ㄷ

05 다음은 오줌 생성량에 물질 X가 미치는 영향을 알아보기 위한 실험이다.

[25025–0127]

[실험 과정]
(가) 같은 종의 동물 A와 B를 준비한다.
(나) A는 X를 물에 녹인 용액 1 L를, B는 물 1 L를 각각 먹는다. X는 항이뇨 호르몬(ADH)의 분비를 억제하는 물질과 촉진하는 물질 중 하나이다.
(다) A와 B에서 단위 시간당 오줌 생성량의 변화를 측정한다.

[실험 결과]
A와 B에서의 단위 시간당 오줌 생성량의 변화는 그림과 같다.

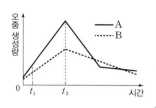

이에 대한 설명으로 옳은 것만을 〈보기〉에서 있는 대로 고른 것은? (단, 제시된 조건 이외는 고려하지 않는다.)

〈 보기 〉
ㄱ. ADH는 콩팥에서 물의 재흡수를 촉진한다.
ㄴ. X는 ADH의 분비를 억제하는 물질이다.
ㄷ. B에서 생성되는 오줌의 삼투압은 t_1일 때가 t_2일 때보다 높다.

① ㄱ   ② ㄷ   ③ ㄱ, ㄴ   ④ ㄴ, ㄷ   ⑤ ㄱ, ㄴ, ㄷ

ADH의 분비와 작용에 영향을 주는 물질은 콩팥에서 물의 재흡수량과 오줌 생성량에 영향을 줄 수 있다.

06 그림은 정상인에서 혈중 티록신 농도가 조절되는 과정의 일부를, 표는 혈중 티록신 농도가 비정상인 사람 A~C에서 혈중 TRH, TSH, 티록신의 농도를 정상인과 비교하여 나타낸 것이다. (가)~(다)는 갑상샘, 시상 하부, 뇌하수체 전엽

[25025–0128]

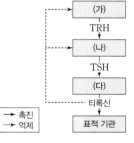

사람	TRH	TSH	티록신
정상인	정상	정상	정상
A	높음	높음	높음
B	낮음	높음	높음
C	ⓐ	높음	낮음

을 순서 없이 나타낸 것이고, A~C는 각각 (가)~(다) 중 하나에만 이상이 있으며, ⓐ는 '높음'과 '낮음' 중 하나이다.

이에 대한 설명으로 옳은 것만을 〈보기〉에서 있는 대로 고른 것은? (단, 제시된 조건 이외는 고려하지 않는다.)

〈 보기 〉
ㄱ. (가)는 시상 하부이다.
ㄴ. B는 (다)에 이상이 있다.
ㄷ. ⓐ는 '높음'이다.

① ㄱ   ② ㄷ   ③ ㄱ, ㄴ   ④ ㄱ, ㄷ   ⑤ ㄴ, ㄷ

갑상샘에서 분비되는 혈중 티록신 농도가 증가하면 TRH와 TSH의 분비는 억제된다. 이러한 조절 방식을 음성 피드백이라고 한다.

글루카곤의 분비나 작용을 억제하면 혈당량이 과도하게 높은 상태를 완화할 수 있다.

[25025-0129]

07 다음은 혈당량에 영향을 미치는 물질 X와 Y에 대한 자료이다.

- X는 이자에서 분비되는 호르몬 P의 표적 세포에 존재하는 P 수용체에 결합하여 P가 ⊙표적 기관에 작용하지 못하도록 한다. P는 인슐린과 글루카곤 중 하나이다.
- Y는 P와 결합하여 P가 표적 세포의 P 수용체에 결합하지 못하도록 한다.
- 당뇨병 환자에 물질 X와 Y를 각각 주사하였을 때 모두 혈당량 상승을 　ⓐ　하여 당뇨병을 치료하는 효과를 얻었다. ⓐ는 억제와 촉진 중 하나이다.

이에 대한 설명으로 옳은 것만을 〈보기〉에서 있는 대로 고른 것은?

┌─〔 보기 〕─────────────────
│ ㄱ. P는 글루카곤이다.
│ ㄴ. 간은 ⊙에 해당한다.
│ ㄷ. ⓐ는 억제이다.
└──────────────────────────

① ㄱ　　　　② ㄷ　　　　③ ㄱ, ㄴ　　　　④ ㄴ, ㄷ　　　　⑤ ㄱ, ㄴ, ㄷ

혈장 삼투압은 수분 공급의 유무에 따라 달라질 수 있으며, 혈장 삼투압의 변화로 인해 혈중 ADH 농도가 변한다.

[25025-0130]

08 그림 (가)는 정상인에서 ⓐ에 따른 혈중 항이뇨 호르몬(ADH) 농도를, (나)는 정상인 A와 B 중 한 사람에게만 수분 공급을 중단하였을 때 시간에 따른 ⓐ를 나타낸 것이다. ⓐ는 전체 혈액량과 혈장 삼투압 중 하나이다.

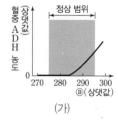
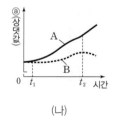

(가)　　　　　　　　　(나)

이에 대한 설명으로 옳은 것만을 〈보기〉에서 있는 대로 고른 것은? (단, 제시된 조건 이외는 고려하지 않는다.)

┌─〔 보기 〕─────────────────
│ ㄱ. 수분 공급을 중단한 사람은 A이다.
│ ㄴ. (가)에서 생성되는 오줌의 삼투압은 ⓐ가 300일 때가 270일 때보다 높다.
│ ㄷ. A에서 혈중 ADH 농도는 t_1일 때가 t_2일 때보다 높다.
└──────────────────────────

① ㄱ　　　　② ㄷ　　　　③ ㄱ, ㄴ　　　　④ ㄱ, ㄷ　　　　⑤ ㄴ, ㄷ

09 다음은 호르몬 X 과다증에 대한 자료이다.

뇌하수체 후엽에서 분비되는 항이뇨 호르몬은 콩팥에서 물의 재흡수를 촉진한다.

- X는 콩팥에 작용하여 물의 재흡수를 촉진한다.
- X는 내분비샘 ㉠에서 분비되며, 암세포 등과 같은 비정상적인 세포에서도 분비될 수 있다.
- 표는 X 과다증 환자의 혈중 Na^+ 농도와 전체 혈액량을 정상인과 비교하여 나타낸 것이다. ⓐ는 '많음'과 '적음' 중 하나이다.

구분	X 과다증 환자
혈중 Na^+ 농도	낮음
전체 혈액량	ⓐ

- X 과다증 환자는 콩팥에 있는 X 수용체의 작용을 억제하는 약물을 이용해 치료한다.

이에 대한 설명으로 옳은 것만을 〈보기〉에서 있는 대로 고른 것은?

┌─〈 보기 〉────────────────
ㄱ. ㉠은 뇌하수체 후엽이다.
ㄴ. ⓐ는 '많음'이다.
ㄷ. X 과다증 환자는 정상인보다 물 섭취를 많이 해야 혈중 Na^+ 농도를 높일 수 있다.
└──────────────────────

① ㄱ   ② ㄷ   ③ ㄱ, ㄴ   ④ ㄴ, ㄷ   ⑤ ㄱ, ㄴ, ㄷ

10 그림은 이자의 α세포와 β세포에서 각각 분비되는 호르몬 ㉠과 ㉡이 간에서 물질 ⓐ와 ⓑ의 전환을 촉진하는 과정을 나타낸 것이다. ㉠과 ㉡은 각각 인슐린과 글루카곤 중 하나이고, ⓐ와 ⓑ는 각각 포도당과 글리코젠 중 하나이다.

이자에서는 혈당량 조절에 관여하는 인슐린과 글루카곤이 분비된다.

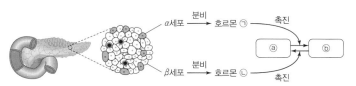

이에 대한 설명으로 옳은 것만을 〈보기〉에서 있는 대로 고른 것은?

┌─〈 보기 〉────────────────
ㄱ. ㉠은 인슐린이다.
ㄴ. ⓐ는 글리코젠이다.
ㄷ. 혈중 ㉡의 농도가 증가하면 세포로의 포도당 흡수가 억제된다.
└──────────────────────

① ㄱ   ② ㄴ   ③ ㄱ, ㄴ   ④ ㄱ, ㄷ   ⑤ ㄴ, ㄷ

[25025-0133]

11 그림은 혈중 항이뇨 호르몬(ADH) 농도에 따른 ⓐ를 나타낸 것이다. ⓐ는 오줌 삼투압과 혈장 삼투압 중 하나이다.

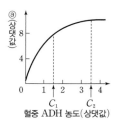

혈장 삼투압이 높을 때는 농도가 높은 오줌을 소량 생성하고, 혈장 삼투압이 낮을 때는 농도가 낮은 오줌을 다량 생성한다.

이에 대한 설명으로 옳은 것만을 〈보기〉에서 있는 대로 고른 것은? (단, 제시된 조건 이외는 고려하지 않는다.)

{ 보 기 }
ㄱ. 뇌하수체 후엽에서 ADH가 분비된다.
ㄴ. ⓐ는 오줌 삼투압이다.
ㄷ. 단위 시간당 오줌 생성량은 C_1일 때가 C_2일 때보다 많다.

① ㄱ   ② ㄷ   ③ ㄱ, ㄴ   ④ ㄴ, ㄷ   ⑤ ㄱ, ㄴ, ㄷ

[25025-0134]

12 그림 (가)는 정상인에서 시상 하부 온도에 따른 ㉠을, (나)는 ⓐ가 시상 하부에 전달되었을 때 교감 신경 A에 의해 일어나는 피부 근처 혈관의 변화를 나타낸 것이다. ㉠은 근육에서의 열 발생량(열 생산량)과 피부에서의 열 발산량(열 방출량) 중 하나이고, ⓐ는 저온 자극과 고온 자극 중 하나이다.

시상 하부가 저온 자극을 받으면 근육의 떨림을 통해 열 발생량(열 생산량)을 높이고, 피부 근처 혈관 수축을 통해 열 발산량(열 방출량)을 줄인다.

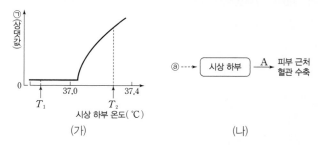

(가)   (나)

이에 대한 설명으로 옳은 것만을 〈보기〉에서 있는 대로 고른 것은?

{ 보 기 }
ㄱ. ㉠은 피부에서의 열 발산량이다.
ㄴ. ⓐ는 저온 자극이다.
ㄷ. 피부 근처 혈관을 흐르는 단위 시간당 혈액량은 T_1일 때가 T_2일 때보다 많다.

① ㄱ   ② ㄷ   ③ ㄱ, ㄴ   ④ ㄴ, ㄷ   ⑤ ㄱ, ㄴ, ㄷ

[25025–0135]

13 다음은 근육 세포의 포도당 흡수 조절에 대한 실험이다.

[실험 과정]

(가) 어떤 동물에서 근육 조직 A~D를 채취하여 준비한다.

(나) A와 B는 포도당 농도가 300 mg/dL인 용액에 각각 따로 넣고, C와 D는 600 mg/dL 인 용액에 각각 따로 넣는다.

(다) 호르몬 ㉠을 A와 C가 담긴 용액에는 각각 넣고, B와 D가 담긴 용액에는 넣지 않는다. ㉠은 인슐린과 글루카곤 중 하나이다.

[실험 결과]

일정 시간 후 A~D의 세포 내 포도당 농도는 그림과 같으며, C의 세포 내 포도당 농도는 나타내지 않았다.

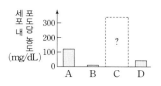

이에 대한 설명으로 옳은 것만을 〈보기〉에서 있는 대로 고른 것은? (단, 제시된 조건 이외는 고려하지 않는다.)

┌─〈 보 기 〉──────────────────────────
ㄱ. ㉠은 인슐린이다.

ㄴ. 혈중 ㉠ 농도가 증가하면 세포로의 포도당 흡수가 촉진된다.

ㄷ. 실험 결과 세포 내 포도당 농도는 C가 D보다 높다.
└────────────────────────────────

① ㄱ   ② ㄷ   ③ ㄱ, ㄴ   ④ ㄴ, ㄷ   ⑤ ㄱ, ㄴ, ㄷ

인슐린이 표적 세포의 인슐린 수용체에 결합하면 세포 밖에서 세포 안으로 포도당 이동이 촉진된다.

[25025–0136]

14 그림 (가)와 (나)는 정상인에서 ㉠의 변화량에 따른 혈중 항이뇨 호르몬(ADH) 농도와 갈증을 느끼는 정도를 각각 나타낸 것이다. ㉠은 전체 혈액량과 혈장 삼투압 중 하나이다.

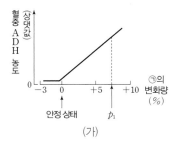   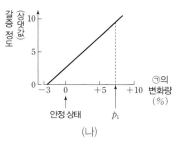

이에 대한 설명으로 옳은 것만을 〈보기〉에서 있는 대로 고른 것은? (단, 제시된 조건 이외는 고려하지 않는다.)

┌─〈 보 기 〉──────────────────────────
ㄱ. ㉠은 전체 혈액량이다.

ㄴ. 단위 시간당 오줌 생성량은 p_1일 때가 안정 상태일 때보다 적다.

ㄷ. 혈중 ADH 농도는 갈증 정도가 5일 때가 10일 때보다 높다.
└────────────────────────────────

① ㄱ   ② ㄴ   ③ ㄷ   ④ ㄱ, ㄴ   ⑤ ㄴ, ㄷ

혈장 삼투압이 증가하면 콩팥에서 물의 재흡수를 촉진하기 위해 혈중 ADH 농도가 증가하며, 물을 마시기 위해 갈증을 느끼는 정도가 증가한다.

07 방어 작용

개념 체크

➲ 질병은 감염성 질병과 비감염성 질병으로 구분됨

➲ 감염성 질병을 일으키는 병원체에는 세균, 바이러스, 원생생물, 균류, 변형된 프라이온이 있음

1. ( ) 질병은 병원체의 감염에 의해 나타나며, 전염이 되기도 한다.

2. ( )에 의한 질병은 항생제를 이용하여 치료한다.

※ ○ 또는 ×

3. 결핵을 일으키는 병원체는 세포의 구조로 되어 있다. ( )

4. 말라리아와 수면병을 일으키는 병원체는 모두 원핵생물이다. ( )

정답
1. 감염성
2. 세균
3. ○
4. ×

1 질병

(1) 질병의 구분

① 감염성 질병

- 병원체에 의해 나타나는 질병으로 전염이 되기도 한다.
- 병원체가 숙주로 침입하는 경로에는 호흡기, 소화기, 매개 곤충, 신체적 접촉 등이 있다.

예 독감, 감기, 천연두, 콜레라, 결핵 등

② 비감염성 질병

- 병원체에 감염되지 않아도 나타나는 질병으로 전염이 되지 않는다.
- 환경, 유전, 생활 방식 등의 여러 가지 원인이 복합적으로 작용하여 발병한다.

예 고혈압, 당뇨병, 혈우병 등

(2) 병원체: 감염성 질병을 일으키는 인자이다.

① 세균

- 분열법으로 증식하고 핵이 없는 단세포 원핵생물이다.
- 모양에 따라 구균, 간균, 나선균 등으로 분류한다.
- 감염된 생물의 조직을 파괴하거나 독소를 분비하여 질병을 일으킨다.
- 세균에 의한 질병은 항생제를 이용하여 치료한다.

질병 결핵, 세균성 식중독, 세균성 폐렴 등

② 바이러스

- 세포로 이루어져 있지 않으며 일반적으로 세균보다 작다.
- 살아 있는 숙주 세포 내에서 증식한 후 방출될 때 숙주 세포를 파괴한다.
- 바이러스에 의한 질병은 항바이러스제를 이용하여 치료한다.

질병 감기, 독감, 홍역, 소아마비, 후천성 면역 결핍증(AIDS) 등

③ **원생생물**: 핵을 가지고 있는 진핵생물로 대부분 열대 지역에서 매개 곤충을 통하여 사람 몸 안으로 들어와 질병을 일으킨다.

질병 말라리아, 수면병 등

④ 균류

- 핵을 가지고 있는 진핵생물이다.
- 균류가 몸에 직접 증식하거나 균류가 생산한 독성 물질에 의해 증상이 나타날 수 있다.
- 균류에 의한 질병은 항진균제를 이용하여 치료한다.

질병 무좀 등

과학 돋보기 세균과 바이러스

세균	바이러스
• 세포 구조이다. • 막으로 둘러싸인 세포 소기관이나 핵이 없으며, DNA가 세포질에 분포한다. • 세균성 질병은 항생제를 이용하여 치료한다.	• 세포의 구조를 갖추고 있지 않다. • 유전 물질(DNA 또는 RNA)과 단백질로 되어 있다. • 바이러스성 질병은 항바이러스제를 이용하여 치료한다.

⑤ 변형된 프라이온
  • 단백질성 감염 입자이며 신경계의 퇴행성 질병을 유발하고 크기는 바이러스보다 작다.
  • 정상적인 프라이온 단백질은 변형된 프라이온 단백질과 접촉하면 변형된 프라이온 단백질로 구조가 변하며, 변형된 프라이온 단백질이 축적되면 신경 세포가 파괴된다.
  질병 크로이츠펠트 · 야코프병(사람), 광우병(소) 등

(3) 감염성 질병의 예방

① 마스크를 착용하면 호흡기를 통한 병원체 감염을 예방할 수 있다.
② 올바른 손 씻기로 손을 통해 감염되는 질병을 예방할 수 있다.
③ 음식을 익혀 먹고, 물을 끓여서 먹으면 음식과 물속 병원체에 의한 질병을 예방할 수 있다.

2 우리 몸의 방어 작용

(1) 비특이적 방어 작용(선천성 면역): 병원체의 종류나 감염 경험의 유무와 관계없이 감염 발생 시 신속하게 반응이 일어난다.

① 피부
  • 피부는 병원체가 침투하지 못하게 하는 물리적 장벽 역할을 한다.
  • 피부에서 분비되는 지방과 땀의 산성 성분은 세균의 증식을 억제한다.

② 점막
  • 점막은 기관, 소화관 등의 내벽을 덮는 세포층이며, 점액으로 덮여 있다.
  • 기관과 기관지에서 먼지와 병원체는 점막 세포의 섬모 운동으로 점액과 함께 바깥으로 내보내진다.

③ 분비액: 땀, 눈물, 침, 호흡기 통로의 점액에 있는 라이소자임은 세균의 세포벽을 분해한다.

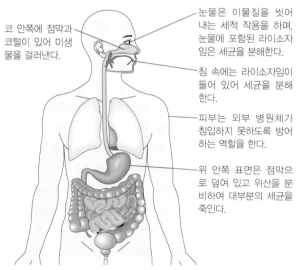

코 안쪽에 점막과 코털이 있어 미생물을 걸러낸다.

눈물은 이물질을 씻어 내는 세척 작용을 하며, 눈물에 포함된 라이소자임은 세균을 분해한다.

침 속에는 라이소자임이 들어 있어 세균을 분해한다.

피부는 외부 병원체가 침입하지 못하도록 방어하는 역할을 한다.

위 안쪽 표면은 점막으로 덮여 있고 위산을 분비하여 대부분의 세균을 죽인다.

우리 몸의 비특이적 방어 작용

④ **식세포 작용(식균 작용)**: 대식세포와 같은 백혈구는 체내로 침투한 병원체를 자신의 세포 안으로 끌어들여 분해하는 식세포 작용(식균 작용)을 한다.

⑤ **염증 반응**: 병원체가 체내로 침입하면 열, 부어오름, 붉어짐, 통증이 나타나는 염증 반응이 일어난다. 염증은 병원체를 제거하기 위한 방어 작용이다.

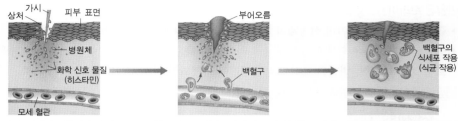

피부가 손상되어 병원체가 체내로 들어오면 손상된 부위의 비만세포에서 화학 신호 물질(히스타민)을 분비한다.

화학 신호 물질(히스타민)이 모세 혈관을 확장시켜 혈관벽의 투과성이 증가되면 상처 부위는 붉게 부어오르고 백혈구는 손상된 조직으로 유입된다.

상처 부위에 모인 백혈구가 식세포 작용(식균 작용)으로 병원체를 제거한다.

염증 반응의 과정

(2) 특이적 방어 작용(후천성 면역): 특정 항원을 인식하여 제거하는 방어 작용이며, T 림프구(T 세포)와 B 림프구(B 세포)에 의해 이루어진다.

과학 돋보기 🔍 **B 림프구와 T 림프구의 성숙**

- 림프구는 백혈구의 일종으로, 골수에 있는 조혈 모세포로부터 만들어진다.
- 골수에서 만들어진 림프구 중 일부는 골수에서 B 림프구로 성숙하고, 다른 일부는 가슴샘으로 이동하여 T 림프구로 성숙한다.

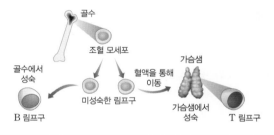

① **항원과 항체**
- 항원은 체내에서 면역 반응을 일으키는 원인 물질이다.
- 항체는 B 림프구로부터 분화된 형질 세포가 생성하여 분비하는 면역 단백질로 항원과 결합하여 항원을 무력화시킨다.
- 특정 항체는 항원의 특정 부위에 결합하여 작용하는데, 이를 항원 항체 반응의 특이성이라 한다.

② **세포성 면역:** 활성화된 세포독성 T림프구가 병원체에 감염된 세포를 제거하는 면역 반응이다.
- 대식세포가 병원체를 삼킨 후 분해하여 항원 조각을 제시 → 보조 T 림프구가 이를 인식하여 활성화됨 → 세포독성 T림프구가 활성화됨 → 활성화된 세포독성 T림프구가 병원체에 감염된 세포 제거

③ **체액성 면역:** 형질 세포가 생성하는 항체가 항원과 결합함으로써 더 효율적으로 항원을 제거할 수 있는 면역 반응이다.
- 대식세포가 병원체를 삼킨 후 분해하여 항원 조각을 제시 → 보조 T 림프구가 이를 인식하여 활성화됨 → B 림프구가 형질 세포와 기억 세포로 분화됨 → 항원 항체 반응이 일어남
- 1차 면역 반응: 항원의 1차 침입 시 활성화된 보조 T 림프구의 도움을 받은 B 림프구는 기억 세포와 형질 세포로 분화되며, 형질 세포는 항체를 생성한다.

• 2차 면역 반응: 동일 항원의 재침입 시 그 항원에 대한 기억 세포가 빠르게 분화하여 기억
세포와 형질 세포를 만들며 형질 세포가 항체를 생성한다.

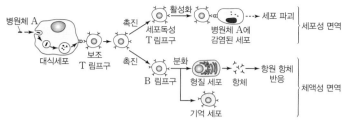

세포성 면역과 체액성 면역

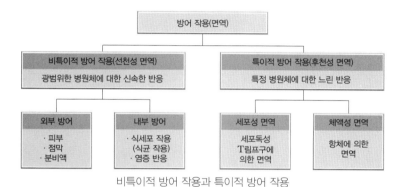

비특이적 방어 작용과 특이적 방어 작용

탐구자료 살펴보기 | **1차 면역 반응과 2차 면역 반응 시 항체 농도**

자료 탐구

그림은 이전에 항원 A와 B에 노출된 적이 없는 어떤 쥐에게 항원 A와 B를 주입했을 때 생성되는 항체 a와 b의 농도 변화를 나타낸 것이다. 항체 a는 항원 A에 대한 항체이고, 항체 b는 항원 B에 대한 항체이다.

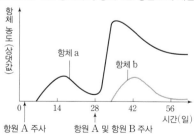

탐구 point

1. 항원 A에 대한 항체 농도 변화
 • 첫 번째 주사(1차 면역 반응): 항체가 생성되기까지 소요되는 시간이 길고 생성되는 항체의 농도가 낮다.
 • 두 번째 주사(2차 면역 반응): 기억 세포가 빠르게 형질 세포로 분화되어 항체가 생성되기까지 소요되는 시간이 짧고 생성되는 항체의 농도가 높다.
2. 항원 B에 대한 항체 농도 변화
 • 항원 B는 처음 주사하는 것이므로 항원 B에 대한 1차 면역 반응이 나타난다.
 • 항체가 생성되기까지 소요되는 시간이 길고 생성되는 항체의 농도가 낮다.

개념 체크

➡ 백신을 투여하면 주입한 항원에 대한 기억 세포가 형성되며, 동일한 항원이 재침입하면 2차 면역 반응이 일어남

1. (   )은 1차 면역 반응을 일으키기 위해 체내로 주입하는 항원을 포함하는 물질이다.

2. 백신을 투여하면 주입한 항원에 대한 기억 세포가 형성되며, 동일한 항원이 재침입하면 이 기억 세포가 (   )로 분화되어 항체를 생성한다.

※ ○ 또는 ×

3. 우측 [탐구자료 살펴보기]의 (가)에서 죽은 A를 주사한 닭에서는 A에 대한 기억 세포가 형성되었다.
(   )

4. 우측 [탐구자료 살펴보기]의 (라)에서 살아 있는 B를 주사한 닭에서는 B에 대한 2차 면역 반응이 일어났다.
(   )

④ 백신의 개발

• 1차 면역 반응을 일으키기 위해 체내에 주입하는 항원을 포함하는 물질을 백신이라 한다.
• 백신을 투여하면 주입한 항원에 대한 기억 세포가 형성되어 이후 동일한 항원이 다시 침입하였을 때 2차 면역 반응이 일어나 보다 신속하게 다량의 항체가 생성되어 항원을 무력화시키기 때문에 질병을 예방할 수 있다.

🧪 탐구자료 살펴보기 | 백신을 이용한 닭의 면역

자료 탐구

• 병원성 세균 A와 B를 이용하여 다음과 같은 실험을 진행하였다. (가)~(라)에서 사용된 닭은 모두 유전적으로 동일하며, A와 B에 감염된 적이 없다.

구분	과정	결과
(가)	죽은 A를 닭에게 주사하고 10일 후 살아 있는 A를 주사하였다.	생존
(나)	죽은 A를 닭에게 주사하고 10일 후 살아 있는 B를 주사하였다.	죽음
(다)	죽은 B를 닭에게 주사하고 10일 후 살아 있는 A를 주사하였다.	죽음
(라)	죽은 B를 닭에게 주사하고 10일 후 살아 있는 B를 주사하였다.	생존

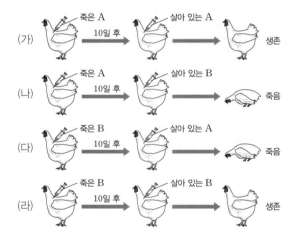

탐구 분석

• (가)에서 죽은 A를 닭에게 주사하였을 때 A에 대한 1차 면역 반응이 일어나 항체가 생성되고 기억 세포가 형성되었다. 10일 후 살아 있는 A를 주사하였을 때 닭에게서 A에 대한 2차 면역 반응이 일어나 생존하였다.
• (나)에서 죽은 A를 닭에게 주사하였을 때 A에 대한 1차 면역 반응이 일어나 항체가 생성되고 기억 세포가 형성되었다. 10일 후 살아 있는 B를 주사하였을 때는 닭이 B에 처음 감염되었으므로 죽었다.
• (다)에서 죽은 B를 닭에게 주사하였을 때 B에 대한 1차 면역 반응이 일어나 항체가 생성되고 기억 세포가 형성되었다. 10일 후 살아 있는 A를 주사하였을 때는 닭이 A에 처음 감염되었으므로 죽었다.
• (라)에서 죽은 B를 닭에게 주사하였을 때 B에 대한 1차 면역 반응이 일어나 항체가 생성되고 기억 세포가 형성되었다. 10일 후 살아 있는 B를 주사하였을 때 닭에게서 B에 대한 2차 면역 반응이 일어나 생존하였다.

탐구 point

• 죽은 A를 주사한 후 살아 있는 A를 주사했을 때와 죽은 B를 주사한 후 살아 있는 B를 주사했을 때만 닭이 생존했으므로 면역 반응은 병원체에 따라 특이적이다.
• 죽은 세균이 백신으로 작용하여 닭에게서 그 세균에 대한 기억 세포가 형성되었기 때문에 살아 있는 세균을 주사했을 때 닭이 생존하였다.

정답
1. 백신
2. 형질 세포
3. ○
4. ○

3 혈액형에 따른 수혈 관계

(1) ABO식 혈액형

① ABO식 혈액형의 구분

- 응집원(항원)은 적혈구 막 표면에, 응집소(항체)는 혈장에 있다. 응집원은 A와 B 두 종류
  이고, 응집소는 α와 β 두 종류이다.
- 응집원의 종류에 따라 A형, B형, AB형, O형으로 구분한다.

혈액형	A형	B형	AB형	O형
응집원	응집원 A / 적혈구	응집원 B	응집원 B / 응집원 A	없음
응집소	응집소 β	응집소 α	없음	응집소 α / 응집소 β

② ABO식 혈액형의 판정

혈청＼혈액형	A형	B형	AB형	O형
항 A 혈청 (응집소 α 함유)	응집됨	응집 안 됨	응집됨	응집 안 됨
항 B 혈청 (응집소 β 함유)	응집 안 됨	응집됨	응집됨	응집 안 됨

③ ABO식 혈액형의 수혈 관계: 기본적으로 수혈은 혈액을 주는 사람과 받는 사람의 혈액형이
동일한 경우에 하며, 혈액을 주는 쪽의 응집원과 받는 쪽의 응집소 사이에 응집 반응이 나타
나지 않으면 서로 다른 혈액형이라도 소량 수혈은 가능하다.

과학 돋보기 🔍 Rh식 혈액형

- Rh식 혈액형의 구분: Rh 응집원(항원)은 적혈구 막 표면에 있으며 Rh 응집소(항체)는 혈장에 존재한다.
- Rh^-형인 사람이 Rh 응집원에 노출되면 Rh 응집소를 생성한다.

구분	Rh^+형	Rh^-형
응집원	있음	없음
응집소	없음	응집원에 노출되면 생성됨

- Rh식 혈액형은 붉은털원숭이의 적혈구를 토끼의 혈액에 주사하여 응집소가 생긴 토끼의 혈청을 표준 혈청(항 Rh
  혈청)으로 이용하여 판정한다. 항 Rh 혈청에 응집하면 Rh^+형, 응집하지 않으면 Rh^-형이다.

혈청＼혈액형	Rh^+형	Rh^-형
항 Rh 혈청 (Rh 응집소 함유)	응집됨	응집 안 됨

개념 체크

➡ 면역 관련 질환에는 알레르기, 자가 면역 질환, 면역 결핍 등이 있음

1. (   )는 특정 항원에 대해 면역 반응이 과민하게 나타나는 현상이다.

2. (   )은 면역계가 자기 조직 성분을 항원으로 인식하여 세포나 조직을 공격하여 생기는 질환이다.

※ ○ 또는 ×

3. 후천성 면역 결핍증(AIDS)은 면역 결핍의 대표적인 예이다. (   )

4. 우측 [탐구자료 살펴보기]에서 Ⅱ에게 죽은 X를 주사한 후 Ⅱ에서 X에 대한 형질 세포가 형성되었다.
(   )

4 면역 관련 질환

(1) 알레르기
① 특정 항원에 대한 면역 반응이 과민하게 나타나는 현상이다.
② 일부 사람에게는 꽃가루, 먼지, 약물 등이 두드러기, 가려움, 기침, 콧물 등의 알레르기 반응을 일으킬 수 있다.

(2) 자가 면역 질환
① 면역계가 자기 조직 성분을 항원으로 인식하여 세포나 조직을 공격하여 생기는 질환이다.
② 류머티즘 관절염이 대표적이다.

(3) 면역 결핍
① 면역을 담당하는 세포나 기관에 이상이 생겨 면역 기능을 제대로 할 수 없어서 생기는 질환이다. 이 경우 약한 세균의 침입에도 면역 반응이 잘 일어나지 못해 생명을 잃기도 한다.
② 사람 면역 결핍 바이러스(HIV)가 원인이 되어 나타나는 후천성 면역 결핍증(AIDS)이 있다.

> 🧪 **탐구자료 살펴보기** | **병원체 X에 대한 생쥐의 방어 작용 실험**
>
> **탐구 과정**
> (가) 유전적으로 동일하고 X에 노출된 적이 없는 생쥐 Ⅰ~Ⅲ을 준비한다.
> (나) Ⅰ과 Ⅲ에 생리식염수를, Ⅱ에 죽은 X를 주사한다.
> (다) 1주 후, (나)의 Ⅰ과 Ⅱ에서 X에 대한 기억 세포와 항체 생성 여부를 조사하고, 혈액을 채취하여 혈청을 분리한다.
> (라) (다)의 Ⅱ에서 얻은 혈청을 Ⅲ에 주사한다.
> (마) 1일 후 Ⅰ~Ⅲ을 살아 있는 X로 감염시킨 뒤, 생존 여부를 확인한다.
>
>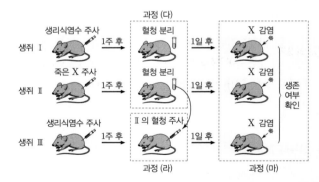
>
> **탐구 결과**
>
> | 생쥐 | (다)에서 기억 세포와 항체 생성 여부 | | 생쥐 | (마)에서 생존 여부 |
> |---|---|---|---|---|
> | | 기억 세포 | 항체 | Ⅰ | 죽는다 |
> | Ⅰ | 생성 안 됨 | 생성 안 됨 | Ⅱ | 산다 |
> | Ⅱ | 생성됨 | 생성됨 | Ⅲ | 산다 |
>
> **탐구 point**
> • 죽은 X를 주사한 Ⅱ에서는 면역 반응이 일어나 X에 대한 항체가 생성되었으며, 생리식염수를 주사한 Ⅰ에서는 면역 반응이 일어나지 않아서 항체가 생성되지 않았음을 알 수 있다.
> • Ⅱ로부터 혈청을 분리하여 Ⅰ에는 주사하지 않고 Ⅲ에게 주사한 후 살아 있는 X를 각각 감염시켰을 때, Ⅰ은 죽었고, Ⅲ은 살았으므로 Ⅱ로부터 분리한 혈청에 항체가 있음을 알 수 있다.
> • (다)에서 Ⅱ는 X에 대한 기억 세포와 항체가 생성되었으며, (마)에서 살아 있는 X를 감염시켰을 때 2차 면역 반응이 일어났고, Ⅲ은 살았으므로 Ⅱ로부터 분리한 혈청의 항체에 의한 체액성 면역이 일어났음을 알 수 있다.

정답
1. 알레르기
2. 자가 면역 질환
3. ○
4. ○

01 다음은 사람의 질병 A~C에 대한 자료이다. A~C는 결핵, 독감, 낫 모양 적혈구 빈혈증을 순서 없이 나타낸 것이다.
[25025-0137]

- A는 비감염성 질병이다.
- B의 병원체는 독립적으로 물질대사를 하지만, C의 병원체는 독립적으로 물질대사를 하지 못한다.

이에 대한 설명으로 옳은 것만을 〈보기〉에서 있는 대로 고른 것은?

〈보기〉
ㄱ. A는 낫 모양 적혈구 빈혈증이다.
ㄴ. B의 치료에 항생제가 사용된다.
ㄷ. C의 병원체는 유전 물질을 갖는다.

① ㄴ ② ㄷ ③ ㄱ, ㄴ ④ ㄱ, ㄷ ⑤ ㄱ, ㄴ, ㄷ

02 표 (가)는 병원체의 3가지 특징을, (나)는 (가)의 특징 중 사람에서 질병 A~C를 일으키는 병원체가 각각 갖는 특징의 개수를 나타낸 것이다. A~C는 결핵, 무좀, 후천성 면역 결핍증(AIDS)을 순서 없이 나타낸 것이다.
[25025-0138]

병원체의 특징	질병	병원체가 갖는 특징의 개수
• 곰팡이이다. • 유전 물질을 갖는다. • ⊙세포 구조로 되어 있다.	A	1
	B	2
	C	ⓐ
(가)	(나)	

이에 대한 설명으로 옳은 것만을 〈보기〉에서 있는 대로 고른 것은?

〈보기〉
ㄱ. A는 후천성 면역 결핍증(AIDS)이다.
ㄴ. B의 병원체는 특징 ⊙을 갖는다.
ㄷ. ⓐ는 3이다.

① ㄴ ② ㄷ ③ ㄱ, ㄴ ④ ㄱ, ㄷ ⑤ ㄱ, ㄴ, ㄷ

03 표는 사람의 4가지 질병을 병원체의 특징에 따라 구분하여 나타낸 것이다.
[25025-0139]

병원체의 특징	질병
(가)	결핵, 독감
원생생물이다.	수면병, 말라리아

이에 대한 설명으로 옳은 것만을 〈보기〉에서 있는 대로 고른 것은?

〈보기〉
ㄱ. '독립적으로 물질대사를 하지 못한다.'는 (가)에 해당한다.
ㄴ. 결핵과 독감의 병원체는 모두 세균이다.
ㄷ. 말라리아는 모기를 매개로 전염된다.

① ㄴ ② ㄷ ③ ㄱ, ㄴ ④ ㄱ, ㄷ ⑤ ㄴ, ㄷ

04 다음은 가시에 찔렸을 때 방어 작용이 일어나는 과정의 일부를 나타낸 것이다. ⊙은 비만세포와 T 림프구 중 하나이다.
[25025-0140]

(가) 가시에 찔려 병원체가 체내로 들어오면 손상된 부위의 ⊙에서 히스타민이 분비된다.
(나) ⓐ히스타민이 모세 혈관을 확장시키고, 백혈구는 손상된 조직으로 유입된다.
(다) 손상된 부위로 모인 백혈구가 식세포 작용(식균 작용)으로 병원체를 제거한다.

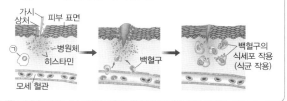

이에 대한 설명으로 옳은 것만을 〈보기〉에서 있는 대로 고른 것은?

〈보기〉
ㄱ. ⊙은 비만세포이다.
ㄴ. ⓐ의 결과로 혈관벽의 투과성이 감소된다.
ㄷ. (다)에서 일어나는 식세포 작용(식균 작용)은 특이적 방어 작용에 해당한다.

① ㄱ ② ㄴ ③ ㄱ, ㄴ ④ ㄱ, ㄷ ⑤ ㄴ, ㄷ

[25025–0141]

05 다음은 사람의 방어 작용에 대한 자료이다.

> (가) 백혈구는 식세포 작용(식균 작용)으로 병원체를 제거한다.
> (나) 눈물샘에서 ㉠라이소자임이 들어 있는 눈물이 분비된다.
> (다) 병원체와 결합하는 ㉡항체가 생성되어 병원체를 무력화시킨다.

이에 대한 설명으로 옳은 것만을 〈보기〉에서 있는 대로 고른 것은?

〔 보기 〕
ㄱ. ㉠은 세균의 세포벽을 분해한다.
ㄴ. ㉡은 보조 T 림프구가 생성하여 분비하는 단백질이다.
ㄷ. (가)와 (나)는 모두 비특이적 방어 작용의 예에 해당한다.

① ㄴ   ② ㄷ   ③ ㄱ, ㄴ   ④ ㄱ, ㄷ   ⑤ ㄱ, ㄴ, ㄷ

[25025–0142]

06 그림 (가)와 (나)는 사람의 면역 반응을 나타낸 것이다. (가)와 (나)는 각각 세포성 면역과 체액성 면역 중 하나이며, ㉠~㉢은 형질 세포, 세포독성 T림프구, B 림프구를 순서 없이 나타낸 것이다.

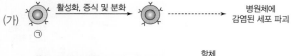

이에 대한 설명으로 옳은 것만을 〈보기〉에서 있는 대로 고른 것은?

〔 보기 〕
ㄱ. (가)는 세포성 면역이다.
ㄴ. ㉡은 가슴샘에서 성숙된다.
ㄷ. ㉠은 ㉡이 ㉢으로 증식 및 분화되는 과정을 촉진한다.

① ㄱ   ② ㄴ   ③ ㄱ, ㄴ   ④ ㄱ, ㄷ   ⑤ ㄴ, ㄷ

[25025–0143]

07 다음은 사람의 림프구에 대한 자료이다. ㉠과 ㉡은 B 림프구와 T 림프구를 순서 없이 나타낸 것이고, ㉮는 ㉠과 ㉡ 중 하나이다.

> (가) 골수에서 생성된 림프구 중 일부는 골수에서 ㉠으로 성숙하고, 다른 일부는 가슴샘으로 이동하여 ㉡으로 성숙한다.
> (나) ⓐ항체는 ㉮로부터 분화된 형질 세포에서 분비된다.

이에 대한 설명으로 옳은 것만을 〈보기〉에서 있는 대로 고른 것은?

〔 보기 〕
ㄱ. ㉮는 ㉡이다.
ㄴ. ㉠과 ㉡은 모두 특이적 방어 작용에 관여한다.
ㄷ. ⓐ에는 항원과 특이적으로 결합하는 부위가 있다.

① ㄴ   ② ㄷ   ③ ㄱ, ㄴ   ④ ㄱ, ㄷ   ⑤ ㄴ, ㄷ

[25025–0144]

08 표는 사람의 방어 작용에 관여하는 물질 A와 B의 특징을 나타낸 것이다. A와 B는 항체와 라이소자임을 순서 없이 나타낸 것이고, ㉠은 세균과 바이러스 중 하나이다.

물질	특징
A	㉠의 세포벽을 분해한다.
B	형질 세포에서 생성되고 분비된다.

이에 대한 설명으로 옳은 것만을 〈보기〉에서 있는 대로 고른 것은?

〔 보기 〕
ㄱ. ㉠은 바이러스이다.
ㄴ. B는 항원의 특정 부위와 결합한다.
ㄷ. A와 B는 모두 특이적 방어 작용에 관여한다.

① ㄴ   ② ㄷ   ③ ㄱ, ㄴ   ④ ㄱ, ㄷ   ⑤ ㄱ, ㄴ, ㄷ

09 그림은 병원체 X_1과 X_2를 나타낸 것이고, 표는 항체 ⊙과 ⓒ에 대한 자료이다. ⊙과 ⓒ은 항원 ⓐ와 ⓑ 중 서로 다른 하나와만 결합하며, 생쥐 Ⅰ과 Ⅱ는 모두 X_1과 X_2에 노출된 적이 없다.

[25025-0145]

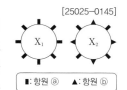

■: 항원 ⓐ ▲: 항원 ⓑ

(가) X_1에 감염된 Ⅰ에게서 ⊙이 생성되었다.
(나) X_2에 감염된 Ⅱ에게서 ⊙과 ⓒ이 모두 생성되었다.

이에 대한 설명으로 옳은 것만을 〈보기〉에서 있는 대로 고른 것은?

〈 보기 〉
ㄱ. ⊙은 ⓐ와 결합한다.
ㄴ. (나)에서 ⓒ은 보조 T 림프구에서 분비되었다.
ㄷ. Ⅰ이 X_2에 처음 감염되면 ⓑ에 대한 기억 세포가 형질 세포로 분화된다.

① ㄱ ② ㄷ ③ ㄱ, ㄴ ④ ㄱ, ㄷ ⑤ ㄴ, ㄷ

10 그림은 병원체 X와 Y에 노출된 적이 없는 어떤 생쥐 ⊙에게 X를 주사하고 일정 시간이 지난 후 X와 Y를 함께 주사했을 때, ⊙의 혈중 항체 ⓐ와 ⓑ의 농도 변화를 나타낸 것이다. ⓐ와 ⓑ는 X에 대한 항체와 Y에 대한 항체를 순서 없이 나타낸 것이다.

[25025-0146]

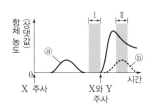

이에 대한 설명으로 옳은 것만을 〈보기〉에서 있는 대로 고른 것은? (단, 제시된 조건 이외는 고려하지 않는다.)

〈 보기 〉
ㄱ. ⓐ는 X에 대한 항체이다.
ㄴ. 구간 Ⅰ의 ⊙에 X에 대한 기억 세포가 있다.
ㄷ. 구간 Ⅱ의 ⊙에서 Y에 대한 체액성 면역 반응이 일어났다.

① ㄴ ② ㄷ ③ ㄱ, ㄴ ④ ㄱ, ㄷ ⑤ ㄱ, ㄴ, ㄷ

11 표는 사람 Ⅰ~Ⅲ의 혈액과 혈청 ⊙, ⓒ을 각각 섞었을 때 나타나는 응집 반응 결과를 나타낸 것이다. ⊙과 ⓒ은 항 A 혈청과 항 B 혈청을 순서 없이 나타낸 것이다. Ⅰ~Ⅲ의 ABO식 혈액형은 각각 서로 다르며, A형, AB형, O형 중 하나이다.

[25025-0147]

혈청\혈액	⊙	ⓒ
Ⅰ의 혈액	+	−
Ⅱ의 혈액	?	+
Ⅲ의 혈액	−	?

(+: 응집됨, −: 응집 안 됨)

이에 대한 설명으로 옳은 것만을 〈보기〉에서 있는 대로 고른 것은?

〈 보기 〉
ㄱ. ⊙은 항 B 혈청이다.
ㄴ. Ⅰ의 ABO식 혈액형은 A형이다.
ㄷ. Ⅱ의 적혈구와 Ⅲ의 혈장을 섞으면 항원 항체 반응이 일어나지 않는다.

① ㄱ ② ㄴ ③ ㄱ, ㄷ ④ ㄴ, ㄷ ⑤ ㄱ, ㄴ, ㄷ

12 그림은 병원체 X에 노출된 적이 없는 어떤 생쥐가 X에 감염되었을 때 X에 대한 혈중 항체 농도를, 표는 이 생쥐에서 일어나는 방어 작용의 일부를 나타낸 것이다. ⊙과 ⓒ은 형질 세포와 세포독성 T림프구를 순서 없이 나타낸 것이다.

[25025-0148]

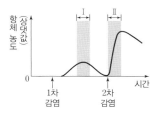

방어 작용
(가) ⊙이 X에 감염된 세포를 제거한다.
(나) X에 대한 기억 세포가 ⓒ으로 분화한다.

이에 대한 설명으로 옳은 것만을 〈보기〉에서 있는 대로 고른 것은? (단, 제시된 조건 이외는 고려하지 않는다.)

〈 보기 〉
ㄱ. ⊙은 세포독성 T림프구이다.
ㄴ. 구간 Ⅱ에서 (나)가 일어났다.
ㄷ. (가)와 (나)는 모두 특이적 방어 작용에 해당한다.

① ㄱ ② ㄷ ③ ㄱ, ㄴ ④ ㄴ, ㄷ ⑤ ㄱ, ㄴ, ㄷ

13 다음은 생쥐의 방어 작용에 대한 실험이다.

[25025–0149]

[실험 과정 및 결과]

(가) 유전적으로 동일하고, 항원 X에 노출된 적이 없는 생쥐 ⓐ와 ⓑ를 준비한다.

(나) ⓐ에는 X에 대한 백신을 접종하고 ⓑ에는 X에 대한 백신을 접종하지 않는다.

(다) 일정 시간이 지난 후 ⓐ와 ⓑ에 각각 X를 주사하고, 생성되는 X에 대한 혈중 항체 농도를 측정하였더니 그림과 같다. ⊙과 ⓒ은 ⓐ와 ⓑ를 순서 없이 나타낸 것이다.

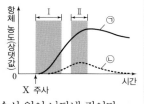

이에 대한 설명으로 옳은 것만을 〈보기〉에서 있는 대로 고른 것은? (단, 제시된 조건 이외는 고려하지 않는다.)

〔 보기 〕
ㄱ. ⊙은 ⓐ이다.
ㄴ. 구간 Ⅰ의 ⓒ에서 X에 대한 2차 면역 반응이 일어났다.
ㄷ. 구간 Ⅱ의 ⊙에서 X에 대한 항체는 형질 세포에서 생성되었다.

① ㄱ　② ㄴ　③ ㄱ, ㄷ　④ ㄴ, ㄷ　⑤ ㄱ, ㄴ, ㄷ

14 다음은 100명의 학생으로 구성된 집단 X에 대한 자료이다. ⊙과 ⓒ은 응집원 A와 응집원 B를 순서 없이 나타낸 것이다.

[25025–0150]

• ⊙을 가지고 있는 학생 수는 60이다.
• ⓒ을 가지고 있는 학생 수는 68이다.
• ABO식 혈액형이 AB형인 학생 수는 ABO식 혈액형이 A형인 학생 수의 2배이다.

이에 대한 설명으로 옳은 것만을 〈보기〉에서 있는 대로 고른 것은?

〔 보기 〕
ㄱ. ⊙은 응집원 B이다.
ㄴ. X에서 응집소 β가 있는 학생 수는 22이다.
ㄷ. X에서 ABO식 혈액형이 O형인 학생 수는 12이다.

① ㄱ　② ㄷ　③ ㄱ, ㄴ　④ ㄱ, ㄷ　⑤ ㄴ, ㄷ

15 그림은 사람 (가)의 혈액에 항 B 혈청을 섞었을 때 일어나는 응집 반응을, 표는 사람 (나)와 (다)의 혈장에서 ⊙과 ⓒ의 유무를 나타낸 것이다. ⊙과 ⓒ은 응집소 α와 응집소 β를 순서 없이 나타낸 것이다.

[25025–0151]

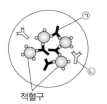

응집소 혈장	⊙	ⓒ
(나)의 혈장	○	×
(다)의 혈장	×	○

(○: 있음, ×: 없음)

이에 대한 설명으로 옳은 것만을 〈보기〉에서 있는 대로 고른 것은?

〔 보기 〕
ㄱ. ⊙은 응집소 α이다.
ㄴ. (나)의 적혈구에는 응집원 A가 있다.
ㄷ. (가)와 (다)의 ABO식 혈액형은 서로 같다.

① ㄴ　② ㄷ　③ ㄱ, ㄴ　④ ㄱ, ㄷ　⑤ ㄴ, ㄷ

16 다음은 면역 관련 질환 A~C에 대한 자료이다. A~C는 면역 결핍, 알레르기, 자가 면역 질환을 순서 없이 나타낸 것이다.

[25025–0152]

• A는 면역계가 자신의 세포나 조직을 공격하여 나타나는 질환이다.
• B는 특정 항원에 대한 면역 반응이 과민하게 나타나는 질환이다.
• C는 면역을 담당하는 세포나 기관에 이상이 생겨 나타나는 질환이다.

이에 대한 설명으로 옳은 것만을 〈보기〉에서 있는 대로 고른 것은?

〔 보기 〕
ㄱ. A는 알레르기이다.
ㄴ. B와 C는 모두 백신을 이용하여 예방할 수 있다.
ㄷ. 후천성 면역 결핍증(AIDS)은 C의 예에 해당한다.

① ㄴ　② ㄷ　③ ㄱ, ㄴ　④ ㄱ, ㄷ　⑤ ㄴ, ㄷ

01 표 (가)는 사람의 질병 A~C에서 특징 ㉠~㉢의 유무를, (나)는 ㉠~㉢을 순서 없이 나타낸 것이다. A~C는 무좀, 세균성 폐렴, 홍역을 순서 없이 나타낸 것이다.

[25025–0153]

특징 질병	㉠	㉡	㉢
A	○	?	○
B	×	ⓐ	×
C	×	○	?

(○: 있음, ×: 없음)

(가)

특징(㉠~㉢)
• 병원체가 곰팡이이다.
• 병원체가 단백질을 갖는다.
• 병원체가 세포 구조로 되어 있다.

(나)

이에 대한 설명으로 옳은 것만을 〈보기〉에서 있는 대로 고른 것은?

〔 보기 〕

ㄱ. A는 무좀이다.

ㄴ. ⓐ는 '×'이다.

ㄷ. ㉢은 '병원체가 곰팡이이다.'이다.

① ㄱ   ② ㄷ   ③ ㄱ, ㄴ   ④ ㄴ, ㄷ   ⑤ ㄱ, ㄴ, ㄷ

> 무좀의 병원체는 곰팡이, 세균성 폐렴의 병원체는 세균, 홍역의 병원체는 바이러스이다.

02 표는 질병의 4가지 특징과 사람의 질병 A~D 중 각 특징을 가지는 질병을 나타낸 것이다. A~D는 결핵, 당뇨병, 말라리아, 독감을 순서 없이 나타낸 것이다.

[25025–0154]

특징	특징을 가지는 질병
비감염성 질병이다.	A
병원체가 살아 있는 숙주 세포 안에서만 증식할 수 있다.	B
모기를 매개로 전염된다.	C
㉠	C, D

이에 대한 설명으로 옳은 것만을 〈보기〉에서 있는 대로 고른 것은?

〔 보기 〕

ㄱ. A는 독감이다.

ㄴ. B의 병원체는 세포 구조로 되어 있다.

ㄷ. '병원체가 독립적으로 물질대사를 한다.'는 ㉠에 해당한다.

① ㄱ   ② ㄷ   ③ ㄱ, ㄴ   ④ ㄱ, ㄷ   ⑤ ㄴ, ㄷ

> 감염성 질병은 병원체에 감염되어 나타나는 질병으로, 전염되기도 한다. 비감염성 질병은 병원체에 감염되지 않아도 나타나는 질병으로, 환경, 유전, 생활방식 등의 여러 가지 원인이 복합적으로 작용하여 발병한다. 병원체에는 바이러스, 세균, 원생생물, 곰팡이 등이 있다.

바이러스는 독립적으로 물질 대사를 하지 못하지만 세균과 원생생물은 독립적으로 물질 대사를 한다.

[25025-0155]

03 표는 사람의 질병 ㉠~㉢의 특징을, 그림은 병원체 X를 나타낸 것이다. ㉠~㉢은 결핵, 수면병, 후천 성 면역 결핍증(AIDS)을 순서 없이 나타낸 것이다. X는 세포 구조로 되어 있으며, ㉠과 ㉡ 중 하나의 병 원체이다.

질병(㉠~㉢)의 특징
• ㉠의 병원체는 독립적으로 물질대사를 하지 못하지만, ㉡의 병원체와 ㉢의 병원체는 모두 독립적으로 물질대사를 한다. • ㉢의 병원체는 원생생물이다.

이에 대한 설명으로 옳은 것만을 〈보기〉에서 있는 대로 고른 것은?

─〈 보기 〉─
ㄱ. X는 ㉠의 병원체이다.
ㄴ. ㉡의 치료에는 항생제가 사용된다.
ㄷ. ㉠의 병원체와 ㉢의 병원체는 모두 유전 물질을 가진다.

① ㄱ   ② ㄷ   ③ ㄱ, ㄴ   ④ ㄴ, ㄷ   ⑤ ㄱ, ㄴ, ㄷ

B 림프구는 골수에서, T 림프구는 가슴샘에서 성숙한다.

[25025-0156]

04 그림은 어떤 사람이 세균 X에 처음 감염된 후 체내에서 나타나는 면역 반응을 순차적으로 나타낸 것이다. ㉠과 ㉡은 대식세포와 보조 T 림프구를 순서 없이 나타낸 것이다.

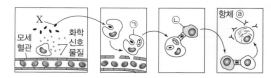

이에 대한 설명으로 옳은 것만을 〈보기〉에서 있는 대로 고른 것은?

─〈 보기 〉─
ㄱ. ㉠은 식세포 작용(식균 작용)으로 X를 제거한다.
ㄴ. ㉡은 가슴샘에서 성숙한다.
ㄷ. ⓐ는 X에 특이적으로 작용한다.

① ㄱ   ② ㄴ   ③ ㄱ, ㄷ   ④ ㄴ, ㄷ   ⑤ ㄱ, ㄴ, ㄷ

05 표 (가)는 세포의 특징을, (나)는 (가)의 특징 중 세포 ⊙~ⓒ이 갖는 특징의 개수를 나타낸 것이다. ⊙~ⓒ은 보조 T 림프구, 세포독성 T림프구, 형질 세포를 순서 없이 나타낸 것이다.

[25025−0157]

특징
• 가슴샘에서 성숙한다.
• 특이적 방어 작용에 관여한다.
• 병원체에 감염된 세포를 직접 파괴한다.

(가)

세포	특징의 개수
⊙	ⓐ
ⓒ	1
ⓒ	2

(나)

이에 대한 설명으로 옳은 것만을 〈보기〉에서 있는 대로 고른 것은?

┌─〔 보기 〕─────────────────────────────┐
ㄱ. ⓐ는 3이다.
ㄴ. ⓒ은 항체를 생성한다.
ㄷ. ⓒ은 세포독성 T림프구이다.
└─────────────────────────────────────┘

① ㄱ   ② ㄷ   ③ ㄱ, ㄴ   ④ ㄴ, ㄷ   ⑤ ㄱ, ㄴ, ㄷ

특이적 방어 작용은 특정 항원을 인식하여 제거하는 방어 작용으로 T 림프구와 B 림프구가 관여한다.

06 그림은 사람 P가 병원체 X에 처음 감염되었을 때 일어난 방어 작용의 일부를 나타낸 것이다. ⊙~ⓒ은 기억 세포, 형질 세포, 보조 T 림프구를 순서 없이 나타낸 것이다.

[25025−0158]

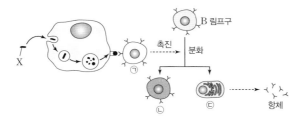

이에 대한 설명으로 옳은 것만을 〈보기〉에서 있는 대로 고른 것은?

┌─〔 보기 〕─────────────────────────────┐
ㄱ. ⊙은 골수에서 성숙한다.
ㄴ. ⓒ은 보조 T 림프구이다.
ㄷ. P가 X에 다시 감염되면 ⓒ이 형질 세포로 분화된다.
└─────────────────────────────────────┘

① ㄱ   ② ㄷ   ③ ㄱ, ㄴ   ④ ㄴ, ㄷ   ⑤ ㄱ, ㄴ, ㄷ

체액성 면역은 형질 세포가 생성하는 항체가 항원과 결합함으로써 더 효율적으로 항원을 제거할 수 있는 면역 반응이다.

어떤 항원에 대한 기억 세포가 있으면 이 항원이 체내에 침입할 때 기억 세포가 형질 세포로 분화된다.

[25025–0159]

07 그림 (가)는 사람 P가 병원체 X에 감염되었을 때 X에 대한 혈중 항체 농도를, (나)는 P에서 일어나는 방어 작용의 일부를 나타낸 것이다. P는 X에 1차 감염되기 전에는 X에 노출된 적이 없으며, ㉠과 ㉡은 X에 대한 기억 세포와 형질 세포를 순서 없이 나타낸 것이다.

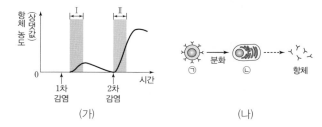

(가)   (나)

이에 대한 설명으로 옳은 것만을 〈보기〉에서 있는 대로 고른 것은?

┌─ 보기 ┐
ㄱ. ㉠은 형질 세포이다.
ㄴ. 구간 Ⅰ에서 체액성 면역 반응이 일어난다.
ㄷ. 구간 Ⅱ에서 (나)가 일어난다.
└──────┘

① ㄱ   ② ㄷ   ③ ㄱ, ㄴ   ④ ㄱ, ㄷ   ⑤ ㄴ, ㄷ

[25025–0160]

2차 면역 반응에서는 기억 세포가 기억 세포와 형질 세포로 빠르게 분화하고, 형질 세포는 항체를 생산한다.

08 다음은 병원체 X와 Y에 대한 생쥐의 방어 작용 실험이다.

┌──┐
[실험 과정 및 결과]
(가) X로부터 물질 ㉠을, Y로부터 물질 ㉡을 얻는다.
(나) 유전적으로 동일하고 X, Y, ㉠, ㉡에 노출된 적이 없는 생쥐 Ⅰ~Ⅵ을 준비한다.
(다) 표와 같이 주사액을 Ⅰ~Ⅳ에게 주사하고 일정 시간이 지난 후 생쥐의 생존 여부를 확인한다.

생쥐	주사액 조성	생존 여부
Ⅰ	X	죽는다.
Ⅱ	Y	죽는다.
Ⅲ	㉠	산다.
Ⅳ	㉡	산다.

(라) ⓐ를 Ⅴ에, ⓑ를 Ⅵ에 각각 주사한다. ⓐ와 ⓑ는 (다)의 Ⅲ에서 분리한 ㉠에 대한 B 림프구에서 분화한 기억 세포와 (다)의 Ⅳ에서 분리한 ㉡에 대한 B 림프구에서 분화한 기억 세포를 순서 없이 나타낸 것이다.

(마) Ⅴ와 Ⅵ에게 각각 X를 주사하고 일정 시간이 지난 후, 생쥐의 생존 여부를 확인한다.

생쥐	생존 여부
Ⅴ	죽는다.
Ⅵ	산다.
└──┘

이에 대한 설명으로 옳은 것만을 〈보기〉에서 있는 대로 고른 것은? (단, 제시된 조건 이외는 고려하지 않는다.)

┌─ 보기 ┐
ㄱ. ⓐ는 Ⅳ에서 분리한 ㉡에 대한 기억 세포이다.
ㄴ. (다)의 Ⅲ에서 ㉠에 대한 1차 면역 반응이 일어났다.
ㄷ. (마)의 Ⅵ에서 ⓑ로부터 형질 세포로의 분화가 일어났다.
└──────┘

① ㄱ   ② ㄷ   ③ ㄱ, ㄴ   ④ ㄴ, ㄷ   ⑤ ㄱ, ㄴ, ㄷ

09 그림 (가)는 어떤 생쥐가 병원체 X에 감염되었을 때 일어나는 방어 작용의 일부를, (나)는 유전적으로 동일하고 X에 노출된 적이 없는 생쥐 I~III에 같은 양의 X를 감염시킨 후 혈중 X의 수 변화를 나타낸 것이다. ㉠과 ㉡은 대식세포와 보조 T 림프구를 순서 없이 나타낸 것이고, I~III은 정상 생쥐, ㉠이 결핍된 생쥐, ㉡이 결핍된 생쥐를 순서 없이 나타낸 것이다.

[25025-0161]

대식세포가 결핍되면 보조 T 림프구가 항원을 인식할 수 없으므로 활성화되지 않는다.

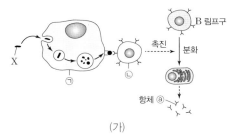
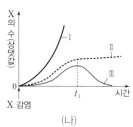

(가)　　　　(나)

이에 대한 설명으로 옳은 것만을 〈보기〉에서 있는 대로 고른 것은?

〈 보기 〉
ㄱ. ㉠의 X에 대한 식세포 작용(식균 작용)은 비특이적 방어 작용에 해당한다.
ㄴ. I은 ㉡이 결핍된 생쥐이다.
ㄷ. t_1일 때 혈중 ⓐ의 농도는 II에서가 III에서보다 낮다.

① ㄱ　　　② ㄴ　　　③ ㄱ, ㄷ　　　④ ㄴ, ㄷ　　　⑤ ㄱ, ㄴ, ㄷ

10 다음은 병원체 X와 Y에 대한 생쥐의 방어 작용 실험이다.

[25025-0162]

항체에는 항원과 결합할 수 있는 부위가 있어 이 결합 부위와 맞는 항원의 특정 부위에만 결합할 수 있다.

- X와 Y 중 하나는 항원 ⓐ와 ⓑ를 모두 갖고 있고, 나머지 하나는 ⓐ만 갖고 있다.

[실험 과정 및 결과]
(가) X와 Y에 모두 노출된 적이 없는 생쥐 A를 준비한다.
(나) A에 X가 들어 있는 주사액을 주사하고, 일정 시간이 지난 후 Y가 들어 있는 주사액을 주사한다.
(다) A에서 항체 ㉠과 ㉡의 혈중 농도 변화는 그림과 같다. ㉠과 ㉡은 ⓐ에 대한 항체와 ⓑ에 대한 항체를 순서 없이 나타낸 것이다.

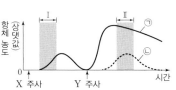

이에 대한 설명으로 옳은 것만을 〈보기〉에서 있는 대로 고른 것은? (단, 제시된 조건 이외는 고려하지 않는다.)

〈 보기 〉
ㄱ. X는 ⓐ와 ⓑ를 모두 갖고 있다.
ㄴ. 구간 I에서 ⓐ에 대한 2차 면역 반응이 일어났다.
ㄷ. 구간 II에서 Y에 대한 특이적 방어 작용이 일어났다.

① ㄱ　　　② ㄷ　　　③ ㄱ, ㄴ　　　④ ㄴ, ㄷ　　　⑤ ㄱ, ㄴ, ㄷ

비특이적 방어 작용은 병원체의 종류나 감염 경험의 유무와 관계없이 일어나는 방어 작용이고, 특이적 방어 작용은 특정 항원을 인식하여 제거하는 방어 작용이다.

[25025-0163]

11 다음은 어떤 사람이 병원체 X에 처음 감염되었을 때 일어나는 방어 작용 일부를 순서 없이 나타낸 것이다. ㉠~㉢은 대식세포, 보조 T 림프구, B 림프구를 순서 없이 나타낸 것이다.

(가) ㉠은 기억 세포와 형질 세포로 분화한다.
(나) ㉡은 X를 세포 안으로 끌어들인 후 분해한다.
(다) ㉢은 ㉡이 제시한 X의 항원 조각을 인식하고 활성화된다.

이에 대한 설명으로 옳은 것만을 〈보기〉에서 있는 대로 고른 것은?

┌─ 보기 ┐
ㄱ. ㉠은 골수에서 성숙한다.
ㄴ. (나) 과정에서 X에 대한 특이적 방어 작용이 일어났다.
ㄷ. (다) 과정에서 활성화된 ㉢은 (가) 과정을 촉진한다.
└──────┘

① ㄱ   ② ㄷ   ③ ㄱ, ㄴ   ④ ㄱ, ㄷ   ⑤ ㄴ, ㄷ

응집원 A는 응집소 α와 항원 항체 반응이 일어나고, 응집원 B는 응집소 β와 항원 항체 반응이 일어난다.

[25025-0164]

12 표는 사람 Ⅰ~Ⅲ 사이의 ABO식 혈액형에 대한 응집 반응 결과를 나타낸 것이다. ㉠~㉢은 Ⅰ~Ⅲ의 혈장을 순서 없이 나타낸 것이다. Ⅰ~Ⅲ의 ABO식 혈액형은 각각 서로 다르다. Ⅰ~Ⅲ 중 2명의 적혈구에는 응집원 A가 있으며, ㉢에는 응집소 β가 있다.

혈장 / 적혈구	㉠	㉡	㉢
Ⅰ의 적혈구	−	+	?
Ⅱ의 적혈구	?	−	+
Ⅲ의 적혈구	?	?	+

(+: 응집됨, −: 응집 안 됨)

이에 대한 설명으로 옳은 것만을 〈보기〉에서 있는 대로 고른 것은?

┌─ 보기 ┐
ㄱ. ㉠에는 응집소 α가 있다.
ㄴ. Ⅰ의 ABO식 혈액형은 A형이다.
ㄷ. Ⅲ의 혈액에 항 B 혈청을 섞으면 항원 항체 반응이 일어난다.
└──────┘

① ㄴ   ② ㄷ   ③ ㄱ, ㄴ   ④ ㄱ, ㄷ   ⑤ ㄴ, ㄷ

13 [25025–0165]

그림은 사람 P의 혈액에 항 A 혈청을 섞었을 때 일어나는 응집 반응을, 표는 **200명**으로 구성된 집단을 대상으로 ABO식 혈액형에 대한 응집원 ㉮와 응집소 ㉯의 유무를 조사한 것이다. ㉠과 ㉡은 응집소 α와 응집소 β를 순서 없이 나타낸 것이고, 이 집단에서 ㉡이 있는 사람 수는 **100보다 작다.**

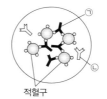

적혈구

구분	사람 수
응집원 ㉮가 있는 사람	104
응집소 ㉯가 있는 사람	128
응집원 ㉮와 응집소 ㉯가 모두 있는 사람	69

이에 대한 설명으로 옳은 것만을 〈보기〉에서 있는 대로 고른 것은?

┌〈 보기 〉
ㄱ. P의 혈장에는 응집소 ㉯가 없다.
ㄴ. 응집소 ㉡에는 응집원 ㉮와 특이적으로 결합하는 부위가 있다.
ㄷ. 이 집단에서 ABO식 혈액형이 O형인 사람 수는 59이다.
└

① ㄱ   ② ㄴ   ③ ㄱ, ㄷ   ④ ㄴ, ㄷ   ⑤ ㄱ, ㄴ, ㄷ

항 A 혈청에는 응집소 α가 있어 응집원 A가 있는 적혈구와 응집 반응이 일어나고, 항 B 혈청에는 응집소 β가 있어 응집원 B가 있는 적혈구와 응집 반응이 일어난다.

14 [25025–0166]

다음은 집단 X에 속한 모든 학생들의 ABO식 혈액형에 대한 자료이다.

┌
• X에 속한 모든 학생 수는 100이다.
• 응집원 B가 있는 학생 수는 응집원 A가 있는 학생 수보다 12가 많다.
• $\dfrac{\text{ABO식 혈액형이 A형인 학생 수}}{\text{ABO식 혈액형이 AB형인 학생 수}} = \dfrac{4}{5}$이다.
• $\dfrac{\text{㉠이 있는 학생 수}}{\text{㉡이 있는 학생 수}} = \dfrac{13}{16}$이다. ㉠과 ㉡은 응집소 α와 응집소 β를 순서 없이 나타낸 것이다.
└

이에 대한 설명으로 옳은 것만을 〈보기〉에서 있는 대로 고른 것은?

┌〈 보기 〉
ㄱ. ㉡은 응집소 α이다.
ㄴ. X에서 응집원 B가 있는 학생 수는 48이다.
ㄷ. X에서 ABO식 혈액형이 A형인 학생 수는 혈액에 ㉠과 ㉡이 모두 있는 학생 수와 같다.
└

① ㄱ   ② ㄷ   ③ ㄱ, ㄴ   ④ ㄴ, ㄷ   ⑤ ㄱ, ㄴ, ㄷ

A형 혈액에는 응집원 A와 응집소 β가, B형 혈액에는 응집원 B와 응집소 α가, AB형 혈액에는 응집원 A와 B가 있고 응집소는 없으며, O형에는 응집원은 없고 응집소 α와 β가 있다.

08 유전 정보와 염색체

개념 체크

➡ 염색체와 유전자
염색체는 DNA가 히스톤 단백질을 감아 형성한 많은 수의 뉴클레오솜으로 구성되며, 유전자는 유전 형질에 대한 정보가 저장된 DNA의 특정 부위로, 하나의 염색체에 많은 수의 유전자가 있음

1. 염색체에서 DNA는 (   ) 단백질을 감아 (   )을 형성한다.

2. (   )는 한 개체가 가진 모든 염색체를 구성하는 DNA에 저장된 유전 정보 전체이다.

※ ○ 또는 ×

3. 세포가 분열하지 않을 때 광학 현미경으로 두꺼운 끈이나 막대 모양의 사람 염색체를 관찰할 수 있다. (   )

4. 세포 분열 시 방추사가 부착되는 곳은 염색체의 잘록한 부분인 동원체이다. (   )

1 염색체와 유전자

(1) 염색체

① 세포 안에 있으며, 유전 물질인 DNA가 포함된 구조이다.

② 유전 정보를 저장하고, 세포가 분열할 때 딸세포로 이동해 유전 정보를 전달하는 역할을 한다.

③ 세포가 분열하지 않을 때에는 핵 안에 가는 실 모양으로 풀어져 있다가, 세포가 분열할 때 이동과 분리가 쉽도록 두껍게 응축한다. 핵 안에 가는 실 모양으로 풀어져 있는 상태를 염색사라고 부르기도 한다.

④ 분열 중인 세포에서 광학 현미경으로 보면 두꺼운 끈이나 막대 모양으로 관찰된다.

(2) 염색체의 구조

① 염색체는 DNA와 히스톤 단백질로 이루어진 복합체이다.

② 염색체에서 DNA는 히스톤 단백질을 감아 뉴클레오솜을 형성하며, 하나의 염색체는 많은 수의 뉴클레오솜으로 이루어진다.

③ 동원체는 염색체의 잘록한 부분으로 세포 분열 시 방추사가 부착되는 곳이다.

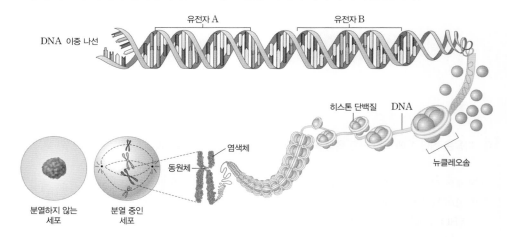

(3) 유전자, DNA, 염색체, 유전체

구분	특징
유전자	개체의 유전 형질에 대한 정보가 저장된 DNA의 특정 부위이다.
DNA	• 부모로부터 자손에게 전달되어 유전 현상을 일으키는 물질이다. • 하나의 DNA에 많은 수의 유전자가 있다.
염색체	• 세포가 분열할 때에는 막대 모양으로 응축되고, 세포가 분열하지 않을 때에는 실 모양으로 풀어져 있다. • 염색체는 DNA를 포함하므로 하나의 염색체에 많은 수의 유전자가 있다.
유전체	한 개체가 가진 모든 염색체를 구성하는 DNA에 저장된 유전 정보 전체이다.

정답
1. 히스톤, 뉴클레오솜
2. 유전체
3. ×
4. ○

과학 돋보기 🔍 DNA의 구조

- DNA의 기본 구성 단위는 인산, 당, 염기로 이루어진 뉴클레오타이드이다.
- DNA는 많은 수의 뉴클레오타이드가 길게 결합한 폴리뉴클레오타이드 두 가닥이 나선 모양으로 꼬인 이중 나선 구조이다.
- DNA에 포함된 염기는 4종류(A, G, C, T)이며, 이 4종류 염기의 배열 순서로 유전 정보를 저장하고 있다.

인산
염기
당
뉴클레오타이드

과학 돋보기 🔍 연관과 연관군

- 하나의 염색체에는 많은 수의 유전자가 함께 있으며, 이렇게 여러 유전자가 한 염색체에 있는 경우를 연관이라고 한다.
- 연관된 유전자들의 무리를 연관군이라고 하며, 한 연관군에 속한 유전자들은 교차나 돌연변이가 일어나지 않으면 세포가 분열할 때 같은 딸세포로 이동한다.

(4) 핵형

① 한 생물이 가진 염색체의 수, 모양, 크기 등과 같이 관찰할 수 있는 염색체의 형태적인 특징이다.
② 생물은 종에 따라 핵형이 서로 다르므로 핵형은 생물종의 고유한 특성이다.
③ 같은 종의 생물에서는 성별이 같으면 핵형이 같다.
④ 서로 다른 종의 두 생물은 염색체 수가 같을 수 있지만, 염색체의 모양과 크기에 차이가 있으므로 핵형이 서로 다르다.
⑤ **핵형 분석**: 체세포 분열 중기 세포의 염색체 사진을 이용해 분석하며, 핵형을 분석하면 성별과 염색체 수나 구조의 이상을 확인할 수 있다.

🧪 탐구자료 살펴보기 | 염색체 모형을 이용한 사람의 핵형 분석

탐구 과정

① 여자의 염색체 모형과 남자의 염색체 모형을 각각 모두 오려 낸다.
② 오려 낸 여자의 염색체와 남자의 염색체를 각각 크기와 형태적 특징이 같은 것끼리 짝을 짓는다.
③ 짝 지은 염색체 쌍을 크기가 큰 것부터 작은 것 순서대로 종이 위에 배열하여 붙인다.
④ 여자와 남자에서 차이가 있는 염색체 쌍은 맨 끝에 붙인다.
⑤ 종이 위에 배열된 염색체에 큰 것부터 작은 것 순서대로 번호를 표시한다.

개념 체크

➔ **핵형**
한 생물이 가진 관찰 가능한 염색체의 형태적인 특징으로, 같은 종의 같은 성별인 개체는 유전체가 달라도 핵형은 같음. 서로 다른 종의 두 개체는 같은 수의 염색체를 가져도 핵형이 서로 다름

1. DNA의 기본 구성 단위는 (　　), 당, 염기로 이루어진 (　　)이다.

2. 체세포 분열 중기 세포의 염색체 사진을 이용하여 (　　)을 분석한다.

※ ○ 또는 ×

3. 염색체 수가 같은 서로 다른 두 생물종은 핵형이 같다. (　　)

4. 핵형이 같은 모든 개체의 유전 정보는 동일하다. (　　)

정답
1. 인산, 뉴클레오타이드
2. 핵형
3. ×
4. ×

○ 상염색체와 성염색체
성별과 관계없이 남녀가 공통으로 가지고 있는 염색체를 상염색체, 남녀의 성별을 결정하는 염색체를 성염색체라고 함. 사람의 성염색체에는 상대적으로 크기가 큰 X 염색체와 크기가 작은 Y 염색체가 있음

1. 사람의 체세포에는 (　　) 쌍의 상염색체와 (　　) 쌍의 성염색체가 있다.

2. (　　) 염색체의 같은 위치에는 같은 형질을 결정하는 대립유전자가 있다.

※ ○ 또는 ×

3. 남녀가 공통으로 가지는 X 염색체는 남녀 모두 체세포 1개당 2개씩 있다. (　　)

4. 상동 염색체 중 하나는 어머니로부터, 다른 하나는 아버지로부터 물려받은 것이다. (　　)

탐구 결과

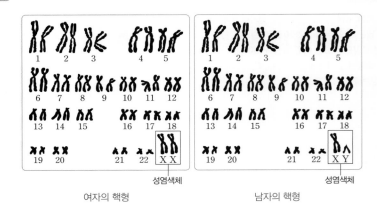

여자의 핵형　　　　　　　　　남자의 핵형

탐구 point

• 사람의 체세포에는 총 23쌍(46개)의 염색체가 있다.
• 상염색체와 성염색체

구분	특징
상염색체	• 여자와 남자가 공통으로 가지는 염색체이다. • 사람은 1번부터 22번까지 22쌍(44개)의 상염색체를 가진다.
성염색체	• 여자와 남자가 서로 다른 구성으로 가지는 염색체이다. • 사람은 1쌍(2개)의 성염색체를 가지며, 크기가 큰 것이 X 염색체, 크기가 작은 것이 Y 염색체이다. • 사람의 성염색체 구성은 여자가 XX, 남자가 XY이다.

과학 돋보기 🔍　세포를 이용한 사람의 핵형 분석

• 염색체가 많이 응축되어 관찰하기 좋은 체세포 분열 중기의 세포를 이용해 분석한다.
• 일반적인 분석 과정

혈액에서 분리한 백혈구에 체세포 분열을 유도한 후 중기에서 세포 분열을 중지시킨다.

⬇

백혈구의 염색체를 염색한 후 카메라가 부착된 현미경으로 관찰하여 촬영한다.

⬇

염색체를 크기, 모양, 염색된 띠 등을 이용해 같은 것끼리 묶은 후 크기에 따라 배열한다.

---

(5) 상동 염색체와 대립유전자

① **상동 염색체:** 사람의 체세포를 핵형 분석하면 모양과 크기가 같은 염색체가 2개씩 있는 것을 알 수 있는데 이렇게 형태적 특징이 같은 염색체를 상동 염색체라고 한다.

• 하나는 어머니(모계)로부터, 다른 하나는 아버지(부계)로부터 물려받은 것이다.
• 상동 염색체의 같은 위치에는 같은 형질을 결정하는 대립유전자가 있다.

② **대립유전자**: 상동 염색체의 같은 위치에 존재하며, 하나의 형질을 결정하는 유전자이다.

- 상동 염색체는 부모로부터 하나씩 물려받으므로 상동 염색체에 있는 대립유전자는 같을 수도 있고, 서로 다를 수도 있다.
- 例 사람의 눈꺼풀 모양을 결정하는 쌍꺼풀 대립유전자와 외까풀 대립유전자

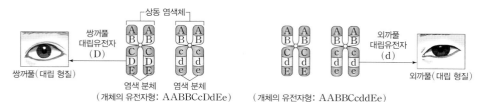

③ **핵상**: 한 세포에 들어 있는 염색체의 구성 상태로, 염색체의 상대적인 수로 표시한다.

- 많은 생물의 경우 체세포는 모든 염색체가 2개씩 상동 염색체 쌍을 이루고 있으므로 $2n$으로 표시한다.
- 생식세포는 상동 염색체 중 1개씩만 있어 염색체가 쌍을 이루고 있지 않으므로 n으로 표시한다.
- 사람은 체세포의 핵상과 염색체 수를 $2n=46$으로 표시하고, 생식세포의 핵상과 염색체 수를 $n=23$으로 표시한다.

체세포($2n=8$)   생식세포($n=4$)

(6) 염색 분체의 형성과 분리

① **염색 분체**: 세포가 분열할 때 관찰되는 X자 모양의 염색체에서 하나의 염색체를 이루는 두 가닥이다.

② **염색 분체의 형성**: 염색 분체는 DNA가 복제되어 형성된다.

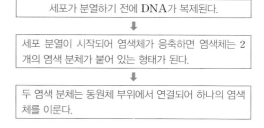

- 두 염색 분체의 DNA는 하나가 복제된 것이므로 저장되어 있는 유전 정보가 같다.
- 두 염색 분체는 같은 위치에 동일한 대립유전자가 있으므로 대립유전자 구성이 같다.

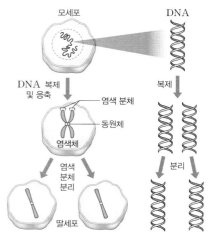

③ **염색 분체의 분리**: 체세포 분열이 일어날 때 두 염색 분체는 분리되어 서로 다른 딸세포로 이동하며, 이 과정에서 복제된 DNA가 두 딸세포로 나뉘어 들어간다.

개념 체크

❱ **상동 염색체와 대립유전자**
상동 염색체는 부모에게서 하나씩 물려받은 것이므로 상동 염색체에 있는 대립유전자도 부모에게서 하나씩 물려받은 것임

❱ **염색 분체의 형성**
세포 분열이 일어나기 전에 DNA가 복제되고, 복제된 DNA가 각각 응축되어 2개의 염색 분체가 되므로 하나의 염색체를 이루는 2개 염색 분체의 유전 정보는 서로 같음

1. 상동 염색체의 같은 위치에 존재하며, 하나의 형질을 결정하는 유전자는 (　　)유전자이다.

2. 세포가 분열할 때 관찰되는 X자 모양의 염색체 1개는 (　　)개의 염색 분체로 구성된다.

※ ○ 또는 ×

3. 생식세포는 상동 염색체 중 1개씩만 있어 염색체가 쌍을 이루고 있지 않으므로 핵상을 n으로 표시한다. (　　)

4. 체세포 분열에서 염색 분체가 분리되어 들어간 2개의 딸세포는 각각 모세포와 유전 정보가 같다. (　　)

정답
1. 대립
2. 2
3. ○
4. ○

◐ **세포 주기**
세포 주기는 간기와 분열기로 구
분하며, 간기는 세포 분열을 마친
딸세포가 생장을 하는 시기로 G_1
기, S기, G_2기로 구분됨. 세포 주
기를 한 번 거치는 데 걸리는 시
간은 세포의 종류와 환경에 따라
다양함

◐ **체세포 분열**
염색체를 이루고 있는 염색 분체
가 분리되어 딸세포로 들어가고,
간기에 DNA가 복제되어 2배로
증가했다가 분열기에 반으로 감
소하므로, 딸세포의 염색체 수와
DNA양은 모세포와 같음

1. 세포 주기에서 DNA 복
   제가 일어나 세포 1개당
   DNA양이 증가하는 시기
   는 간기의 (   )기이다.

2. 체세포 분열 과정에서 방
   추사의 작용으로 염색 분
   체가 분리되어 세포의 양
   극으로 이동하는 시기는
   (   )기이다.

※ ○ 또는 ×

3. 체세포 분열 전기에 핵막
   이 사라지고, 말기에 핵막
   이 다시 형성된다. (   )

4. 세포 주기 중 간기의 G_2
   기에 방추사가 형성된다.
                    (   )

정답
1. S
2. 후
3. ○
4. ×

과학 돋보기 🔍 **세포 주기**

- 분열을 마친 딸세포가 생장하여 다시 분열을 마칠 때까지의 기간이다.
- 크게 간기와 분열기(M기)로 나뉘며, 간기는 다시 G_1기, S기, G_2기로 나뉜다.

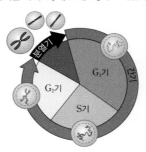

시기		주요 현상
간기	G_1기	세포의 구성 물질을 합성하고, 세포 소기관의 수가 늘어나면서 세포가 가장 많이 생장한다.
	S기	DNA를 복제하므로 S기가 끝나면 세포당 DNA양이 2배가 된다.
	G_2기	방추사를 구성하는 단백질을 합성하고, 세포가 생장하면서 세포 분열을 준비한다.
분열기(M기)		핵분열(DNA 분리)과 세포질 분열이 일어난다.

과학 돋보기 🔍 **체세포 분열**

- 하나의 체세포가 둘로 나누어지는 과정으로, 생물의 발생과 생장, 조직 재생, 무성 생식 과정에서 일어난다.
- 체세포 분열 과정: 염색체의 행동에 따라 분열기가 전기, 중기, 후기, 말기로 나뉜다.

간기		세포가 생장하고, DNA를 복제한다.
분열기	전기	• 핵막이 사라진다. • 염색체가 응축하며, 각 염색체는 2개의 염색 분체로 구성된다. • 방추사가 염색체의 동원체 부위에 부착된다.
	중기	방추사가 부착된 염색체가 세포 중앙(적도판)에 배열된다.
	후기	방추사의 작용으로 염색 분체가 분리되어 세포의 양극으로 이동한다.
	말기	응축된 염색체가 풀어지고, 핵막이 나타나며, 세포질 분열이 시작된다.

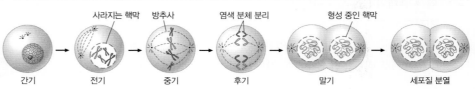

- 체세포 분열 과정에서 상동 염색체는 분리되지 않고, 염색 분체만 분리되므로 체세포 분열 결과 형성된 두 딸세포는 모세포와 대립유전자 구성이 같다.

2 생식세포의 형성과 유전적 다양성

(1) 생식세포의 형성

① **감수 분열(생식세포 분열):** 생식세포를 형성하기 위해 일어나는 세포 분열이다.
  - 간기(S기)에 DNA를 복제한 후 체세포 분열과 달리 연속 2회의 분열이 일어나므로 감수 1분열과 감수 2분열로 구분되며, 딸세포 하나가 가지는 유전 물질의 양은 G_1기 세포 하나가 가지는 양의 절반이다.

② **감수 분열 과정**
  - 감수 1분열: 상동 염색체가 분리되어 핵상이 $2n$에서 n으로 변하고, 염색체 수가 절반으로 감소한다.
  - 감수 2분열: 염색 분체가 분리되어 핵상이 n에서 n으로 유지되며, 염색체 수도 변하지 않는다.

시기		주요 현상
간기		세포가 생장하고, DNA를 복제한다.
감수 1분열	전기	상동 염색체끼리 접합해 2가 염색체가 형성되며, 방추사가 2가 염색체의 동원체 부위에 부착된다.
	중기	방추사가 부착된 2가 염색체가 세포 중앙(적도판)에 배열된다.
	후기	방추사의 작용으로 상동 염색체가 분리되어 세포의 양극으로 이동한다.
	말기	세포질 분열이 시작되며, 염색체 수가 모세포($2n$)의 절반인 2개의 딸세포(n)가 형성된다.
감수 2분열	전기	방추사가 염색체의 동원체 부위에 부착된다.
	중기	방추사가 부착된 염색체가 세포 중앙(적도판)에 배열된다.
	후기	방추사의 작용으로 염색 분체가 분리되어 세포의 양극으로 이동한다.
	말기	세포질 분열이 시작되며, 핵상이 n인 4개의 생식세포(딸세포)가 형성된다.

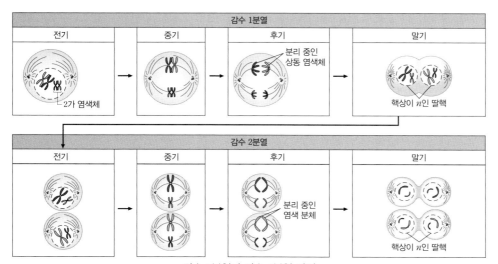

감수 1분열과 감수 2분열 과정

개념 체크

→ **감수 분열**
생식세포를 형성하기 위해 일어나는 세포 분열로, 상동 염색체가 분리되어 딸세포로 들어가므로 염색체 수가 절반으로 줄어듦. 간기에 DNA가 복제된 후 연속 2회 분열에서 각각 반으로 감소하므로 딸세포의 DNA양은 모세포의 절반으로 줄어듦. 감수 분열에 의해 형성된 생식세포가 수정되어 태어난 자손의 염색체 수는 부모와 같아짐

→ **2가 염색체**
감수 1분열 전기에 상동 염색체끼리 접합하여 형성된 것으로, 4개의 염색 분체로 이루어져 있음

1. 감수 (   )분열에서 상동 염색체가 분리되어 딸세포로 들어가므로 핵상이 (   )에서 (   )으로 변한다.

2. 상동 염색체가 접합된 2가 염색체는 감수 (   ) 분열에서 관찰된다.

※ ○ 또는 ×

3. 감수 분열 결과 생성된 생식세포의 염색체 수와 DNA 상대량은 모두 G_1기 모세포의 절반이다.
(   )

4. 감수 분열 과정에서 DNA가 복제되는 S기는 2회 일어난다. (   )

정답
1. 1, $2n$, n
2. 1
3. ○
4. ×

개념 체크

⊙ 체세포 분열과 감수 분열
체세포 분열은 한 번 DNA가 복제된 후 1회 염색 분체 분리가 일어난 결과 모세포와 유전적으로 동일한 2개의 딸세포가 형성됨. 감수 분열은 한 번 DNA가 복제된 후 상동 염색체 분리와 염색 분체 분리가 연속으로 일어난 결과 염색체 수와 DNA양이 모세포의 절반인 4개의 딸세포가 형성됨

1. 체세포 분열에서는 염색체 수와 DNA양이 모두 모세포와 같은 딸세포가 ( )개 형성된다.

2. 감수 분열에서 핵분열은 ( )회 일어나며, ( )가 분리된 후 ( )가 분리된다.

※ ○ 또는 ×

3. 체세포 분열 전기에 2가 염색체가 형성된다.
( )

4. 체세포 분열에서 하나의 모세포로부터 형성된 2개의 딸세포는 대립유전자 구성이 같다. ( )

5. 감수 분열에서는 하나의 모세포로부터 대립유전자 구성이 서로 다른 생식세포가 형성될 수 있다.
( )

정답
1. 2
2. 2, 상동 염색체, 염색 분체
3. ×
4. ○
5. ○

🧪 탐구자료 살펴보기 | **체세포 분열과 감수 분열의 비교**

자료 탐구

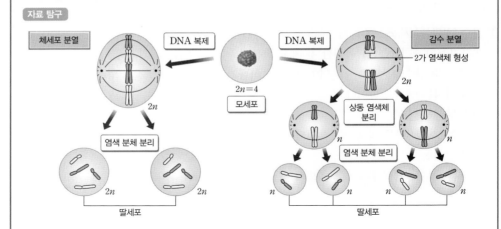

탐구 분석

구분	체세포 분열	감수 분열
DNA 복제	간기(S기)에 1회 일어난다.	
핵분열 횟수	1회 일어나며, 염색 분체가 분리된다.	2회 일어나며, 상동 염색체가 분리된 후 염색 분체가 분리된다.
상동 염색체의 접합	일어나지 않는다.	접합이 일어나 2가 염색체가 형성된다.
딸세포의 수(핵상)	2개($2n$)	4개(n)

탐구 point

• 체세포 분열에서는 염색체 수와 DNA양이 모두 모세포와 같은 딸세포가 형성되며, 하나의 모세포로부터 형성된 두 딸세포는 대립유전자 구성이 같다.
• 감수 분열에서는 염색체 수와 DNA양이 각각 모세포의 절반인 딸세포(생식세포)가 형성되며, 하나의 모세포로부터 대립유전자 구성이 서로 다른 생식세포가 형성될 수 있다.
• 체세포 분열과 감수 분열에서 핵 1개당 DNA 상대량의 변화

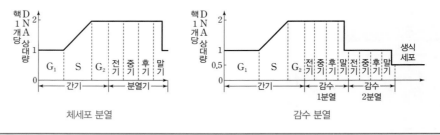

---

(2) 유전적 다양성

① 같은 생물종이라도 한 형질에 대해 개체마다 대립유전자 조합이 달라 표현형이 다양하게 나타나는 것이다. 예 사람의 다양한 피부색, 고양이의 다양한 털 무늬 등
② **유전적 다양성이 나타나는 까닭**: 감수 분열 시 상동 염색체가 무작위로 배열된 후 독립적으로 분리되어 염색체 조합(유전자 조합)이 다양한 생식세포가 형성되기 때문이다.

- 상동 염색체의 무작위 분리 과정

> 감수 1분열 시 2가 염색체가 세포 중앙에 무작위로 배열한다.

⬇

> 한 상동 염색체 쌍의 분리가 다른 상동 염색체 쌍의 분리와 독립적으로 일어난다.

- 상동 염색체의 무작위 분리 예: 어떤 개체의 유전자형이 AaBb이고, A(a)와 B(b)가 서로 다른 염색체에 있는 경우, 감수 분열 결과 염색체 조합(대립유전자 조합)이 각각 AB, Ab, aB, ab인 4종류의 생식세포가 형성될 수 있다.

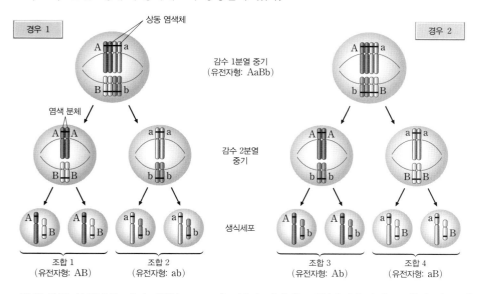

- x쌍의 상동 염색체를 가진 생물($2n=2x$)로부터 염색체 조합(대립유전자 조합)이 서로 다른 2^x종류의 생식세포가 형성될 수 있다.
- 사람($2n=46$)은 감수 분열 시 상동 염색체의 무작위 배열과 독립적인 분리에 의해 유전적으로 서로 다른 2^{23}종류의 생식세포가 형성될 수 있다.

③ 유전적 다양성이 높은 종은 다양한 형질의 개체들이 존재하므로 환경이 변했을 때 유리한 형질을 가진 개체가 존재할 가능성이 높아 쉽게 멸종되지 않으며, 환경 변화에 대한 적응력이 높다.

과학 돋보기 🔍 **유성 생식과 유전적 다양성**

- 유성 생식으로 태어난 자손은 부모로부터 DNA(유전자)를 각각 절반씩 물려받으므로 자손은 부모를 닮지만, 부모 중 어느 한쪽과도 유전적으로 동일하지 않다.
- 유성 생식 과정에서 염색체 조합(대립유전자 조합)이 다양한 생식세포들이 무작위로 수정되어 자손이 태어나므로 자손의 유전적 다양성이 증가한다.

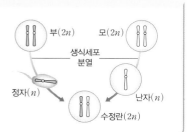

1. [탐구자료 살펴보기] 탐구 활동 1에서 진한 색깔의 염색체 모형이 어머니로부터 받은 염색체를 의미한다면, 연한 색깔의 염색체 모형은 (　　　)로부터 받은 염색체를 의미한다.

2. [탐구자료 살펴보기] 탐구 활동 2에서 생식세포를 얻을 때 이 생식세포의 유전자형이 **ABd**인 확률은 (　　　)이다.

※ ○ 또는 ×

3. [탐구자료 살펴보기] 탐구 활동 1에서 하나의 생식세포는 길이가 서로 다른 3개의 염색체 모형을 갖는다. (　　　)

4. [탐구자료 살펴보기] 탐구 활동 2의 과정 ④는 감수 2분열 후기를 나타낸 것이다. (　　　)

정답
1. 아버지
2. $\frac{1}{8}$
3. ○
4. ×

🧪 탐구자료 살펴보기 생식세포의 유전적 다양성 획득 과정 모의 활동

탐구 활동 1

과정

① 털실 철사와 자석을 이용하여 길이가 서로 다른 3쌍의 상동 염색체 모형을 만든다. 이때 각 염색체는 2개의 염색 분체로 이루어져 있고, 한 쌍의 상동 염색체는 색깔을 서로 다르게 만든다.
② 3쌍의 상동 염색체 모형을 이용해 감수 1분열 중기 세포의 염색체 배열을 나타낸다.
③ 감수 분열 과정을 모형을 이용해 표현하고, 생식세포의 염색체 조합을 확인한다.
④ 과정 ②와 ③을 여러 차례 반복하면서 생식세포의 가능한 염색체 조합을 모두 확인한다.

탐구 결과

• 활동 결과 8(또는 2^3)종류의 서로 다른 염색체 조합을 가진 생식세포가 형성된다.

탐구 활동 2

과정

① A와 a, B와 b, D와 d가 각각 적힌 길이가 다른 3쌍의 상동 염색체 모형을 준비한다.
② 3쌍의 상동 염색체 모형을 원 안에 대립유전자가 적힌 글씨가 보이지 않도록 뒤집어 올려놓는다.
③ 염색체를 잘 섞은 후, 원의 중앙에 각 상동 염색체 쌍을 무작위로 배열한다.
④ 각 상동 염색체 쌍을 그대로 양방향으로 분리한 후, 양쪽 염색체 세트에서 생식세포의 유전자형을 확인한다.
⑤ 과정 ②~④를 여러 차례 반복하면서 생식세포의 유전자형을 기록한다.

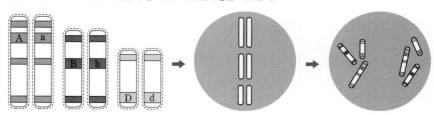

탐구 결과

• 활동 결과 유전자형이 각각 ABD, ABd, AbD, Abd, aBD, aBd, abD, abd인 8종류의 생식세포가 형성된다.

탐구 point

• 활동 1에서 색깔이 서로 다른 한 쌍의 상동 염색체와 활동 2에서 서로 다른 대립유전자가 적힌 한 쌍의 상동 염색체는 각각 아버지와 어머니로부터 하나씩 물려받은 것을 의미한다.
• 활동 1과 2를 통해 감수 분열 시 여러 상동 염색체 쌍이 독립적으로 무작위로 분리되어 염색체와 대립유전자 조합이 다양한 생식세포가 형성됨을 알 수 있다.

탐구자료 살펴보기 | 유성 생식을 통한 유전적 다양성 획득 과정 모의 활동

탐구 과정

① 각 모둠에서 어버이 세대를 기준으로 자손 1대와 자손 2대를 구성할 수 있도록 각자 역할을 정한다.

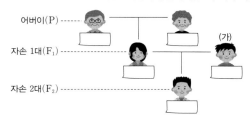

어버이(P)
자손 1대(F_1)
(가)
자손 2대(F_2)

② 모둠별로 각 유전 형질에 해당하는 수수깡의 길이 Ⅰ~Ⅳ(10 cm, 12 cm, 14 cm, 16 cm)를 정한다. 단, 어버이 세대와 (가)의 각 유전 형질에 대한 유전자형은 아래 표와 같이 정한다.

유전 형질	혀 말기	귓불	보조개	주근깨
수수깡 길이	Ⅰ(10 cm)	Ⅱ(12 cm)	Ⅲ(14 cm)	Ⅳ(16 cm)
어버이 세대와 (가)의 유전자형	Rr	Ee	Dd	Ff

③ 모둠 구성원 각각은 종이컵을 하나씩 가지고, 종이컵에 자신의 역할과 이름을 쓴다.

④ 수수깡을 길이 Ⅰ~Ⅳ별로 각각 6개씩 잘라 준비한다.

⑤ 어버이 세대와 (가)는 길이 Ⅰ~Ⅳ별로 각각 2개씩, 총 8개의 수수깡을 각각 갖는다.

⑥ 어버이 세대와 (가)는 각 유전 형질을 구성하는 대립유전자를 찾아보기 표에 하나씩 쓰고, 과정 ②에서 정한 수수깡의 길이에 맞춰 수수깡마다 찾아보기 표를 하나씩 붙인다.

⑦ 어버이 세대와 (가)는 대립유전자를 붙인 수수깡을 자신이 종이컵에 담는다. 이때 대립유전자를 쓴 찾아보기 표가 보이지 않도록 담는다.

④

⑦

어머니 아버지 (가)

⑧ 어버이는 자신의 종이컵에서 길이가 서로 다른 수수깡을 무작위로 하나씩 뽑아 자손 1대의 종이컵에 담는다.

⑨ 자손 1대는 자신의 종이컵에 담긴 수수깡의 유전자형을 표에 정리한다.

⑩ 자손 1대와 (가)는 길이가 서로 다른 수수깡을 무작위로 하나씩 뽑아 자손 2대의 종이컵에 담는다.

⑪ 자손 2대는 각자 자신의 종이컵에 담긴 수수깡의 유전자형을 표에 정리한다.

⑫ 각 모둠별로 과정 ⑧~⑪을 여러 차례 반복하고, 모든 모둠의 결과를 하나의 표로 정리한다.

탐구 결과

· 모든 모둠의 결과를 종합하여 정리하면 표와 같다.

유전 형질		혀 말기	귓불	보조개	주근깨
유전자형	자손 1대	RR, Rr, rr	EE, Ee, ee	DD, Dd, dd	FF, Ff, ff
	자손 2대	RR, Rr, rr	EE, Ee, ee	DD, Dd, dd	FF, Ff, ff

탐구 point

· 과정 ⑧과 ⑩에서 다음 세대에게 서로 다른 길이의 수수깡을 무작위로 하나씩 전달하는 것은 생식세포 형성 시 상동 염색체가 무작위로 배열된 후 독립적으로 분리되어 대립유전자 조합이 다양한 생식세포가 형성되고, 유성 생식 과정에서 대립유전자 조합이 다양한 생식세포들이 무작위로 수정되어 자손이 태어나는 것을 의미한다.

· 4가지 유전 형질로 만들어 낼 수 있는 자손의 대립유전자 조합은 최대 81(3^4)가지이다.

· 유성 생식에서 다양한 생식세포 형성과 무작위 수정을 통해 다양한 자손이 태어날 수 있다.

개념 체크

◈ 유성 생식과 유전적 다양성
감수 분열을 통해 형성된 유전적으로 다양한 생식세포가 무작위로 수정되어 다양한 자손이 태어날 수 있음

1. [탐구자료 살펴보기] 탐구 과정 ⑧과 ⑩에서 길이가 서로 다른 수수깡을 하나씩 뽑는 것은 (　　　)을, 뽑은 수수깡을 자손의 종이컵에 담는 것은 (　　　)을 의미한다.

2. [탐구자료 살펴보기] 탐구 과정 ⑩에서 (가)가 대립유전자 R, E, D, F를 동시에 자손 2대에게 전달할 확률은 (　　　)이다.

※ ○ 또는 ×

3. [탐구자료 살펴보기] 탐구 과정 ⑦에서 길이 Ⅰ(10 cm) 수수깡 2개는 혀 말기 대립유전자가 있는 상동 염색체이다. (　　　)

4. 유성 생식을 통해 부모의 유전자형과 다른 유전자형을 갖는 자손이 태어날 수 있다. (　　　)

정답
1. 감수 분열, 수정
2. $\dfrac{1}{16}$
3. ○
4. ○

[25025–0167]

01 그림은 사람의 체세포에 있는 염색체의 구조를 나타낸 것이다.

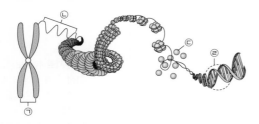

이에 대한 설명으로 옳은 것만을 〈보기〉에서 있는 대로 고른 것은?

〔 보기 〕

ㄱ. 세포 주기의 간기에 ⓒ이 ⊙으로 응축된다.

ㄴ. ⓒ은 유전체에 포함된다.

ㄷ. @은 뉴클레오타이드로 구성된다.

① ㄱ   ② ㄷ   ③ ㄱ, ㄴ   ④ ㄴ, ㄷ   ⑤ ㄱ, ㄴ, ㄷ

[25025–0168]

02 그림은 어떤 남자의 세포에 있는 2개의 염색체와 유전자를 나타낸 것이다. A는 a와, B는 b와 대립유전자이고, 이 남자의 특정 형질의 유전자형은 AaBb이다. ⊙은 A와 a 중 하나이다.

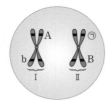

이에 대한 설명으로 옳은 것만을 〈보기〉에서 있는 대로 고른 것은? (단, 돌연변이와 교차는 고려하지 않는다.)

〔 보기 〕

ㄱ. ⊙은 A이다.

ㄴ. Ⅰ과 Ⅱ는 모두 상염색체이다.

ㄷ. 이 사람에게서 형성되는 생식세포가 A와 B를 모두 가질 확률은 $\frac{1}{2}$이다.

① ㄴ   ② ㄷ   ③ ㄱ, ㄴ   ④ ㄱ, ㄷ   ⑤ ㄱ, ㄴ, ㄷ

[25025–0169]

03 그림은 동물 A($2n=6$)의 세포 (가)에 들어 있는 염색체 중 ⊙의 상동 염색체 하나를 제외한 나머지 염색체를 모두 나타낸 것이다. A의 성염색체는 XY이다.

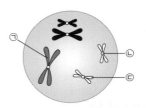

이에 대한 설명으로 옳은 것만을 〈보기〉에서 있는 대로 고른 것은? (단, 돌연변이는 고려하지 않는다.)

〔 보기 〕

ㄱ. (가)의 핵상은 $2n$이다.

ㄴ. ⊙은 상염색체이다.

ㄷ. A에게서 ⊙~ⓒ을 모두 갖는 생식세포가 형성될 수 있다.

① ㄴ   ② ㄷ   ③ ㄱ, ㄴ   ④ ㄱ, ㄷ   ⑤ ㄱ, ㄴ, ㄷ

[25025–0170]

04 표 (가)는 세포 A~C에서 특징 ⊙~ⓒ의 유무를, (나)는 ⊙~ⓒ을 순서 없이 나타낸 것이다. A~C는 체세포의 세포 주기 중 M기(분열기)의 중기, G_1기, G_2기에 각각 관찰되는 세포를 순서 없이 나타낸 것이다.

세포 특징	A	B	C
⊙	×	?	○
ⓛ	?	?	?
ⓒ	?	○	×

(○: 있음, ×: 없음)

(가)

특징(⊙~ⓒ)
• 뉴클레오솜이 있다.
• 핵막이 소실되어 있다.
• DNA 상대량이 체세포의 세포 주기 중 M기의 전기에 관찰되는 세포와 같다.

(나)

이에 대한 설명으로 옳은 것만을 〈보기〉에서 있는 대로 고른 것은? (단, 돌연변이는 고려하지 않는다.)

〔 보기 〕

ㄱ. A는 G_1기에 관찰되는 세포이다.

ㄴ. C에서 방추사가 부착된 염색체가 관찰된다.

ㄷ. ⓛ은 '핵막이 소실되어 있다.'이다.

① ㄱ   ② ㄷ   ③ ㄱ, ㄴ   ④ ㄴ, ㄷ   ⑤ ㄱ, ㄴ, ㄷ

05 표는 사람의 세포 A~C에서 염색체 ㉠~㉢ 중 2가지의 개수를 더한 값을 나타낸 것이다. A~C는 정자, 남자의 체세포, 여자의 체세포를 순서 없이 나타낸 것이고, ㉠~㉢은 1번 염색체, X 염색체, Y 염색체를 순서 없이 나타낸 것이다. [25025-0171]

세포 염색체 개수의 합	A	B	C
㉠+㉡	?	?	2
㉠+㉢	2	3	?
㉡+㉢	2	2	?

이에 대한 설명으로 옳은 것만을 〈보기〉에서 있는 대로 고른 것은? (단, 돌연변이는 고려하지 않는다.)

〈 보기 〉
ㄱ. ㉢은 Y 염색체이다.
ㄴ. A의 핵상은 n이다.
ㄷ. B에는 ㉠~㉢이 모두 있다.

① ㄱ ② ㄴ ③ ㄱ, ㄷ ④ ㄴ, ㄷ ⑤ ㄱ, ㄴ, ㄷ

06 그림은 어떤 사람의 체세포 X를 배양한 후 세포당 DNA양에 따른 세포 수를, 표는 X의 체세포 분열 과정에서 나타나는 세포 A와 B에서 방추사 유무를 나타낸 것이다. A와 B는 G_1기 세포와 M기(분열기)의 중기 세포를 순서 없이 나타낸 것이다. [25025-0172]

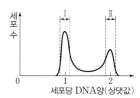

세포	방추사 유무
A	없음
B	있음

이에 대한 설명으로 옳은 것만을 〈보기〉에서 있는 대로 고른 것은? (단, 돌연변이는 고려하지 않는다.)

〈 보기 〉
ㄱ. A와 B에서 모두 핵막이 관찰된다.
ㄴ. 구간 Ⅰ에는 A가 있다.
ㄷ. 구간 Ⅱ의 세포에는 히스톤 단백질이 있다.

① ㄱ ② ㄷ ③ ㄱ, ㄴ ④ ㄴ, ㄷ ⑤ ㄱ, ㄴ, ㄷ

07 그림 (가)는 어떤 동물($2n$)의 세포 분열 과정 중 일부에서 세포 1개당 DNA 상대량의 변화 일부를, (나)는 시점 t_1~t_4 중 한 시점에서 관찰되는 세포를 나타낸 것이다. t_1은 간기의 한 시점, t_2와 t_3은 중기의 한 시점이다. [25025-0173]

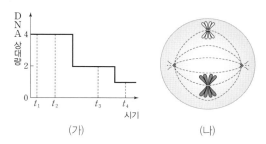

(가)   (나)

이에 대한 설명으로 옳은 것만을 〈보기〉에서 있는 대로 고른 것은? (단, 돌연변이는 고려하지 않는다.)

〈 보기 〉
ㄱ. (나)는 t_2에서 관찰된다.
ㄴ. t_1은 간기 중 G_1기의 한 시점이다.
ㄷ. t_3의 세포와 t_4의 세포는 핵상이 같다.

① ㄴ ② ㄷ ③ ㄱ, ㄴ ④ ㄱ, ㄷ ⑤ ㄴ, ㄷ

08 표는 유전체와 ㉠~㉣의 특징을 설명한 것이다. ㉠~㉣은 DNA, 염색체, 유전자, 뉴클레오솜을 순서 없이 나타낸 것이다. [25025-0174]

구분	특징
유전체	한 개체가 가진 모든 ㉠을 구성하는 ㉡에 저장된 유전 정보 전체이다.
㉠	㉡이 히스톤 단백질을 감아 형성한 ㉣로 이루어져 있다.
㉢	유전 정보가 저장된 ㉡의 특정 부위이다.

이에 대한 설명으로 옳은 것만을 〈보기〉에서 있는 대로 고른 것은?

〈 보기 〉
ㄱ. ㉡은 DNA이다.
ㄴ. ㉣은 뉴클레오솜이다.
ㄷ. ㉠은 세포 주기의 S기에 응축된다.

① ㄴ ② ㄷ ③ ㄱ, ㄴ ④ ㄱ, ㄷ ⑤ ㄱ, ㄴ, ㄷ

[25025–0175]

09 그림은 동물 세포 (가)~(다) 각각에 들어 있는 모든 염색체를 나타낸 것이다. (가)~(다)는 각각 서로 다른 개체 A, B, C의 세포 중 하나이다. A와 B는 같은 종이고, A와 C는 수컷이다. A~C의 핵상은 모두 $2n$이며, A~C의 성염색체는 암컷이 XX, 수컷이 XY이다.

(가)　　　　(나)　　　　(다)

이에 대한 설명으로 옳은 것만을 〈보기〉에서 있는 대로 고른 것은? (단, 돌연변이는 고려하지 않는다.)

┌─ 보기 ┐
ㄱ. (가)는 C의 세포이다.
ㄴ. (나)를 갖는 개체와 (다)를 갖는 개체의 핵형은 같다.
ㄷ. B의 감수 2분열 중기 세포 1개당 염색 분체 수는 6이다.
└─────┘

① ㄴ　② ㄷ　③ ㄱ, ㄴ　④ ㄱ, ㄷ　⑤ ㄱ, ㄴ, ㄷ

[25025–0176]

10 표는 어떤 동물 P($2n$)의 체세포 분열과 감수 분열 과정에서 서로 다른 시기에 관찰되는 세포 ㉠~㉤이 갖는 유전자 A와 B의 DNA 상대량을 나타낸 것이다. A와 a, B와 b는 각각 대립유전자이며, 각 유전자는 서로 다른 상염색체에 있고, ㉢과 ㉣은 중기의 세포이다.

세포		㉠	㉡	㉢	㉣	㉤
DNA 상대량	A	0	1	2	2	1
	B	1	2	2	4	1

이에 대한 설명으로 옳은 것만을 〈보기〉에서 있는 대로 고른 것은? (단, 돌연변이와 교차는 고려하지 않으며, A, a, B, b 각각의 1개당 DNA 상대량은 1이다.)

┌─ 보기 ┐
ㄱ. ㉠과 ㉢의 핵상은 같다.
ㄴ. $\dfrac{㉣의 총염색 분체 수}{㉢의 총염색체 수}=2$이다.
ㄷ. ㉡과 ㉤은 모두 생식세포이다.
└─────┘

① ㄱ　② ㄷ　③ ㄱ, ㄴ　④ ㄴ, ㄷ　⑤ ㄱ, ㄴ, ㄷ

[25025–0177]

11 그림 (가)는 동물 P($2n$)의 체세포가 분열하는 동안 핵 1개당 DNA양을, (나)는 (가)의 구간 Ⅰ~Ⅲ 중 한 구간에서 일어나는 염색체의 변화를 나타낸 것이다.

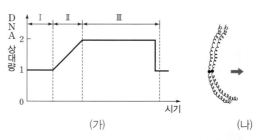

(가)　　　　　　(나)

이에 대한 설명으로 옳은 것만을 〈보기〉에서 있는 대로 고른 것은? (단, 돌연변이는 고려하지 않는다.)

┌─ 보기 ┐
ㄱ. ㉠은 2가 염색체이다.
ㄴ. 세포당 염색체 수는 Ⅱ에서가 Ⅰ에서의 2배이다.
ㄷ. (나)는 Ⅲ에서 일어난다.
└─────┘

① ㄴ　② ㄷ　③ ㄱ, ㄴ　④ ㄱ, ㄷ　⑤ ㄴ, ㄷ

[25025–0178]

12 어떤 동물 종($2n=6$)의 유전 형질 ㉮는 상염색체에 있는 대립유전자 A와 a, X 염색체에 있는 대립유전자 B와 b에 의해 결정된다. 표는 이 동물 종의 개체 P의 세포 Ⅰ~Ⅳ에서 유전자 ㉠~㉣의 유무를 나타낸 것이다. Ⅰ~Ⅳ는 중기의 세포이고, ㉠~㉣은 A, a, B, b를 순서 없이 나타낸 것이며, 이 동물 종의 성염색체는 암컷이 XX, 수컷이 XY이다.

구분	㉠	㉡	㉢	㉣
Ⅰ	○	×	×	○
Ⅱ	○	×	○	○
Ⅲ	×	×	○	○
Ⅳ	×	×	○	×

(○: 있음, ×: 없음)

이에 대한 설명으로 옳은 것만을 〈보기〉에서 있는 대로 고른 것은? (단, 돌연변이와 교차는 고려하지 않는다.)

┌─ 보기 ┐
ㄱ. ㉠은 ㉢과 대립유전자이다.
ㄴ. Ⅰ과 Ⅲ의 핵상은 같다.
ㄷ. Ⅳ에 Y 염색체가 있다.
└─────┘

① ㄱ　② ㄷ　③ ㄱ, ㄴ　④ ㄴ, ㄷ　⑤ ㄱ, ㄴ, ㄷ

13 사람의 유전 형질 ㉮는 서로 다른 3 개의 상염색체에 있는 3쌍의 대립유전자, A와 a, B와 b, D와 d에 의해 결정된다. 표는 사람 P의 세포 ㉠~㉢에서 A, B, d 의 DNA 상대량을 나타낸 것이다. ㉠~㉢ 은 각각 G_1기 세포, 감수 2분열 중기 세포, 생식세포 중 하나이다.

[25025-0179]

세포	DNA 상대량		
	A	B	d
㉠	1	2	1
㉡	0	1	0
㉢	2	2	2

이에 대한 설명으로 옳은 것만을 〈보기〉에서 있는 대로 고른 것은? (단, 돌연변이와 교차는 고려하지 않으며, A, a, B, b, D, d 각각 의 1개당 DNA 상대량은 1이다.)

┌─〈 보기 〉─
ㄱ. P의 ㉮의 유전자형은 AaBBDd이다.
ㄴ. ㉢의 핵상은 n이다.
ㄷ. ㉢에서 $\dfrac{\text{a의 DNA 상대량}+\text{d의 DNA 상대량}}{\text{B의 DNA 상대량}}=1$
이다.
└──

① ㄴ ② ㄷ ③ ㄱ, ㄴ ④ ㄱ, ㄷ ⑤ ㄱ, ㄴ, ㄷ

14 표는 유전자형이 **AaBBDd**인 사람 Ⅰ과 유전자형이 **AaBbDD**인 사람 Ⅱ에 있는 세포 ㉠~㉣의 핵상과 유전자 A, B, D의 DNA 상대량을 나타낸 것이다. ㉠~㉣ 중 2개는 Ⅰ의 세포이고, 나머지 2개는 Ⅱ의 세포이다.

[25025-0180]

세포	핵상	DNA 상대량		
		A	B	D
㉠	$2n$	?	2	?
㉡	?	1	ⓐ	2
㉢	?	?	2	2
㉣	?	ⓑ	2	4

이에 대한 설명으로 옳은 것만을 〈보기〉에서 있는 대로 고른 것은? (단, 돌연변이와 교차는 고려하지 않으며, A, a, B, b, D, d 각각 의 1개당 DNA 상대량은 1이다.)

┌─〈 보기 〉─
ㄱ. 2ⓐ=ⓑ이다.
ㄴ. ㉠~㉣ 중 핵상이 $2n$인 세포는 2개이다.
ㄷ. ㉢은 Ⅰ의 세포이다.
└──

① ㄴ ② ㄷ ③ ㄱ, ㄴ ④ ㄱ, ㄷ ⑤ ㄴ, ㄷ

15 그림은 유전자형이 **Aa**인 어떤 동물 P($2n$=?)의 체세포 분열 과정과 감수 분열 과정의 일부를, 표는 이 동물의 세포 ㉠~ ㉢과 Ⅳ에서 상염색체 수와 대립유전자 A와 a의 DNA 상대량을 더한 값을 나타낸 것이다. ㉮와 ㉯는 감수 분열과 체세포 분열을 순서 없이 나타낸 것이고, ㉠~㉢은 Ⅰ~Ⅲ을 순서 없이 나타낸 것이다. Ⅰ과 Ⅲ은 중기의 세포이고, P의 성염색체는 **XX**이다.

[25025-0181]

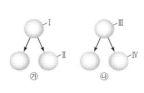

세포	상염색체 수	A와 a의 DNA 상대량을 더한 값
㉠	?	2
㉡	4	?
㉢	8	?
Ⅳ	?	1

이에 대한 설명으로 옳은 것만을 〈보기〉에서 있는 대로 고른 것은? (단, 돌연변이는 고려하지 않으며. A와 a 각각의 1개당 DNA 상 대량은 1이다.)

┌─〈 보기 〉─
ㄱ. ㉮는 감수 분열이다.   ㄴ. ㉡은 Ⅲ이다.
ㄷ. 세포 1개당 A의 DNA 상대량은 ㉠과 ㉢에서 같다.
└──

① ㄱ ② ㄴ ③ ㄱ, ㄷ ④ ㄴ, ㄷ ⑤ ㄱ, ㄴ, ㄷ

16 표는 3종의 동물($2n$) A~D에서 체세포 1개당 총염색체 수 와 생식세포 1개당 총염색체 수에서 X 염색체 수를 뺀 값을 나타 낸 것이다. A~D의 성염색체는 암컷이 **XX**, 수컷이 **XY**이고, A와 B의 성별은 서로 다르다.

[25025-0182]

종	개체	체세포 1개당 총염색체 수	생식세포 1개당 총염색체 수−X 염색체 수
Ⅰ	A	ⓐ	ⓒ 또는 ⓓ
	B	ⓐ	ⓓ
Ⅱ	C	ⓑ	?
Ⅲ	D	ⓑ	?

이에 대한 설명으로 옳은 것만을 〈보기〉에서 있는 대로 고른 것은? (단, 돌연변이와 교차는 고려하지 않는다.)

┌─〈 보기 〉─
ㄱ. A~D 중 핵형이 같은 개체는 없다.
ㄴ. ⓒ<ⓓ이다.
ㄷ. A에서 감수 분열로 형성되는 생식세포의 염색체 조 합은 최대 $2^{ⓒ}$가지이다.
└──

① ㄴ ② ㄷ ③ ㄱ, ㄴ ④ ㄱ, ㄷ ⑤ ㄴ, ㄷ

세포 주기 중 간기의 S기에 DNA 복제가 일어나, 세포 1개당 DNA양은 G_2기에서가 G_1기에서보다 크다.

[25025-0183]

01 그림은 어떤 동물의 체세포 P의 세포 주기를, 표는 P를 배양한 집단에 X를 처리한 후 시기별 세포 수 합의 변화를 나타낸 것이다. X는 방추사 형성을 억제하는 물질이고, 세포 1개당 $\dfrac{\text{B 시기의 DNA양}}{\text{D 시기의 DNA양}}$ 의 값은 1보다 크며, B 시기의 세포에는 핵막이 있다. A~D는 G_1기, G_2기, M기(분열기), S기를 순서 없이 나타낸 것이다.

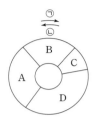

시기별 세포 수의 합	X 처리 후 세포 수 변화
A 시기 세포 수＋D 시기 세포 수	감소
B 시기 세포 수＋C 시기 세포 수	증가

이에 대한 설명으로 옳은 것만을 〈보기〉에서 있는 대로 고른 것은?

〔 보기 〕
ㄱ. 세포 주기는 ㉠ 방향으로 진행된다.
ㄴ. B 시기의 세포에서 DNA 복제가 일어난다.
ㄷ. A, B, C 시기는 모두 간기에 속한다.

① ㄱ   ② ㄷ   ③ ㄱ, ㄴ   ④ ㄴ, ㄷ   ⑤ ㄱ, ㄴ, ㄷ

감수 1분열에서는 상동 염색체가 분리되고, 감수 2분열에서는 염색 분체가 분리된다.

[25025-0184]

02 그림 (가)는 어떤 동물($2n$)의 세포 P에서 1쌍의 상동 염색체를, (나)는 P가 감수 분열하는 동안 (가)의 Ⅰ과 Ⅱ 사이의 거리와 ㉠과 ㉡ 사이의 거리를 나타낸 것이다. 이 동물의 성염색체는 XX이다.

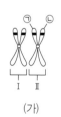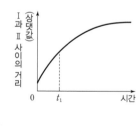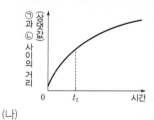

(가)   (나)

이에 대한 설명으로 옳은 것만을 〈보기〉에서 있는 대로 고른 것은? (단, 돌연변이와 교차는 고려하지 않는다.)

〔 보기 〕
ㄱ. ㉠과 ㉡의 대립유전자 구성은 서로 같다.
ㄴ. 세포 1개당 DNA 상대량은 t_2에서가 t_1에서의 2배이다.
ㄷ. t_1과 t_2에서 모두 방추사가 동원체에 결합되어 있다.

① ㄱ   ② ㄴ   ③ ㄱ, ㄷ   ④ ㄴ, ㄷ   ⑤ ㄱ, ㄴ, ㄷ

[25025-0185]

03 그림 (가)는 배양 중인 어떤 동물 체세포의 세포 주기를, (나)는 이 동물의 체세포 분열 과정에서 관찰되는 세포 ⓐ~ⓒ를 나타낸 것이다. Ⅰ~Ⅲ은 각각 G_1기, G_2기, S기 중 하나이고, ㉠~㉢은 각각 말기, 중기, 후기 중 하나이며, ⓐ~ⓒ는 ㉠~㉢ 시기의 세포를 순서 없이 나타낸 것이다.

체세포의 세포 주기에서 G_1기의 세포와 G_2기의 세포의 핵상은 $2n$으로 같다.

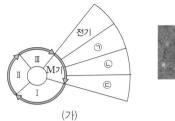

ⓐ

ⓑ

ⓒ

(가)   (나)

이에 대한 설명으로 옳은 것만을 〈보기〉에서 있는 대로 고른 것은?

┌─ 보기 ────────────────────────────────
│ ㄱ. ⓑ는 ㉢ 시기의 세포이다.
│ ㄴ. ㉠ 시기에 2가 염색체가 관찰된다.
│ ㄷ. 세포의 핵상은 Ⅰ 시기에서와 Ⅲ 시기에서가 같다.
└──────────────────────────────────────

① ㄱ   ② ㄷ   ③ ㄱ, ㄴ   ④ ㄴ, ㄷ   ⑤ ㄱ, ㄴ, ㄷ

[25025-0186]

04 사람의 유전 형질 ⓐ는 3쌍의 대립유전자 A와 a, B와 b, D와 d에 의해 결정되며, ⓐ를 결정하는 유전자는 서로 다른 3개의 상염색체에 존재한다. 그림은 어떤 사람의 G_1기 세포 Ⅰ로부터 정자가 형성되는 과정을, 표는 이 사람의 세포 ㉠~㉢이 갖는 A, b, D의 DNA 상대량을 나타낸 것이다. ㉠~㉢은 Ⅰ~Ⅲ을 순서 없이 나타낸 것이고, Ⅱ는 중기의 세포이다.

G_1기의 세포는 핵상이 $2n$이므로 감수 분열 과정 중에 나타나는 세포가 갖는 대립유전자를 모두 갖고 있어야 한다.

세포	DNA 상대량		
	A	b	D
㉠	0	2	2
㉡	1	1	0
㉢	1	2	1

이에 대한 설명으로 옳은 것만을 〈보기〉에서 있는 대로 고른 것은? (단, 돌연변이와 교차는 고려하지 않으며, A, a, B, b, D, d 각각의 1개당 DNA 상대량은 같다.)

┌─ 보기 ────────────────────────────────
│ ㄱ. 이 사람의 ⓐ에 대한 유전자형은 AabbDd이다.
│ ㄴ. ㉠의 상염색체의 염색 분체 수는 22이다.
│ ㄷ. ㉡은 Ⅲ이다.
└──────────────────────────────────────

① ㄴ   ② ㄷ   ③ ㄱ, ㄴ   ④ ㄱ, ㄷ   ⑤ ㄴ, ㄷ

체세포에 있는 1쌍의 대립유전자는 부모의 생식세포를 통해 하나씩 전달된 것이며, 대립유전자를 하나만 갖는 경우는 남자의 성염색체에 대립유전자가 있을 때이다.

[25025-0187]

05 표는 남자 ㉮와 여자 ㉯의 세포 Ⅰ~Ⅳ에서 유전자 A, B, D의 유무를, 그림은 ㉮와 ㉯ 사이에서 태어난 아이의 체세포 1개당 대립유전자 A, a, B, b, D, d의 DNA 상대량을 나타낸 것이다. Ⅰ~Ⅳ 중 2개의 핵상은 n이며, 나머지 2개의 핵상은 $2n$이고, ㉮와 ㉯의 세포는 각각 2개이며, Ⅰ은 ㉮의 세포이다. A는 a, B는 b, D는 d와 각각 대립유전자이다.

구분	A	B	D
Ⅰ	×	○	○
Ⅱ	○	×	○
Ⅲ	○	○	○
Ⅳ	×	×	×

(○: 있음, ×: 없음)

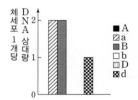

이에 대한 설명으로 옳은 것만을 〈보기〉에서 있는 대로 고른 것은? (단, 돌연변이와 교차는 고려하지 않으며, A, a, B, b, D, d 각각의 1개당 DNA 상대량은 1이다.)

┌─ 보기 ┐
ㄱ. Ⅰ과 Ⅱ의 핵상은 같다.
ㄴ. Ⅱ와 Ⅲ은 모두 ㉯의 세포이다.
ㄷ. 체세포 1개당 $\dfrac{\text{a의 DNA 상대량}+\text{d의 DNA 상대량}}{\text{B의 DNA 상대량}}$ 은 ㉮와 ㉯가 같다.
└──────┘

① ㄱ   ② ㄷ   ③ ㄱ, ㄴ   ④ ㄴ, ㄷ   ⑤ ㄱ, ㄴ, ㄷ

감수 2분열 중기 세포는 핵상이 n으로, DNA가 복제된 염색체를 갖는다.

[25025-0188]

06 사람의 유전 형질 ㉮는 3쌍의 대립유전자 A와 a, B와 b, D와 d에 의해 결정되고, 이 형질을 결정하는 유전자는 서로 다른 3개의 상염색체에 있다. 그림은 어떤 사람의 G_1기 세포에서 정자 ㉠이 형성된 후 난자 ㉡과 수정되어 수정란이 형성될 때 세포 1개당 DNA 상대량 변화를, 표는 세포 Ⅰ~Ⅲ과 수정란에서 A, b, D의 DNA 상대량을 더한 값을 나타낸 것이다. Ⅰ~Ⅲ은 t_1~t_3 중 서로 다른 시점의 세포를 순서 없이 나타낸 것이다. 수정란은 t_4 시점의 세포이고, Ⅰ~Ⅲ 중 t_2 시점의 세포는 중기의 세포로 A를 가지며 t_3 시점의 세포는 ㉠으로 A를 갖지 않는다.

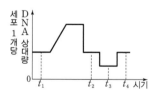

세포	A, b, D의 DNA 상대량을 더한 값
Ⅰ	3
Ⅱ	0
Ⅲ	6
수정란	3

이에 대한 설명으로 옳은 것만을 〈보기〉에서 있는 대로 고른 것은? (단, 돌연변이와 교차는 고려하지 않으며, A, a, B, b, D, d 각각의 1개당 DNA 상대량은 1이다.)

┌─ 보기 ┐
ㄱ. t_2 시점의 세포는 Ⅲ이다.
ㄴ. Ⅰ과 ㉡은 모두 b와 D를 갖는다.
ㄷ. Ⅱ는 Ⅲ이 분열하여 생성되었다.
└──────┘

① ㄱ   ② ㄷ   ③ ㄱ, ㄴ   ④ ㄴ, ㄷ   ⑤ ㄱ, ㄴ, ㄷ

수컷(XY) 자손의 X 염색체는 모계로부터, Y 염색체는 부계로부터 받는다.

[25025-0189]

07 그림은 같은 종인 동물($2n=6$) 개체 Ⅰ~Ⅲ의 세포 (가)~(라) 각각에 있는 염색체 중 ⊙을 제외한 나머지 염색체와 일부 유전자를 나타낸 것이다. (가)~(라) 중 2개는 Ⅰ의 세포, 나머지 중 1개는 Ⅱ의 세포, 그 나머지 1개는 Ⅲ의 세포이다. Ⅱ은 Ⅰ과 Ⅱ 사이에서 태어났고, Ⅲ은 Ⅰ과 성별이 같다. Ⅰ~Ⅲ의 성염색체는 암컷이 XX, 수컷이 XY이고, ⊙은 X 염색체와 Y 염색체 중 하나이다. A는 a와 대립유전자이고, B는 b와 대립유전자이다.

(가)

(나)

(다)

(라)

이에 대한 설명으로 옳은 것만을 〈보기〉에서 있는 대로 고른 것은? (단, 돌연변이와 교차는 고려하지 않는다.)

─〈 보 기 〉─
ㄱ. Ⅰ은 수컷이다.
ㄴ. Ⅲ에는 A가 있다.
ㄷ. (가)는 Ⅱ의 세포이다.

① ㄴ   ② ㄷ   ③ ㄱ, ㄴ   ④ ㄱ, ㄷ   ⑤ ㄴ, ㄷ

[25025-0190]

08 사람의 유전 형질 ㉮는 3쌍의 대립유전자 E와 e, F와 f, G와 g에 의해 결정되며, ㉮를 결정하는 유전자는 서로 다른 3개의 상염색체에 있다. 그림은 어떤 사람의 G_1기 세포 Ⅰ로부터 정자가 형성되는 과정을, 표는 이 사람의 세포 ㉠~㉣이 갖는 E, F, g의 DNA 상대량 합을 나타낸 것이다. ㉠~㉣은 Ⅰ~Ⅳ를 순서 없이 나타낸 것이고, Ⅱ와 Ⅲ은 모두 중기의 세포이다. Ⅳ에는 e가 없다.

감수 1분열 중기 세포의 핵상은 $2n$이고, 세포 1개당 DNA 상대량은 G_1기 세포의 2배이다.

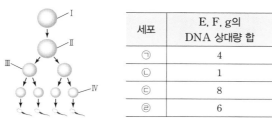

세포	E, F, g의 DNA 상대량 합
㉠	4
㉡	1
㉢	8
㉣	6

이에 대한 설명으로 옳은 것만을 〈보기〉에서 있는 대로 고른 것은? (단, 돌연변이와 교차는 고려하지 않으며, E, e, F, f, G, g 각각의 1개당 DNA 상대량은 1이다.)

─〈 보 기 〉─
ㄱ. Ⅰ의 ㉮의 유전자형은 EeFfGg이다.
ㄴ. Ⅰ과 ㉢의 핵상은 같다.
ㄷ. Ⅱ에서 E의 DNA 상대량은 4이다.

① ㄱ   ② ㄷ   ③ ㄱ, ㄴ   ④ ㄴ, ㄷ   ⑤ ㄱ, ㄴ, ㄷ

[25025-0191]

감수 1분열 전기에 상동 염색체는 접합하여 2가 염색체를 형성한다.

09 다음은 어떤 사람의 유전 형질 ㉮에 대한 자료이다.

- ㉮는 5쌍의 대립유전자 A와 a, B와 b, D와 d, E와 e, F와 f에 의해 결정된다.
- 이 사람에서 염색체 ⓐ~ⓓ는 2쌍의 상동 염색체를 구성하고, ⓐ에 A와 d, ⓑ에 B와 E, ⓒ에 D와 f가 있다.
- 표는 이 사람의 세포 I~III에서 세포 1개당 A, b, D, E, f의 DNA 상대량과 일부 염색체의 유무를 나타낸 것이다. I~III 중 하나는 중기의 세포이다.

세포	DNA 상대량					염색체	
	A	b	D	E	f	ⓐ	ⓑ
I	2	2	0	2	?	?	㉠
II	1	?	1	2	1	?	있음
III	0	1	?	?	?	㉡	?

이에 대한 설명으로 옳은 것만을 〈보기〉에서 있는 대로 고른 것은? (단, 돌연변이와 교차는 고려하지 않으며, A, a, B, b, D, d, E, e, F, f 각각의 1개당 DNA 상대량은 1이다.)

┌─〈 보기 〉─
ㄱ. 감수 1분열 전기에 ⓑ는 ⓓ와 2가 염색체를 형성한다.
ㄴ. ㉠과 ㉡은 모두 '없음'이다.
ㄷ. I~III에는 모두 b와 E가 있다.
└─

① ㄱ　　　② ㄷ　　　③ ㄱ, ㄴ　　　④ ㄴ, ㄷ　　　⑤ ㄱ, ㄴ, ㄷ

[25025-0192]

10 어떤 동물 종($2n=6$)의 유전 형질 ⓐ는 2쌍의 대립유전자 A와 a, B와 b에 의해 결정된다. 그림 (가)는 세포 Q를, (나)는 이 동물 종의 수컷 Ⅰ과 암컷 Ⅱ의 세포 ㉠~㉣이 갖는 A, a, B, b의 DNA 상대량을 나타낸 것이다. ㉠~㉣ 중 Ⅰ의 세포는 2개이고, 나머지 2개는 Ⅱ의 세포이며, Q는 ㉠~㉣ 중 하나이다. Ⅰ의 성염색체는 XY, Ⅱ의 성염색체는 XX이고, ㉢에서 A와 B 중 하나는 X 염색체에 있고, 나머지 하나는 상염색체에 있다.

수컷(XY)의 생식세포 중에는 X 염색체에 존재하는 대립유전자를 갖지 않는 세포가 있다.

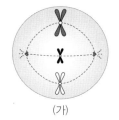

(가)

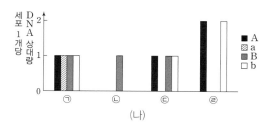

(나)

이에 대한 설명으로 옳은 것만을 〈보기〉에서 있는 대로 고른 것은? (단, 돌연변이와 교차는 고려하지 않으며, A, a, B, b 각각의 1개당 DNA 상대량은 1이다.)

〔 보기 〕
ㄱ. Q는 ㉠이다.
ㄴ. ㉣은 Ⅱ의 세포이다.
ㄷ. ㉡에 Y 염색체가 있다.

① ㄴ　　　② ㄷ　　　③ ㄱ, ㄴ　　　④ ㄱ, ㄷ　　　⑤ ㄴ, ㄷ

09 사람의 유전

1 사람의 유전 연구

(1) 사람의 유전 연구가 어려운 까닭

① 한 세대가 길다. → 여러 세대에 걸친 유전 현상을 직접적으로 관찰하기 어렵다.

② 자손의 수가 적다. → 통계 결과에 대한 신뢰성이 낮다.

③ 임의 교배가 불가능하다. → 직접적인 실험을 통해 특정 형질에 대한 유전을 확인할 수 없다.

④ 형질이 복잡하고 유전자의 수가 많다. → 형질 발현 결과를 분석하기 어렵다.

⑤ 형질 발현에 환경적 요인의 영향을 많이 받는다. → 형질 발현의 규칙성을 발견하기 어렵다.

(2) 사람의 유전 연구 방법

① **가계도 조사**: 특정 유전 형질을 가지는 집안의 가계도를 조사하여 그 형질의 우열 관계와 유전자의 전달 경로 등을 알아낼 수 있다.

과학 돋보기 🔍 가계도 기호와 예시

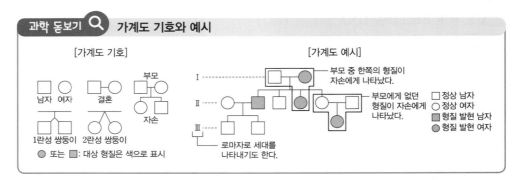

② **쌍둥이 연구**: 1란성 쌍둥이와 2란성 쌍둥이를 대상으로 성장 환경과 형질 발현의 일치율을 조사하여, 형질의 차이가 유전에 의한 것인지 환경에 의한 것인지를 알아낼 수 있다.

과학 돋보기 🔍 쌍둥이 연구를 통한 유전 연구

• 1란성 쌍둥이와 2란성 쌍둥이 연구를 통해 형질 발현에 미치는 유전적 영향과 환경적 영향을 알아볼 수 있다.

구분	1란성 쌍둥이	2란성 쌍둥이
발생 과정	하나의 수정란이 발생 초기에 나뉘어져 각각 독립적인 개체로 발생한다.	2개 이상의 난자가 배란되어 각각 다른 정자와 수정된 후 각각 독립적인 개체로 발생한다.
형질 차이	유전자 구성이 동일하므로 형질의 차이는 주로 환경의 영향에 의해 나타난다.	유전자 구성이 다르므로 형질의 차이는 환경과 유전의 영향에 의해 나타난다.

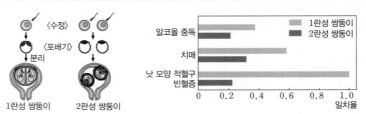

• 낫 모양 적혈구 빈혈증은 알코올 중독과 치매에 비해 유전적 영향을 많이 받는다는 것을 알 수 있다. 또한, 치매는 알코올 중독에 비해 유전적 영향을 많이 받는다는 것을 알 수 있다.

③ 집단 조사: 여러 가계를 포함한 집단에서 유전 형질이 나타나는 빈도를 조사하고 자료를 통계 처리하여 유전 형질의 특징과 분포 등을 알아낼 수 있다.

과학 돋보기 🔍 멘델 법칙에 따른 유전 현상 이해

멘델은 완두를 이용한 교배 실험을 통해 한 개체가 특정 형질에 대해 대립유전자를 서로 다르게 가질 때 우성 형질만 나타나고 열성 형질은 나타나지 않는다는 우열의 원리를 가정하였고, 이를 토대로 분리 법칙과 독립 법칙을 설명하였다.

(1) 우열의 원리
① 대립 형질 관계인 서로 다른 형질을 가진 순종의 개체를 교배하면 자손 1대(F_1)에서 부모 세대(P)의 대립 형질 중 한 가지만 나타난다. 이때 자손 1대(F_1)에서 나타나는 형질이 우성이고, 나타나지 않는 형질이 열성이다.
② 순종의 둥근 완두(RR)를 주름진 완두(rr)와 교배하면 자손 1대(F_1)에서 우성 형질인 둥근 완두(Rr)만 나타난다.

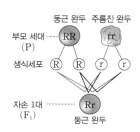

(2) 분리 법칙
① 생식세포를 형성할 때 대립유전자 쌍이 서로 분리되어 각각 다른 세포로 들어가 자손에게 일정한 비율로 표현형이 나타나는 현상이다.
② 자손 1대(F_1) 둥근 완두(Rr)를 자가 수분하면 자손 2대(F_2)에서는 둥근 완두와 주름진 완두가 3 : 1의 비율로 나타난다. 즉, 이형 접합성인 개체를 자가 수분하면 다음 세대의 표현형 비는 우성 형질 : 열성 형질=3 : 1이다.
③ 자손 2대(F_2)에서 유전자형의 분리비는 RR : Rr : rr=1 : 2 : 1이고, 표현형의 분리비는 둥근 완두 : 주름진 완두=3 : 1이다.

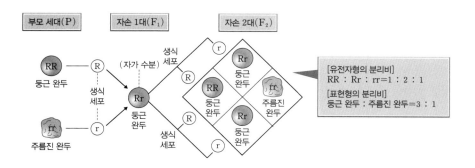

(3) 독립 법칙
① 2쌍 이상의 대립 형질이 유전될 때 서로의 유전에 영향을 미치지 않고 각각 독립적으로 유전되는 현상이다.
② 둥글고 황색인 순종 완두(RRYY)와 주름지고 녹색인 순종 완두(rryy)를 교배하였더니 자손 1대(F_1)에서는 유전자형이 RrYy인 둥글고 황색인 완두만 나타났다.
③ 이 자손 1대(F_1)를 자가 수분하면 자손 2대(F_2)에서는 R_Y_(둥글고 황색) : R_yy(둥글고 녹색) : rrY_(주름지고 황색) : rryy(주름지고 녹색)=9 : 3 : 3 : 1의 비율로 나타난다.
④ 자손 2대(F_2)에서 표현형의 비가 위와 같이 나타나는 까닭은 서로 다른 염색체에 있는 유전자는 서로의 유전에 영향을 미치지 않기 때문이다.

개념 체크

➔ 멘델은 완두를 이용한 교배 실험을 통해 유전 현상을 우열의 원리, 분리 법칙, 독립 법칙으로 설명했음

1. 대립 형질 관계인 서로 다른 형질을 가진 순종을 교배했을 때, 자손 1대에서 나타나는 형질이 (　　　)이고, 나타나지 않는 형질이 (　　　)이다.

2. 멘델의 실험에서 이형 접합성인 둥근 완두를 자가 수분하면 다음 세대의 표현형의 비는 둥근 완두 : 주름진 완두=(　　　) : (　　　)로 나타난다.

※ ○ 또는 ×

3. 멘델의 분리 법칙에 따르면 생식세포가 형성될 때 대립유전자 쌍이 서로 분리되어 각각 다른 세포로 들어간다. (　　　)

4. 멘델의 독립 법칙이 나타나는 까닭은 하나의 염색체에 있는 여러 개의 대립유전자가 같은 생식세포로 이동하기 때문이다. (　　　)

정답
1. 우성, 열성
2. 3, 1
3. ○
4. ×

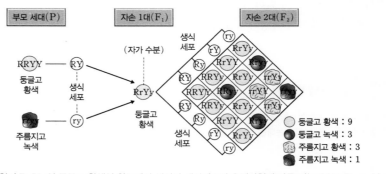

⑤ 유전자형이 RrYy인 둥글고 황색인 완두에서 생성된 생식세포의 유전자형에 따른 비는 RY : Ry : rY : ry = 1 : 1 : 1 : 1이다.

(3) **사람의 유전 구분**: 형질을 결정하는 유전자가 어떤 염색체에 있는지에 따라 상염색체 유전과 성염색체 유전으로, 한 가지 형질을 결정하는 유전자의 수에 따라 단일 인자 유전과 다인자 유전으로 구분한다.

② 상염색체 유전

형질을 결정하는 유전자가 상염색체에 있는 유전이다.

(1) **형질 결정 대립유전자가 2가지인 경우**: 하나의 유전 형질 발현에 1쌍의 대립유전자가 관여하며 멘델 법칙(분리 법칙)에 따라 유전된다. 1쌍의 대립유전자 조합에 따라 대립 형질이 명확하게 구분된다.

구분	이마선 모양	보조개 유무	혀 말기
우성	V(M)자형	있다	가능
열성	일자형	없다	불가능

① 귓불 모양을 결정하는 대립유전자 중 분리형 대립유전자를 A, 부착형 대립유전자를 a라 할 때, 유전자형이 Aa인 사람의 감수 분열 과정에서 A와 a는 분리되어 서로 다른 생식세포로 들어간다.

② 분리형 귓불을 가지고 유전자형이 Aa인 부모에서 각각 형성된 정자와 난자가 수정되어 아이가 태어날 때, 이 아이의 귓불이 분리형(AA, Aa)일 확률은 $\frac{3}{4}$, 부착형(aa)일 확률은 $\frac{1}{4}$이다.

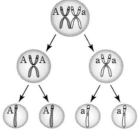

감수 분열에서 대립유전자의 분리

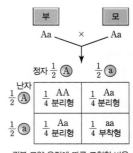

귓불 모양 유전에 따른 표현형 비율

탐구자료 살펴보기 | **귓불 모양 유전 가계도 분석**

자료 탐구

그림은 어떤 집안에서 귓불 모양을 조사하여 가계도로 나타낸 것이다. 귓불 모양을 결정하는 대립유전자는 A와 a이며, A는 우성 대립유전자, a는 열성 대립유전자이다.

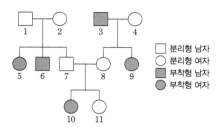

□ 분리형 남자
○ 분리형 여자
■ 부착형 남자
● 부착형 여자

탐구 분석

- 귓불 모양은 1쌍의 대립유전자로 결정된다.
- 분리형인 1과 2로부터 부착형인 5와 6이 태어났으므로 분리형이 우성 형질, 부착형이 열성 형질이다.
- 귓불 모양이 성염색체 유전이라면 귓불 모양에 대한 유전자 구성으로 1은 $X^A Y$를 갖고 1의 자녀인 5는 X^A를 갖게 되어 분리형이 나타나야 하지만, 5는 부착형이다. 따라서 귓불 모양은 상염색체 유전을 따른다.
- 귓불 모양의 유전자형으로 1은 Aa, 2는 Aa, 3은 aa, 4는 Aa, 5는 aa, 6은 aa, 7은 Aa, 8은 Aa, 9는 aa, 10은 aa, 11은 AA 또는 Aa를 갖는다.

탐구 point

- 부모의 표현형이 같을 때, 부모에게서 나타나지 않던 형질이 자녀에게 나타나면 부모의 형질이 우성, 자녀의 형질이 열성(aa)이다. 열성(aa)인 자녀는 부모에게서 열성 대립유전자(a)를 하나씩 물려받은 것이므로 부모의 유전자형은 모두 Aa이다.

➔ 복대립 유전은 하나의 형질을 결정하는 데 3가지 이상의 대립유전자가 관여하는 유전임

➔ ABO식 혈액형은 복대립 유전의 예임

1. 귓불 모양을 결정하는 유전자는 (   )에 있다.

2. ABO식 혈액형을 결정하는 대립유전자는 (   )가지이다.

※ ○ 또는 ×

3. 유전자형이 Aa인 부모로부터 자녀가 태어날 때, 자녀의 유전자형이 Aa일 확률은 $\frac{3}{4}$이다. (   )

4. ABO식 혈액형을 결정하는 대립유전자 중 I^B는 i에 대해 우성이다. (   )

(2) 형질 결정 대립유전자가 3가지 이상인 경우(복대립 유전)

① 하나의 형질을 결정하는 데 3가지 이상의 대립유전자가 관여하는 경우를 복대립 유전이라고 한다.

② 하나의 형질에 대한 대립유전자가 3가지 이상이기 때문에 대립유전자가 2가지일 때보다 유전자형과 표현형이 다양하게 나타난다.

③ 개체의 형질은 1쌍의 대립유전자에 의해 결정되며, 대립유전자의 유전 방식은 멘델 법칙(분리 법칙)을 따른다.

📖 ABO식 혈액형: 혈액형 형질 결정에 3가지의 대립유전자(I^A, I^B, i)가 관여한다. I^A와 I^B는 i에 대해 우성이며, I^A와 I^B는 우열 관계가 없다.

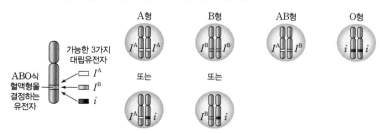

ABO식 혈액형에 따른 염색체에서의 대립유전자 구성과 위치

● 성염색체 유전은 형질을 결정하는 유전자가 성염색체에 있는 유전임

● 성염색체에는 성을 결정하는 유전자 외에도 다른 형질에 대한 유전자도 있음

1. ABO식 혈액형이 A형인 사람의 유전자형은 (　　　) 또는 (　　　)이다.

2. 사람의 성염색체에는 (　　　)와 (　　　)가 있다.

※ ○ 또는 ✕

3. 돌연변이를 고려하지 않을 때, 부모 중 1명의 ABO식 혈액형이 AB형이면, O형인 아이가 태어날 수 없다.　　(　　　)

4. 성염색체 유전은 형질을 결정하는 유전자가 상염색체에 있는 유전이다.
　　　　　　　　(　　　)

정답
1. $I^A I^A$, $I^A i$(또는 $I^A i$, $I^A I^A$)
2. X 염색체, Y 염색체
　(또는 Y 염색체, X 염색체)
3. ○
4. ✕

🧪 **탐구자료 살펴보기**　**ABO식 혈액형 유전 가계도 분석**

자료 탐구

그림은 어떤 집안의 ABO식 혈액형의 가계도를 나타낸 것이다.

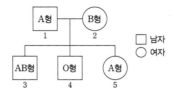

□ 남자
○ 여자

탐구 분석

• ABO식 혈액형은 상염색체에 있는 1쌍의 대립유전자로 결정되며, 대립유전자는 3가지(I^A, I^B, i)이다.
• 1과 2로부터 O형인 자녀 4가 태어났으므로 1과 2는 ABO식 혈액형에 대한 유전자형이 이형 접합성이다. ABO식 혈액형에 대한 유전자형으로 1은 $I^A i$, 2는 $I^B i$, 3은 $I^A I^B$, 4는 ii, 5는 $I^A i$를 갖는다.

탐구 point

• A형과 B형인 부모 사이에서 부모와 다른 혈액형인 AB형 혹은 O형인 자녀가 태어날 수 있다.
• ABO식 혈액형 결정에 관여하는 대립유전자는 3가지이다.

🔍 **과학 돋보기**　**시스 AB형**

• 시스 AB형은 ABO식 혈액형의 돌연변이의 하나로 A형을 결정하는 대립유전자(I^A)와 B형을 결정하는 대립유전자(I^B) 모두가 하나의 염색체에 있다.
• AB형인 사람이 O형과 결혼하면 자녀의 혈액형은 A형이거나 B형이다. 하지만 시스 AB형인 사람이 O형인 사람과 결혼하면 자녀는 AB형이거나 O형이다.

일반적인 AB형과 O형 부모 사이에서
태어나는 자녀의 혈액형

시스 AB형과 O형 부모 사이에서
태어나는 자녀의 혈액형

---

3 성염색체 유전

형질을 결정하는 유전자가 성염색체에 있는 유전이다.

(1) 사람의 성 결정

① 사람의 성염색체에는 X 염색체와 Y 염색체가 있다. 성염색체에는 남녀의 성을 결정하는 유전자 외에 다른 형질에 대한 유전자도 있어 성에 따라 형질의 발현 빈도가 달라지기도 한다.

② 사람은 체세포 1개당 44개의 상염색체와 2개의 성염색체를 가진다. 염색체 구성이 남자는 44＋XY, 여자는 44＋XX이다.

③ 감수 1분열에서 1쌍의 성염색체가 분리된 후 각각 서로 다른 세포로 들어간다.

④ 감수 분열 결과 형성된 난자는 모두 X 염색체를 가지고, 정자는 X 염색체를 가진 것과 Y 염색체를 가진 것이 있다.

⑤ 자녀의 성별은 X 염색체를 가진 난자가 어떤 성염색체를 가진 정자와 수정하는가에 따라 결정된다.

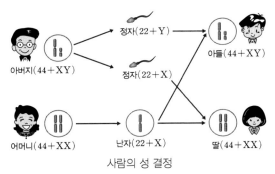

사람의 성 결정

(2) **X 염색체 유전**: 특정 형질을 결정하는 유전자가 성염색체인 X 염색체에 있으면 남녀에 따라 X 염색체의 수가 다르므로 유전 형질이 발현되는 빈도도 달라진다. **예** 적록 색맹, 혈우병

① 남자의 X 염색체의 대립유전자는 어머니에게서 물려받으며, 남자의 X 염색체의 대립유전자는 딸에게만 전달된다.

② 여자의 X 염색체의 대립유전자는 부모로부터 하나씩 물려받으며, 여자의 X 염색체의 대립유전자는 아들과 딸 모두에게 전달된다.

③ **적록 색맹 유전**: 적록 색맹은 색을 구별하는 시각 세포에 이상이 생긴 유전병이다.
- 적록 색맹은 X 염색체 열성으로 유전되며, 정상 대립유전자가 있으면 X, 적록 색맹 대립유전자가 있으면 X′이라고 할 때, X는 X′에 대해 우성이다.
- 남자는 적록 색맹 대립유전자가 1개(X′Y)만 있어도 적록 색맹이 된다.
- 여자는 적록 색맹 대립유전자가 1개(XX′)만 있는 경우에는 보인자이고, 표현형은 정상이며, 적록 색맹 대립유전자가 2개(X′X′)인 경우에만 적록 색맹이 된다.
- 여자보다 남자에서 적록 색맹의 발현 빈도가 높다.

구분	남자		여자		
유전자형	XY	X′Y	XX	XX′	X′X′
표현형	정상	적록 색맹	정상	정상(보인자)	적록 색맹

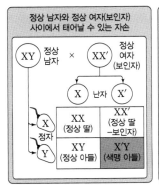

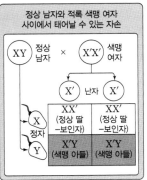

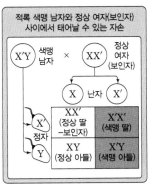

적록 색맹 유전

개념 체크

➡ 적록 색맹과 혈우병은 성염색체 유전의 예임

1. 우측 [탐구자료 살펴보기]의 가계도에서 적록 색맹 보인자인 여자는 (   ) 명이다.

2. 우측 [탐구자료 살펴보기]에서 7과 8 사이에서 아들이 태어날 때, 이 아들이 적록 색맹일 확률은 (   )이다.

※ ○ 또는 ×

3. 정상인 부모로부터 적록 색맹인 아들이 태어나면, 어머니는 적록 색맹 보인자이다. (   )

4. 적록 색맹 유전자와 혈우병 유전자는 모두 X 염색체에 있다. (   )

🧪 탐구자료 살펴보기 | 적록 색맹 유전 가계도 분석

자료 탐구

그림은 어떤 집안의 적록 색맹에 대한 가계도를 나타낸 것이다.

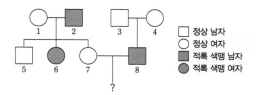

□ 정상 남자
○ 정상 여자
■ 적록 색맹 남자
● 적록 색맹 여자

탐구 분석

• 적록 색맹은 성염색체인 X 염색체에 있는 정상 대립유전자(X)와 적록 색맹 대립유전자(X')에 의해 결정된다.
• 정상인 3과 4로부터 적록 색맹인 8이 태어났으므로 정상이 우성 형질, 적록 색맹이 열성 형질이다.
• 적록 색맹의 유전자형은 1이 XX', 2가 X'Y, 3이 XY, 4가 XX', 5가 XY, 6이 X'X', 7이 XX', 8이 X'Y이다.
• 7과 8로부터 아이가 태어날 때, 이 아이가 적록 색맹일 확률은 $\frac{1}{2}$이다.

탐구 point

• 일반적으로 상염색체 유전을 따르는 형질은 남녀에서 발현 빈도가 같지만 성염색체 유전을 따르는 형질은 남녀에 따라 발현 빈도가 다르다.

🔍 과학 돋보기 혈우병 유전

• X 염색체 열성 유전병으로, 혈액 응고가 지연되어 출혈이 지속되는 병이다.
• 정상 대립유전자가 있으면 X, 혈우병 대립유전자가 있으면 X'이라고 할 때, X는 X'에 대해 우성이다.
• 남자는 혈우병 대립유전자가 1개(X'Y)만 있어도 혈우병이 나타난다.
• 여자는 혈우병 대립유전자가 1개인 이형 접합성(XX')이면 혈우병이 나타나지 않는 보인자이다.
🔳 유럽 왕가의 혈우병: 19세기 유럽의 어느 나라 여왕은 혈우병 보인자였다. 이 여왕의 아들 4명 중 1명은 혈우병으로 사망하였으며, 딸 중에는 혈우병 보인자가 있었다. 이 여왕의 자녀들은 유럽의 다른 나라 왕가와 결혼하여 혈우병 유전자가 유럽의 여러 왕가로 전해졌다.

유럽 왕가의 혈우병 가계도

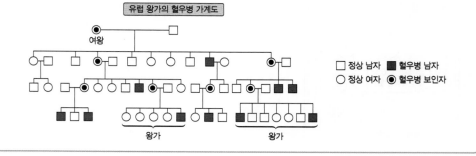

□ 정상 남자 ■ 혈우병 남자
○ 정상 여자 ◉ 혈우병 보인자

정답

1. 3
2. $\frac{1}{2}$
3. ○
4. ○

과학 돋보기 🔍 **가계도를 분석하는 방법 1**

가계도를 분석하여 특정 형질에 대한 유전 양상을 파악하고 이를 통해 가계도 구성원의 유전자형을 알 수 있다. 그림은 어떤 가족의 유전병 가계도를 나타낸 것이다.

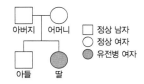

- 정상 남자
○ 정상 여자
⬤ 유전병 여자

아버지 어머니
아들 딸

① 우열 관계 분석하기
- 부모의 표현형이 같고 아이의 표현형이 부모와 다른 경우 부모의 표현형이 우성, 아이에게서 새로 나타난 표현형이 열성이다. 가계도에서 정상 형질이 우성, 유전병 형질이 열성이다.
② 상염색체 유전인지 성염색체 유전인지 판단하기
- 유전병인 여자가 존재하므로 이 유전병은 Y 염색체 유전을 따르지 않는다.
- 이 유전병이 X 염색체 유전을 따른다면 우성 형질을 가진 아버지로부터는 우성 형질을 가진 딸만 태어나야 하는데 열성 형질을 가진 딸이 태어났으므로 이 유전병의 유전은 상염색체 유전임을 알 수 있다.
③ 가족 구성원의 유전자형 판단하기
- 상염색체 유전이므로 정상 대립유전자를 A, 유전병 대립유전자를 a라 하면 유전자형으로 아버지는 Aa, 어머니는 Aa, 딸은 aa, 아들은 AA 또는 Aa를 갖는다.

과학 돋보기 🔍 **가계도를 분석하는 방법 2**

가계도만으로 특정 형질에 대한 유전 현상을 파악하기 어려운 경우가 있다. 특히 유전자가 상염색체에 있는 경우에는 '가계도를 분석하는 방법 1'에서처럼 가계도 분석을 통해 이를 알 수 있는 경우도 있지만, 성염색체에 있는 경우에는 가계도 분석만을 통해서는 이를 알 수 없는 경우가 있다. 이 경우 가계도 이외에 추가 정보가 있다면 유전자가 상염색체에 있는지 성염색체에 있는지 알 수 있다. 그림은 어떤 가족의 우성 대립유전자 A와 열성 대립유전자 a에 의해 결정되는 유전병 가계도를, 표는 가족 구성원의 a의 DNA 상대량을 나타낸 것이다.

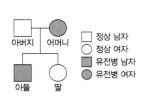

- 정상 남자
○ 정상 여자
◼ 유전병 남자
⬤ 유전병 여자

아버지 어머니
아들 딸

구성원	a의 DNA 상대량
아버지	0
어머니	2
아들	?
딸	1

① 우열 관계 분석하기
- 유전자형이 Aa인 딸이 정상이므로 정상이 우성 형질이고 유전병은 열성 형질이다.
- A는 정상 대립유전자이고, a는 유전병 대립유전자이다.
② 상염색체 유전인지 성염색체 유전인지 판단하기
- 유전병인 여자가 존재하므로 이 유전병은 Y 염색체 유전을 따르지 않는다.
- 이 유전병이 상염색체 유전을 따른다면 아버지의 유전자형은 AA, 어머니의 유전자형은 aa이다. 이 경우 아들과 딸의 유전자형은 Aa이고 표현형이 같아야 한다. 하지만 아들은 유전병, 딸은 정상이므로 이 유전병의 유전은 성염색체 유전임을 알 수 있다.
③ 가족 구성원의 유전자형 판단하기
- 유전병의 유전자형은 아버지가 X^AY, 어머니가 X^aX^a, 아들이 X^aY, 딸이 X^AX^a이다.
※ 가계도와 자료를 분석하며 우열 관계를 먼저 파악하기 어려운 경우도 있다.
※ 가계도 이외의 추가 정보가 있다고 해서 위의 자료에서처럼 성염색체 유전이 아닌 경우가 있다.

개념 체크

○ 단일 인자 유전은 하나의 유전 형질 발현에 1쌍의 대립유전자가 관여하고, 다인자 유전은 하나의 유전 형질 발현에 여러 쌍의 대립유전자가 관여함

1. 다인자 유전은 한 가지 형질에 대해 (　　)쌍의 대립유전자가 영향을 미쳐 형질이 결정되는 유전 현상이다.

2. 피부색, 키, 몸무게의 유전은 (　　) 유전의 예에 해당한다.

※ ○ 또는 ✕

3. 다인자 유전은 대립 형질이 뚜렷하게 구별되지 않고 연속적인 변이로 나타난다. (　　)

4. ABO식 혈액형은 다인자 유전의 예에 해당한다. (　　)

4 단일 인자 유전과 다인자 유전

(1) **단일 인자 유전**: 한 가지 형질에 대해 1쌍의 대립유전자가 영향을 미쳐 형질이 결정되는 유전 현상이다. **예** 귓불 모양, ABO식 혈액형, 적록 색맹 등

(2) **다인자 유전**: 한 가지 형질에 대해 여러 쌍의 대립유전자가 영향을 미쳐 형질이 결정되는 유전 현상이다. **예** 피부색, 키, 몸무게, 지능 등

(3) **다인자 유전의 특징**

① 여러 쌍의 대립유전자가 하나의 유전 형질의 발현에 관여한다.
② 여러 쌍의 대립유전자에 의한 다양한 유전자 조합이 다양한 표현형을 만든다.
③ 대립 형질이 뚜렷하게 구별되지 않고, 연속적인 변이로 나타난다.
④ 형질 발현에 환경의 영향을 받는다.

🧪 탐구자료 살펴보기　　**사람 피부색의 다인자 유전 모델**

자료 탐구

사람의 피부색은 3쌍의 대립유전자 A와 a, B와 b, D와 d에 의해 결정되며, 유전자형에서 대립유전자 A, B, D(검은 동그라미)의 수가 많을수록 피부색이 검고, 대립유전자 a, b, d(흰 동그라미)의 수가 많을수록 희다고 가정하자. 그림은 매우 흰 피부(aabbdd)와 매우 검은 피부(AABBDD)를 가진 부모 사이에서 태어나는 자손 2대(F_2)에서 나타날 수 있는 피부색의 종류와 빈도를 나타낸 것이다.

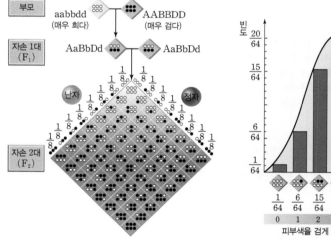

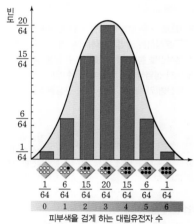

탐구 분석

• 유전자형이 각각 aabbdd와 AABBDD인 부모 사이에서 태어난 자녀는 AaBbDd인 중간 피부색을 가진다.
• 유전자형이 모두 AaBbDd인 남녀 사이에서 태어난 자손은 피부색을 검게 만드는 대립유전자를 0~6개 가질 수 있으므로 피부색의 표현형은 최대 7가지이다.
• 자손 2대(F_2)에서 피부색을 검게 하는 대립유전자가 3개인 사람의 빈도가 가장 높고, 피부색을 검게 하는 대립유전자 0개와 6개인 사람의 빈도가 각각 가장 낮다.
• 자손 2대(F_2)에서 피부색을 검게 하는 대립유전자 수에 대한 빈도는 정규 분포 곡선 형태를 나타낸다.

탐구 point

• 다인자 유전은 하나의 유전 형질 발현에 여러 쌍의 대립유전자가 관여한다.

정답
1. 여러
2. 다인자
3. ○
4. ✕

탐구자료 살펴보기 | 유전 형질이 자손에게 전달되는 과정을 재연하는 역할 놀이

탐구 과정

① 두 명이 한 모둠이 되어 한 명은 아버지 역할, 다른 한 명은 어머니 역할을 맡는다.

② 아버지 역할을 하는 사람은 상염색체 (가)~(다) 3쌍과 성염색체 XY를 가지고, 어머니 역할을 하는 사람은 상염색체 (가)~(다) 3쌍과 성염색체 XX를 가진다.

③ 제시된 표를 참고하여 부모의 표현형과 유전자형을 임의로 정한 후, 염색체 모형의 가운데 빈칸에는 대립유전자를 쓰고, 아래쪽 빈칸에는 부 또는 모를 쓴다.

④ 자신이 가진 염색체 모형을 접어서 붙인 후 무작위로 던져 염색체 모형에서 위로 나온 면을 정자와 난자의 염색체 구성으로 한다.

⑤ 과정 ④에서 결정된 정자와 난자의 염색체를 상동 염색체끼리 짝 짓는다.

⑥ 과정 ⑤에서 나온 결과를 아이의 표현형과 유전자형으로 기록한다.

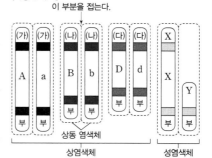

(과정 ③의 예)
이 부분을 접는다.

염색체	(가)		(나)		(다)		성염색체	
형질	귓불 모양		보조개		이마선		적록 색맹	
대립 형질	우성	열성	우성	열성	우성	열성	우성	열성
	분리형	부착형	있음	없음	V(M)자형	일자형	정상	적록 색맹
대립유전자	A	a	B	b	D	d	X	X′

탐구 결과

• 과정 ③에서 정한 부모의 표현형과 유전자형을 표에 써 보자.

염색체		(가)	(나)	(다)	성염색체
형질		귓불 모양	보조개	이마선	적록 색맹
아버지	표현형	분리형	있음	V(M)자형	정상
	유전자형	Aa	Bb	Dd	XY
어머니	표현형	분리형	없음	V(M)자형	정상(보인자)
	유전자형	Aa	bb	Dd	XX′

• 과정 ⑥에서 나온 아이의 표현형과 유전자형을 표에 쓰고, 이 아이의 형질을 그림으로 그려 보자.

형질	귓불 모양	보조개	이마선	적록 색맹
표현형	분리형	있음	일자형	정상
유전자형	AA	Bb	dd	XX

(성별: 여자)

탐구 point

• 과정 ④에서 염색체 모형을 무작위로 던지는 것은 생식세포가 형성될 때 상동 염색체가 무작위로 배열되어 분리되는 과정을 뜻한다.

• 과정 ⑤에서 상동 염색체끼리 짝 짓는 것은 정자와 난자의 수정으로 수정란이 형성되어 상동 염색체가 다시 쌍을 이루는 것을 뜻한다.

→ 같은 생물종이더라도 개체의 유전자 구성이 다름

→ 생식세포가 형성될 때 상동 염색체가 무작위적으로 분리되며, 생식세포가 무작위적으로 수정되어 자손의 형질이 결정됨

1. 좌측 [탐구자료 살펴보기]의 과정 ④에서 염색체 모형을 무작위로 던지는 것은 생식세포 형성 시 상동 염색체가 무작위로 (   )되는 것을 나타낸 것이다.

2. 분리형 귓불인 여자(Aa)의 생식세포 형성 과정에서 A가 있는 염색체와 a가 있는 염색체는 (   ) 세포로 들어간다.

※ ○ 또는 ×

3. 좌측 [탐구자료 살펴보기]에서 귓불 모양과 적록 색맹은 독립적으로 유전된다.   (   )

4. 좌측 [탐구자료 살펴보기]에서 보조개와 이마선의 유전은 멘델의 분리 법칙을 따른다.   (   )

정답
1. 분리
2. 다른
3. ○
4. ○

01 다음은 사람의 유전 연구에 대한 학생 A~C의 대화 내용이다.

[25025-0193]

쌍둥이 연구에서는 1란성 쌍둥이와 2란성 쌍둥이를 대상으로 성장 환경과 형질 발현의 일치율을 조사해.

특정 형질을 가지는 집안의 가계도를 통해 그 형질의 우열 관계와 유전자의 전달 경로를 알아낼 수 있어.

집단 조사에서는 여러 가계를 포함한 집단에서 유전 형질이 나타나는 빈도를 조사하고 자료를 통계 처리해.

학생 A   학생 B   학생 C

제시한 내용이 옳은 학생만을 있는 대로 고른 것은?

① A   ② C   ③ A, B
④ B, C   ⑤ A, B, C

02 다음은 사람의 유전 연구 방법 (가)와 (나)에 대한 자료이다. (가)와 (나)는 가계도 조사와 집단 조사를 순서 없이 나타낸 것이다.

[25025-0194]

(가) 여러 가계를 포함한 집단에서 유전 형질이 나타나는 빈도를 조사하고 자료를 통계 처리한다.
(나) 특정 형질을 가지는 집안의 ⊙가계도를 조사한다.

이에 대한 설명으로 옳은 것만을 〈보기〉에서 있는 대로 고른 것은?

┌─ 보기 ─┐
ㄱ. (가)는 가계도 조사이다.
ㄴ. (나)를 통해 특정 형질의 우열 관계를 연구할 수 있다.
ㄷ. ⊙에서 남자와 여자는 서로 다른 기호로 표시한다.

① ㄱ   ② ㄷ   ③ ㄱ, ㄴ   ④ ㄴ, ㄷ   ⑤ ㄱ, ㄴ, ㄷ

03 그림은 어떤 가족의 유전 형질 (가)에 대한 가계도를 나타낸 것이다. (가)는 대립유전자 A와 a에 의해 결정되며, A는 a에 대해 완전 우성이다.

[25025-0195]

□ 정상 남자
○ 정상 여자
■ (가) 발현 남자
● (가) 발현 여자

이에 대한 설명으로 옳은 것만을 〈보기〉에서 있는 대로 고른 것은? (단, 돌연변이는 고려하지 않으며, A와 a 각각의 1개당 DNA 상대량은 1이다.)

┌─ 보기 ─┐
ㄱ. (가)의 유전자는 상염색체에 있다.
ㄴ. $\dfrac{1의\ 체세포\ 1개당\ A의\ DNA\ 상대량}{4의\ 체세포\ 1개당\ a의\ DNA\ 상대량} = \dfrac{1}{2}$이다.
ㄷ. 5의 동생이 태어날 때, 이 아이에게서 (가)가 발현될 확률은 $\dfrac{1}{2}$이다.

① ㄱ   ② ㄷ   ③ ㄱ, ㄴ   ④ ㄴ, ㄷ   ⑤ ㄱ, ㄴ, ㄷ

04 그림은 어떤 집안의 유전 형질 (가)에 대한 가계도를 나타낸 것이다. (가)는 대립유전자 A와 a에 의해 결정되며, A는 a에 대해 완전 우성이다.

[25025-0196]

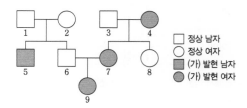

□ 정상 남자
○ 정상 여자
■ (가) 발현 남자
● (가) 발현 여자

이에 대한 설명으로 옳은 것만을 〈보기〉에서 있는 대로 고른 것은? (단, 돌연변이는 고려하지 않는다.)

┌─ 보기 ─┐
ㄱ. (가)의 유전자는 상염색체에 있다.
ㄴ. 이 집안 구성원에서 (가)의 유전자형이 Aa인 사람은 4명이다.
ㄷ. 9의 동생이 태어날 때, 이 아이에게서 (가)가 발현될 확률은 $\dfrac{1}{4}$이다.

① ㄱ   ② ㄴ   ③ ㄱ, ㄷ   ④ ㄴ, ㄷ   ⑤ ㄱ, ㄴ, ㄷ

[25025–0197]

05 그림은 어떤 집안의 유전 형질 (가)에 대한 가계도를 나타낸 것이다. (가)는 열성 형질이고, 대립유전자 A와 a에 의해 결정된다. A는 a에 대해 완전 우성이다.

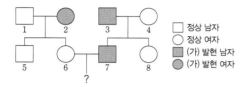

□ 정상 남자
○ 정상 여자
■ (가) 발현 남자
● (가) 발현 여자

이에 대한 설명으로 옳은 것만을 〈보기〉에서 있는 대로 고른 것은? (단, 돌연변이는 고려하지 않는다.)

〔 보기 〕
ㄱ. (가)의 유전자는 성염색체에 있다.
ㄴ. 4와 5의 (가)의 유전자형은 같다.
ㄷ. 6과 7 사이에서 아이가 태어날 때, 이 아이에게서 (가)가 발현될 확률은 $\frac{1}{4}$이다.

① ㄴ　　② ㄷ　　③ ㄱ, ㄴ　④ ㄱ, ㄷ　⑤ ㄴ, ㄷ

[25025–0198]

06 그림은 어떤 가족의 유전 형질 (가)에 대한 가계도를, 표는 이 가족 구성원의 체세포 1개당 a의 DNA 상대량을 나타낸 것이다. (가)는 대립유전자 A와 a에 의해 결정되며, A는 a에 대해 완전 우성이다.

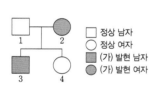

□ 정상 남자
○ 정상 여자
■ (가) 발현 남자
● (가) 발현 여자

구성원	a의 DNA 상대량
1	0
2	㉠
3	㉡
4	1

이에 대한 설명으로 옳은 것만을 〈보기〉에서 있는 대로 고른 것은? (단, 돌연변이는 고려하지 않으며, A와 a 각각의 1개당 DNA 상대량은 1이다.)

〔 보기 〕
ㄱ. (가)의 유전자는 상염색체에 있다.
ㄴ. ㉠+㉡=4이다.
ㄷ. 4의 동생이 태어날 때, 이 아이에게서 (가)가 발현될 확률은 $\frac{1}{2}$이다.

① ㄱ　　② ㄷ　　③ ㄱ, ㄴ　④ ㄱ, ㄷ　⑤ ㄴ, ㄷ

[25025–0199]

07 표는 사람의 유전 형질의 3가지 특징과 사람의 유전 형질 ㉠~㉢ 중 각 특징을 갖는 유전 형질을 나타낸 것이다. ㉠~㉢은 적록 색맹, 귓불 모양, ABO식 혈액형을 순서 없이 나타낸 것이다.

특징	특징을 갖는 유전 형질
형질을 결정하는 유전자가 상염색체에 있다.	㉠, ㉡
형질을 결정하는 대립유전자가 3가지이다.	㉡
(가)	㉢

이에 대한 설명으로 옳은 것만을 〈보기〉에서 있는 대로 고른 것은?

〔 보기 〕
ㄱ. ㉠은 귓불 모양이다.
ㄴ. ㉡의 유전은 단일 인자 유전이다.
ㄷ. '성별에 따라 발현 빈도가 다르다.'는 (가)에 해당한다.

① ㄴ　② ㄷ　③ ㄱ, ㄴ　④ ㄱ, ㄷ　⑤ ㄱ, ㄴ, ㄷ

[25025–0200]

08 그림은 어떤 집안의 유전 형질 (가)에 대한 가계도를 나타낸 것이다. (가)는 대립유전자 A와 a에 의해 결정되며, A는 a에 대해 완전 우성이다. 3과 4의 체세포 1개당 a의 DNA 상대량의 합은 2이다.

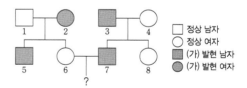

□ 정상 남자
○ 정상 여자
■ (가) 발현 남자
● (가) 발현 여자

이에 대한 설명으로 옳은 것만을 〈보기〉에서 있는 대로 고른 것은? (단, 돌연변이는 고려하지 않으며, A와 a 각각의 1개당 DNA 상대량은 1이다.)

〔 보기 〕
ㄱ. (가)의 유전자는 상염색체에 있다.
ㄴ. 1~8 각각의 체세포 1개당 A의 DNA 상대량의 합은 4이다.
ㄷ. 6과 7 사이에서 아이가 태어날 때, 이 아이에게서 (가)가 발현될 확률은 $\frac{1}{2}$이다.

① ㄱ　② ㄷ　③ ㄱ, ㄴ　④ ㄴ, ㄷ　⑤ ㄱ, ㄴ, ㄷ

[25025–0201]

09 다음은 어떤 가족의 ABO식 혈액형에 대한 자료이다.

- 이 가족 구성원은 아버지, 어머니, 아들, 딸 4명이다.
- 구성원의 ABO식 혈액형은 각각 서로 다르다.
- 아버지의 혈액과 아들의 혈액을 각각 항 A 혈청과 섞으면 응집 반응이 일어난다.
- 아들의 혈장과 딸의 적혈구를 섞으면 응집 반응이 일어나지 않는다.

이에 대한 설명으로 옳은 것만을 〈보기〉에서 있는 대로 고른 것은? (단, 돌연변이는 고려하지 않으며, ABO식 혈액형만 고려한다.)

〈 보기 〉
ㄱ. 아버지의 ABO식 혈액형은 AB형이다.
ㄴ. 딸의 ABO식 혈액형의 유전자형은 이형 접합성이다.
ㄷ. 아들의 동생이 태어날 때, 이 아이의 ABO식 혈액형이 O형일 확률은 $\frac{1}{4}$이다.

① ㄴ　　② ㄷ　　③ ㄱ, ㄴ　　④ ㄱ, ㄷ　　⑤ ㄱ, ㄴ, ㄷ

[25025–0202]

10 다음은 어떤 가족의 유전 형질 (가)와 적록 색맹에 대한 자료이다.

- (가)는 대립유전자 A와 a에 의해 결정되며, A는 a에 대해 완전 우성이다.
- 가계도는 구성원 1~4에게서 (가)의 발현 여부를 나타낸 것이다.
- 1~4 중 4만 적록 색맹이고, 나머지는 적록 색맹이 아니다.

○ 정상 여자
■ (가) 발현 남자
● (가) 발현 여자

이에 대한 설명으로 옳은 것만을 〈보기〉에서 있는 대로 고른 것은? (단, 돌연변이와 교차는 고려하지 않는다.)

〈 보기 〉
ㄱ. (가)의 유전자는 상염색체에 있다.
ㄴ. 2의 적록 색맹의 유전자형은 이형 접합성이다.
ㄷ. 4의 동생이 태어날 때, 이 아이에게 (가)가 발현되고 적록 색맹일 확률은 $\frac{1}{16}$이다.

① ㄴ　　② ㄷ　　③ ㄱ, ㄴ　④ ㄱ, ㄷ　⑤ ㄴ, ㄷ

[25025–0203]

11 다음은 사람의 유전 형질 (가)와 (나)에 대한 자료이다.

- (가)의 유전자와 (나)의 유전자는 서로 다른 상염색체에 있다.
- (가)는 대립유전자 A와 a에 의해 결정되며, 유전자형이 다르면 표현형이 다르다.
- (나)는 1쌍의 대립유전자에 의해 결정되며, 대립유전자에는 B, D, E가 있다. B는 D, E에 대해, D는 E에 대해 각각 완전 우성이다.
- (가)와 (나)의 유전자형이 AaBE인 남자 P와 AaDE인 여자 Q 사이에서 ⓐ가 태어날 때, ⓐ에게서 나타날 수 있는 (가)와 (나)의 표현형은 최대 ㉠가지이다.

이에 대한 설명으로 옳은 것만을 〈보기〉에서 있는 대로 고른 것은? (단, 돌연변이는 고려하지 않는다.)

〈 보기 〉
ㄱ. (나)의 유전은 복대립 유전이다.
ㄴ. ㉠은 9이다.
ㄷ. ⓐ의 (가)와 (나)의 표현형이 모두 Q와 같을 확률은 $\frac{3}{8}$이다.

① ㄴ　　② ㄷ　　③ ㄱ, ㄴ　④ ㄱ, ㄷ　⑤ ㄴ, ㄷ

[25025–0204]

12 다음은 사람의 유전 형질 (가)에 대한 자료이다.

- (가)는 서로 다른 상염색체에 있는 3쌍의 대립유전자 A와 a, B와 b, D와 d에 의해 결정된다.
- (가)의 표현형은 유전자형에서 대문자로 표시되는 대립유전자의 수에 의해서만 결정되며, 이 대립유전자의 수가 다르면 표현형이 다르다.

유전자형이 AaBbdd인 남자 P와 AaBbDd인 여자 Q 사이에서 아이가 태어날 때, 이 아이의 (가)의 표현형이 P와 같을 확률은? (단, 돌연변이는 고려하지 않는다.)

① $\frac{1}{8}$　　② $\frac{3}{16}$　　③ $\frac{1}{4}$　　④ $\frac{5}{16}$　　⑤ $\frac{3}{8}$

13 [25025-0205]
다음은 어떤 집안의 유전 형질 (가)와 (나)에 대한 자료이다.

- (가)는 대립유전자 A와 a에 의해 결정되며, A는 a에 대해 완전 우성이다.
- (나)는 대립유전자 B와 b에 의해 결정되며, B는 b에 대해 완전 우성이다.
- (가)와 (나)의 유전자 중 하나는 상염색체에, 나머지 하나는 성염색체에 있다.
- 가계도는 구성원 1∼8에게서 (가)와 (나)의 발현 여부를 나타낸 것이다.

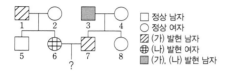

□ 정상 남자
○ 정상 여자
◩ (가) 발현 남자
⊕ (나) 발현 여자
▨ (가), (나) 발현 남자

이에 대한 설명으로 옳은 것만을 〈보기〉에서 있는 대로 고른 것은? (단, 돌연변이와 교차는 고려하지 않는다.)

〈 보 기 〉
ㄱ. (가)의 유전자는 상염색체에 있다.
ㄴ. (나)는 열성 형질이다.
ㄷ. 6과 7 사이에서 아이가 태어날 때, 이 아이에게서 (가)와 (나)가 모두 발현될 확률은 $\frac{1}{8}$이다.

① ㄴ ② ㄷ ③ ㄱ, ㄴ ④ ㄱ, ㄷ ⑤ ㄴ, ㄷ

14 [25025-0206]
다음은 사람의 유전 형질 (가)∼(다)에 대한 자료이다.

- (가)∼(다)의 유전자는 각각 서로 다른 상염색체에 있다.
- (가)는 대립유전자 A와 a에 의해 결정되며, A는 a에 대해 완전 우성이다.
- (나)는 대립유전자 B와 b에 의해 결정되며, 유전자형이 다르면 표현형이 다르다.
- (다)는 1쌍의 대립유전자에 의해 결정되며, 대립유전자에는 D, E, F가 있다. (다)의 표현형은 4가지이며, (다)의 유전자형이 DF인 사람과 DD인 사람의 표현형은 같고, 유전자형이 EF인 사람과 EE인 사람의 표현형은 같다.

유전자형이 AaBbDE인 아버지와 aaBbEF인 어머니 사이에서 아이가 태어날 때, 이 아이에게서 나타날 수 있는 (가)∼(다) 표현형의 최대 가짓수는? (단, 돌연변이는 고려하지 않는다.)

① 6 ② 8 ③ 12 ④ 16 ⑤ 18

15 [25025-0207]
다음은 사람의 유전 형질 ㉠과 ㉡에 대한 자료이다.

- ㉠은 대립유전자 A와 a에 의해 결정되며, 유전자형이 다르면 표현형이 다르다.
- ㉡을 결정하는 2개의 유전자는 각각 대립유전자 B와 b, D와 d를 갖는다.
- ㉡의 표현형은 유전자형에서 대문자로 표시되는 대립유전자의 수에 의해서만 결정되며, 이 대립유전자의 수가 다르면 표현형이 다르다.
- 그림 (가)는 남자 P의, (나)는 여자 Q의 체세포에 들어 있는 일부 염색체와 유전자를 나타낸 것이다.

(가)

(나)

P와 Q 사이에서 아이가 태어날 때, 이 아이의 (가)와 (나)의 표현형이 모두 P와 같을 확률은? (단, 돌연변이와 교차는 고려하지 않는다.)

① $\frac{1}{8}$ ② $\frac{3}{16}$ ③ $\frac{1}{4}$ ④ $\frac{5}{16}$ ⑤ $\frac{3}{8}$

16 [25025-0208]
다음은 어떤 가족의 유전 형질 (가)와 (나)에 대한 자료이다.

- (가)는 대립유전자 A와 a에 의해, (나)는 대립유전자 B와 b에 의해 결정된다. A는 a에 대해, B는 b에 대해 각각 완전 우성이다.
- (가)와 (나)의 유전자는 모두 X 염색체에 있다.
- 표는 가족 구성원의 성별과 (가)와 (나)의 발현 여부를 나타낸 것이다.

구성원	아버지	어머니	자녀 1	자녀 2	자녀 3
성별	남	여	남	여	남
(가)	×	○	○	×	×
(나)	○	×	×	○	○

(○: 발현됨, ×: 발현 안 됨)

이에 대한 설명으로 옳은 것만을 〈보기〉에서 있는 대로 고른 것은? (단, 돌연변이와 교차는 고려하지 않는다.)

〈 보 기 〉
ㄱ. (가)는 우성 형질이다.
ㄴ. 자녀 2의 (나)의 유전자형은 동형 접합성이다.
ㄷ. 자녀 3의 동생이 태어날 때, 이 아이에게서 (가)와 (나)가 모두 발현될 확률은 $\frac{1}{4}$이다.

① ㄴ ② ㄷ ③ ㄱ, ㄴ ④ ㄱ, ㄷ ⑤ ㄴ, ㄷ

[25025-0209]

(가)의 유전자는 X 염색체에 있으며, (나)는 1쌍의 대립유전자에 의해 결정되고, 대립유전자가 3개이므로 (나)의 유전은 복대립 유전이다.

01 다음은 어떤 집안의 유전 형질 (가)와 (나)에 대한 자료이다.

- (가)의 유전자와 (나)의 유전자는 서로 다른 염색체에 있다.
- (가)는 대립유전자 A와 a에 의해 결정되며, A는 a에 대해 완전 우성이다.
- (나)는 1쌍의 대립유전자에 의해 결정되며, 대립유전자에는 D, E, F가 있다. (나)의 표현형은 4가지이며, (나)의 유전자형이 DF인 사람과 DD인 사람의 표현형은 같고, 유전자형이 EF인 사람과 EE인 사람의 표현형은 같다.
- 가계도는 구성원 1~6에게서 (가)의 발현 여부를 나타낸 것이다.

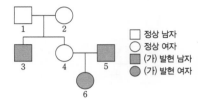

정상 남자 / 정상 여자 / (가) 발현 남자 / (가) 발현 여자

- 1, 2, 3, 4의 (나)의 표현형은 모두 다르다.
- 2의 (나)의 유전자형은 동형 접합성이고, 1과 5의 (나)의 유전자형은 서로 같다.
- $\dfrac{4,\,5\ 각각의\ 체세포\ 1개당\ a의\ DNA\ 상대량의\ 합}{4,\,5\ 각각의\ 체세포\ 1개당\ E의\ DNA\ 상대량의\ 합}=1$이다.

이에 대한 설명으로 옳은 것만을 〈보기〉에서 있는 대로 고른 것은? (단, 돌연변이와 교차는 고려하지 않으며, A, a, D, E, F 각각의 1개당 DNA 상대량은 1이다.)

┌─ 보기 ┐
ㄱ. (가)의 유전자는 상염색체에 있다.
ㄴ. 3의 (나)의 유전자형은 DF이다.
ㄷ. 6의 동생이 태어날 때, 이 아이에게서 (가)가 발현되면서 (나)의 표현형이 4와 같을 확률은 $\dfrac{1}{4}$이다.

① ㄱ　　　② ㄷ　　　③ ㄱ, ㄴ　　　④ ㄴ, ㄷ　　　⑤ ㄱ, ㄴ, ㄷ

[25025-0210]

ⓐ에게서 나타날 수 있는 (가)~(다)의 유전자 중 다른 하나의 상염색체에 있는 유전 형질의 표현형은 최대 3가지이다.

02 다음은 사람의 유전 형질 (가)~(다)에 대한 자료이다.

- (가)~(다)의 유전자는 서로 다른 2개의 상염색체에 있다.
- (가)는 대립유전자 A와 a에 의해 결정되며, A는 a에 대해 완전 우성이다.
- (나)는 대립유전자 B와 b에 의해 결정되며, 유전자형이 다르면 표현형이 다르다.
- (다)는 1쌍의 대립유전자에 의해 결정되며, 대립유전자에는 D, E, F가 있다. D는 E, F에 대해, E는 F에 대해 각각 완전 우성이다.
- (가)~(다)의 유전자형이 AaBbDE인 여자 P와 AaBbEF인 남자 Q 사이에서 ⓐ가 태어날 때, ⓐ에게서 나타날 수 있는 (가)~(다)의 표현형은 최대 9가지이며, ⓐ가 가질 수 있는 (가)~(다)의 유전자형 중 aaBbDF가 있다.

ⓐ의 (가)~(다)의 표현형이 모두 P와 같을 확률은? (단, 돌연변이와 교차는 고려하지 않는다.)

① $\dfrac{1}{16}$　　② $\dfrac{1}{8}$　　③ $\dfrac{3}{16}$　　④ $\dfrac{1}{4}$　　⑤ $\dfrac{3}{8}$

[25025-0211]

03 다음은 어떤 가족의 유전 형질 (가)와 적록 색맹에 대한 자료이다.

- (가)는 대립유전자 A와 a에 의해 결정되며, A는 a에 대해 완전 우성이다.
- 적록 색맹은 대립유전자 B와 b에 의해 결정되며, B는 b에 대해 완전 우성이다.
- 가계도는 구성원 1~4에서 (가)의 발현 여부를 나타낸 것이다.
- 구성원 중 4는 적록 색맹이고, 나머지는 적록 색맹이 아니다.
- 표는 구성원 1~4에서 체세포 1개당 a와 b의 DNA 상대량을 더한 값을 나타낸 것이다. ㉠~㉢은 1, 2, 3을 순서 없이 나타낸 것이다.

□ 정상 남자
○ 정상 여자
■ (가) 발현 남자

구성원	1	2	3	4
a와 b의 DNA 상대량을 더한 값	㉠	㉡	㉡	㉢

이에 대한 설명으로 옳은 것만을 〈보기〉에서 있는 대로 고른 것은? (단, 돌연변이와 교차는 고려하지 않으며, A, a, B, b의 1개당 DNA 상대량은 1이다.)

〔 보기 〕

ㄱ. (가)의 유전자는 적록 색맹 유전자와 같은 염색체에 있다.
ㄴ. 3의 (가)의 유전자형은 Aa이다.
ㄷ. 4의 동생이 태어날 때, 이 아이에게서 (가)가 발현되면서 적록 색맹일 확률은 $\frac{1}{8}$이다.

① ㄱ   ② ㄴ   ③ ㄱ, ㄴ   ④ ㄱ, ㄷ   ⑤ ㄴ, ㄷ

> 적록 색맹은 열성 형질이고, 적록 색맹 유전자는 X 염색체에 있다.

[25025-0212]

04 다음은 어떤 가족의 유전 형질 (가)에 대한 자료이다.

- (가)는 서로 다른 3개의 상염색체에 있는 3쌍의 대립유전자 A와 a, B와 b, D와 d에 의해 결정된다.
- (가)의 표현형은 유전자형에서 대문자로 표시되는 대립유전자의 수에 의해서만 결정되며, 이 대립유전자의 수가 다르면 표현형이 다르다.
- 표는 이 가족 구성원의 체세포에서 A, B, D, ㉠, ㉡, ㉢의 유무와 (가)의 유전자형에서 대문자로 표시되는 대립유전자의 수를 나타낸 것이다. ㉠~㉢은 a, b, d를 순서 없이 나타낸 것이다.

구성원	대립유전자						대문자로 표시되는 대립유전자의 수
	A	B	D	㉠	㉡	㉢	
아버지	○	×	○	○	×	○	?
어머니	○	○	○	○	○	○	?
자녀 1	?	○	×	○	×	○	ⓐ
자녀 2	○	×	?	×	×	○	ⓑ

(○: 있음, ×: 없음)

이에 대한 설명으로 옳은 것만을 〈보기〉에서 있는 대로 고른 것은? (단, 돌연변이는 고려하지 않는다.)

〔 보기 〕

ㄱ. ㉠은 d이다.
ㄴ. ⓐ+ⓑ=7이다.
ㄷ. 자녀 2의 동생이 태어날 때, 이 아이에게서 나타날 수 있는 (가)의 표현형은 최대 6가지이다.

① ㄱ   ② ㄷ   ③ ㄱ, ㄴ   ④ ㄴ, ㄷ   ⑤ ㄱ, ㄴ, ㄷ

> (가)는 3쌍의 대립유전자에 의해 결정되므로 다인자 유전이다.

ⓒ은 2쌍의 대립유전자에 의해 결정되므로 다인자 유전이다.

[25025-0213]

05 다음은 사람의 유전 형질 ㉠과 ㉡에 대한 자료이다.

- ㉠은 대립유전자 A와 a에 의해 결정되며, A는 a에 대해 완전 우성이다.
- ㉡은 2쌍의 대립유전자 B와 b, D와 d에 의해 결정된다.
- ㉡의 표현형은 유전자형에서 대문자로 표시되는 대립유전자의 수에 의해서만 결정되며, 이 대립유전자의 수가 다르면 표현형이 다르다.
- 그림 (가)는 남자 P의, (나)는 여자 Q의 체세포에 들어 있는 일부 염색체와 유전자를 나타낸 것이다. ㉮와 ㉯는 B와 b를 순서 없이 나타낸 것이다.
- P와 Q 사이에서 ⓐ가 태어날 때, ⓐ에게서 나타날 수 있는 표현형의 최대 가짓수는 7가지이다.

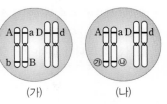

(가)   (나)

ⓐ의 ㉠과 ㉡의 표현형이 모두 Q와 같을 확률은? (단, 돌연변이와 교차는 고려하지 않는다.)

① $\frac{1}{8}$　　　② $\frac{3}{16}$　　　③ $\frac{1}{4}$　　　④ $\frac{5}{16}$　　　⑤ $\frac{1}{2}$

(가)의 유전자는 상염색체에, (나)의 유전자는 X 염색체에 있다.

[25025-0214]

06 다음은 어떤 집안의 유전 형질 (가)와 (나)에 대한 자료이다.

- (가)와 (나)의 유전자 중 하나는 상염색체에, 나머지 하나는 X 염색체에 있다.
- (가)는 대립유전자 A와 a에 의해, (나)는 대립유전자 B와 b에 의해 결정된다. A는 a에 대해, B는 b에 대해 각각 완전 우성이다.
- 가계도는 구성원 1~7에게서 (가)와 (나)의 발현 여부를 나타낸 것이다.
- $\dfrac{2의\ 체세포\ 1개당\ A와\ ㉠의\ DNA\ 상대량을\ 더한\ 값}{3의\ 체세포\ 1개당\ A와\ ㉠의\ DNA\ 상대량을\ 더한\ 값} = \dfrac{1}{2}$이다. ㉠은 B와 b 중 하나이다.

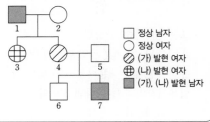

□ 정상 남자
○ 정상 여자
◪ (가) 발현 여자
⊕ (나) 발현 여자
■ (가), (나) 발현 남자

이에 대한 설명으로 옳은 것만을 〈보기〉에서 있는 대로 고른 것은? (단, 돌연변이와 교차는 고려하지 않으며, A, a, B, b 각각의 1개당 DNA 상대량은 1이다.)

〈 보기 〉
ㄱ. (가)의 유전자는 상염색체에 있다.
ㄴ. 4, 5, 7의 각각의 체세포 1개당 ㉠의 DNA 상대량을 더한 값은 2이다.
ㄷ. 7의 동생이 태어날 때, 이 아이에게서 (가)와 (나)가 모두 발현될 확률은 $\frac{1}{8}$이다.

① ㄱ　　　② ㄴ　　　③ ㄱ, ㄷ　　　④ ㄴ, ㄷ　　　⑤ ㄱ, ㄴ, ㄷ

[25025-0215]

07 다음은 어떤 가족의 유전 형질 (가), 적록 색맹, ABO식 혈액형에 대한 자료이다.

적록 색맹 유전자는 X 염색체에, ABO식 혈액형 유전자는 상염색체에 있다.

- (가)의 유전자는 적록 색맹 유전자와 ABO식 혈액형 유전자 중 하나의 유전자와 같은 염색체에 있다.
- (가)는 대립유전자 T와 t에 의해 결정되며, T는 t에 대해 완전 우성이다.
- 표는 이 가족 구성원의 성별, (가)의 발현 여부, 적록 색맹 여부, ABO식 혈액형을 나타낸 것이다.

구성원	아버지	어머니	자녀 1	자녀 2	자녀 3
성별	남자	여자	남자	여자	남자
(가)	×	○	×	×	○
적록 색맹 여부	적록 색맹	정상	적록 색맹	정상	정상
ABO식 혈액형	A형	B형	AB형	A형	O형

(○: 발현됨, ×: 발현 안 됨)

이에 대한 설명으로 옳은 것만을 〈보기〉에서 있는 대로 고른 것은? (단, 돌연변이와 교차는 고려하지 않는다.)

〔 보기 〕

ㄱ. (가)는 열성 형질이다.

ㄴ. (가)의 유전자는 적록 색맹의 유전자와 같은 염색체에 있다.

ㄷ. 자녀 3의 동생이 태어날 때, 이 아이에게서 (가)가 발현되면서 적록 색맹일 확률은 $\frac{1}{8}$이다.

① ㄱ   ② ㄷ   ③ ㄱ, ㄴ   ④ ㄴ, ㄷ   ⑤ ㄱ, ㄴ, ㄷ

[25025-0216]

08 다음은 어떤 집안의 유전 형질 (가)와 (나)에 대한 자료이다.

(가)의 유전자는 X 염색체에, (나)의 유전자는 상염색체에 있다.

- (가)의 유전자와 (나)의 유전자는 서로 다른 염색체에 있다.
- (가)는 대립유전자 A와 a에 의해, (나)는 대립유전자 B와 b에 의해 결정되며, A는 a에 대해, B는 b에 대해 각각 완전 우성이다.
- 가계도는 구성원 1~8에게서 (가)와 (나)의 발현 여부를 나타낸 것이다.

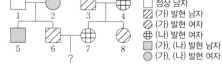

□ 정상 남자
▧ (가) 발현 남자
▨ (가) 발현 여자
⊕ (나) 발현 여자
▦ (가), (나) 발현 남자
● (가), (나) 발현 여자

- 표는 구성원 2, 3, 4에서 체세포 1개당 ㉠과 ㉡의 DNA 상대량을 나타낸 것이다. ㉠은 A와 a 중 하나이고, ㉡은 B와 b 중 하나이다.

구성원	2	3	4
㉠의 DNA 상대량	ⓐ	1	1
㉡의 DNA 상대량	?	ⓑ	2

이에 대한 설명으로 옳은 것만을 〈보기〉에서 있는 대로 고른 것은? (단, 돌연변이와 교차는 고려하지 않으며, A, a, B, b 각각의 1개당 DNA 상대량은 1이다.)

〔 보기 〕

ㄱ. ㉡은 b이다.

ㄴ. ⓐ+ⓑ=3이다.

ㄷ. 6과 7 사이에서 아이가 태어날 때, 이 아이에게서 (가)와 (나)가 모두 발현될 확률은 $\frac{1}{8}$이다.

① ㄱ   ② ㄴ   ③ ㄱ, ㄴ   ④ ㄱ, ㄷ   ⑤ ㄴ, ㄷ

(나)는 3쌍의 대립유전자에 의해 결정되므로 다인자 유전이다.

[25025−0217]

09 다음은 사람의 유전 형질 (가)와 (나)에 대한 자료이다.

- (가)의 유전자와 (나)의 유전자는 서로 다른 상염색체에 있다.
- (가)는 서로 다른 3개의 염색체에 있는 3쌍의 대립유전자 A와 a, B와 b, D와 d에 의해 결정된다.
- (가)의 표현형은 유전자형에서 대문자로 표시되는 대립유전자의 수에 의해서만 결정되며, 이 대립유전자의 수가 다르면 표현형이 다르다.
- (나)는 대립유전자 E와 e에 의해 결정되며, 유전자형이 다르면 표현형이 다르다.
- 가계도는 구성원 ⓐ와 ⓑ를 제외한 구성원 1~4를 나타낸 것이다. ⓐ와 ⓑ의 (가)와 (나)의 표현형이 모두 같고, 1과 3의 (가)와 (나)의 유전자형은 모두 AaBbDdEe이다.

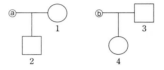

- 2의 동생이 태어날 때, 이 아이에게서 나타날 수 있는 (가)와 (나)의 표현형은 최대 21가지이다.
- 4의 동생이 태어날 때, 이 아이에게서 나타날 수 있는 (가)와 (나)의 표현형은 최대 15가지이다.

이에 대한 설명으로 옳은 것만을 〈보기〉에서 있는 대로 고른 것은? (단, 돌연변이는 고려하지 않는다.)

〈 보기 〉
ㄱ. ⓐ에게서 A, b, D, e를 모두 갖는 생식세포가 형성될 수 있다.
ㄴ. ⓑ의 (나)의 유전자형은 Ee이다.
ㄷ. 4의 동생이 태어날 때, 이 아이의 (가)와 (나)의 표현형이 모두 ⓑ와 같을 확률은 $\frac{3}{16}$이다.

① ㄱ   ② ㄷ   ③ ㄱ, ㄴ   ④ ㄴ, ㄷ   ⑤ ㄱ, ㄴ, ㄷ

[25025–0218]

10 다음은 어떤 집안의 유전 형질 (가)와 (나)에 대한 자료이다.

- (가)의 유전자와 (나)의 유전자는 같은 염색체에 있다.
- (가)는 대립유전자 A와 a에 의해, (나)는 대립유전자 B와 b에 의해 결정된다. A는 a에 대해, B는 b에 대해 각각 완전 우성이다.
- 가계도는 구성원 ⓐ와 ⓑ를 제외한 구성원 1~8에게서 (가)와 (나)의 발현 여부를 나타낸 것이다.

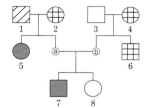

　　□ 정상 남자
　　○ 정상 여자
　　▨ (가) 발현 남자
　　▦ (나) 발현 남자
　　⊕ (나) 발현 여자
　　■ (가), (나) 발현 남자
　　● (가), (나) 발현 여자

- ⓐ와 ⓑ에게서 모두 (가)가 발현되지 않았고, ⓐ와 ⓑ 중 1명에게서만 (나)가 발현되었다.
- 표는 5, ⓐ, ⓑ에서 체세포 1개당 a의 DNA 상대량을 나타낸 것이다. ㉠~㉢은 0, 1, 2를 순서 없이 나타낸 것이다.

구성원	5	ⓐ	ⓑ
a의 DNA 상대량	㉠	㉡	㉢

이에 대한 설명으로 옳은 것만을 〈보기〉에서 있는 대로 고른 것은? (단, 돌연변이와 교차는 고려하지 않으며, A, a, B, b 각각의 1개당 DNA 상대량은 1이다.)

〈 보기 〉
ㄱ. (나)는 우성 형질이다.
ㄴ. 2와 4의 (나)의 유전자형은 서로 같다.
ㄷ. 8의 동생이 태어날 때, 이 아이에게서 (가)와 (나)가 모두 발현될 확률은 $\frac{1}{4}$이다.

① ㄱ　　　② ㄴ　　　③ ㄱ, ㄷ　　　④ ㄴ, ㄷ　　　⑤ ㄱ, ㄴ, ㄷ

10 사람의 유전병

1 유전자 이상

(1) 유전자 돌연변이

① 유전자 돌연변이는 유전자를 구성하는 DNA의 염기 서열이 변해 나타나는 돌연변이이다.

② 유전자 돌연변이는 DNA 복제 과정에서 자연적으로 발생한 오류나 발암 물질, 방사선 노출 등으로 인해 DNA의 염기 서열이 변해 나타난다.

③ DNA의 염기 서열에 변화가 생겨 유전자의 유전 정보가 바뀌면 단백질이 생성되지 않거나 비정상 단백질이 생성될 수 있으며, 이로 인해 유전병이 나타날 수 있다.

④ 유전자 돌연변이에 의한 유전병은 대개 열성 형질이지만 우성 형질인 것도 있다.

⑤ 유전자 돌연변이는 염색체의 구조나 수로는 차이를 구별할 수 없기 때문에 핵형 분석으로 확인하기 어려우며, 유전자 분석이나 선천적 대사 이상 검사와 같은 생화학적 분석을 통해 알아낼 수 있다.

(2) 유전자 돌연변이에 의한 유전병의 예

① **낫 모양 적혈구 빈혈증**

• 헤모글로빈 유전자의 염기 하나가 바뀜으로써 헤모글로빈을 구성하는 아미노산 중 하나가 달라진 비정상 헤모글로빈이 생성된다. 혈액의 산소 농도가 낮을 때 비정상 헤모글로빈들은 서로 결합하여 긴 사슬 구조를 형성한다. 이 때문에 적혈구가 낫 모양으로 변한다.

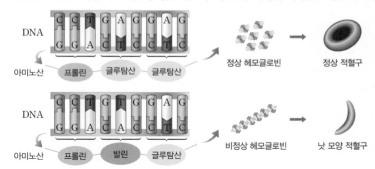

정상 적혈구와 낫 모양 적혈구의 형성 과정

• 낫 모양 적혈구는 정상 적혈구보다 약하고 파괴되기 쉬우며, 산소 운반 능력이 떨어져 심한 빈혈을 일으킨다. 또 모세 혈관을 자유롭게 통과하기 어려우므로 혈액 순환 장애를 일으켜 조직으로 산소가 정상적으로 공급되지 못해 조직 손상을 초래한다.

정상 적혈구와 낫 모양 적혈구의 비교

② **알비노증**: 멜라닌 합성 효소의 유전자에 돌연변이가 생겨 멜라닌 색소를 만들지 못해 눈, 피부, 머리카락 등에 멜라닌 색소가 결핍되는 유전병이다. 햇볕을 쬐면 피부암에 걸릴 확률이 증가하고, 밝은 빛에서 사물을 잘 볼 수 없다.

③ 헌팅턴 무도병: 신경계가 점진적으로 파괴되면서 몸의 움직임이 통제되지 않고 지적 장애가 나타나는 유전병으로 우성 형질이다. 중년에 이르러서야 증세가 나타나기 시작해 점차 증세가 심해져 죽음에 이르게 된다.

④ 낭성 섬유증: 상피 세포의 세포막에서 물질 수송을 담당하는 단백질의 유전자에 돌연변이가 일어나 발생하는 유전병이다. 점액의 점성을 조절하지 못해 기관과 이자 등에서 점액이 과도하게 분비된다. 그 결과 기관에 점액이 축적되어 숨을 쉬기가 어렵고, 폐가 자주 감염되며, 이자에서 소화 효소가 원활히 분비되지 않아 소장에서 영양소 흡수 장애가 생긴다.

🧪 탐구자료 살펴보기 **페닐케톤뇨증**

자료 탐구

다음은 페닐케톤뇨증에 대한 자료이다.

- 페닐케톤뇨증은 페닐알라닌을 타이로신으로 전환시키는 효소의 활성 저하로 페닐알라닌이 축적되는 유전병이다. 체내에 축적된 페닐알라닌은 중추 신경계를 손상시켜 지적 장애 등을 일으키며, 페닐알라닌의 대사 산물인 페닐케톤이 축적되어 오줌으로 배설된다.
- 그림은 페닐케톤뇨증에 대한 가계도를 나타낸 것이다.

□ 정상 남자
○ 정상 여자
■ 페닐케톤뇨증 남자
● 페닐케톤뇨증 여자

탐구 분석

- 페닐케톤뇨증은 페닐알라닌을 타이로신으로 전환시키는 효소의 유전자에 돌연변이가 생겨 나타나는 유전병이다.
- 1의 부모는 정상이지만 1에게서 페닐케톤뇨증이 나타나는 것으로 보아 페닐케톤뇨증은 열성 형질임을 알 수 있다.
- 페닐케톤뇨증은 남녀에게서 모두 나타날 수 있으므로 페닐케톤뇨증 유전자는 Y 염색체에 존재하지 않는다. 페닐케톤뇨증 유전자가 X 염색체에 존재한다면 1의 아버지가 정상이므로 1도 정상이어야 하지만 1에게서 페닐케톤뇨증이 나타나므로 페닐케톤뇨증 유전자는 X 염색체에 존재하지 않는다. 따라서 페닐케톤뇨증 유전자는 상염색체에 존재하고, 페닐케톤뇨증의 유전 방식은 상염색체에 의한 열성 유전이다.
- 정상 대립유전자를 A, 페닐케톤뇨증 대립유전자를 a라고 하면 1의 부모는 유전자형이 모두 Aa로, 페닐케톤뇨증에 대해 보인자이다. 2의 동생이 태어날 때, 이 아이에게서 페닐케톤뇨증(aa)이 나타날 확률은 Aa×Aa → AA, Aa, Aa, aa이므로 $\frac{1}{4}$이다.

---

2 염색체 이상

(1) 염색체 돌연변이

① 염색체 돌연변이는 염색체 구조 이상과 염색체 수 이상으로 구분할 수 있다.
② 염색체 돌연변이 여부는 경우에 따라 핵형 분석을 통해 알아낼 수 있다.
③ 하나의 염색체에는 여러 개의 유전자가 존재하므로 염색체 돌연변이는 여러 유전자들을 변화시켜 많은 형질의 변화를 일으킬 수 있기 때문에 유전자 돌연변이에 비해 심각한 영향을 주는 경우가 많다.

개념 체크

➡ **염색체 돌연변이의 종류**
· 염색체 구조 이상
· 염색체 수 이상

1. 헌팅턴 무도병은 (   ) 형질이다.

2. [탐구자료 살펴보기]에서 1과 페닐케톤뇨증에 대해 보인자인 남자 사이에서 아이가 태어날 때, 이 아이에게서 페닐케톤뇨증이 나타날 확률은 (   )이다.

※ ○ 또는 ×

3. [탐구자료 살펴보기]에서 2의 페닐케톤뇨증 유전자형이 AA일 확률은 $\frac{1}{3}$이다.
(   )

4. 염색체 돌연변이는 유전자 돌연변이에 비해 심각한 영향을 주는 경우가 많다. (   )

정답
1. 우성
2. $\frac{1}{2}$
3. ○
4. ○

개념 체크

➲ 염색체 구조 이상의 종류
결실, 역위, 중복, 전좌

1. 염색체 구조 이상 중 염색체의 일부가 떨어진 후 반대 방향으로 원래의 염색체에 다시 붙은 것을 (　　)라고 한다.

2. 염색체 구조 이상 중 염색체의 일부가 떨어진 후 상동 염색체가 아닌 다른 염색체에 붙은 것을 (　　)라고 한다.

※ ○ 또는 ×

3. 고양이 울음 증후군은 21번 염색체의 특정 부분이 결실되어 나타나는 유전병이다. (　　)

4. [탐구자료 살펴보기]의 (가)에서 A~D 부분을 포함하는 염색체는 E~G 부분을 포함하는 염색체와 상동 염색체이다. (　　)

정답
1. 역위
2. 전좌
3. ×
4. ×

(2) 염색체 구조 이상

① 염색체 구조에 이상이 생기면 유전자가 없어지거나 유전자 발현에 영향을 주어 표현형이 바뀔 수 있다.

② 염색체 구조 이상에는 결실, 역위, 중복, 전좌가 있다.
- 결실: 염색체의 일부가 떨어져 없어진 것이다.
- 역위: 염색체의 일부가 떨어진 후 반대 방향으로 원래의 염색체에 다시 붙은 것이다.
- 중복: 염색체의 같은 부분이 반복하여 나타나는 것이다.
- 전좌: 염색체의 일부가 떨어진 후 상동 염색체가 아닌 다른 염색체에 붙은 것이다.

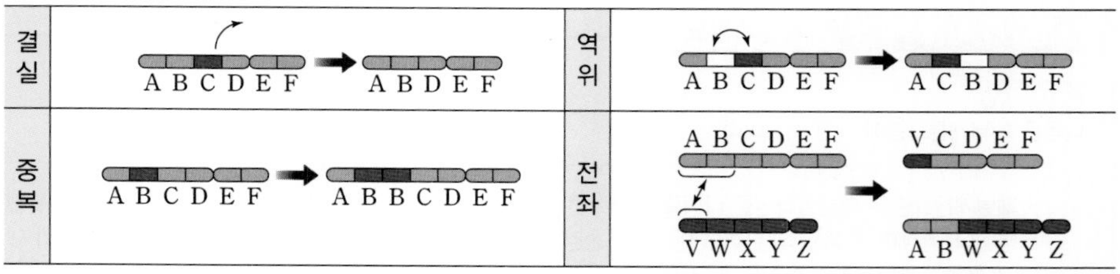

③ **염색체 구조 이상에 의한 유전병의 예:** 고양이 울음 증후군은 5번 염색체의 특정 부분이 결실되어 나타나는 유전병이다. 머리가 작고, 지적 장애를 보이며, 고양이 울음소리와 비슷한 소리를 내는 특징이 있다. 유아기나 아동기 초기에 사망률이 정상보다 높다.

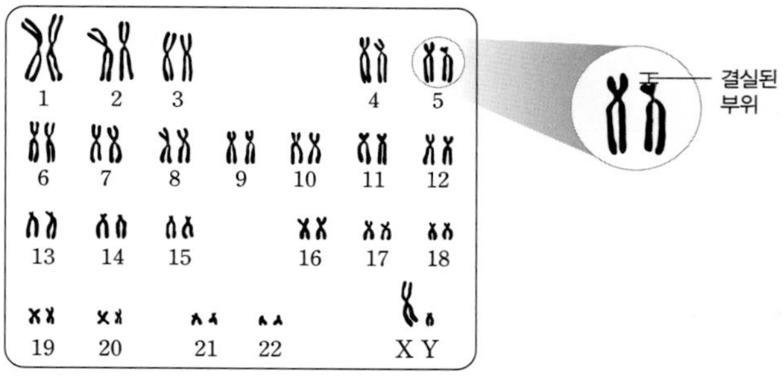

고양이 울음 증후군의 염색체 이상인 사람의 핵형 분석 결과

탐구자료 살펴보기 염색체 구조 이상

자료 탐구

그림은 어떤 동물($2n=4$)의 정상 체세포 (가)와 염색체 구조 이상이 각각 1회 일어난 체세포 (나)~(마)를 나타낸 것이다.

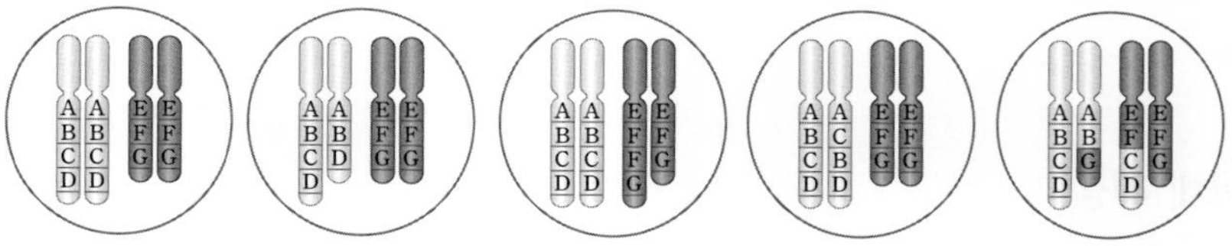

(가)　(나)　(다)　(라)　(마)

탐구 분석

- (나)에는 C 부분이 없어진 염색체가 있으므로 (나)는 결실이 일어난 체세포이다.
- (다)에는 F 부분이 2번 반복하여 나타나는 염색체가 있으므로 (다)는 중복이 일어난 체세포이다.
- (라)에는 BC 부분이 반대 방향으로 붙은 염색체가 있으므로 (라)는 역위가 일어난 체세포이다.
- (마)에는 CD 부분과 G 부분이 서로 교환된 두 염색체가 있고, 이 두 염색체는 상동 염색체가 아니므로 (마)는 전좌가 일어난 체세포이다.

(3) 염색체 수 이상

① 염색체 수에 이상이 있으면 유전자 수의 변화로 인해 유전병이 나타날 수 있다.

② 염색체 수 이상은 대부분 감수 분열 과정에서 일어나는 염색체 비분리에 의해 나타난다.

③ 염색체 비분리가 일어나면 염색체 수가 정상보다 많거나 적은 생식세포가 형성될 수 있다. 염색체 수가 비정상인 생식세포가 정상 생식세포와 수정되어 아이가 태어나면, 이 아이에게서 염색체 수 이상이 나타난다.

④ 염색체 비분리는 감수 1분열과 감수 2분열에서 각각 일어날 수 있다.

• 하나의 G_1기 세포로부터 생식세포가 형성될 때, 감수 1분열에서 상동 염색체의 비분리가 1회 일어나 형성된 모든 생식세포에서 염색체 수는 정상보다 많거나 적다.

• 하나의 G_1기 세포로부터 생식세포가 형성될 때, 감수 2분열에서 염색 분체의 비분리가 1회 일어나 형성된 생식세포에서 염색체 수는 정상이거나, 정상보다 많거나 적다.

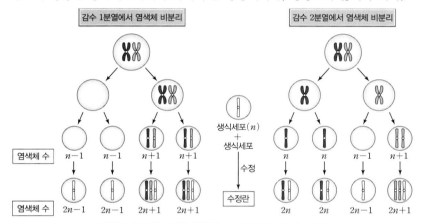

염색체 비분리로 인한 염색체 수 이상이 나타나는 과정

⑤ 염색체 수 이상에 의한 유전병의 예

유전병	염색체 구성	특징
다운 증후군	$45+XX$ $45+XY$	• 21번 염색체가 3개이다. • 특이한 안면 표정, 지적 장애, 심장 기형, 조기 노화가 나타나며 양 눈 사이가 멀다.
터너 증후군	$44+X$	• 성염색체가 X이다. • 외관상 여자이지만 대체적으로 발달이 불완전하다.
클라인펠터 증후군	$44+XXY$	• 성염색체가 XXY이다. • 외관상 남자이지만 정소의 발달이 불완전할 수 있으며, 유방 발달과 같은 여자의 신체적 특징이 나타나기도 한다.

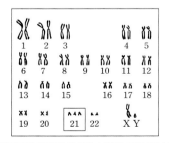

다운 증후군의 염색체 이상인 사람의 핵형 분석 결과   클라인펠터 증후군의 염색체 이상인 사람의 핵형 분석 결과

개념 체크

➔ 정자 형성 과정에서 X 염색체와 Y 염색체는 감수 1분열에서 분리됨

1. [탐구자료 살펴보기: 성염색체 비분리]에서 A~D의 상염색체 수는 모두 ( )이다.

2. [탐구자료 살펴보기: 성염색체 비분리]에서 A~D의 형성 과정 중 성염색체 비분리 시기를 하나로 확정할 수 없는 것은 ( )의 형성 과정이다.

※ ○ 또는 ×

3. 적록 색맹의 유전 방식은 상염색체에 의한 열성 유전이다. ( )

4. [탐구자료 살펴보기: 적록 색맹 유전과 성염색체 비분리]에서 6과 9의 체세포 1개당 X 염색체 수는 서로 다르다. ( )

🧪 탐구자료 살펴보기 | 성염색체 비분리

자료 탐구

표는 정자 A~C와 난자 D의 성염색체를 나타낸 것이다. A~D의 형성 과정에서 각각 성염색체 비분리가 1회 일어났다.

구분	정자 A	정자 B	정자 C	난자 D
성염색체	XY	XX	YY	XX

탐구 분석

- 생식세포 형성 과정에서 성염색체 비분리가 일어나는 시기에 따라 생식세포의 성염색체 구성이 다를 수 있다.
- 성염색체가 XY인 정자 A는 감수 1분열에서 성염색체 비분리가 일어나 형성된 것이다.
- 성염색체가 XX인 정자 B는 감수 2분열에서 X 염색체 비분리가 일어나 형성된 것이다.
- 성염색체가 YY인 정자 C는 감수 2분열에서 Y 염색체 비분리가 일어나 형성된 것이다.
- 성염색체가 XX인 난자 D는 감수 1분열 또는 감수 2분열에서 X 염색체 비분리가 일어나 형성된 것이다.
- 정자 A가 정상 난자와 수정되어 태어나는 아이, 난자 D가 Y 염색체를 가진 정상 정자와 수정되어 태어나는 아이는 모두 클라인펠터 증후군의 염색체 이상을 보인다.

🧪 탐구자료 살펴보기 | 적록 색맹 유전과 성염색체 비분리

자료 탐구

다음은 세 가족의 적록 색맹에 대한 자료이다.

- 적록 색맹은 대립유전자 A와 a에 의해 결정되며, A는 a에 대해 완전 우성이다.

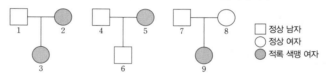

□ 정상 남자
○ 정상 여자
● 적록 색맹 여자

- 3과 6을 제외한 나머지 사람의 핵형은 모두 정상이다.
- 3과 6은 각각 염색체 수가 비정상적인 생식세포와 정상 생식세포가 수정되어 태어났으며, 부모 중 한 사람의 생식세포 형성 과정에서만 성염색체 비분리가 1회 일어났다.
- 9는 염색체 수가 비정상적인 정자와 염색체 수가 비정상적인 난자가 수정되어 태어났으며, 이 정자와 난자의 형성 과정에서 각각 성염색체 비분리가 1회 일어났다.

탐구 분석

- A와 a는 X 염색체에 존재하며, 적록 색맹은 열성 형질이다.
- 1의 유전자형은 X^AY이고, 2의 유전자형은 X^aX^a이다. 3에게서 적록 색맹이 나타나므로 3은 1에게서 A를 물려받지 않았고, 2에게서 a를 물려받았다. 이것은 1의 감수 분열에서 성염색체 비분리가 일어나 성염색체를 가지지 않은 정자가 형성되었고, 이 정자가 2에서 형성된 정상 난자(X^a)와 수정되어 3(X^a)이 태어났기 때문이다. 3은 성염색체가 X이므로 터너 증후군의 염색체 이상을 보인다.
- 4의 유전자형은 X^AY이고, 5의 유전자형은 X^aX^a이다. 6에게서 적록 색맹이 나타나지 않으므로 6은 4에게서 A를 물려받았다. 이것은 4의 감수 1분열에서 성염색체 비분리가 일어나 X 염색체와 Y 염색체를 모두 가진 정자(X^AY)가 형성되었고, 이 정자가 5에서 형성된 정상 난자(X^a)와 수정되어 6(X^AX^aY)이 태어났기 때문이다. 6은 성염색체가 XXY이므로 클라인펠터 증후군의 염색체 이상을 보인다.
- 7의 유전자형은 X^AY이고, 9에게서 적록 색맹이 나타나므로 8의 유전자형은 X^AX^a이다. 9의 핵형은 정상이므로 유전자형은 X^aX^a이며, 9는 7에게서 A를 물려받지 않았고, 8에게서 a를 물려받았다. 이것은 7의 감수 분열에서 성염색체 비분리가 일어나 성염색체를 가지지 않은 정자가 형성되었고, 8의 감수 2분열에서 X 염색체 비분리가 일어나 2개의 X 염색체를 가진 난자(X^aX^a)가 형성되었으며, 이 정자와 난자가 수정되어 9(X^aX^a)가 태어났기 때문이다.

정답
1. 22
2. D
3. ×
4. ×

탐구자료 살펴보기 | 정자 형성 과정의 DNA 상대량과 염색체 비분리

자료 탐구

그림은 어떤 사람 P의 G$_1$기 세포로부터 정자가 형성되는 과정 (가)~(다)를 나타낸 것이다. (나)에서 ㉠이 1회 일어났고, (다)에서 ㉡이 1회 일어났다. ㉠과 ㉡은 '감수 1분열에서 염색체 비분리'와 '감수 2분열에서 염색체 비분리'를 순서 없이 나타낸 것이다. 표는 (가)~(다)의 세포 Ⅰ~Ⅴ가 갖는 A, a, B, b의 DNA 상대량을 나타낸 것이다. A, a, B, b 각각의 1개당 DNA 상대량은 1이다. Ⅲ과 Ⅳ는 중기의 세포이며, Ⅱ에는 Y 염색체가 있다.

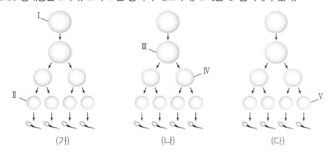

(가) (나) (다)

세포	DNA 상대량			
	A	a	B	b
Ⅰ	1	1	0	1
Ⅱ	0	1	0	0
Ⅲ	2	2	0	2
Ⅳ	2	2	0	2
Ⅴ	1	0	0	2

탐구 분석

- Ⅰ은 G$_1$기 세포, Ⅱ는 생식세포, Ⅲ은 감수 1분열 중기 세포, Ⅳ는 감수 2분열 중기 세포, Ⅴ는 생식세포이다.
- Ⅰ에서 A와 a의 DNA 상대량을 더한 값은 2이고, B와 b의 DNA 상대량을 더한 값은 1이다. P의 성별은 남자이며, A와 a는 상염색체에 있는 대립유전자이고, B와 b는 성염색체에 있는 대립유전자이다.
- B와 b가 Y 염색체에 있는 대립유전자라면 Ⅱ에서 b의 DNA 상대량은 1이므로 B와 b는 X 염색체에 있는 대립유전자이다. P의 유전자형은 AaX^{b}Y이다.
- 세포 주기의 S기에 DNA 복제가 일어나므로 대립유전자의 DNA 상대량은 Ⅲ이 Ⅰ의 2배이다.
- 감수 1분열 결과 형성된 Ⅳ에서 A와 a가 모두 있으므로 (나)의 감수 1분열에서 상염색체 비분리가 일어났다. ㉠은 '감수 1분열에서 염색체 비분리'이고, ㉡은 '감수 2분열에서 염색체 비분리'이다.
- 감수 2분열 결과 형성된 Ⅴ에서 b의 DNA 상대량이 2이므로 (다)의 감수 2분열에서 X 염색체 비분리가 일어났다.

개념 체크

➔ 염색체 비분리가 1회 일어났을 때
- 감수 1분열: 모든 생식세포의 염색체 수 비정상
- 감수 2분열: 일부 생식세포의 염색체 수 비정상

1. [탐구자료 살펴보기]에서 Ⅰ~Ⅴ 중 핵상이 $2n$인 세포는 (   )과 (   )이다.

2. 태아의 유전병을 진단하는 방법으로는 (   ) 검사와 (   ) 검사가 있다.

※ ○ 또는 ×

3. [탐구자료 살펴보기]에서 Ⅳ에는 Y 염색체가 있다. (   )

4. [탐구자료 살펴보기]에서 Ⅴ의 염색체 수는 24이다. (   )

과학 돋보기 **태아의 유전병 진단**

- 태아의 유전병을 진단하는 방법으로는 융모막 검사와 양수 검사가 있다.
- 융모막 검사는 태반의 융모막을 채취하여 생화학적 분석과 핵형 분석을 하는 진단 방법이다. 일반적으로 임신 8~10주 사이에 실행할 수 있다.
- 양수 검사는 양수에 있는 태아의 세포를 채취하여 생화학적 분석과 핵형 분석을 하는 진단 방법이다. 일반적으로 임신 14~16주 사이에 실행할 수 있다.
- 생화학적 분석을 통해 유전자 돌연변이를 진단하고, 핵형 분석을 통해 염색체 돌연변이를 진단한다.

정답
1. Ⅰ, Ⅲ(Ⅲ, Ⅰ)
2. 융모막, 양수(양수, 융모막)
3. ×
4. ○

[25025–0219]

01 표는 사람의 4가지 유전병을 유전병의 원인 A와 B로 구분하여 나타낸 것이다. A와 B는 염색체 돌연변이와 유전자 돌연변이를 순서 없이 나타낸 것이다.

구분	유전병
A	ⓐ알비노증, 낭성 섬유증
B	고양이 울음 증후군, ⓑ터너 증후군

이에 대한 설명으로 옳은 것만을 〈보기〉에서 있는 대로 고른 것은?

〈 보기 〉
ㄱ. A는 유전자 돌연변이이다.
ㄴ. ⓐ는 감염성 질병이다.
ㄷ. ⓑ의 돌연변이는 핵형 분석으로 확인할 수 있다.

① ㄱ　② ㄴ　③ ㄱ, ㄷ　④ ㄴ, ㄷ　⑤ ㄱ, ㄴ, ㄷ

[25025–0220]

02 다음은 유전병 X에 대한 자료이다. X는 낫 모양 적혈구 빈혈증과 페닐케톤뇨증 중 하나이다.

X는 적혈구가 낫 모양으로 변하는 유전병이다. X는 상염색체에 존재하는 헤모글로빈 유전자의 DNA 염기 서열 변화로 아미노산 하나가 달라진 비정상 헤모글로빈이 생성되어 나타난다.

이에 대한 설명으로 옳은 것만을 〈보기〉에서 있는 대로 고른 것은?

〈 보기 〉
ㄱ. X는 낫 모양 적혈구 빈혈증이다.
ㄴ. X는 남자와 여자에게서 모두 나타날 수 있다.
ㄷ. 비정상 헤모글로빈을 가진 낫 모양 적혈구는 정상 적혈구보다 산소 운반 능력이 낮다.

① ㄱ　② ㄷ　③ ㄱ, ㄴ　④ ㄴ, ㄷ　⑤ ㄱ, ㄴ, ㄷ

[25025–0221]

03 그림은 어떤 집안의 헌팅턴 무도병에 대한 가계도를 나타낸 것이다.

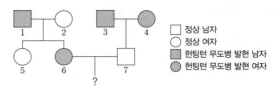

□ 정상 남자
○ 정상 여자
■ 헌팅턴 무도병 발현 남자
● 헌팅턴 무도병 발현 여자

이에 대한 설명으로 옳은 것만을 〈보기〉에서 있는 대로 고른 것은? (단, 이 집안 구성원의 생식세포 형성 과정에서 돌연변이는 일어나지 않았다.)

〈 보기 〉
ㄱ. 헌팅턴 무도병은 우성 형질이다.
ㄴ. 헌팅턴 무도병의 유전자는 성염색체에 있다.
ㄷ. 6과 7 사이에서 아이가 태어날 때, 이 아이에게서 헌팅턴 무도병이 발현될 확률은 $\frac{1}{4}$이다.

① ㄱ　② ㄴ　③ ㄱ, ㄴ　④ ㄱ, ㄷ　⑤ ㄴ, ㄷ

[25025–0222]

04 그림은 어떤 가족의 유전 형질 (가)에 대한 가계도를 나타낸 것이다. (가)는 X 염색체에 있는 대립유전자 A와 a에 의해 결정되며, A는 a에 대해 완전 우성이다. 1과 2 중 한 명의 생식세포

□ 정상 남자
○ 정상 여자
■ (가) 발현 남자
● (가) 발현 여자

형성 과정에서 ⓐ대립유전자 ㉠이 대립유전자 ㉡으로 바뀌는 돌연변이가 1회 일어나 ㉡을 갖는 생식세포가 형성되었다. 이 생식세포가 정상 생식세포와 수정되어 4가 태어났다. ㉠과 ㉡은 A와 a를 순서 없이 나타낸 것이다.

이에 대한 설명으로 옳은 것만을 〈보기〉에서 있는 대로 고른 것은? (단, 제시된 돌연변이 이외의 돌연변이와 교차는 고려하지 않는다.)

〈 보기 〉
ㄱ. (가)는 열성 형질이다.
ㄴ. ⓐ는 2의 생식세포 형성 과정에서 일어났다.
ㄷ. ㉡은 A이다.

① ㄱ　② ㄷ　③ ㄱ, ㄴ　④ ㄴ, ㄷ　⑤ ㄱ, ㄴ, ㄷ

05 [25025-0223] 다음은 염색체 돌연변이에 대한 학생 A∼C의 대화 내용이다.

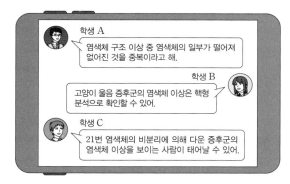

제시한 내용이 옳은 학생만을 있는 대로 고른 것은?

① A
② C
③ A, B
④ B, C
⑤ A, B, C

06 [25025-0224] 그림은 어떤 동물 종(2*n*=?)의 개체 Ⅰ의 세포 (가)∼(다) 각각에 들어 있는 상염색체와 성염색체를 한 쌍씩 나타낸 것이다. 이 동물 종의 성염색체는 암컷이 XX, 수컷이 XY이며, A와 a, B와 b는 각각 대립유전자이다. (가)∼(다)는 각각 정상 세포, 역위가 일어난 세포, 전좌가 일어난 세포 중 하나이다.

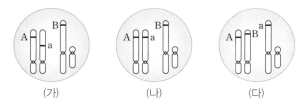

(가)   (나)   (다)

이에 대한 설명으로 옳은 것만을 〈보기〉에서 있는 대로 고른 것은? (단, 제시된 돌연변이 이외의 돌연변이와 교차는 고려하지 않는다.)

〈 보기 〉
ㄱ. Ⅰ은 암컷이다.
ㄴ. (가)는 역위가 일어난 세포이다.
ㄷ. (다)에는 성염색체에 있는 대립유전자가 상염색체로 이동하여 형성된 염색체가 있다.

① ㄱ
② ㄷ
③ ㄱ, ㄴ
④ ㄴ, ㄷ
⑤ ㄱ, ㄴ, ㄷ

07 [25025-0225] 어떤 동물 종에서 유전 형질 (가)는 대립유전자 A와 a에 의해, (나)는 대립유전자 B와 b에 의해, (다)는 대립유전자 D와 d에 의해, (라)는 대립유전자 E와 e에 의해 결정된다. A, B, D, E는 a, b, d, e에 대해 각각 완전 우성이다. 이 동물 종에 속하는 유전자형이 AaBbDdEe인 어떤 개체에서 A, B, D, E는 1개의 상염색체에 함께 존재한다. 표는 이 개체의 A, B, D, E 중 일부가 결실된 돌연변이 체세포 Ⅰ∼Ⅲ에서 (가)∼(라) 중 열성 표현형이 발현된 형질만을 나타낸 것이다. Ⅰ∼Ⅲ에서 각각 결실이 1회 일어났으며, 결실된 부분은 염색체의 말단을 포함한다.

체세포	Ⅰ	Ⅱ	Ⅲ
형질	(가), (나), (라)	(가), (나)	(나)

이 개체의 염색체에서 a, b, d, e의 배열 순서로 가장 적절한 것은? (단, 제시된 돌연변이 이외의 돌연변이와 교차는 고려하지 않는다.)

① a−b−d−e
② a−e−d−b
③ b−a−d−e
④ b−a−e−d
⑤ b−e−a−d

08 [25025-0226] 표 (가)는 사람의 유전병 A∼C에서 특징 ㉠과 ㉡의 유무를 나타낸 것이고, (나)는 ㉠과 ㉡을 순서 없이 나타낸 것이다. A∼C는 다운 증후군, 클라인펠터 증후군, 터너 증후군을 순서 없이 나타낸 것이고, 염색체 이상을 보이는 사람의 체세포 1개당 성염색체 수는 A<B<C이다.

특징／유전병	㉠	㉡
A	ⓐ	?
B	×	ⓑ
C	○	×

(○: 있음, ×: 없음)
(가)

특징(㉠, ㉡)
• 상염색체 비분리에 의해 나타날 수 있다.
• 적록 색맹 유전자가 있는 염색체의 수 이상에 의한 유전병에 해당한다.

(나)

이에 대한 설명으로 옳은 것만을 〈보기〉에서 있는 대로 고른 것은?

〈 보기 〉
ㄱ. C는 터너 증후군이다.
ㄴ. ㉠은 '상염색체 비분리에 의해 나타날 수 있다.'이다.
ㄷ. ⓐ와 ⓑ는 모두 '○'이다.

① ㄱ
② ㄷ
③ ㄱ, ㄴ
④ ㄴ, ㄷ
⑤ ㄱ, ㄴ, ㄷ

[25025–0227]

09 그림 (가)는 사람 Ⅰ의, (나)는 사람 Ⅱ의 핵형 분석 결과를 각각 나타낸 것이다.

(가) 1 2 3 4 5 6 7 8 9 10 11 12
13 14 15 16 17 18 19 20 21 22 XXY

(나) 1 2 3 4 5 6 7 8 9 10 11 12
13 14 15 16 17 18 19 20 21 22 X

이에 대한 설명으로 옳은 것만을 〈보기〉에서 있는 대로 고른 것은?

〔 보기 〕
ㄱ. Ⅰ은 클라인펠터 증후군의 염색체 이상을 보인다.
ㄴ. (나)에서 낭성 섬유증의 발현 여부를 확인할 수 있다.
ㄷ. $\dfrac{\text{상염색체의 염색 분체 수}}{\text{X 염색체 수}}$ 는 (가)가 (나)의 2배이다.

① ㄱ   ② ㄷ   ③ ㄱ, ㄴ   ④ ㄴ, ㄷ   ⑤ ㄱ, ㄴ, ㄷ

[25025–0228]

10 다음은 어떤 가족의 유전 형질 (가)에 대한 자료이다.

• (가)는 대립유전자 A와 a에 의해 결정되며, A는 a에 대해 완전 우성이다.
• 표는 이 가족 구성원의 성별과 (가)의 발현 여부를 나타낸 것이다.

구성원	아버지	어머니	자녀 1	자녀 2	자녀 3
성별	남	여	여	남	남
(가)	○	×	○	×	○

(○: 발현됨, ×: 발현 안 됨)

• 아버지와 어머니는 각각 A와 a 중 서로 다른 한 종류만 갖는다.
• 염색체 수가 22인 생식세포 ㉠과 염색체 수가 24인 생식세포 ㉡이 수정되어 자녀 3이 태어났으며, ㉠과 ㉡의 형성 과정에서 각각 염색체 비분리가 1회 일어났다.
• 이 가족 구성원의 핵형은 모두 정상이다.

이에 대한 설명으로 옳은 것만을 〈보기〉에서 있는 대로 고른 것은? (단, 제시된 염색체 비분리 이외의 돌연변이와 교차는 고려하지 않는다.)

〔 보기 〕
ㄱ. (가)는 열성 형질이다.
ㄴ. ㉠에는 성염색체가 없다.
ㄷ. ㉡의 형성 과정에서 염색체 비분리는 감수 2분열에서 일어났다.

① ㄱ   ② ㄴ   ③ ㄱ, ㄴ   ④ ㄱ, ㄷ   ⑤ ㄴ, ㄷ

[25025–0229]

11 그림은 어떤 사람의 G_1기 세포로부터 정자가 형성되는 과정을, 표는 세포 ⓐ~ⓒ의 총염색체 수와 상염색체 수에서 X 염색체 수를 뺀 값을 나타낸 것이다. ⓐ~ⓒ는 Ⅰ~Ⅲ을 순서 없이 나타낸 것이며, 이 사람의 정자 형성 과정에서 염색체 비분리가 1회 일어났다.

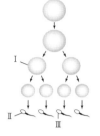

세포	총염색체 수	상염색체 수 −X 염색체 수
ⓐ	22	20
ⓑ	24	23
ⓒ	22	20

이에 대한 설명으로 옳은 것만을 〈보기〉에서 있는 대로 고른 것은? (단, 제시된 염색체 비분리 이외의 돌연변이와 교차는 고려하지 않으며, Ⅰ은 중기의 세포이다.)

〔 보기 〕
ㄱ. ⓑ는 Ⅲ이다.
ㄴ. 염색체 비분리는 감수 2분열에서 일어났다.
ㄷ. Ⅱ에는 X 염색체가 있다.

① ㄱ   ② ㄴ   ③ ㄱ, ㄷ   ④ ㄴ, ㄷ   ⑤ ㄱ, ㄴ, ㄷ

[25025–0230]

12 그림은 두 가족 (가)와 (나)의 가계도에서 적록 색맹의 발현 여부를 나타낸 것이다. 3은 클라인펠터 증후군의 염색체 이상을, 6은 터너 증후군의 염색체 이상을 보인다. 3과 6은 모두 성염색체 비분리가 1회 일어나 염색체 수가 비정상적인 ㉠이 정상 생식세포와 수정되어 태어났다. ㉠은 난자와 정자 중 하나이다.

□ 정상 남자
○ 정상 여자
■ 적록 색맹 발현 남자
● 적록 색맹 발현 여자

(가) 1 2 / 3 (나) 4 5 / 6

이에 대한 설명으로 옳은 것만을 〈보기〉에서 있는 대로 고른 것은? (단, 제시된 염색체 비분리 이외의 돌연변이와 교차는 고려하지 않는다.)

〔 보기 〕
ㄱ. ㉠은 정자이다.
ㄴ. (가)에서 ㉠이 형성될 때 염색체 비분리는 감수 1분열에서 일어났다.
ㄷ. 6의 적록 색맹 대립유전자는 4로부터 물려받은 것이다.

① ㄱ   ② ㄷ   ③ ㄱ, ㄴ   ④ ㄴ, ㄷ   ⑤ ㄱ, ㄴ, ㄷ

13 사람의 유전 형질 (가)는 대립유전자 A와 a에 의해, (나)는 대립유전자 B와 b에 의해 결정된다. (가)와 (나)의 유전자 중 하나는 상염색체에, 나머지 하나는 X 염색체에 있다. 그림은 어떤 남자의 G_1기 세포 Ⅰ로부터 정자가 형성되는 과정을, 표는 세포 ⓐ~ⓓ에서 A, a, B, b의 DNA 상대량을 나타낸 것이다. ⓐ~ⓓ는 Ⅰ~Ⅳ를 순서 없이 나타낸 것이고, Ⅱ는 중기의 세포이며, Ⅲ에는 Y 염색체가 있다. 감수 1분열과 감수 2분열에서 염색체 비분리가 각각 1회씩 일어났다.

[25025-0231]

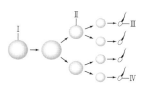

세포	DNA 상대량			
	A	a	B	b
ⓐ	1	?	0	2
ⓑ	2	0	0	㉠
ⓒ	㉡	?	1	1
ⓓ	0	?	1	0

이에 대한 설명으로 옳은 것만을 〈보기〉에서 있는 대로 고른 것은? (단, 제시된 염색체 비분리 이외의 돌연변이와 교차는 고려하지 않으며, A, a, B, b 각각의 1개당 DNA 상대량은 1이다.)

〈 보 기 〉
ㄱ. ⓐ는 Ⅳ이다.
ㄴ. ㉠+㉡=3이다.
ㄷ. 감수 2분열에서 성염색체 비분리가 일어났다.

① ㄱ ② ㄴ ③ ㄱ, ㄷ ④ ㄴ, ㄷ ⑤ ㄱ, ㄴ, ㄷ

14 그림은 유전자형이 Aa인 어떤 동물(2n=?)의 세포 분열 후기의 세포 Ⅰ과 Ⅱ에 들어 있는 일부 염색체를 나타낸 것이다.

[25025-0232]

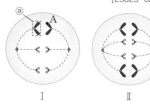

Ⅰ의 형성 과정에서 염색체 비분리가 1회 일어났다.

이에 대한 설명으로 옳은 것만을 〈보기〉에서 있는 대로 고른 것은? (단, 제시된 염색체 비분리 이외의 돌연변이와 교차는 고려하지 않는다.)

〈 보 기 〉
ㄱ. Ⅰ의 형성 과정에서 염색체 비분리는 감수 2분열에서 일어났다.
ㄴ. ⓐ에는 A가 있다.
ㄷ. Ⅱ는 감수 1분열 후기 세포이다.

① ㄱ ② ㄴ ③ ㄱ, ㄷ ④ ㄴ, ㄷ ⑤ ㄱ, ㄴ, ㄷ

15 다음은 어떤 집안의 유전 형질 (가)와 (나)에 대한 자료이다.

[25025-0233]

- (가)는 대립유전자 A와 a에 의해, (나)는 대립유전자 B와 b에 의해 결정된다. A는 a에 대해, B는 b에 대해 각각 완전 우성이다.
- (가)의 유전자와 (나)의 유전자는 같은 염색체에 있다.
- 가계도는 구성원 1~8에게서 (가)와 (나)의 발현 여부를 나타낸 것이다.

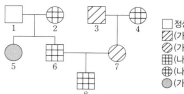

□ 정상 남자
▨ (가) 발현 남자
▧ (가) 발현 여자
⊞ (나) 발현 남자
⊕ (나) 발현 여자
● (가), (나) 발현 여자

- $\dfrac{2, 6 \text{ 각각의 체세포 1개당 b의 DNA 상대량을 더한 값}}{2, 6 \text{ 각각의 체세포 1개당 A의 DNA 상대량을 더한 값}} = 1$이다.
- 8은 염색체 수가 비정상적인 난자 ㉠과 염색체 수가 비정상적인 정자 ㉡이 수정되어 태어났으며, ㉠과 ㉡의 형성 과정에서 각각 염색체 비분리가 1회 일어났다.
- 이 가족 구성원의 핵형은 모두 정상이다.

이에 대한 설명으로 옳은 것만을 〈보기〉에서 있는 대로 고른 것은? (단, 제시된 염색체 비분리 이외의 돌연변이와 교차는 고려하지 않으며, A, a, B, b 각각의 1개당 DNA 상대량은 1이다.)

〈 보 기 〉
ㄱ. (나)는 우성 형질이다.
ㄴ. 4의 (가)와 (나)의 유전자형은 모두 이형 접합성이다.
ㄷ. ㉡의 형성 과정에서 염색체 비분리는 감수 1분열에서 일어났다.

① ㄱ ② ㄷ ③ ㄱ, ㄴ ④ ㄴ, ㄷ ⑤ ㄱ, ㄴ, ㄷ

낫 모양 적혈구 빈혈증은 헤모글로빈 유전자를 구성하는 DNA의 염기 서열이 변해 나타나는 유전병이다.

01 그림 (가)는 사람 A와 B에서 대기 중 산소 분압에 따른 혈중 산소 농도를, (나)는 A와 B 중 한 사람의 모세 혈관에서 일어나는 혈액의 흐름을 나타낸 것이다. A와 B는 정상인과 낫 모양 적혈구 빈혈증을 나타내는 사람을 순서 없이 나타낸 것이다.

[25025–0234]

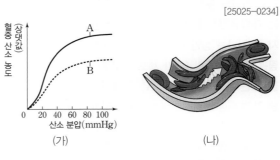

(가)   (나)

이에 대한 설명으로 옳은 것만을 〈보기〉에서 있는 대로 고른 것은? (단, 제시된 조건 이외는 고려하지 않는다.)

┌─〈 보기 〉─────────────────────────────────
│ ㄱ. B는 낫 모양 적혈구 빈혈증을 나타내는 사람이다.
│ ㄴ. (나)는 정상인의 모세 혈관에서 일어나는 혈액의 흐름이다.
│ ㄷ. 낫 모양 적혈구 빈혈증은 유전자 돌연변이에 의해 나타난다.
└──

① ㄱ   ② ㄴ   ③ ㄱ, ㄷ   ④ ㄴ, ㄷ   ⑤ ㄱ, ㄴ, ㄷ

정상 세포에서 상동 염색체인 2개의 염색체가 있으면 이 세포의 핵상은 $2n$이고, 핵상이 $2n$인 세포에서 모든 상동 염색체의 모양과 크기가 같다면 이 세포를 가지는 개체의 성은 암컷이다.

02 그림은 동물 세포 (가)~(마) 각각에 들어 있는 모든 염색체를 나타낸 것이다. (가)~(마)는 각각 서로 다른 개체 A, B, C의 세포 중 하나이다. A와 B는 같은 종이고, B와 C의 성은 같다. A~C의 핵상은 모두 $2n$이며, A~C의 성염색체는 암컷이 XX, 수컷이 XY이다. 염색체 ⓐ~ⓒ는 상염색체, X 염색체, Y 염색체를 순서 없이 나타낸 것이며, ⓐ~ⓒ의 모양과 크기는 나타내지 않았다. (가)~(마) 중 하나는 염색체 구조 이상 돌연변이가 1회 일어나 형성되었고, 다른 하나는 염색체 비분리가 1회 일어나 형성되었다.

[25025–0235]

(가)   (나)   (다)   (라)   (마)

이에 대한 설명으로 옳은 것만을 〈보기〉에서 있는 대로 고른 것은? (단, 제시된 돌연변이 이외의 돌연변이와 교차는 고려하지 않는다.)

┌─〈 보기 〉─────────────────────────────────
│ ㄱ. (가)~(마) 중 A의 세포는 2개이다.
│ ㄴ. (나)에서 일어난 염색체 구조 이상 돌연변이는 전좌이다.
│ ㄷ. 염색체 비분리는 감수 1분열에서 일어났다.
└──

① ㄱ   ② ㄴ   ③ ㄱ, ㄷ   ④ ㄴ, ㄷ   ⑤ ㄱ, ㄴ, ㄷ

03 사람의 어떤 유전 형질은 서로 다른 2개의 염색체에 있는 3쌍의 대립유전자 A와 a, B와 b, D와 d에 의해 결정된다. 표는 어떤 가족의 아버지 Ⅰ과 어머니 Ⅱ의 정상 세포 (가)~(라)와 Ⅰ과 Ⅱ 사이에서 태어난 자녀 Ⅲ의 세포 (마)가 갖는 A, a, B, b, D, d의 DNA 상대량을 나타낸 것이다.

[25025-0236]

세포	DNA 상대량					
	A	a	B	b	D	d
(가)	0	?	?	1	?	?
(나)	?	?	2	0	2	0
(다)	1	0	1	1	0	1
(라)	0	?	4	0	2	?
(마)	1	?	0	2	1	?

Ⅰ의 생식세포 형성 과정에서 ㉠이 1회 일어나 형성된 정자와 Ⅱ의 생식세포 형성 과정에서 ㉡이 1회 일어나 형성된 난자가 수정되어 Ⅲ이 태어났으며, ㉠과 ㉡은 'ⓐ가 있는 부분의 결실'과 'ⓑ가 있는 부분의 중복'을 순서 없이 나타낸 것이다. ⓐ와 ⓑ는 각각 A, a, B, b, D, d 중 하나이며, ⓐ는 ⓑ와 대립유전자이다.

이에 대한 설명으로 옳은 것만을 〈보기〉에서 있는 대로 고른 것은? (단, 제시된 돌연변이 이외의 돌연변이와 교차는 고려하지 않으며, A, a, B, b, D, d 각각의 1개당 DNA 상대량은 1이다.)

┌─ 보 기 ┐
ㄱ. Ⅲ은 딸이다.
ㄴ. ㉡은 'ⓐ가 있는 부분의 결실'이다.
ㄷ. ⓑ는 B이다.
└─────────────────────────────────────┘

① ㄱ   ② ㄷ   ③ ㄱ, ㄴ   ④ ㄴ, ㄷ   ⑤ ㄱ, ㄴ, ㄷ

핵상이 $2n$인 정상 세포 (다)에서 A와 a의 DNA 상대량을 더한 값이 1이고, B와 b의 DNA 상대량을 더한 값이 2이므로 A와 a는 성염색체 있는 대립유전자이고, B와 b는 상염색체에 있는 대립유전자이다.

---

04 사람의 유전 형질 (가)는 7번 염색체에 있는 대립유전자 A와 a, B와 b, D와 d, E와 e, F와 f에 의해 결정된다. (가)의 유전자형이 AaBbDdEeFf인 여자 P의 난자 Ⅰ~Ⅳ의 형성 과정에서 7번 염색체의 일부가 결실되는 돌연변이가 각각 1회 일어났다. 표는 Ⅰ~Ⅳ에서 결실되어 떨어져 나간 부분에 들어 있는 (가)의 유전자를 모두 나타낸 것이다.

[25025-0237]

난자	Ⅰ	Ⅱ	Ⅲ	Ⅳ
결실되어 떨어져 나간 부분에 들어 있는 (가)의 유전자	a, b, f	A, e	B, d, F	A, F

P의 체세포의 7번 염색체에 들어 있는 (가)의 유전자의 배열 순서로 가장 적절한 것은? (단, 제시된 돌연변이 이외의 돌연변이와 교차는 고려하지 않는다.)

①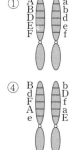
②
③
④
⑤

염색체의 결실된 부분에 들어 있는 유전자의 조합을 통해 유전자의 배열 순서를 추론할 수 있다.

자녀 2의 정상 세포 Ⅳ는 대립유전자의 DNA 상대량으로 1과 2를 모두 가지므로 G₁ 기의 세포이다.

[25025-0238]

05 다음은 어떤 가족의 유전 형질 (가)~(다)에 대한 자료이다.

- (가)는 대립유전자 A와 A*에 의해, (나)는 대립유전자 B와 B*에 의해, (다)는 대립유전자 D와 D*에 의해 결정된다.
- (가)~(다)의 유전자 중 2개는 7번 염색체에, 나머지 1개는 X 염색체에 있다.
- 표는 가족 구성원의 성별과 세포 Ⅰ~Ⅴ 각각에 들어 있는 A, A*, B, B*, D, D*의 DNA 상대량을 나타낸 것이다.
- 부모 중 한 명의 생식세포 형성 과정에서 대립유전자 ㉠이 대립유전자 ㉡으로 바뀌는 돌연변이가 1회 일어나 ㉡을 갖는 생식세포 G가 형성되었다. G가 정상 생식세포와 수정되어 자녀 3이 태어났다. ㉠과 ㉡은 (가)~(다) 중 한 가지 형질을 결정하는 서로 다른 대립유전자이다.

구분	성별	세포	DNA 상대량					
			A	A*	B	B*	D	D*
아버지	남	Ⅰ	0	1	?	1	?	0
어머니	여	Ⅱ	0	?	1	?	1	?
자녀 1	여	Ⅲ	?	?	0	?	0	?
자녀 2	남	Ⅳ	?	0	2	?	1	1
자녀 3	여	Ⅴ	1	?	?	2	?	2

이에 대한 설명으로 옳은 것만을 〈보기〉에서 있는 대로 고른 것은? (단, 제시된 돌연변이 이외의 돌연변이와 교차는 고려하지 않으며, A, A*, B, B*, D, D* 각각의 1개당 DNA 상대량은 1이다. Ⅲ은 중기의 세포이다.)

┌─〈 보기 〉─
ㄱ. (가)의 유전자는 X 염색체에 있다.
ㄴ. Ⅲ의 핵상은 $2n$이다.
ㄷ. G는 아버지에게서 형성되었다.
└─

① ㄱ   ② ㄴ   ③ ㄱ, ㄷ   ④ ㄴ, ㄷ   ⑤ ㄱ, ㄴ, ㄷ

세포 분열에서 모세포는 딸세포가 가지는 모든 대립유전자를 가진다.

[25025-0239]

06 사람의 유전 형질 ㉮는 2쌍의 대립유전자 A와 a, B와 b에 의해 결정되며, ㉮의 유전자는 서로 다른 2개의 상염색체에 있다. 그림 (가)는 사람 P의 G₁기 세포 Ⅰ로부터 생식세포가 형성되는 과정을, (나)는 세포 ⓐ~ⓒ가 갖는 ㉠~㉢

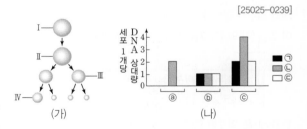

(가)   (나)

의 DNA 상대량을 나타낸 것이다. ⓐ~ⓒ는 Ⅱ~Ⅳ를 순서 없이 나타낸 것이고, ㉠~㉢은 a, B, b를 순서 없이 나타낸 것이다. (가)에서 염색체 비분리가 1회 일어났으며, Ⅱ와 Ⅲ은 중기의 세포이다.

이에 대한 설명으로 옳은 것만을 〈보기〉에서 있는 대로 고른 것은? (단, 제시된 염색체 비분리 이외의 돌연변이와 교차는 고려하지 않으며, A, a, B, b 각각의 1개당 DNA 상대량은 1이다.)

┌─〈 보기 〉─
ㄱ. ⓒ는 Ⅲ이다.   ㄴ. P의 ㉮의 유전자형은 aaBb이다.
ㄷ. (가)에서 염색체 비분리는 감수 2분열에서 일어났다.
└─

① ㄴ   ② ㄷ   ③ ㄱ, ㄴ   ④ ㄱ, ㄷ   ⑤ ㄴ, ㄷ

www.ebs*i*.co.kr

정답과 해설 **42**쪽

[25025−0240]

07 다음은 어떤 집안의 적록 색맹과 유전 형질 (가), (나)에 대한 자료이다.

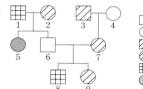

- (가)는 대립유전자 A와 a에 의해, (나)는 대립유전자 B와 b에 의해 결정된다. A는 a에 대해, B는 b에 대해 각각 완전 우성이다.
- (가)와 (나)의 유전자 중 하나는 상염색체에 있고, 나머지 하나는 X 염색체에 있다.
- 가계도는 구성원 1~9에서 (가)와 (나)의 발현 여부를 나타낸 것이다.
- $\dfrac{1, 2, 5, 6 \text{ 각각의 체세포 1개당 b의 DNA 상대량을 더한 값}}{3, 4, 7 \text{ 각각의 체세포 1개당 A의 DNA 상대량을 더한 값}}=3$이다.
- 6, 7, 8, 9 중 적록 색맹이 발현된 사람은 3명이다.
- 6과 7 중 한 명의 생식세포 형성 과정에서 염색체 비분리가 1회 일어나 염색체 수가 비정상적인 생식세포가 형성되었다. 이 생식세포가 정상 생식세포와 수정되어 ⓐ가 태어났으며, ⓐ는 8과 9 중 하나이다.

□ 정상 남자
○ 정상 여자
▨ (가) 발현 남자
◩ (가) 발현 여자
▦ (나) 발현 남자
⬤ (가), (나) 발현 여자

이에 대한 설명으로 옳은 것만을 〈보기〉에서 있는 대로 고른 것은? (단, 제시된 염색체 비분리 이외의 돌연변이와 교차는 고려하지 않으며, A, a, B, b 각각의 1개당 DNA 상대량은 1이다.)

〈 보기 〉
ㄱ. (가)의 유전자는 상염색체에 있다.
ㄴ. 6에서 적록 색맹이 발현되었다.
ㄷ. ⓐ는 터너 증후군의 염색체 이상을 보인다.

① ㄴ ② ㄷ ③ ㄱ, ㄴ ④ ㄱ, ㄷ ⑤ ㄴ, ㄷ

[25025−0241]

08 다음은 어떤 가족의 유전 형질 (가)에 대한 자료이다.

- (가)는 2쌍의 대립유전자 A와 a, B와 b에 의해 결정되며, (가)의 유전자는 21번 염색체에 있다.
- (가)의 표현형은 ㉠유전자형에서 대문자로 표시되는 대립유전자의 수에 의해서만 결정되며, 이 대립유전자의 수가 다르면 표현형이 다르다.
- (가)의 유전자형이 ⓐAaBb인 아버지와 ⓑAaBb인 어머니 사이에서 아이가 태어날 때, 이 아이에게서 나타날 수 있는 (가)의 표현형은 최대 2가지이다.
- ⓑ의 생식세포 형성 과정에서 염색체 비분리가 1회 일어나 염색체 수가 비정상적인 난자 Q가 형성되었다. Q가 ⓐ의 정상 정자와 수정되어 ㉠이 5인 자녀 ⓒ가 태어났다. ⓒ를 제외한 나머지 구성원의 핵형은 모두 정상이다.

이에 대한 설명으로 옳은 것만을 〈보기〉에서 있는 대로 고른 것은? (단, 제시된 염색체 비분리 이외의 돌연변이와 교차는 고려하지 않는다.)

〈 보기 〉
ㄱ. ⓐ에서 A와 B를 모두 갖는 정자가 형성될 수 있다.
ㄴ. 염색체 비분리는 감수 2분열에서 일어났다.
ㄷ. ⓒ는 다운 증후군의 염색체 이상을 보인다.

① ㄱ ② ㄴ ③ ㄱ, ㄷ ④ ㄴ, ㄷ ⑤ ㄱ, ㄴ, ㄷ

6과 7에서 모두 적록 색맹이 발현되었다면 8과 9에서도 모두 적록 색맹이 발현되므로 6과 7 중 한 명에서만 적록 색맹이 발현되었다.

체세포에 21번 염색체가 3개 있는 사람은 다운 증후군의 염색체 이상을 보인다.

X 염색체 유전에서 딸이 열성 표현형을 가지면 아버지도 열성 표현형을 가진다.

[25025-0242]

09 다음은 어떤 가족의 유전 형질 (가)와 (나)에 대한 자료이다.

- (가)는 대립유전자 A와 a에 의해, (나)는 대립유전자 B와 b에 의해 결정된다. A는 a에 대해, B는 b에 대해 각각 완전 우성이다.
- (가)와 (나) 중 하나는 우성 형질이고, 나머지 하나는 열성 형질이다.
- (가)와 (나)의 유전자 중 하나는 상염색체에 있고, 나머지 하나는 X 염색체에 있다.
- 표는 가족 구성원의 성별, (가)와 (나)의 발현 여부를 나타낸 것이다. ⓐ와 ⓑ는 '발현됨'과 '발현 안 됨'을 순서 없이 나타낸 것이다.

구성원	아버지	어머니	자녀 1	자녀 2	자녀 3
성별	남	여	남	여	여
(가)	ⓐ	ⓐ	발현 안 됨	ⓑ	ⓐ
(나)	ⓐ	발현 안 됨	ⓑ	발현됨	ⓑ

- 염색체 수가 24인 생식세포 ㉠과 염색체 수가 22인 생식세포 ㉡이 수정되어 자녀 3이 태어났으며, ㉠과 ㉡의 형성 과정에서 각각 염색체 비분리가 1회 일어났다. 자녀 3의 (나)의 유전자형은 동형 접합성이다.
- 이 가족 구성원의 핵형은 모두 정상이다.

이에 대한 설명으로 옳은 것만을 〈보기〉에서 있는 대로 고른 것은? (단, 제시된 염색체 비분리 이외의 돌연변이와 교차는 고려하지 않는다.)

┌─ 보기 ┐
ㄱ. (가)의 유전자는 상염색체에 있다.
ㄴ. ⓑ는 '발현 안 됨'이다.
ㄷ. ㉠의 형성 과정에서 염색체 비분리는 감수 2분열에서 일어났다.

① ㄱ   ② ㄴ   ③ ㄱ, ㄷ   ④ ㄴ, ㄷ   ⑤ ㄱ, ㄴ, ㄷ

[25025-0243]

생식세포 형성 과정에서 염색체 돌연변이가 일어나지 않으면 대문자로 표시되는 대립유전자의 수가 2인 아버지와 3인 어머니로부터 6인 자녀 1이 태어날 수 없다.

10 다음은 사람의 유전 형질 (가)에 대한 자료이다.

- (가)는 서로 다른 상염색체에 있는 3쌍의 대립유전자 A와 a, B와 b, D와 d에 의해 결정된다.
- (가)의 표현형은 유전자형에서 대문자로 표시되는 대립유전자의 수에 의해서만 결정되며, 이 대립유전자의 수가 다르면 표현형이 다르다.
- 표는 이 가족 구성원의 체세포에서 A와 d의 유무와 (가)의 유전자형에서 대문자로 표시되는 대립유전자의 수를 나타낸 것이다.
- 염색체 수가 비정상적인 난자 ㉠과 염색체 수가 비정상적인 정자 ㉡이 수정되어 ⓐ가 태어났으며, ⓐ는 자녀 1과 2 중 하나이다. ㉠과 ㉡의 형성 과정에서 각각 염색체 비분리가 1회 일어났다.
- 이 가족 구성원의 핵형은 모두 정상이다.

구성원	대립유전자 A	대립유전자 d	대문자로 표시되는 대립유전자의 수
아버지	×	?	2
어머니	?	○	3
자녀 1	○	?	6
자녀 2	×	?	0

(○: 있음, ×: 없음)

이에 대한 설명으로 옳은 것만을 〈보기〉에서 있는 대로 고른 것은? (단, 제시된 염색체 비분리 이외의 돌연변이와 교차는 고려하지 않는다.)

┌─〔 보기 〕──┐
ㄱ. ⓐ는 자녀 1이다.   ㄴ. 아버지의 (가)의 유전자형은 aaBbDd이다.
ㄷ. ㉠의 염색체 수는 24이다.
└──┘

① ㄱ   ② ㄴ   ③ ㄱ, ㄷ   ④ ㄴ, ㄷ   ⑤ ㄱ, ㄴ, ㄷ

[25025–0244]

11 다음은 어떤 집안의 유전 형질 (가)와 (나)에 대한 자료이다.

┌──┐
• (가)는 대립유전자 A와 a에 의해 결정되며, 유전자형이 다르면 표현형이 다르다.
• (나)는 1쌍의 대립유전자에 의해 결정되며, 대립유전자에는 E, F, G가 있다. E는 F, G에 대해, F는 G에 대해 각각 완전 우성이다.
• (가)의 유전자와 (나)의 유전자는 서로 다른 상염색체에 있다.
• 그림은 구성원 1~8의 가계도를, 표는 1~8의 체세포 1개당 A와 G의 DNA 상대량을 더한 값(A+G)과 a와 F의 DNA 상대량을 더한 값(a+F)을 나타낸 것이다. 가계도에 (가)와 (나)의 표현형은 나타내지 않았다.

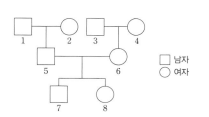

구성원	A+G	a+F
1	?	4
2	?	1
3	1	?
4	?	?
5	1	?
6	1	1
7	ⓐ	2
8	3	ⓑ

□ 남자
○ 여자

• 3, 4, 6의 (가)의 표현형은 모두 다르고, 1~6의 (나)의 유전자형은 모두 다르다.
• 5의 정자 형성 과정에서 대립유전자 ㉠이 대립유전자 ㉡으로 바뀌는 돌연변이가 1회 일어나 ㉡을 갖는 정자가 형성되었다. 이 정자가 6의 정상 난자와 수정되어 7이 태어났다. ㉠과 ㉡은 각각 A와 a 중 하나이다.
• 6의 난자 형성 과정에서 대립유전자 ㉢이 대립유전자 ㉣로 바뀌는 돌연변이가 1회 일어나 ㉣을 갖는 난자가 형성되었다. 이 난자가 5의 정상 정자와 수정되어 8이 태어났다. ㉢과 ㉣은 각각 E, F, G 중 하나이다.
└──┘

이에 대한 설명으로 옳은 것만을 〈보기〉에서 있는 대로 고른 것은? (단, 제시된 돌연변이 이외의 돌연변이와 교차는 고려하지 않으며, A, a, E, F, G 각각의 1개당 DNA 상대량은 1이다.)

┌─〔 보기 〕──┐
ㄱ. ⓐ+ⓑ=2이다.   ㄴ. 4의 (가)의 유전자형은 ㉡㉡이다.
ㄷ. (나)의 유전자형이 ㉢㉣인 사람과 ㉣㉣인 사람의 표현형은 같다.
└──┘

① ㄱ   ② ㄷ   ③ ㄱ, ㄴ   ④ ㄴ, ㄷ   ⑤ ㄱ, ㄴ, ㄷ

3, 4, 6의 (가)의 유전자형은 각각 AA, Aa, aa 중 하나이고, 1~6의 (나)의 유전자형은 각각 EE, EF, EG, FF, FG, GG 중 하나이다.

11 생태계의 구성과 기능

1 생태계

(1) 개체, 개체군, 군집, 생태계

① **개체**: 생존에 필요한 구조적, 기능적 특징을 갖춘 독립된 하나의 생물체이다.

② **개체군**: 일정한 지역에서 같은 종의 개체들이 무리를 이루어 생활하는 집단이다.

③ **군집**: 일정한 지역에 모여 생활하는 여러 개체군들의 집합이다.

④ **생태계**: 생물이 주위 환경 및 다른 생물과 서로 관계를 맺으며 조화를 이루고 있는 체계이다.

(2) 생태계의 구성 요소: 생태계는 생물적 요인과 비생물적 요인으로 구성된다.

① **생물적 요인**: 생태계의 모든 생물로 역할에 따라 생산자, 소비자, 분해자로 구분된다.

   • **생산자**: 광합성을 하는 식물과 같이 스스로 무기물로부터 유기물을 합성하는 생물이다. **예** 식물, 조류 등

   • **소비자**: 다른 생물을 먹어 유기물을 얻는 생물이다. **예** 초식 동물, 육식 동물 등

   • **분해자**: 생물의 사체나 배설물에 들어 있는 유기물을 무기물로 분해하여 에너지를 얻는 생물이다. **예** 세균, 곰팡이, 버섯 등

② **비생물적 요인**: 생물을 둘러싼 환경으로 생물의 생존에 영향을 미친다. **예** 빛, 온도, 물, 토양, 공기 등

(3) 생태계 구성 요소 사이의 상호 관계

① 비생물적 요인이 생물적 요인에 영향을 준다. **예** 일조량의 감소로 벼의 광합성량이 감소함, 가을에 토끼가 털갈이를 함

② 생물적 요인이 비생물적 요인에 영향을 준다. **예** 식물의 광합성으로 대기의 산소 농도가 증가함, 지렁이가 토양층에 틈을 만들어 토양의 통기성이 증가함

③ 생물적 요인 사이에 서로 영향을 주고받는다. **예** 스라소니의 개체 수가 증가하자 토끼의 개체 수가 감소함, 뿌리혹박테리아가 공기 중의 질소를 고정시켜 콩과식물에 공급함

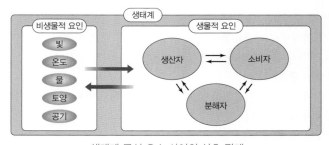

생태계 구성 요소 사이의 상호 관계

과학 돋보기 🔍 **비생물적 요인과 생물적 요인의 상호 관계**

① 빛과 생물
• 한 식물 개체에서도 빛을 많이 받는 양엽은 빛을 적게 받는 음엽보다 울타리 조직이 발달해 잎의 두께가 두껍다.
• 수심에 따라 투과되는 빛의 파장이 달라 해조류의 분포가 다르다. 녹조류는 얕은 수심에 분포하고, 홍조류는 깊은 수심에까지 분포한다.
• 국화는 하루 중 밤의 길이가 길어지는 계절에 꽃이 피고, 닭이나 꾀꼬리는 빛을 쬐는 일조 시간이 길어지면 생식을 위해 산란을 한다.

② 온도와 생물
- 양서류, 파충류와 같이 외부 온도에 따라 체온이 변하는 동물은 겨울이 되어 온도가 낮아지면 겨울잠을 잔다.
- 추운 지방에 서식하는 포유류는 몸집이 크고, 몸의 말단부(귀, 꼬리 등)가 작은 경향이 있는데, 이는 열의 손실을 줄여 체온을 유지하는 데 유리하다.
- 일부 식물은 온도가 낮아지면 단풍이 들고 낙엽을 만든다.

③ 물과 생물
- 물이 부족한 곳에 사는 건생 식물은 뿌리와 저수 조직이 발달해 있다.
- 물속이나 물 위에 떠서 사는 수생 식물은 줄기나 잎에 통기 조직이 발달해 있다.

④ 공기와 생물
- 고산 지대처럼 산소가 희박한 곳에 사는 사람은 적혈구 수가 평지에 사는 사람보다 많다.
- 식물의 광합성과 동물의 호흡은 대기 중의 산소와 이산화 탄소 농도를 변화시킨다.

⑤ 토양과 생물
- 토양은 생물의 서식처가 되고 양분을 제공하기 때문에 토양의 상태에 따라 생존할 수 있는 생물종이 달라진다.
- 세균과 버섯에 의해 토양 속 무기물의 양이 증가하고, 지렁이와 두더지는 토양의 통기성을 높여 준다.

사막여우 / 북극여우

2 개체군

(1) 개체군의 특성
① 개체군의 밀도: 개체군이 서식하는 공간의 단위 면적당 개체 수를 의미한다.

$$개체군 밀도 = \frac{개체군을 구성하는 개체 수}{개체군이 서식하는 공간의 면적}$$

- 개체군의 밀도를 증가시키는 요인: 출생, 이입
- 개체군의 밀도를 감소시키는 요인: 사망, 이출

② 개체군의 생장 곡선: 개체군의 개체 수가 시간에 따라 증가하는 것을 개체군의 생장이라 하고, 개체군의 생장을 그래프로 나타낸 것을 생장 곡선이라 한다.
- 이론적 생장 곡선: 자원(먹이, 서식 공간 등)의 제한이 없는 이상적인 환경에서 나타나며, 개체 수가 기하급수적으로 늘어나 J자형의 생장 곡선을 나타낸다.
- 실제 생장 곡선: 자원의 제한이 있는 실제 환경에서 나타난다. 개체 수가 증가하면 먹이와 서식 공간이 부족해지고 개체 간의 경쟁이 심해진다. 또, 노폐물이 축적되어 개체군의 생장이 억제된다. 따라서 개체 수가 증가하면 개체군의 생장 속도가 느려지고 나중에는 개체 수가 더 이상 증가하지 않고 일정하게 유지되는 S자형의 생장 곡선을 나타낸다.
- 환경 저항: 개체군의 생장을 억제하는 요인이다. 먹이 부족, 서식 공간 부족, 노폐물 축적, 질병 등이 있다.
- 환경 수용력: 주어진 환경 조건에서 서식할 수 있는 개체군의 최대 크기이다.

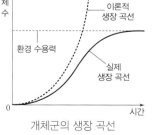

개체군의 생장 곡선

개념 체크

➡ **개체군의 생존 곡선**
- I 형: 초기 사망률 < 후기 사망률
- II 형: 사망률 일정
- III 형: 초기 사망률 > 후기 사망률

1. 사람 개체군은 (   )의 생존 곡선을 나타낸다.

2. 돌말의 개체 수는 영양염류가 (   )수록, 빛의 세기가 (   )수록, 수온이 (   )수록 증가한다.

※ ○ 또는 ×

3. 한 번에 많은 수의 자손을 낳으며, 초기 사망률이 후기 사망률보다 높은 종은 III형의 생존 곡선을 나타낸다. (   )

4. 개체군의 연령 피라미드 유형 중 개체 수가 증가할 것으로 예상되는 것은 쇠퇴형이다. (   )

③ **개체군의 생존 곡선**: 동시에 출생한 개체들 중 생존한 개체 수를 상대 수명에 따라 나타낸 그래프이다. 종에 따라 연령별 사망률이 다르며, 이러한 차이는 서로 다른 유형의 생존 곡선으로 나타난다.

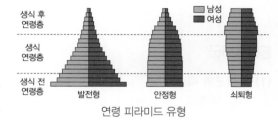
개체군의 생존 곡선

- I 형: 출생 수는 적지만 부모의 보호를 받아 초기 사망률이 낮고, 대부분의 개체가 생리적 수명을 다하고 죽어 후기 사망률이 높다. **예** 사람, 대형 포유류 등
- II 형: 시간에 따른 사망률이 비교적 일정하다. **예** 다람쥐, 조류 등
- III 형: 출생 수는 많지만 초기 사망률이 높아 성체로 생장하는 수가 적다. **예** 굴, 어류 등

④ **개체군의 연령 분포**: 연령 분포는 한 개체군 내에서 전체 개체 수에 대한 각 연령별 개체 수의 비율을 나타낸 것이다. 이를 낮은 연령층부터 차례대로 쌓아 올린 그림을 연령 피라미드라고 한다.

- 발전형: 생식 전 연령층의 비율이 상대적으로 높아 개체 수가 증가할 것으로 예상되는 유형이다.
- 안정형: 생식 전 연령층과 생식 연령층의 각 연령별 비율이 상대적으로 비슷하여 개체 수에 큰 변화가 없을 것으로 예상되는 유형이다.
- 쇠퇴형: 생식 전 연령층의 비율이 상대적으로 낮아 개체 수가 감소할 것으로 예상되는 유형이다.

연령 피라미드 유형

⑤ **개체군의 주기적 변동**

- 계절적 변동: 환경 요인이 계절에 따라 주기적으로 변하면, 개체군의 크기도 계절에 따라 주기적으로 변동한다. **예** 돌말 개체 수의 계절적 변동: 초봄에 개체 수 증가(∵ 많은 영양염류, 빛의 세기와 수온 증가) → 늦봄에 개체 수 감소(∵ 영양염류 고갈) → 늦여름에 개체 수 증가(∵ 영양염류 증가) → 초가을에 개체 수 감소(∵ 빛의 세기와 수온 감소)
- 포식과 피식 관계에 따른 변동: 포식과 피식에 의해 두 개체군의 크기가 주기적으로 변동한다. **예** 눈신토끼와 스라소니의 개체 수 변동: 눈신토끼의 개체 수 증가 → 스라소니의 개체 수 증가(∵ 먹이 증가) → 눈신토끼의 개체 수 감소(∵ 천적 증가) → 스라소니의 개체 수 감소(∵ 먹이 부족) → 눈신토끼의 개체 수 증가(∵ 천적 감소)

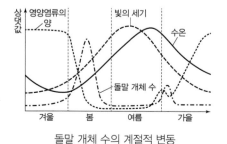
돌말 개체 수의 계절적 변동

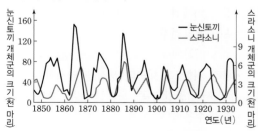
눈신토끼와 스라소니의 개체 수 변동

정답
1. I형
2. 많을, 강할, 높을
3. ○
4. ×

(2) **개체군 내의 상호 작용**: 개체군 내의 개체들 사이에 먹이, 서식 공간, 배우자 등을 차지하기 위해 경쟁이 일어난다. 이런 종내 경쟁이 심해지면 개체군의 유지가 어려워지고 다른 개체군과의 경쟁에서도 불리해진다. 따라서 개체군 내의 경쟁을 피하고 질서를 유지하기 위해 다양한 상호 작용이 일어난다.

① **텃세**: 먹이나 서식 공간 확보, 배우자 독점 등을 목적으로 일정한 공간을 점유하고 다른 개체의 침입을 적극적으로 막는 것이다. 이렇게 확보한 공간을 세력권이라고 한다. **예** 은어, 까치 등

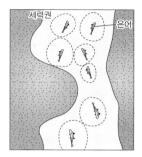
은어의 텃세

② **순위제**: 개체들 사이에서 힘의 서열에 따라 순위를 정하여 먹이나 배우자를 차지하는 것이다. **예** 여러 마리의 닭을 한 닭장에 넣고 모이를 주면 서로 쪼며 싸우다가 곧 순위가 정해져 모이 먹는 순서가 정해진다. 큰뿔양은 수컷의 뿔 크기나 뿔치기를 통해 순위를 정한다.

③ **리더제**: 한 개체가 전체 개체군의 행동을 이끄는 것이다.
   예 우두머리 늑대는 무리의 사냥 시기나 사냥감 등을 정한다. 기러기가 집단으로 이동할 때 리더를 따라 이동한다.

④ **사회생활**: 각 개체가 먹이 수집, 방어, 생식 등의 일을 분담하고 협력하여 조화를 이루며 살아가는 것이다. **예** 여왕개미는 생식, 병정개미는 방어, 일개미는 먹이 획득을 담당한다. 꿀벌은 여왕벌을 중심으로 업무가 분업화되어 있다.

⑤ **가족생활**: 혈연관계의 개체들이 모여 생활하는 것이다. **예** 사자, 코끼리, 침팬지 등

3 군집

(1) 군집의 특성

① **군집의 구성**: 군집을 이루고 있는 여러 종류의 개체군들은 먹고 먹히는 관계를 맺고 있다.

② **먹이 사슬과 먹이 그물**: 군집을 구성하는 개체군 사이의 먹고 먹히는 관계를 사슬 모양으로 나타낸 것을 먹이 사슬이라고 한다. 군집 내에서 먹이 사슬 여러 개가 서로 얽혀 마치 그물처럼 복잡하게 나타나는 것을 먹이 그물이라고 한다.

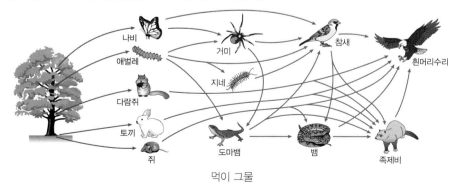
먹이 그물

개념 체크

● **개체군 내의 상호 작용**: 텃세, 순위제, 리더제, 사회생활, 가족생활

1. 은어 개체군에서 한 개체가 일정한 생활 공간을 차지하면서 다른 개체의 접근을 막는 것은 개체군 내의 상호 작용 중 (   )의 예에 해당한다.

2. 같은 종의 큰뿔양이 뿔치기를 통해 먹이를 먹는 순위를 정하는 것은 개체군 내의 상호 작용 중 (   )의 예에 해당한다.

※ ○ 또는 ×

3. 개체군 내의 상호 작용에는 리더제, 사회생활, 가족생활 등이 있다. (   )

4. 먹고 먹히는 관계를 맺고 있는 두 개체군은 같은 군집에 속한다. (   )

정답
1. 텃세
2. 순위제
3. ○
4. ○

⬥ **중요치**: 상대 밀도＋상대 빈도＋상대 피도

1. 생태적 지위에는 개체군이 먹이 그물에서 차지하는 위치인 ( ) 지위와 개체군이 차지하는 서식 공간인 ( ) 지위가 있다.

2. 군집 안에서 우점종은 아니지만 군집의 구조에 중요한 역할을 하는 종을 ( )이라고 한다.

※ ○ 또는 ×

3. [탐구자료 살펴보기]에서 B가 출현한 방형구의 수는 C가 출현한 방형구의 수보다 많다. ( )

4. [탐구자료 살펴보기]의 A~C 중 지표를 덮고 있는 면적이 가장 큰 종은 A이다. ( )

③ **생태적 지위**: 개체군이 차지하는 먹이 그물에서의 위치, 서식 공간, 생물적 · 비생물적 요인과의 관계 등 군집 내에서 개체군이 갖는 위치와 역할을 말한다. 개체군이 먹이 그물에서 차지하는 위치인 먹이 지위와 개체군이 차지하는 서식 공간인 공간 지위 등이 있다.

(2) 군집의 구조

① **우점종**: 군집에서 개체 수가 많거나 넓은 면적을 차지하여 군집을 대표하는 종이다. 다른 종의 생육과 비생물적 요인에 주된 영향을 주어 군집의 구조에 큰 영향을 미친다.

② **핵심종**: 군집 안에서 우점종은 아니지만 군집의 구조에 중요한 역할을 하는 종이다.
  예 바닷가 바위 생태계에서 조개와 따개비의 생존을 결정하는 불가사리, 습지 생태계에서 다른 동물의 분포에 영향을 미치는 수달

🧪 **탐구자료 살펴보기** | **방형구법을 이용한 식물 군집 조사**

탐구 과정

1. 조사하고자 하는 지역에 1 m×1 m 방형구 4개를 설치한다.
2. 방형구 안에 있는 각 식물 종과 개체 수를 조사해 밀도, 빈도, 피도를 구한다. 피도를 구할 때, 어떤 종이 방형구의 어떤 한 칸에 출현하면 그 종이 그 칸의 면적(0.04 m²)을 모두 점유하는 것으로 간주한다.
3. 각 식물 종의 상대 밀도, 상대 빈도, 상대 피도를 계산하여 중요치를 구하고, 우점종을 결정한다.

- 밀도＝$\dfrac{특정\ 종의\ 개체\ 수}{전체\ 방형구의\ 면적(m^2)}$

- 빈도＝$\dfrac{특정\ 종이\ 출현한\ 방형구\ 수}{전체\ 방형구의\ 수}$

- 피도＝$\dfrac{특정\ 종의\ 점유\ 면적(m^2)}{전체\ 방형구의\ 면적(m^2)}$

- 상대 밀도(%)＝$\dfrac{특정\ 종의\ 밀도}{조사한\ 모든\ 종의\ 밀도의\ 합}×100$

- 상대 빈도(%)＝$\dfrac{특정\ 종의\ 빈도}{조사한\ 모든\ 종의\ 빈도의\ 합}×100$

- 상대 피도(%)＝$\dfrac{특정\ 종의\ 피도}{조사한\ 모든\ 종의\ 피도의\ 합}×100$

- 중요치＝상대 밀도＋상대 빈도＋상대 피도

탐구 결과

방형구 안에 있는 식물 종과 개체 수는 그림과 같으며, 이를 토대로 각 종의 중요치를 구한 결과는 표와 같다.

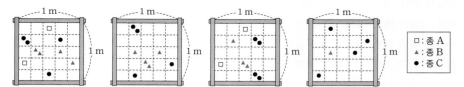

□ : 종 A
▲ : 종 B
● : 종 C

식물 종	밀도	빈도	피도	상대 밀도 (%)	상대 빈도 (%)	상대 피도 (%)	중요치
A	1/m²	0.5	0.04	12.5	20	16	48.5
B	3/m²	1	0.09	37.5	40	36	113.5
C	4/m²	1	0.12	50	40	48	138

탐구 point

식물 군집의 우점종을 정할 때는 밀도, 빈도, 피도를 모두 고려하며, 중요치가 가장 큰 종이 우점종이다. 따라서 이 식물 군집의 우점종은 C이다.

과학 돋보기 🔍 **지표종과 희소종**

- 지표종: 특정한 지역이나 환경에서만 볼 수 있는 종으로 그 군집이 서식하는 지역적, 환경적 특성을 나타낸다. **예** 이산화 황의 오염 정도를 예측할 수 있는 지의류, 고산 지대에 서식하여 고도와 온도 범위를 예측할 수 있는 에델바이스
- 희소종: 군집을 구성하는 개체군 중 개체 수가 매우 적은 종이다.

③ **층상 구조**: 삼림처럼 많은 개체군으로 이루어진 군집은 수직적인 몇 개의 층으로 구성되는데, 이를 층상 구조라고 한다.
- 삼림의 층상 구조는 교목층, 아교목층, 관목층, 초본층, 지표층 등으로 이루어진다.
- 층상 구조의 발달로 높이에 따라 도달하는 빛의 세기가 다르다.
- 층상 구조는 다양한 동물에게 서식지를 제공한다.

(3) **군집의 종류**: 군집은 생물의 서식 환경에 따라 크게 육상 군집과 수생 군집으로 구분할 수 있다.
① **육상 군집**: 기온과 강수량의 차이로 삼림, 초원, 사막으로 구분한다.
- 삼림: 많은 종류의 목본 식물과 초본 식물로 이루어진 육상의 대표적인 군집으로, 강수량이 많은 지역에 형성된다. **예** 열대 지방의 상록 활엽수로 구성된 열대 우림, 온대 지방의 낙엽 활엽수로 구성된 온대림, 아한대 지방의 북부 침엽수림 등
- 초원: 주로 초본 식물로 이루어진 군집으로, 삼림보다 강수량이 적은 지역에 형성된다. **예** 열대 지방의 건조 지역에서 발달하는 열대 초원, 온대 지방의 온대 초원 등
- 사막: 강수량이 매우 적고 건조하여 식물이 자라기 어려운 지역에 형성된다. **예** 저위도 지방의 열대 사막, 온대 내륙 지방의 온대 사막, 한대와 극지방 부근에 형성되는 한대 툰드라
② **수생 군집(수계)**: 하천, 호수, 강에 형성되는 담수 군집과 바다에 형성되는 해수 군집이 있다.

(4) **군집의 생태 분포**: 기온이나 강수량 등 환경 요인의 영향을 받아 형성된 군집의 분포이다.
① **수평 분포**: 위도에 따라 나타나는 분포로, 기온과 강수량의 차이에 의해 나타난다. 저위도에서 고위도로 갈수록 열대 우림 → 낙엽수림 → 침엽수림 → 툰드라 순으로 분포한다.
② **수직 분포**: 특정 지역에서 고도에 따라 나타나는 분포로, 주로 기온의 차이에 의해 나타난다. 고도가 낮은 곳에서 높은 곳으로 갈수록 상록 활엽수림 → 낙엽 활엽수림 → 침엽수림 → 관목대 순으로 분포한다.

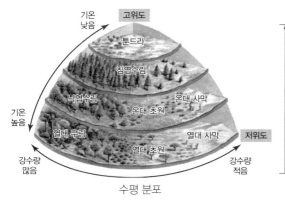

수평 분포

수직 분포

개념 체크

➡ **군집의 수직 분포**: 상록 활엽수림 → 낙엽 활엽수림 → 침엽수림 → 관목대

1. 육상 군집은 (   )과 (   )의 차이로 삼림, 초원, 사막으로 구분한다.

2. 수생 군집은 하천, 호수, 강에 형성되는 (   ) 군집과 바다에 형성되는 (   ) 군집으로 구분할 수 있다.

※ ○ 또는 ×

3. 삼림의 층상 구조가 단순할수록 다양한 동물에게 서식지를 제공할 수 있다.
(   )

4. 군집의 수평 분포에서 고위도에서 저위도로 갈수록 열대 우림 → 낙엽수림 → 침엽수림 → 툰드라 순으로 분포한다.
(   )

정답
1. 기온, 강수량(강수량, 기온)
2. 담수, 해수
3. ×
4. ×

개념 체크

➲ 군집 내 개체군 사이의 상호 작용: 종간 경쟁, 분서, 포식과 피식, 상리 공생, 편리공생, 기생

1. 종간 경쟁은 (　　　)가 유사한 군집 내 개체군 사이에서 일어나는 상호 작용이다.

2. 늑대가 말코손바닥사슴을 잡아먹을 때, 늑대는 (　　　)에 해당하고, 말코손바닥사슴은 (　　　)에 해당한다.

※ ○ 또는 ×

3. 산호와 함께 사는 조류는 산호에게 산소와 먹이를 공급하고, 산호는 조류에게 서식지와 영양소를 제공하는 것은 군집 내 개체군 사이의 상호 작용 중 상리 공생의 예에 해당한다. (　　　)

4. 겨우살이가 다른 식물의 줄기에 뿌리를 박아 물과 양분을 빼앗는 것은 군집 내 개체군 사이의 상호 작용 중 기생의 예에 해당한다. (　　　)

정답
1. 생태적 지위
2. 포식자, 피식자
3. ○
4. ○

(5) 군집 내 개체군 사이의 상호 작용

① **종간 경쟁**: 생태적 지위가 유사한 두 개체군이 같은 장소에 서식하게 되면 한정된 먹이와 서식 공간 등의 자원을 차지하기 위한 종간 경쟁이 일어나며, 두 개체군의 생태적 지위가 중복될수록 경쟁의 정도가 심해진다. 예 짚신벌레(카우다툼)와 애기짚신벌레(아우렐리아)의 경쟁
   • **경쟁 배타 원리**: 두 개체군이 경쟁한 결과 경쟁에서 이긴 개체군은 살아남고, 경쟁에서 진 개체군은 경쟁 지역에서 사라지는 현상이다.

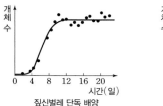 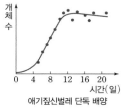 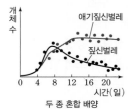

짚신벌레(카우다툼)와 애기짚신벌레(아우렐리아)의 경쟁

② **분서(생태 지위 분화)**: 생태적 지위가 비슷한 개체군들이 서식지, 먹이, 활동 시기 등을 달리하여 경쟁을 피하는 현상이다. 예 한 그루의 나무에 서식하는 여러 종의 솔새가 경쟁을 피하기 위해 서로 다른 공간에서 살아간다.

③ **포식과 피식**: 두 개체군 사이의 먹고 먹히는 관계를 말한다. 예 스라소니(포식자)와 눈신토끼(피식자)
   • 다른 생물을 잡아먹는 생물을 포식자라고 하고, 먹이가 되는 생물을 피식자라고 하며, 포식자를 피식자의 천적이라고 한다.
   • 포식과 피식 관계로 먹이 사슬이 형성되고, 포식과 피식 관계의 개체군은 서로 영향을 미쳐 개체군의 크기에 주기적 변동을 가져오기도 한다.

④ **공생**: 두 개체군이 서로 밀접하게 관계를 맺고 함께 살아가는 것이다.
   • **상리 공생**: 두 개체군이 서로 이익을 얻는 경우이다.
   예 흰동가리와 말미잘, 콩과식물과 뿌리혹박테리아
   • **편리공생**: 한 개체군은 이익을 얻지만, 다른 개체군은 이익도 손해도 없는 경우이다.
   예 빨판상어와 거북, 황로와 물소

⑤ **기생**: 한 개체군이 다른 개체군에 피해를 주면서 생활하는 것이다.
   예 동물의 몸에 사는 기생충, 식물에 기생하는 겨우살이
   • 기생 관계에서 이익을 얻는 생물을 기생 생물, 손해를 입는 생물을 숙주라고 한다.

⑥ **개체군 사이의 상호 작용에 따른 개체 수 변화**
   • **(가)**: 종 B가 사라지므로 경쟁 배타가 일어났다.
   • **(나)**: 단독 배양할 때보다 두 종 모두 개체 수가 늘어났으므로 상리 공생이 일어났다.

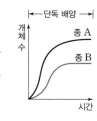

솔새의 분서(생태 지위 분화)

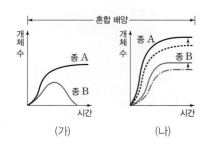

(가)　　　(나)

탐구자료 살펴보기 **군집 내 개체군 사이의 상호 작용**

자료 탐구

표는 군집 내 개체군 사이의 상호 작용을 나타낸 것이다. (가)~(다)는 각각 종간 경쟁, 기생, 상리 공생 중 하나이다. '+'는 이익을 얻는 것, '−'는 손해를 입는 것, '0'은 이익도 손해도 없는 것을 나타낸다.

상호 작용	(가)	(나)	(다)	편리공생	포식과 피식
개체군 A	+	−	−	+	+
개체군 B	+	+	−	0	−

탐구 분석

상리 공생은 두 개체군이 공생하면서 서로 이익을 얻는 것이므로 (가)는 상리 공생이다. 숙주는 손해를 입게 되고, 기생 생물은 이익을 얻게 되므로 (나)는 기생이다. 먹이와 서식 공간 등의 자원을 두고 두 개체군이 경쟁을 하면 서로 손해를 입게 되므로 (다)는 종간 경쟁이다.

○ 군집의 천이
- 1차 천이: 토양 형성 ×
  - 건성 천이: 건조한 지역
  - 습성 천이: 습한 지역
- 2차 천이: 토양 형성 ○

1. [탐구자료 살펴보기]의 (나)에서 개체군 A는 ( )에 해당하고, 개체군 B는 ( )에 해당한다.

2. 군집의 천이는 토양이 형성되지 않은 곳에서 시작하는 ( ) 천이와 토양이 이미 형성되어 있는 곳에서 시작하는 ( ) 천이로 구분할 수 있다.

※ ○ 또는 ×

3. 참나무는 양수에 해당하고, 소나무는 음수에 해당한다. ( )

4. 지의류는 건조한 지역에서 일어나는 1차 천이의 개척자에 해당한다. ( )

(6) 군집의 천이: 군집의 종 구성과 특성이 시간이 지남에 따라 변하는 과정이다.
① **1차 천이**: 생물이 없고 토양이 형성되지 않은 곳에서 토양의 형성 과정부터 시작하는 천이이다.
- **건성 천이**: 건조한 지역(용암 대지와 같은 불모지)에서 시작되며, 지의류가 개척자로 들어온다. 지의류에 의해 바위의 풍화가 촉진되어 토양이 형성되고, 토양의 수분과 양분 함량이 증가하여 초원이 형성된 후 관목이 우점하는 군집이 된다. 이후 강한 빛에서 빠르게 자라는 소나무와 같은 양수가 우점하는 양수림이 형성된다. 양수림이 형성되면 숲의 상층에서 많은 빛이 흡수되어 하층에 도달하는 빛의 세기가 약해진다. 이에 따라 약한 빛에서도 잘 자라는 참나무와 같은 음수의 묘목이 자라면서 양수와 음수의 혼합림이 형성된다. 음수가 번성하여 혼합림이 점차 음수림으로 전환된다.
- **습성 천이**: 습한 곳(호수, 연못 등)에서 시작되며, 빈영양호에 유기물과 퇴적물이 쌓여 습원(습지)이 형성되고 초원을 거쳐 건성 천이와 같은 과정을 거친다.
② **2차 천이**: 기존의 식물 군집이 있었던 곳에 산불, 산사태, 벌목 등이 일어나 군집이 파괴된 후, 기존에 남아 있던 토양에서 시작하는 천이이다.
- 토양이 이미 형성되어 있는 곳에 종자나 식물의 뿌리 등이 남아 있어 보통 1차 천이보다 빠른 속도로 진행된다.
- 주로 초본(풀)이 개척자로 들어오며, 초원이 형성된 후 1차 천이와 같은 과정으로 일어난다.
③ **극상**: 천이의 마지막 단계로 안정된 상태를 말한다.

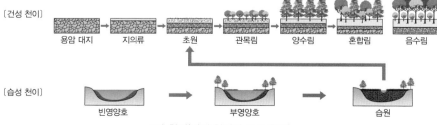

1차 천이(건성 천이와 습성 천이)

정답
1. 숙주, 기생 생물
2. 1차, 2차
3. ×
4. ○

01 그림은 생태계를 구성하는 요소 사이의 상호 관계와 물질 이동을 나타낸 것이다. A~C는 분해자, 생산자, 소비자를 순서 없이 나타낸 것이다. [25025-0245]

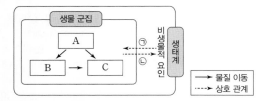

이에 대한 설명으로 옳은 것만을 〈보기〉에서 있는 대로 고른 것은?

〈 보기 〉
ㄱ. 물질은 A에서 B로 먹이 사슬을 따라 이동한다.
ㄴ. C는 분해자이다.
ㄷ. 빛의 세기가 참나무의 생장에 영향을 미치는 것은 ㉠의 예에 해당한다.

① ㄱ　　② ㄷ　　③ ㄱ, ㄴ　　④ ㄴ, ㄷ　　⑤ ㄱ, ㄴ, ㄷ

02 그림은 생태계를 구성하는 요소 사이의 상호 관계를, 표는 상호 관계 (가)~(다)의 예를 나타낸 것이다. (가)~(다)는 ㉠~㉢을 순서 없이 나타낸 것이다. [25025-0246]

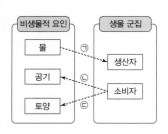

상호 관계	예
(가)	지렁이의 배설물에 의해 토양이 비옥해진다.
(나)	인간의 산업 활동에 의해 대기의 온실 기체 농도가 증가한다.
(다)	?

이에 대한 설명으로 옳은 것만을 〈보기〉에서 있는 대로 고른 것은?

〈 보기 〉
ㄱ. (가)는 ㉢이다.
ㄴ. 물이 부족한 곳에 사는 식물의 뿌리와 저수 조직이 발달하는 것은 (다)의 예에 해당한다.
ㄷ. 생물적 요인과 비생물적 요인은 서로 영향을 주고받는다.

① ㄱ　　② ㄷ　　③ ㄱ, ㄴ　　④ ㄴ, ㄷ　　⑤ ㄱ, ㄴ, ㄷ

03 그림은 어떤 개체군의 생장 곡선 A와 B를 나타낸 것이다. A와 B는 각각 실제 생장 곡선과 이론적 생장 곡선 중 하나이다. [25025-0247]

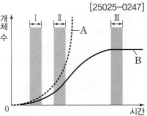

이에 대한 설명으로 옳은 것만을 〈보기〉에서 있는 대로 고른 것은? (단, 이 개체군에서 이입과 이출은 없으며, 서식지의 면적은 일정하다.)

〈 보기 〉
ㄱ. A는 이론적 생장 곡선이다.
ㄴ. A에서 개체군의 밀도는 구간 Ⅰ에서가 구간 Ⅱ에서보다 크다.
ㄷ. B에서 개체군에 작용하는 환경 저항은 구간 Ⅱ에서가 구간 Ⅲ에서보다 크다.

① ㄱ　　② ㄴ　　③ ㄱ, ㄴ　　④ ㄱ, ㄷ　　⑤ ㄴ, ㄷ

04 그림은 생존 곡선 Ⅰ형, Ⅱ형, Ⅲ형을, 표는 동물 종 ㉠과 ㉡의 특징을 나타낸 것이다. 특정 시기의 사망률은 그 시기 동안 사망한 개체 수를 그 시기가 시작된 시점의 총개체 수로 나눈 값이다. [25025-0248]

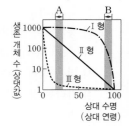

• ㉠은 한 번에 적은 수의 자손을 낳으며, 초기 사망률이 후기 사망률보다 낮다.
• ㉡은 한 번에 많은 수의 자손을 낳으며, 초기 사망률이 후기 사망률보다 높다.
• ㉠과 ㉡의 생존 곡선은 각각 Ⅰ형과 Ⅲ형 중 하나에 해당한다.

이에 대한 설명으로 옳은 것만을 〈보기〉에서 있는 대로 고른 것은?

〈 보기 〉
ㄱ. ㉡의 생존 곡선은 Ⅰ형에 해당한다.
ㄴ. Ⅱ형의 생존 곡선을 나타내는 종에서 A 시기 동안 사망한 개체 수는 B 시기 동안 사망한 개체 수와 같다.
ㄷ. 부모의 어린 자손에 대한 보호 행동은 ㉠에서가 ㉡에서보다 뚜렷하게 나타난다.

① ㄱ　　② ㄷ　　③ ㄱ, ㄴ　　④ ㄴ, ㄷ　　⑤ ㄱ, ㄴ, ㄷ

[25025–0249]

05 그림은 우리나라의 지역 **A**와 **B**의 인구 분포를 연령 피라미드로 나타낸 것이다. **A**와 **B**의 연령 피라미드는 각각 쇠퇴형과 안정형 중 하나에 해당한다.

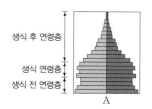
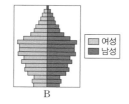

생식 후 연령층
생식 연령층
생식 전 연령층

☐ 여성 ■ 남성

A   B

이에 대한 설명으로 옳은 것만을 〈보기〉에서 있는 대로 고른 것은? (단, 제시된 조건 이외는 고려하지 않는다.)

〔 보기 〕
ㄱ. A의 연령 피라미드는 안정형에 해당한다.
ㄴ. A와 B 중 인구수가 감소할 가능성이 높은 지역은 B이다.
ㄷ. $\dfrac{\text{생식 연령층의 인구수}}{\text{생식 전 연령층의 인구수}}$ 는 A에서가 B에서보다 크다.

① ㄱ   ② ㄷ   ③ ㄱ, ㄴ   ④ ㄴ, ㄷ   ⑤ ㄱ, ㄴ, ㄷ

[25025–0251]

07 그림은 어떤 지역에 **1 m × 1 m** 크기의 방형구 **2**개를 설치하여 조사한 식물 종 **A~C**의 분포를, 표는 **A~C**의 상대 피도를 나타낸 것이다.

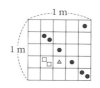

▲ 종 A
☐ 종 B
● 종 C

종	상대 피도(%)
A	?
B	30
C	30

이에 대한 설명으로 옳은 것만을 〈보기〉에서 있는 대로 고른 것은? (단, 방형구에 나타낸 각 도형은 식물 **1**개체를 의미하며, **A~C** 이외의 종은 고려하지 않는다.)

〔 보기 〕
ㄱ. B의 밀도는 4 /m²이다.
ㄴ. C의 상대 빈도는 20 %이다.
ㄷ. 중요치가 가장 큰 종은 A이다.

① ㄱ   ② ㄷ   ③ ㄱ, ㄴ   ④ ㄴ, ㄷ   ⑤ ㄱ, ㄴ, ㄷ

[25025–0250]

06 표는 생물 사이의 상호 작용 **A~C**의 예를 나타낸 것이다. **A~C**는 리더제, 순위제, 사회생활을 순서 없이 나타낸 것이다.

상호 작용	예
A	높은 순위의 닭은 낮은 순위의 닭보다 모이를 먼저 먹는다.
B	우두머리 하이에나는 무리의 사냥 시기와 사냥감을 결정한다.
C	ⓐ여왕벌은 생식을 담당하고, ⓑ일벌은 먹이 획득을 담당한다.

이에 대한 설명으로 옳은 것만을 〈보기〉에서 있는 대로 고른 것은?

〔 보기 〕
ㄱ. A는 과도한 종내 경쟁을 완화하는 상호 작용이다.
ㄴ. B는 순위제이다.
ㄷ. ⓐ는 ⓑ와 한 개체군을 이룬다.

① ㄱ   ② ㄴ   ③ ㄱ, ㄷ   ④ ㄴ, ㄷ   ⑤ ㄱ, ㄴ, ㄷ

[25025–0252]

08 표는 방형구법을 이용하여 어떤 지역의 식물 군집을 조사한 결과를 나타낸 것이다. 종 **A**의 상대 밀도와 상대 빈도는 서로 같다.

종	개체 수	빈도	상대 피도(%)	중요치
A	12	0.2	25	45
B	36	ⓐ	15	?
C	?	0.7	25	?
D	24	0.3	?	?

이에 대한 설명으로 옳은 것만을 〈보기〉에서 있는 대로 고른 것은? (단, **A~D** 이외의 종은 고려하지 않는다.)

〔 보기 〕
ㄱ. ⓐ는 0.8이다.
ㄴ. 지표를 덮고 있는 면적이 가장 큰 종은 C이다.
ㄷ. 이 식물 군집의 우점종은 B이다.

① ㄱ   ② ㄷ   ③ ㄱ, ㄴ   ④ ㄴ, ㄷ   ⑤ ㄱ, ㄴ, ㄷ

09 그림은 연평균 기온과 강수량에 따른 생물 군집 A~D의 분포를 나타낸 것이다. A~D는 각각 툰드라, 열대 사막, 열대 우림, 낙엽 활엽수림 중 하나이다.

[25025-0253]

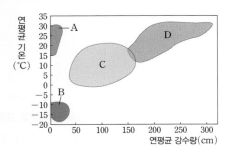

이에 대한 설명으로 옳은 것만을 〈보기〉에서 있는 대로 고른 것은?

〔 보기 〕
ㄱ. A는 D보다 강수량이 많은 지역에서 형성된다.
ㄴ. B는 툰드라이다.
ㄷ. B는 C보다 고위도에 분포한다.

① ㄱ   ② ㄷ   ③ ㄱ, ㄴ   ④ ㄴ, ㄷ   ⑤ ㄱ, ㄴ, ㄷ

10 표 (가)는 종 사이의 상호 작용 A~C를, (나)는 C의 예를 나타낸 것이다. A~C는 경쟁, 상리 공생, 포식과 피식을 순서 없이 나타낸 것이고, ㉠과 ㉡은 손해와 이익을 순서 없이 나타낸 것이다.

[25025-0254]

상호 작용	종 1	종 2
A	㉠	㉠
B	㉠	㉡
C	㉡	㉡

(가)

매와 참매는 같은 종류의 먹이를 두고 서로 다툰다.

(나)

이에 대한 설명으로 옳은 것만을 〈보기〉에서 있는 대로 고른 것은?

〔 보기 〕
ㄱ. ㉠은 손해이다.
ㄴ. B는 포식과 피식이다.
ㄷ. (나)에서 매는 참매와 한 개체군을 이룬다.

① ㄱ   ② ㄴ   ③ ㄷ   ④ ㄱ, ㄴ   ⑤ ㄴ, ㄷ

11 다음은 동물 종 사이의 상호 작용에 대한 자료이다.

[25025-0255]

(가) ⓐ달팽이가 ⓑ양의 배설물에 들어 있는 섬유소를 섭취하는 과정에서 창형흡충의 알이 달팽이의 몸속으로 들어가며, 알은 발생과 생장 과정을 거쳐 애벌레가 된다.

(나) 개미가 달팽이의 점액을 섭취하는 과정에서 창형흡충의 애벌레가 개미의 몸속으로 들어가며, 애벌레는 발생과 생장 과정을 거쳐 성체가 된다. 창형흡충은 개미로부터 영양분을 흡수하여 살아간다.

(다) 창형흡충은 개미의 신경계를 교란하는 물질을 분비하여 개미가 풀잎 끝에 매달리는 이상 행동을 하도록 유도한다.

(라) 양이 풀을 섭취하는 과정에서 개미와 함께 창형흡충이 양의 몸속으로 들어가며, ㉠창형흡충은 번식하여 알을 낳는다. 알은 배설물과 함께 양의 몸밖으로 배출된다.

이에 대한 설명으로 옳은 것만을 〈보기〉에서 있는 대로 고른 것은? (단, 제시된 조건 이외는 고려하지 않는다.)

〔 보기 〕
ㄱ. ㉠은 생물의 특성 중 생식과 유전의 예에 해당한다.
ㄴ. 창형흡충은 개미와의 상호 작용을 통해 이익을 얻는다.
ㄷ. ⓐ와 ⓑ는 같은 군집에 속한다.

① ㄱ   ② ㄷ   ③ ㄱ, ㄴ   ④ ㄴ, ㄷ   ⑤ ㄱ, ㄴ, ㄷ

12 그림은 어떤 지역에서의 식물 군집의 천이 과정을 나타낸 것이다. A~C는 양수림, 음수림, 초원을 순서 없이 나타낸 것이다.

[25025-0256]

용암 대지 → 지의류 → A → 관목림 → B → 혼합림 → C

이에 대한 설명으로 옳은 것만을 〈보기〉에서 있는 대로 고른 것은?

〔 보기 〕
ㄱ. 이 지역에서 일어난 천이는 2차 천이이다.
ㄴ. B는 양수림이다.
ㄷ. 지표면에 도달하는 빛의 세기는 A에서가 C에서보다 크다.

① ㄱ   ② ㄷ   ③ ㄱ, ㄴ   ④ ㄴ, ㄷ   ⑤ ㄱ, ㄴ, ㄷ

01 그림은 생태계를 구성하는 요소 사이의 상호 관계를, 표는 상호 관계 (가)~(라)의 예를 나타낸 것이다. (가)~(라)는 ㉠~㉣을 순서 없이 나타낸 것이다. [25025-0257]

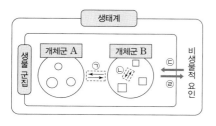

상호 관계	예
(가)	비버는 강에 댐을 쌓아 숲을 습지로 만든다.
(나)	생태적 지위가 비슷한 서로 다른 종의 새가 경쟁을 피해 활동 영역을 나누어 살아간다.
(다)	ⓐ영양염류의 유입으로 식물성 플랑크톤의 개체 수가 증가한다.
(라)	?

이에 대한 설명으로 옳은 것만을 〈보기〉에서 있는 대로 고른 것은?

┌─ 보기 ────────────────────────
ㄱ. (나)는 ㉡이다.
ㄴ. ⓐ는 생물적 요인에 해당한다.
ㄷ. 같은 종의 개미가 일을 분담하며 협력하는 것은 (라)의 예에 해당한다.
└──────────────────────────────

① ㄱ   ② ㄷ   ③ ㄱ, ㄴ   ④ ㄴ, ㄷ   ⑤ ㄱ, ㄴ, ㄷ

생태계는 생물적 요인과 비생물적 요인으로 구성되며, 생태계를 구성하는 요인은 서로 영향을 주고받는다.

02 다음은 지리산 반달가슴곰 복원 사업에 대한 자료이다. [25025-0258]

• 한반도 전역에 서식하던 반달가슴곰은 서식지 파괴와 불법 포획 등으로 멸종 위기에 처해 있으며, 2004년 지리산 국립 공원에서 복원 사업이 시작되었다.
• 표는 2017년에 어떤 과학자가 수행한 지리산에 서식하는 반달가슴곰의 예상 개체 수와 서식지의 환경 수용력에 대한 연구 결과의 일부를 나타낸 것이다.

개체 수 (2017년)	예상되는 개체 수 변화 요인 (2018년~2027년)				예상 개체 수 (2027년)	환경 수용력
	출생	사망	이입	이출		
56	62	30	10	0	ⓐ	78

• 복원 사업이 시작된 지 20년이 된 2024년 지리산에 서식하는 반달가슴곰의 개체 수는 86이다.

이에 대한 설명으로 옳은 것만을 〈보기〉에서 있는 대로 고른 것은? (단, 지리산의 반달가슴곰에 대한 환경 수용력은 일정하다.)

┌─ 보기 ────────────────────────
ㄱ. 지리산 반달가슴곰 복원 사업은 국가적 수준의 생물 다양성 보전 방안에 해당한다.
ㄴ. ⓐ는 98이다.
ㄷ. 2024년 지리산에 서식하는 반달가슴곰의 개체 수는 서식지의 환경 수용력보다 크다.
└──────────────────────────────

① ㄱ   ② ㄴ   ③ ㄱ, ㄷ   ④ ㄴ, ㄷ   ⑤ ㄱ, ㄴ, ㄷ

개체군을 구성하는 개체 수를 증가시키는 요인으로는 출생과 이입이 있고, 감소시키는 요인으로는 사망과 이출이 있다.

[25025-0259]

03 그림은 동물 종 A~C의 상대 수명(상대 연령)에 따른 사망률을 나타낸 것이다. 특정 시기의 사망률은 그 시기 동안 사망한 개체 수를 그 시기가 시작된 시점의 총개체 수로 나눈 값이고, A~C의 생존 곡선은 각각 Ⅰ형, Ⅱ형, Ⅲ형 중 하나에 해당한다.

이에 대한 설명으로 옳은 것만을 〈보기〉에서 있는 대로 고른 것은?

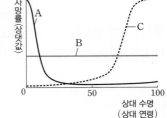

Ⅰ형의 생존 곡선을 나타내는 종은 초기 사망률이 후기 사망률보다 낮고, Ⅱ형의 생존 곡선을 나타내는 종은 사망률이 일정하며, Ⅲ형의 생존 곡선을 나타내는 종은 초기 사망률이 후기 사망률보다 높다.

〈 보기 〉
ㄱ. B의 생존 곡선은 Ⅱ형에 해당한다.
ㄴ. 어린 개체의 사망률은 Ⅰ형에서가 Ⅲ형에서보다 높다.
ㄷ. 한 번에 낳는 자손의 수는 C가 A보다 많다.

① ㄱ   ② ㄷ   ③ ㄱ, ㄴ   ④ ㄴ, ㄷ   ⑤ ㄱ, ㄴ, ㄷ

[25025-0260]

04 다음은 어떤 과학자가 수행한 탐구이다.

포식과 피식에 의해 두 개체군의 크기가 주기적으로 변동한다.

(가) 어떤 지역에서 포식자 A가 은신처에 숨어 있는 피식자 B를 발견하지 못하고 지나치는 것을 관찰하였다.
(나) B의 은신처를 인위적으로 제거하면 A와 B 사이의 상호 작용의 결과로 A와 B가 모두 서식지에서 사라질 것이라는 가설을 세웠다.
(다) A와 B가 함께 서식하는 지역을 Ⅰ과 Ⅱ로 나눈 후, Ⅰ에서만 B의 은신처를 제거하였다.
(라) 일정 시간이 지난 후, ㉠과 ㉡에서 A와 B의 개체 수 변화를 조사한 결과는 그림과 같다. ㉠과 ㉡은 Ⅰ과 Ⅱ를 순서 없이 나타낸 것이고, ⓐ와 ⓑ는 A와 B를 순서 없이 나타낸 것이다.

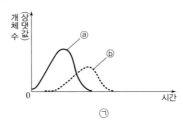
㉠

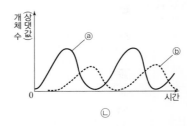
㉡

(마) B의 은신처를 인위적으로 제거하면 A와 B가 모두 서식지에서 사라진다는 결론을 내렸다.

이에 대한 설명으로 옳은 것만을 〈보기〉에서 있는 대로 고른 것은? (단, 제시된 조건 이외는 고려하지 않는다.)

〈 보기 〉
ㄱ. ㉠은 Ⅱ이다.
ㄴ. ⓑ는 A이다.
ㄷ. 피식자의 은신처 파괴는 생물 다양성 감소의 원인이다.

① ㄱ   ② ㄷ   ③ ㄱ, ㄴ   ④ ㄴ, ㄷ   ⑤ ㄱ, ㄴ, ㄷ

05 그림은 동물 종 A~D가 식물 종 P의 씨앗을 섭취하는 양을 씨앗의 크기에 따라 나타낸 것이고, 표는 A, ㉠~㉢ 중 두 종 사이에서 경쟁의 발생 여부를 나타낸 것이다. 구간 Ⅰ~Ⅲ에서만 두 종 사이에 경쟁이 발생하였다. ㉠~㉢은 B~D를 순서 없이 나타낸 것이고, ⓐ와 ⓑ는 '○'와 '×'를 순서 없이 나타낸 것이다.

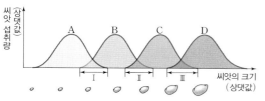

종＼종	A	㉠	㉡	㉢
A	—	ⓐ	ⓑ	ⓐ
㉠	ⓐ	—	ⓐ	ⓑ
㉡	ⓑ	ⓐ	—	ⓑ
㉢	ⓐ	ⓑ	ⓑ	—

(○: 발생함, ×: 발생하지 않음)

이에 대한 설명으로 옳은 것만을 〈보기〉에서 있는 대로 고른 것은? (단, 제시된 조건 이외는 고려하지 않는다.)

┤ 보기 ├
ㄱ. ⓑ는 '○'이다.
ㄴ. ㉠은 B이다.
ㄷ. 구간 Ⅲ에서 ㉡과 ㉢ 사이에 경쟁이 일어났다.

① ㄱ   ② ㄴ   ③ ㄱ, ㄷ   ④ ㄴ, ㄷ   ⑤ ㄱ, ㄴ, ㄷ

생태적 지위가 유사한 두 개체군이 같은 장소에 서식하게 되면 한정된 먹이와 서식 공간을 차지하기 위한 종간 경쟁이 일어난다.

---

06 표는 어떤 지역에 면적이 1 m²인 5개의 방형구 Ⅰ~Ⅴ를 설치하여 식물 종 A~D의 개체 수와 1개체당 지표를 덮는 면적을 조사한 결과를 나타낸 것이다.

구분	개체 수					1개체당 지표를 덮는 면적(m²)
	Ⅰ	Ⅱ	Ⅲ	Ⅳ	Ⅴ	
A	0	0	0	5	0	0.04
B	10	0	7	3	0	0.01
C	10	15	15	0	10	0.002
D	12	0	0	0	13	0.02

이에 대한 설명으로 옳은 것만을 〈보기〉에서 있는 대로 고른 것은? (단, 각 개체는 서로 겹쳐 있지 않으며, A~D 이외의 종은 고려하지 않는다.)

┤ 보기 ├
ㄱ. A의 빈도는 B의 빈도보다 크다.
ㄴ. 피도가 가장 작은 종은 C이다.
ㄷ. 이 식물 군집의 우점종은 D이다.

① ㄱ   ② ㄴ   ③ ㄱ, ㄷ   ④ ㄴ, ㄷ   ⑤ ㄱ, ㄴ, ㄷ

어떤 군집의 우점종은 중요치가 가장 커서 그 군집을 대표할 수 있는 종을 의미하며, 각종의 중요치는 상대 밀도, 상대 빈도, 상대 피도를 더한 값이다.

[25025–0263]

07 표는 서로 다른 지역 Ⅰ과 Ⅱ의 식물 군집을 조사한 결과를 나타낸 것이다. 면적은 Ⅰ이 Ⅱ의 2배이고, Ⅰ에서 지표를 덮고 있는 면적은 C가 B의 2배이다. ㉠~㉢은 상대 밀도, 상대 빈도, 상대 피도를 순서 없이 나타낸 것이다.

지역	종	개체 수	㉠(%)	㉡(%)	㉢(%)
Ⅰ	A	?	32	?	25
	B	24	?	15	?
	C	51	34	20	40
	D	?	18	30	15
Ⅱ	A	64	?	30	30
	B	?	10	30	10
	C	?	30	24	?
	D	32	?	?	25

이에 대한 설명으로 옳은 것만을 〈보기〉에서 있는 대로 고른 것은? (단, A~D 이외의 종은 고려하지 않는다.)

┌ 보기 ┐
ㄱ. Ⅰ에서 중요치가 가장 큰 종은 A이다.
ㄴ. Ⅱ에서 C가 출현한 방형구의 수는 D가 출현한 방형구의 수보다 많다.
ㄷ. B의 개체군 밀도는 Ⅰ에서가 Ⅱ에서보다 작다.
└─────┘

① ㄱ   ② ㄴ   ③ ㄱ, ㄷ   ④ ㄴ, ㄷ   ⑤ ㄱ, ㄴ, ㄷ

A~D 각각의 상대 밀도의 합, 상대 빈도의 합, 상대 피도의 합은 100 %이며, 우점종은 상대 밀도, 상대 빈도, 상대 피도를 모두 합한 중요치가 가장 큰 종이다.

[25025–0264]

08 표 (가)는 생물 사이의 상호 작용에서 나타나는 3가지 특징을, (나)는 (가)의 특징 중 생물 사이의 상호 작용 A, B와 텃세에서 나타나는 특징의 개수를 나타낸 것이다. A와 B는 기생과 상리 공생을 순서 없이 나타낸 것이다.

특징
• ㉠개체군 내의 상호 작용이다.
• 상호 작용을 하는 두 개체군 중 이익을 얻는 개체군이 있다.
• 상호 작용을 하는 두 개체군 중 손해를 입는 개체군이 있다.

(가)

상호 작용	특징의 개수
A	1
B	2
텃세	ⓐ

(나)

이에 대한 설명으로 옳은 것만을 〈보기〉에서 있는 대로 고른 것은?

┌ 보기 ┐
ㄱ. A는 상리 공생이다.
ㄴ. ⓐ는 1이다.
ㄷ. 분서는 ㉠에 해당한다.
└─────┘

① ㄱ   ② ㄷ   ③ ㄱ, ㄴ   ④ ㄴ, ㄷ   ⑤ ㄱ, ㄴ, ㄷ

개체군 내의 상호 작용에는 텃세, 순위제, 리더제, 사회생활, 가족생활 등이 있고, 군집 내 개체군 사이의 상호 작용에는 종간 경쟁, 분서, 포식과 피식, 상리 공생, 편리공생, 기생 등이 있다.

09 표는 어떤 지역에 서식하는 생물종 A~D에 대한 자료이고, 그림은 두 집단 ㉠과 ㉡이 D로부터 공격받는 횟수를 나타낸 것이다. ㉠과 ㉡은 'A에 감염된 B'와 'A에 감염되지 않은 B'를 순서 없이 나타낸 것이다.

[25025-0265]

- 동물 A는 동물 B의 내부에 살면서 B로부터 양분을 얻어 증식하고, A에 감염된 B의 특정 부위는 식물 C의 열매처럼 빨갛게 부풀어 오른다.
- C의 열매를 섭취하는 동물 D는 A에 감염된 B의 특정 부위를 C의 열매로 인식하여 B를 공격하고, 이를 통해 D의 내부로 들어온 A는 D로부터 양분을 얻어 증식한다.

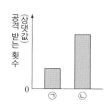

이에 대한 설명으로 옳은 것만을 〈보기〉에서 있는 대로 고른 것은? (단, 제시된 조건 이외는 고려하지 않는다.)

〈 보기 〉
ㄱ. A와 B 사이의 상호 작용은 기생에 해당한다.
ㄴ. C의 광합성을 통해 대기 중의 이산화 탄소(CO_2)가 유기물로 합성된다.
ㄷ. ㉡은 'A에 감염되지 않은 B'이다.

① ㄱ   ② ㄷ   ③ ㄱ, ㄴ   ④ ㄴ, ㄷ   ⑤ ㄱ, ㄴ, ㄷ

> 군집 내 개체군 사이의 상호 작용에는 종간 경쟁, 분서, 포식과 피식, 상리 공생, 편리공생, 기생 등이 있다.

10 그림 (가)는 어떤 지역의 식물 군집에서 벌목이 일어나기 전과 후의 천이 과정 일부를 나타낸 것이고, A~C는 초원, 관목림, 음수림을 순서 없이 나타낸 것이다. 그림 (나)는 ㉠~㉢에서 관목, 교목, 초본이 지표를 차지하는 면적의 비율을 나타낸 것이고, ㉠~㉢은 A~C를 순서 없이 나타낸 것이다.

[25025-0266]

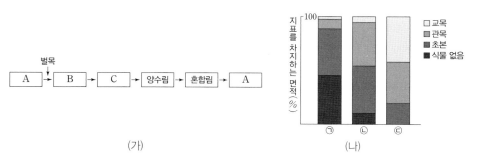

(가)   (나)

이에 대한 설명으로 옳은 것만을 〈보기〉에서 있는 대로 고른 것은?

〈 보기 〉
ㄱ. ㉡은 C이다.
ㄴ. 지표면에 도달하는 빛의 세기는 ㉠에서가 ㉢에서보다 크다.
ㄷ. 이 지역에서 2차 천이가 일어났다.

① ㄱ   ② ㄴ   ③ ㄱ, ㄷ   ④ ㄴ, ㄷ   ⑤ ㄱ, ㄴ, ㄷ

> 2차 천이는 기존의 식물 군집이 있었던 곳에 산불, 산사태, 벌목 등이 일어나 군집이 파괴된 후, 기존에 남아 있던 토양에서 시작하는 천이이다.

12 에너지 흐름과 물질 순환, 생물 다양성

개념 체크

➡ 순생산량은 총생산량에서 호흡량을 뺀 값임

➡ 에너지는 생태계 내에서 순환하지 않고 한 방향으로만 흐름

1. 총생산량은 생산자가 일정 기간 동안 (　　　)을 통해 합성한 유기물의 총량이다.

2. 생물의 사체나 배설물 등에 저장된 화학 에너지는 (　　　)의 세포 호흡에 의해 생명 활동에 사용된다.

※ ○ 또는 ×

3. 식물의 생장량은 식물의 순생산량에 포함된다.
(　　　)

4. 생태계 내에서 에너지는 순환한다.　(　　　)

1 물질의 생산과 소비

생태계는 에너지 흐름과 물질 순환을 통해 생물적 요인과 비생물적 요인이 연결된 역동적인 시스템으로, 물질 생산과 물질 소비가 균형을 이루고 있다.

(1) **총생산량**: 생산자가 일정 기간 동안 광합성을 통해 합성한 유기물의 총량이다.

(2) **호흡량**: 생물이 자신의 생활에 필요한 에너지를 얻기 위해 호흡에 소비한 유기물의 양이다.

(3) **순생산량**: 총생산량에서 호흡량을 제외한 유기물의 양(총생산량 − 호흡량)이다.

> 총생산량 = 호흡량 + 순생산량(피식량 + 고사 · 낙엽량 + 생장량)

(4) **생장량**: 생물의 생장에 이용된 유기물의 총량으로, 순생산량 중에서 피식량, 고사 · 낙엽량을 제외하고 생물체에 남아 있는 유기물의 양이다.

(5) 식물(생산자)의 피식량은 초식 동물(1차 소비자)의 섭식량과 같으며, 초식 동물의 동화량은 섭식량에서 배출량을 제외한 유기물의 양이다.

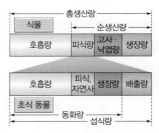

식물과 초식 동물의 물질 생산과 소비

2 에너지 흐름

(1) **에너지 흐름**: 생태계 내에서 에너지는 순환하지 않고, 한 방향으로만 흐른다.

① 생태계에 공급되는 주요 에너지원은 태양의 빛에너지이며, 빛에너지는 생산자의 광합성에 의해 유기물의 화학 에너지로 전환된다.

② 유기물에 저장된 화학 에너지 중 일부는 세포 호흡을 통해 생명 활동을 유지하는 데 사용되고 열에너지로 전

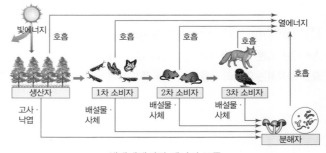

생태계에서의 에너지 흐름

환되어 생태계 밖으로 방출된다. 결국 각 영양 단계가 가지는 화학 에너지의 일부만 유기물 형태로 먹이 사슬을 따라 상위 영양 단계로 이동하고, 상위 영양 단계로 갈수록 각 영양 단계의 생물이 사용할 수 있는 에너지양은 감소한다.

③ 생물의 사체나 배설물 등에 저장된 화학 에너지는 분해자의 세포 호흡에 의해 생명 활동에 사용되고 열에너지로 전환되어 생태계 밖으로 방출된다.

④ 생태계 내에서 에너지는 순환하지 않고 한 방향으로만 흐르기 때문에 생태계가 유지되려면 생태계로 에너지가 계속 유입되어야 한다.

(2) **에너지 효율**

① 에너지 효율은 생태계의 한 영양 단계에서 다음 영양 단계로 이동하는 에너지의 비율로 다음과 같이 나타낸다.

정답
1. 광합성
2. 분해자
3. ○
4. ×

$$\text{에너지 효율}(\%) = \frac{\text{현 영양 단계가 보유한 에너지양}}{\text{전 영양 단계가 보유한 에너지양}} \times 100$$

② 에너지 효율은 일반적으로 상위 영양 단계로 갈수록 증가하는 경향이 있는데, 이는 생태계에 따라 다르게 나타난다.

3 물질 순환

(1) 탄소 순환

① 탄소는 생명체를 구성하는 유기물의 기본 골격을 이루며, 대기에서는 주로 이산화 탄소(CO_2)로, 물속에서는 주로 탄산수소 이온(HCO_3^-)으로 존재한다.

② 생산자(식물, 조류 등)의 광합성을 통해 대기 중의 CO_2(물속의 HCO_3^-)는 유기물로 합성된다.

③ 유기물 중 일부는 먹이 사슬을 따라 생산자에서 소비자로 이동하고, 사체나 배설물의 형태로 분해자에게로 이동한다.

④ 생산자, 소비자, 분해자의 유기물 중 일부는 호흡을 통해 CO_2로 분해되어 대기로 돌아간다.

⑤ 사체나 배설물의 나머지 유기물은 오랜 기간을 거쳐 화석 연료(석탄, 석유 등)가 되고, 이것은 인간의 활동 등으로 연소될 때 CO_2로 분해되어 대기로 돌아간다.

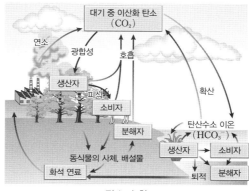

탄소 순환

(2) 질소 순환

질소는 단백질과 핵산을 구성하며, 질소 기체(N_2)는 대기 중의 약 78 % 정도를 차지한다.

① 질소 고정: 대부분의 생물이 직접 이용할 수 없는 대기 중의 질소 기체는 질소 고정 세균(뿌리혹박테리아, 아조토박터 등)에 의해 암모늄 이온(NH_4^+)이 되거나, 공중 방전에 의해 질산 이온(NO_3^-)으로 고정되어 생물에 이용된다.

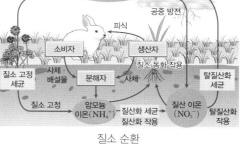

질소 순환

② 질산화 작용: 토양 속의 암모늄 이온은 질산화 세균(아질산균, 질산균)에 의해 질산 이온으로 전환된다.

③ 질소 동화 작용: 암모늄 이온이나 질산 이온은 생산자에 의해 흡수되어 질소 화합물(단백질, 핵산)로 합성된 후, 먹이 사슬을 따라 소비자에게로 이동된다.

④ 생물의 사체나 배설물 속의 질소 화합물은 분해자에 의해 암모늄 이온으로 분해되어 토양으로 돌아간다.

⑤ 탈질산화 작용: 토양 속 질산 이온은 탈질산화 세균에 의해 질소 기체로 전환되어 대기로 돌아간다.

4 에너지 흐름과 물질 순환 비교

생태계 내에서 에너지는 순환하지 않고, 한 방향으로만 이동하여 생태계 밖으로 빠져나간다. 반면, 물질은 생산자에 의해서 무기물이 유기물로, 분해자에 의해서 유기물이 무기물로 전환되면서 생물과 환경 사이를 순환한다.

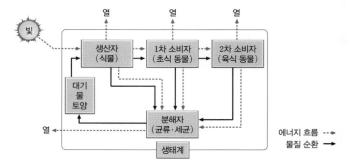

5 생태 피라미드와 생태계의 평형

(1) **생태 피라미드**: 먹이 사슬에서 각 영양 단계에 속하는 생물의 개체 수, 생물량(생체량), 에너지양 등을 하위 영양 단계에서부터 쌓아 올리면 일반적으로 피라미드 형태가 되는데, 이를 생태 피라미드라고 한다.

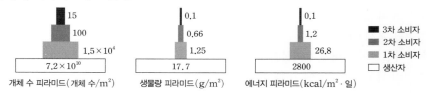

(2) **생태계의 평형**: 생태계의 평형은 일반적으로 그 안에서 생활하고 있는 생물 군집의 구성, 개체 수, 물질의 양, 에너지의 흐름이 일정하게 유지되는 안정된 상태를 말한다.

① **먹이 사슬에 의한 평형 유지**: 생태계 평형은 주로 먹이 사슬에 의해 유지되는데, 먹이 사슬이 복잡할수록 평형을 유지하기 쉬우며 안정된 생태계는 먹이 사슬의 어느 단계에서 일시적으로 변동이 나타나도 시간이 지나면 평형이 회복된다.

② **물질 순환과 에너지 흐름의 안정**: 생태계는 물질 순환과 에너지 흐름이 원활해야 평형을 유지할 수 있다. 안정된 생태계에서는 생산자의 물질 생산과 소비자, 분해자의 물질 소비가 균형을 이루어 물질 순환이 안정적으로 이루어지고, 먹이 사슬에 따른 에너지 흐름도 원활하게 이루어진다.

③ **평형 유지 과정**: '1차 소비자 증가 → 2차 소비자 증가, 생산자 감소 → 1차 소비자 감소 → 2차 소비자 감소, 생산자 증가 → 회복된 상태'의 순서로 일어난다.

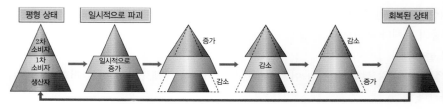

개념 체크

● 일반적으로 개체 수, 생물량, 에너지양은 상위 영양 단계로 갈수록 감소함

● 생태계 평형은 주로 먹이 사슬에 의해 유지됨

1. 생물의 개체 수를 하위 영양 단계에서부터 쌓아 올린 형태의 그림을 (　　) 피라미드라고 한다.

2. (　　)이 복잡할수록 생태계 평형을 유지하기 쉽다.

※ ○ 또는 ×

3. 균류와 세균은 모두 소비자에 해당한다. (　　)

4. 1차 소비자의 개체 수가 증가하면 2차 소비자의 개체 수는 감소한다.
(　　)

정답
1. 개체 수
2. 먹이 사슬(먹이 그물)
3. ×
4. ×

(3) **생태계 평형이 파괴되는 원인**: 안정된 생태계는 다양한 변화에도 평형을 회복할 수 있지 만 조절 능력에는 한계가 있고, 이 한계를 넘어선 외부 요인이 작용하면 생태계 평형은 깨지 고 결국 생태계 전체가 파괴될 수 있다. **예** 천재지변(지진, 홍수, 화산 폭발, 태풍 등), 인간 의 활동(과도한 사냥, 도로와 댐 건설과 같은 인위적인 개발, 화석 연료의 과다 사용, 환경 오염 등) 등

6 생물 다양성

생물 다양성이란 지구의 다양한 환경에 다양한 생물이 살고 있는 것을 의미하며, 생물종의 다양 함뿐만 아니라, 각각의 생물종이 가지는 유전 정보의 다양함, 생물과 환경이 상호 작용하는 생 태계의 다양함까지 모두 포함한다.

들쥐 개체군에서의 유전적 다양성

숲 생태계에서의 종 다양성

넓은 지역에 분포하는 생태계 다양성

(1) 유전적 다양성
① 같은 종이라도 개체군 내의 개체들이 유전자의 변이로 인해 다양한 형질이 나타나는 것을 의 미한다. **예** 아시아무당벌레의 다양한 색과 반점 무늬, 기린의 다양한 털 무늬 등
② 종 내에 다양한 대립유전자가 있으면 유전적 다양성이 높다.
③ 유전적 다양성이 높은 종은 개체들의 형질이 다양하다. → 환경이 급격히 변하거나 전염병이 발생했을 때 살아남을 수 있는 유리한 형질을 가진 개체가 존재할 확률이 높다. → 멸종될 확 률이 낮다.
④ 유전적 다양성은 농작물의 품종 개량에도 도움을 준다. 유용한 유전자를 지닌 야생 식물 종 으로부터 얻은 유전자를 이용해 생산성이 높고 질병에 강한 농작물을 개발하기도 한다.

(2) 종 다양성
① 한 지역에서 종의 다양한 정도를 의미한다.
② 종의 수가 많을수록, 종의 비율(전체 개체 수에서 각 종이 차지하는 비율)이 고를수록 종 다 양성이 높다.
③ 종 다양성이 높을수록 생태계가 안정적으로 유지된다.

(3) 생태계 다양성
① 어떤 지역에 사막, 초원, 삼림, 습지, 산, 호수, 강, 바다 등 다양한 생태계가 존재함을 의미 한다.
② 생태계를 구성하는 생물과 환경 사이의 관계에 관한 다양성을 포함한다.
③ 생태계 다양성이 높은 지역에서는 다양한 환경 조건이 존재하므로 서로 다른 환경에 적응하 여 다양한 종이 나타날 수 있다. 그 결과 유전적 다양성과 종 다양성이 높아진다.

개념 체크

● 유전적 다양성이 높은 종은 멸종될 확률이 낮음

● 종 다양성은 종의 수가 많을수록 종의 비율이 고를수록 높음

1. (　　　)은 지구의 다양한 환경에 다양한 생물이 살고 있는 것을 의미한다.

2. 유전적 다양성은 개체군 내의 개체들이 (　　　)의 변이로 인해 다양한 형질이 나타나는 것을 의미한다.

※ ○ 또는 ×
3. 유전적 다양성이 높은 종은 멸종되기 쉽다. (　　)

4. 생태계 다양성이 높은 지역은 유전적 다양성과 종 다양성이 낮게 나타난다. (　　)

정답
1. 생물 다양성
2. 유전자
3. ×
4. ×

개념 체크

→ 생물 다양성은 생태계의 기능 및 안정성 유지에 중요함

→ 생물 다양성이 높으면 다양한 생물 자원을 얻을 수 있음

1. ( )은 생태계의 기능 및 안정성 유지에 중요하다.

2. 식량이나 의약품과 같이 생태계의 생태적·문화적 가치를 인간이 사회적·심미적 가치로 활용하는 것을 ( )이라고 한다.

※ ○ 또는 ×

3. 생태계 평형이 깨지면 쉽게 회복되지 않거나 회복 시간이 오래 걸린다. ( )

4. 과학의 발달로 생물 자원은 다양하고 새로운 형태로 개발·이용되고 있다. ( )

탐구자료 살펴보기 **종 다양성**

자료 탐구

그림은 서로 다른 군집 Ⅰ~Ⅲ을 구성하고 있는 식물 종을 나타낸 것이다.

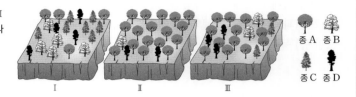

종 A 종 B 종 C 종 D

탐구 분석

구분	개체 수				전체 개체 수	종 수
	종 A	종 B	종 C	종 D		
군집 Ⅰ	4	5	7	4	20	4
군집 Ⅱ	17	1	0	2	20	3
군집 Ⅲ	13	2	2	3	20	4

탐구 point

· Ⅰ~Ⅲ의 전체 개체 수는 동일하나, Ⅰ과 Ⅲ은 종 수가 4, Ⅱ는 종 수가 3이다.
· Ⅰ과 Ⅲ의 식물 종 수와 전체 개체 수는 동일하지만 Ⅰ에서 식물 종이 더 고르게 분포되어 있다. 따라서 종 다양성은 Ⅰ이 Ⅲ보다 높다.
· Ⅰ > Ⅲ > Ⅱ 순으로 종 다양성이 높다.

(4) 생물 다양성의 중요성

① **생태계 안정성 유지**: 생물 다양성은 생태계의 기능 및 안정성 유지에 중요하다.

· 생물 다양성이 높은 생태계는 교란이 있어도 생태계 평형이 유지될 가능성이 크다.
· 생태계 평형이 깨지면 물질 순환과 에너지 흐름에 이상을 초래하여 생물의 생존이 위협을 받게 되고 쉽게 회복되지 않거나 회복 시간이 오래 걸린다.

② **생물 자원**: 다양한 생태계의 생태적·문화적 가치는 인간에게 사회적·심미적 가치를 제공한다.

직접 이용	의식주	인간의 의식주에 필요한 각종 자원 공급 예 목화, 마, 양, 누에 등 → 직물 공급 / 쌀, 밀, 옥수수, 콩 등 → 식량 공급 / 나무, 풀 등 → 주택 재료 공급
	의약품	인류가 사용하는 의약품은 대부분 생물 자원에서 찾아냈거나 생물 자원을 활용하여 생산 예 푸른곰팡이 → 페니실린(항생제) / 주목 → 택솔(항암제) 등
	기타 자원	화석 연료(석탄, 석유, 천연 가스), 땔감, 종이 원료, 천연 향료, 천연 염색약, 고무 등
간접 이용	환경 조절자	· 오염 물질을 처리하는 습지와 해안 지역의 자연 정화 기능 · 홍수나 산사태와 같은 자연재해 예방 예 방풍림 · 적합한 기후 조건을 만드는 식물의 조절자 역할
	지표종	특정 지역의 환경 상태를 알려주는 역할 예 지의류
	관광 자원	휴양림, 갯벌, 습지 등의 생태 관광 자원

③ **다양한 생물 자원의 효율적 이용과 개발**: 과학이 발달함에 따라 생물 자원은 더욱 다양하고 새로운 형태로 개발·이용된다.

예 질병에 대한 저항력을 가진 생물의 유전자를 새로운 농작물 개발에 활용, 극한 환경에 서식하는 생물의 내열성 DNA 중합 효소의 활용, 바이오 에너지 생산 등

정답
1. 생물 다양성
2. 생물 자원
3. ○
4. ○

7 생물 다양성의 보전

(1) 생물 다양성의 위기와 감소 원인
생태계에서 생물 다양성이 감소되는 주요 원인은 인간의 활동과 관련이 있다.

① 서식지 파괴 및 단편화: 숲의 벌채나 습지의 매립 등으로 서식지 면적이 감소되면 그 서식지에서 살아가는 생물의 종 수가 감소하여 생물 다양성이 감소한다. 또한, 대규모 의 서식지가 소규모로 분할되는 서식지 단편화는 서식지 면적을 줄이고, 생물 이동을 제한하여 고립시키기 때문에 그 지역에 서식하는 개체군의 크기가 작아진다. 이는 멸종 으로 이어질 수 있다.

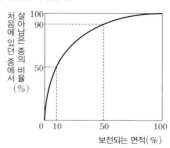

서식지의 면적 변화에 따라
살아남은 종의 비율

과학 돋보기 🔍 **서식지 단편화**

서식지 면적
= 64 ha

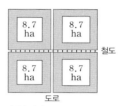

서식지 면적
= 8.7 ha × 4 = 34.8 ha

• 철도, 도로 등에 의해 서식지가 단편화되었을 때 실 제 감소되는 면적이 작다고 하더라도 가장자리의 길이와 면적이 늘어나므로 깊은 숲 속에서 살아가 는 생물의 경우 서식지가 절반 가까이 줄어들게 된 다.
• 서식지 단편화로 발생하는 피해는 생태 통로를 설 치하여 최소화할 수 있다.

② 불법 포획과 남획: 개체 수 보전을 위해 포획이 금지된 종을 포획하는 것을 불법 포획이라고 하고, 어떤 개체군을 회복할 수 없을 정도로 과도하게 포획하는 것을 남획이라고 한다. 불법 포획과 남획으로 일부 종은 멸종 위기에 처해 있다.

③ 환경 오염과 기후 변화: 산업 발달에 따른 대기·수질·토양의 오염과 지구 온난화를 비롯한 여러 기후 변화는 생물 다양성을 감소시키는 요인이다.

④ 외래종의 도입: 고유종의 서식지를 점령하고 먹이 사슬에 변화를 일으키는 외래종은 생물 다 양성을 감소시킨다. 예 블루길, 가시박, 뉴트리아, 돼지풀 등

(2) 생물 다양성의 보전 방안
생물 다양성의 보전을 위해 멸종을 방지하고 생물 다양성의 감소 요인을 줄여야 한다.

① 개인적 수준의 실천 방안: 에너지 절약, 자원 재활용, 친환경(저탄소) 제품 사용 등
② 사회적 수준의 실천 방안: 대정부 감시 기능과 홍보를 위한 비정부 기구(NGO) 활동 등
③ 국가적 수준의 실천 방안: 야생 생물 보호 및 관리에 관한 법률 제정, 국립 공원 지정 및 관 리, 멸종 위기종 복원 사업, 종자 은행을 통한 생물의 유전자 관리 등
④ 국제적 수준의 실천 방안: 생물 다양성 보전 활동과 생태계에 대한 인간의 인식 개선을 위한 다양한 국제 협약 등
　　예 생물 다양성 협약, 람사르 협약, 바젤 협약, 런던 협약 등

01 그림은 어떤 생태계에서 일정 기간 식물 군집의 물질 생산량과 소비량을 나타낸 것이다. ①~©은 각각 피식량, 호흡량, 총생산량 중 하나이다.

[25025–0267]

이에 대한 설명으로 옳은 것만을 〈보기〉에서 있는 대로 고른 것은?

┌─ 보기 ┐
ㄱ. ①은 식물 군집이 생산한 유기물의 총량이다.
ㄴ. ©은 식물이 세포 호흡으로 소비한 유기물량이다.
ㄷ. 1차 소비자의 생장량은 ©보다 크다.
└─────┘

① ㄱ　　② ㄷ　　③ ㄱ, ㄴ　　④ ㄱ, ㄷ　　⑤ ㄴ, ㄷ

02 그림은 어떤 식물 군집에서 유기물량 A와 B의 변화를 나타낸 것이다. A와 B는 각각 호흡량과 총생산량 중 하나이고, ①과 ©은 각각 양수림과 음수림 중 하나이다.

[25025–0268]

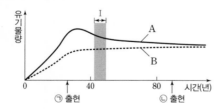

이에 대한 설명으로 옳은 것만을 〈보기〉에서 있는 대로 고른 것은?

┌─ 보기 ┐
ㄱ. A는 호흡량이다.
ㄴ. ①은 양수림이다.
ㄷ. 구간 I에서 $\dfrac{\text{호흡량}}{\text{순생산량}}$은 시간에 따라 증가한다.
└─────┘

① ㄱ　　② ㄴ　　③ ㄷ　　④ ㄱ, ㄷ　　⑤ ㄴ, ㄷ

03 그림은 어떤 생태계에서 탄소가 순환되는 과정의 일부를 나타낸 것이다. A~C는 분해자, 생산자, 소비자를 순서 없이 나타낸 것이다.

[25025–0269]

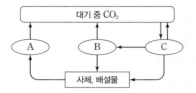

이에 대한 설명으로 옳은 것만을 〈보기〉에서 있는 대로 고른 것은?

┌─ 보기 ┐
ㄱ. 곰팡이는 A에 속한다.
ㄴ. C는 대기 중 CO_2를 이용해 유기물을 생산한다.
ㄷ. A~C는 모두 세포 호흡을 통해 CO_2를 방출한다.
└─────┘

① ㄱ　　② ㄷ　　③ ㄱ, ㄴ　　④ ㄴ, ㄷ　　⑤ ㄱ, ㄴ, ㄷ

04 그림은 생태계 (가)와 (나)에서 영양 단계의 에너지양을 상댓값으로 나타낸 생태 피라미드를 나타낸 것이다.

[25025–0270]

이에 대한 설명으로 옳은 것만을 〈보기〉에서 있는 대로 고른 것은?

┌─ 보기 ┐
ㄱ. 생산자의 에너지양은 (나)에서가 (가)에서보다 많다.
ㄴ. 2차 소비자의 에너지 효율은 (가)에서가 (나)에서보다 높다.
ㄷ. (나)에서 소비자의 에너지 효율은 상위 영양 단계로 갈수록 증가한다.
└─────┘

① ㄱ　　② ㄷ　　③ ㄱ, ㄴ　　④ ㄴ, ㄷ　　⑤ ㄱ, ㄴ, ㄷ

05 그림은 어떤 생태계에서 일어나는 물질과 에너지 이동 경로를 나타낸 것이다. A~C는 각각 생산자, 1차 소비자, 2차 소비자 중 하나이고, 경로 X와 Y는 각각 물질 이동 경로와 에너지 이동 경로 중 하나이다.

[25025-0271]

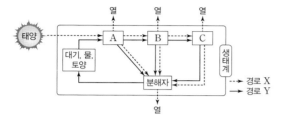

이에 대한 설명으로 옳은 것만을 〈보기〉에서 있는 대로 고른 것은?

―〈 보기 〉―

ㄱ. X는 에너지 이동 경로이다.

ㄴ. A는 빛에너지를 화학 에너지로 전환한다.

ㄷ. B에서 C로 유기물 형태의 탄소가 이동한다.

① ㄱ   ② ㄷ   ③ ㄱ, ㄴ   ④ ㄴ, ㄷ   ⑤ ㄱ, ㄴ, ㄷ

06 그림은 생태계 (가)와 (나)에서의 먹이 관계를 나타낸 것이다.

[25025-0272]

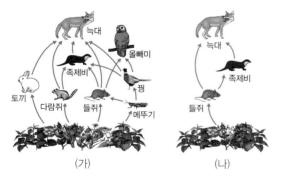

이에 대한 설명으로 옳은 것만을 〈보기〉에서 있는 대로 고른 것은? (단, 제시된 종 이외의 종은 고려하지 않는다.)

―〈 보기 〉―

ㄱ. (가)에서 메뚜기와 다람쥐는 모두 2차 소비자이다.

ㄴ. (나)에서 늑대는 족제비와 한 개체군을 이룬다.

ㄷ. 들쥐가 멸종되었을 때 족제비가 멸종될 가능성은 (나)에서가 (가)에서보다 높다.

① ㄱ   ② ㄴ   ③ ㄷ   ④ ㄱ, ㄷ   ⑤ ㄴ, ㄷ

07 그림은 어떤 생태계에서 질소 순환의 일부를 나타낸 것이다. 생물 ㉠~㉢은 완두, 곰팡이, 뿌리혹박테리아를 순서 없이 나타낸 것이며, 물질 ⓐ와 ⓑ는 단백질과 암모늄 이온(NH_4^+)을 순서 없이 나타낸 것이다. ㉠은 질소 고정을 통해 질소 기체(N_2)를 ⓐ로 전환하며, ㉡은 ㉠에게 유기물을 제공한다.

[25025-0273]

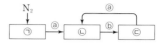

이에 대한 설명으로 옳은 것만을 〈보기〉에서 있는 대로 고른 것은?

―〈 보기 〉―

ㄱ. ⓐ는 암모늄 이온(NH_4^+)이다.

ㄴ. ㉢에서 유기물이 무기물로 분해된다.

ㄷ. ㉠과 ㉡ 사이의 상호 작용은 상리 공생이다.

① ㄱ   ② ㄷ   ③ ㄱ, ㄴ   ④ ㄱ, ㄷ   ⑤ ㄱ, ㄴ, ㄷ

08 다음은 미국가재와 가시상추에 대한 설명이다.

[25025-0274]

• 관상 목적으로 들여온 ⓐ미국가재는 덩치가 크고 공격적이어서 ⓑ토착종 가재를 밀어내고 생태계를 차지하고 있어 생태계 교란종으로 지정되었다.

• 유럽이 원산지인 ⓒ가시상추는 제초제 저항성이 높고 번식력이 강해 생태계 교란종으로 지정되었다. 가시상추에 항균물질이 다량 포함되어 있어 최근 ⓓ가시상추 추출물을 이용한 의약품이 개발되고 있다.

이에 대한 설명으로 옳은 것만을 〈보기〉에서 있는 대로 고른 것은?

―〈 보기 〉―

ㄱ. ⓐ와 ⓒ는 모두 우리나라의 외래종이다.

ㄴ. ⓐ와 ⓑ 사이의 상호 작용은 상리 공생이다.

ㄷ. ⓓ는 생물 자원을 이용한 예이다.

① ㄱ   ② ㄷ   ③ ㄱ, ㄴ   ④ ㄱ, ㄷ   ⑤ ㄴ, ㄷ

09 [25025-0275]

그림은 어떤 서식지에서 시점 t_1과 t_2일 때 동물 종 ⓐ~ⓔ의 분포를, 표는 각 종의 개체 수를 나타낸 것이다. ⓐ~ⓔ 중 2종은 서식지의 가장자리에 주로 분포하고, 나머지 3종은 서식지 내부에 주로 분포한다. t_1과 t_2 사이에서 도로가 건설되었다.

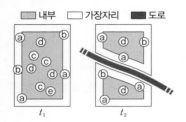

종	t_1	t_2
ⓐ	150	200
ⓑ	100	120
ⓒ	100	0
ⓓ	150	80
ⓔ	30	0

이에 대한 설명으로 옳은 것만을 〈보기〉에서 있는 대로 고른 것은? (단, 제시된 종 이외는 고려하지 않는다.)

〈 보기 〉
ㄱ. t_1에서 t_2로 될 때 서식지 단편화가 일어났다.
ㄴ. 가장자리에 주로 분포하는 종의 개체 수를 더한 값은 t_1일 때가 t_2일 때보다 많다.
ㄷ. 동물 종 다양성은 t_1일 때가 t_2일 때보다 높다.

① ㄱ ② ㄴ ③ ㄱ, ㄷ ④ ㄴ, ㄷ ⑤ ㄱ, ㄴ, ㄷ

10 [25025-0276]

그림은 안정된 생태계에서 에너지 흐름을 나타낸 것이다. A~C는 생산자, 1차 소비자, 2차 소비자를 순서 없이 나타낸 것이며, ㉠은 에너지양이다.

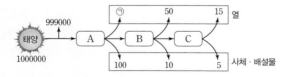

이에 대한 설명으로 옳은 것만을 〈보기〉에서 있는 대로 고른 것은?

〈 보기 〉
ㄱ. A는 빛에너지를 화학 에너지로 전환한다.
ㄴ. A에서 B로 이동한 에너지양은 B에서 C로 이동한 에너지양의 4배이다.
ㄷ. ㉠은 800이다.

① ㄱ ② ㄷ ③ ㄱ, ㄴ ④ ㄴ, ㄷ ⑤ ㄱ, ㄴ, ㄷ

11 [25025-0277]

그림은 식물 X에 뿌리혹을 형성하는 세균 Y에서 일어나는 물질의 전환을 나타낸 것이다. X는 Y가 만든 암모늄 이온(NH_4^+)을 단백질과 핵산의 합성에 이용한다.

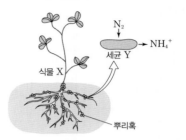

이에 대한 설명으로 옳은 것만을 〈보기〉에서 있는 대로 고른 것은?

〈 보기 〉
ㄱ. X는 유기물을 스스로 합성한다.
ㄴ. X에서 질소 동화가 일어난다.
ㄷ. Y에서 질소 고정이 일어난다.

① ㄴ ② ㄷ ③ ㄱ, ㄴ ④ ㄱ, ㄷ ⑤ ㄱ, ㄴ, ㄷ

12 [25025-0278]

표는 안정된 생태계 (가)와 (나)에서 영양 단계별 에너지양을 상댓값으로 나타낸 것이다. A와 B는 각각 1차 소비자와 2차 소비자 중 하나이며, (가)에서 2차 소비자의 에너지 효율은 (나)에서 1차 소비자의 에너지 효율과 같다.

영양 단계	(가)	(나)
생산자	2000	2000
A	30	60
B	ⓐ	300
3차 소비자	10	18

이에 대한 설명으로 옳은 것만을 〈보기〉에서 있는 대로 고른 것은?

〈 보기 〉
ㄱ. A는 1차 소비자이다.
ㄴ. ⓐ는 200이다.
ㄷ. 3차 소비자의 에너지 효율은 (가)에서가 (나)에서보다 높다.

① ㄱ ② ㄴ ③ ㄱ, ㄷ ④ ㄴ, ㄷ ⑤ ㄱ, ㄴ, ㄷ

01 표 (가)는 세균 A와 B에서 특징 ㉠과 ㉡의 유무를 나타낸 것이고, (나)는 ㉠과 ㉡을 순서 없이 나타 낸 것이다. A와 B는 뿌리혹박테리아와 탈질산화 세균을 순서 없이 나타낸 것이다.

[25025-0279]

특징 세균	㉠	㉡
A	?	×
B	○	?

(○: 있음, ×: 없음)

(가)

특징(㉠, ㉡)

• ⓐ질산 이온(NO_3^-)을 이용해 질소 기체(N_2)를 생성한다.
• 세포 호흡을 통해 유기물을 분해하여 CO_2를 방출한다.

(나)

> 탈질산화 세균은 질산 이온(NO_3^-)을 이용해 질소 기체(N_2)를 생성하고, 뿌리혹박테리아는 질소 기체(N_2)를 이용하여 암모늄 이온(NH_4^+)을 생성한다.

이에 대한 설명으로 옳은 것만을 〈보기〉에서 있는 대로 고른 것은?

┌─ 보 기 ┐
ㄱ. ㉠은 '질산 이온(NO_3^-)을 이용해 질소 기체(N_2)를 생성한다.'이다.
ㄴ. A는 뿌리혹박테리아이다.
ㄷ. 질산화 세균은 암모늄 이온(NH_4^+)을 ⓐ로 전환하는 데 관여한다.
└─────────┘

① ㄱ 　② ㄷ 　③ ㄱ, ㄴ 　④ ㄴ, ㄷ 　⑤ ㄱ, ㄴ, ㄷ

02 다음은 서식지의 형태와 종 다양성에 관한 실험 과정과 결과이다.

[25025-0280]

(가) 이끼가 덮인 바위에서 이끼층을 일부 벗겨내어 가로 와 세로 길이가 50 cm인 정사각형의 이끼층 A~C 를 만든다.
(나) B와 C는 추가로 이끼층을 벗겨내어 그림과 같이 B 는 4개의 분할된 이끼층으로 만들고, C는 분할되지 않은 이끼층으로 만든다.

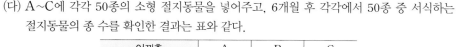

(다) A~C에 각각 50종의 소형 절지동물을 넣어주고, 6개월 후 각각에서 50종 중 서식하는 절지동물의 종 수를 확인한 결과는 표와 같다.

이끼층	A	B	C
서식하는 종 수	50	30	43

> 서식지 파괴와 서식지 단편화는 생물 다양성 감소의 원인이다.

이에 대한 설명으로 옳은 것만을 〈보기〉에서 있는 대로 고른 것은? (단, 제시된 종 이외는 고려하지 않는다.)

┌─ 보 기 ┐
ㄱ. A~C 중 바위에 넣어준 절지동물 중에서 사라진 종 수가 가장 많은 이끼층은 A이다.
ㄴ. 서식지 단편화는 종 다양성에 영향을 미친다.
ㄷ. 생태 통로를 이용한 단편화된 서식지 연결은 생물 다양성 보전에 효과가 있다.
└─────────┘

① ㄱ 　② ㄷ 　③ ㄱ, ㄴ 　④ ㄴ, ㄷ 　⑤ ㄱ, ㄴ, ㄷ

기후 변화와 환경 오염으로 인해 여러 생물종이 멸종 위기에 처해 있다.

[25025-0281]

03 다음은 지역 A와 B에 서식하는 나비에 대한 자료이다.

- A와 B에서 모두 ⓐ기후 변화로 1990년대에 비해 2010년대 평균 기온이 높다.
- A에서 1990년대에는 82종의 나비가 관찰되었으나 2010년대에는 11종이 줄어든 71종이 관찰되었으며, 나비의 종 다양성은 2010년대가 1990년대보다 낮다.
- B에서 나비 X는 1990년대에 비해 2010년대 ⓑ환경 오염이 심한 도시에서 개체 수가 78 % 감소하였고, 환경 오염이 덜한 농촌에서는 17 %가 감소하였다. 이 기간 동안 X의 유전적 다양성은 감소하였다.

이에 대한 설명으로 옳은 것만을 〈보기〉에서 있는 대로 고른 것은?

──〈 보기 〉──
ㄱ. ⓐ와 ⓑ는 모두 생물 다양성에 영향을 미친다.
ㄴ. ⓐ는 종 다양성 감소의 원인 중 하나이다.
ㄷ. X의 유전적 변이의 다양한 정도는 1990년대가 2010년대보다 높다.

① ㄱ ② ㄷ ③ ㄱ, ㄴ ④ ㄴ, ㄷ ⑤ ㄱ, ㄴ, ㄷ

[25025-0282]

식물 군집은 발달 초기에 총생산량과 순생산량이 모두 증가하지만 일정 수준 이상으로 발달하면 순생산량은 점차 감소하여 극상에 도달하면 총생산량과 호흡량이 비슷해진다.

04 그림 (가)는 어떤 식물 군집에서 총생산량, 순생산량, 생장량의 관계를, (나)는 이 식물 군집에서 시간에 따른 총생산량과 순생산량의 변화를 나타낸 것이다.

(가)

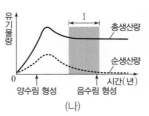

(나)

이에 대한 설명으로 옳은 것만을 〈보기〉에서 있는 대로 고른 것은?

──〈 보기 〉──
ㄱ. 생장량은 식물 군집이 세포 호흡으로 소비한 유기물의 양이다.
ㄴ. 피식량은 B에 포함된다.
ㄷ. 구간 Ⅰ에서 이 식물 군집의 A는 시간에 따라 감소한다.

① ㄱ ② ㄴ ③ ㄱ, ㄴ ④ ㄱ, ㄷ ⑤ ㄴ, ㄷ

05 다음은 툰드라 지역과 산호초 지역에 대한 자료이다.

[25025–0283]

- 툰드라 지역은 고위도의 한대 지역으로 기후 변화로 인해 평균 기온이 상승하면서 툰드라 지역의 면적이 감소하고 있으며, 툰드라 지역에서 서식하는 많은 생물종이 사라질 위기에 처해 있다.
- 따뜻하고 얕은 바다에 넓게 형성되어 있는 산호초 지역에는 1000종 이상의 ⓐ물고기가 서식하고 있다. 기후 변화로 인한 바다의 수온 상승으로 산호초 지역의 면적이 감소하고 있으며, 산호초 지역에 서식하는 물고기와 여러 생물종이 사라질 위기에 처해 있다.
- 그림은 툰드라 지역과 산호초 지역이 지구의 면적에서 차지하는 비율과 순생산량에서 차지하는 비율을 나타낸 것이다.

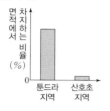
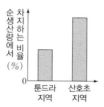

이에 대한 설명으로 옳은 것만을 〈보기〉에서 있는 대로 고른 것은?

┌─〈 보 기 〉
ㄱ. 기후 변화는 생물 다양성에 영향을 미친다.
ㄴ. 산호초 지역에서 ⓐ의 호흡량은 생산자의 순생산량보다 크다.
ㄷ. 단위 면적당 순생산량은 산호초 지역이 툰드라 지역보다 많다.
└────

① ㄱ   ② ㄴ   ③ ㄱ, ㄷ   ④ ㄴ, ㄷ   ⑤ ㄱ, ㄴ, ㄷ

06 다음은 지중해담치에 대한 자료이다.

[25025–0284]

- 지중해가 원산지인 ⓐ지중해담치(*Mytilus galloprovincialis*)는 우리나라와 외국을 오가는 배를 통해 한국으로 유입되었다.
- 지중해담치는 매우 빠르게 번식하면서 토착종인 ⓑ홍합이나 굴 등의 서식지를 차지해나가고 있다.
- 지중해담치가 지닌 접착 단백질 아미노산 서열을 이용하여 ⓒ의료용 접착 물질을 개발해 활용하고 있다.

이에 대한 설명으로 옳은 것만을 〈보기〉에서 있는 대로 고른 것은?

┌─〈 보 기 〉
ㄱ. ⓐ는 외래종이다.
ㄴ. ⓐ와 ⓑ 사이의 상호 작용은 상리 공생이다.
ㄷ. ⓒ는 생물 자원을 이용한 예이다.
└────

① ㄱ   ② ㄷ   ③ ㄱ, ㄴ   ④ ㄱ, ㄷ   ⑤ ㄴ, ㄷ

기후 변화로 인한 지구의 평균 기온 상승은 여러 고유의 생물 군집에 변화를 일으키고 있다.

외래종은 토착종과의 경쟁으로 토착종을 밀어냄으로써 생물 다양성 감소에 영향을 미친다.

memo

수능특강

과학탐구영역 | 생명과학Ⅰ

정답과 해설

01 생명 과학의 이해

01 ②	02 ④	03 ④	04 ⑤	05 ③	06 ③
07 ⑤	08 ⑤	09 ③	10 ⑤	11 ⑤	12 ⑤

01 생물의 특성

석회 동굴에서 발견되는 석순, 석주, 종유석은 탄산 칼슘 성분이 쌓여 만들어진 지형이므로 생물이 아니다.
✗. 물질대사는 생물이 갖는 특성이므로 종유석이 만들어질 때는 물질대사가 일어나지 않는다.
ⓒ. 식물은 빛에너지를 이용한 광합성을 통해 필요한 양분을 만든다. 따라서 '광합성을 통해 양분을 합성한다.'는 튤립이 갖는 특징이다.
✗. 튤립의 싹이 자라는 것은 생물의 특성인 생장에 해당하지만, 석순이 자라는 것은 생장에 해당하지 않는다.

02 세균과 바이러스

세균은 스스로 물질대사를 하지만, 바이러스는 독립적으로 물질대사를 하지 못한다.
ⓒ. 바이러스(X)는 단백질 껍질을 갖는다.
✗. 바이러스(X)는 독립적으로 물질대사를 하지 못하고, 숙주 세포 내에서만 물질대사를 통해 증식이 가능하다.
ⓒ. 세균과 바이러스는 모두 유전 물질인 핵산을 가지고 있으므로, '돌연변이가 일어날 수 있다.'는 세균(A)과 바이러스(X)가 모두 갖는 특징이다.

03 귀납적 탐구 방법

귀납적 탐구 방법은 자연 현상을 관찰하여 얻은 자료를 종합하고 분석하여 규칙성을 발견하고, 이로부터 일반적인 원리나 법칙을 이끌어내는 탐구 방법이다.
ⓒ. 여러 생물들을 관찰하여 생물이 세포로 이루어져 있다는 규칙성을 발견하고, 이론과 법칙을 도출하였으므로 이 탐구 과정에는 귀납적 탐구 방법이 이용되었다.
✗. 탐구 과정 중 가설을 설정하는 단계는 연역적 탐구 방법에서 나타나는 특징이다.
ⓒ. 각 생물을 관찰한 개별적인 사실들로부터 모든 생물에 대한 결론을 이끌어냈다.

04 생물의 특성

삽다리두꺼비는 환경에 적응하여 살아간다.

ⓒ. 동물인 삽다리두꺼비는 세포로 구성된다.
ⓒ. 뾰족한 삽 모양의 뒷다리로 토양을 쉽게 파내 땅속에 굴을 만들 수 있는 것은 땅굴 속에서 하루 대부분의 시간을 보내는 삽다리두꺼비의 생활 방식에 유용한 특성이다. 따라서 ⓐ에 해당하는 생물의 특성과 가장 관련이 깊은 것은 적응과 진화이다.
ⓒ. 삽다리두꺼비는 암수 개체가 번식을 하는 과정에서 생식세포의 수정이 일어나고, 이러한 생식 결과 자신과 닮은 개체가 태어나 종족이 유지된다.

05 생물의 특성

호르몬 X는 여러 동물에서 다양한 작용을 나타낸다.
ⓒ. X는 생물종에 따라 다양한 기능을 수행한다.
ⓒ. 지방 대사(ⓐ) 과정은 물질대사의 예에 해당하고, 물질대사가 일어날 때는 에너지의 출입이 일어난다.
✗. 양서류는 유생에서 성체로 변하는 과정에서 변태가 일어난다. 양서류의 변태 과정과 가장 관련이 깊은 생물의 특성은 발생과 생장이다.

06 대장균과 박테리오파지

대장균은 세균에 속하고, 박테리오파지는 바이러스에 속한다. X는 독립적으로 물질대사를 하지 못하므로 박테리오파지이고, Y는 대장균이다.
ⓒ. 대장균(Y)은 하나의 세포로 이루어진 단세포 생물이므로 세포막을 갖는다.
ⓒ. 유전 물질인 핵산의 종류에는 DNA가 있다.
✗. 박테리오파지(X)와 대장균(Y)은 모두 단백질을 가지므로 A와 B 모두 옳은 내용을 제시하였다.

07 생물의 특성

육식동물인 코요테와 초식동물인 코알라의 소화관에 차이가 나는 이유 중 하나는 먹이가 다르기 때문이다.
ⓒ. 코요테의 소화관에서 이화 작용인 소화가 일어나므로 물질대사가 일어난다.
ⓒ. 코알라의 소화관에 서식하는 장내 세균(ⓐ)은 코알라가 먹이를 분해하는 데 도움을 주고, 코알라도 장내 세균이 살아가는 데 필요한 영양분과 서식지를 제공해 주므로 이 둘은 상리 공생 관계에 있다.
ⓒ. 코알라와 코요테는 서로 다른 형태의 소화관을 가지고 있어 각기 섭취한 먹이를 더 잘 소화할 수 있다. 따라서 이는 적응과 진화의 예에 해당한다.

08 생물의 특성

(가)는 어버이의 형질을 닮은 자손이 태어나는 생식과 유전이고,

(나)는 체내·외의 환경 변화에 대해 생물이 체내 환경을 일정 범위로 유지하려는 성질인 항상성이다.

㉠. (가)는 생식과 유전, (나)는 항상성이다.

㉡. 물질대사(ⓐ) 과정에서 효소가 이용된다.

㉢. '선인장은 잎이 가시로 변해 건조한 환경에 살기에 적합하다.'는 적응과 진화의 예(ⓑ)에 해당한다.

09 생물의 특성

식물 종이 서식하는 환경에 따라 각 식물체의 잎에서 기공이 많이 분포하는 면이 다르다.

㉠. 식물체 내에서는 다양한 물질대사를 통해 물질의 합성과 분해가 일어난다. 따라서 개나리에서 세포 호흡과 같은 이화 작용이 일어난다.

㉡. 식물인 개나리와 부레옥잠은 모두 다세포 생물이다.

✘. 식물의 서식 환경에 따라 잎에서 기공이 많이 분포하는 면이 다르게 나타나는 것과 가장 관련이 깊은 생물의 특성은 적응과 진화이다.

10 연역적 탐구 방법

연역적 탐구 방법에서는 자연 현상을 관찰하면서 생긴 의문에 대한 답을 찾기 위해 가설을 세우고, 이를 실험적으로 검증해 결론을 이끌어낸다.

㉠. (가)에서 가설을 설정하였으므로 연역적 탐구 방법이 이용되었다.

㉡. (나)에서 대조군과 실험군을 설정하여 비교하는 실험인 대조 실험이 수행되었다.

㉢. 조작 변인은 검은골풀의 제거 여부이고, 종속변인은 식물 종 수이다.

11 생물의 특성

휴면 상태의 종자는 적절한 환경에 놓이면 발아하여 어린 뿌리와 잎이 자라고 식물체로 성장한다.

✘. 종자 내부의 특정 조직이 자라 어린 식물로 발달(ⓐ)하는 것과 가장 관련이 깊은 생물의 특성은 발생과 생장이다.

㉡. 광합성(ⓑ)은 동화 작용의 예에 해당한다.

㉢. 종자에 저장된 영양분을 사용하는 과정에서 필요한 효소를 활성화시키기 위해 물이 소모되므로 휴면 상태의 종자가 발아하기 위해서는 물이 필요하다.

12 생명 과학과 연계된 학문

(가)는 생물 정보학, (나)는 생명 공학, (다)는 생물 통계학이다.

㉠. (가)는 생물학적 정보를 분석하고, 컴퓨터를 이용해 단백질의 구조와 기능을 예측하므로 생물 정보학이다.

㉡. 생체 모방 기술은 생물의 우수한 특징을 모방한 제품을 개발하는 기술로 생명 공학(나)의 연구 내용에 해당한다.

㉢. 생명 과학은 단독 학문으로서도 의미가 있지만, 여러 학문 분야와 영향을 주고받으며 발달하고 있다.

수능 3점 테스트 본문 15~17쪽

| 01 ⑤ | 02 ③ | 03 ③ | 04 ⑤ | 05 ② | 06 ③ |

01 귀납적 탐구 방법

귀납적 탐구 방법은 자연 현상을 관찰하여 얻은 자료를 종합하고 분석하여 규칙성을 발견하고, 이로부터 일반적인 원리나 법칙을 이끌어내는 탐구 방법으로, 연역적 탐구 방법과 다르게 가설을 설정하지 않는다.

㉠. 귀납적 탐구 방법이 이용되었다.

㉡. 화분 화석 데이터(ⓐ)를 분석하여 기온 상승에 따른 미국너도밤나무 서식지의 변화 경향성을 발견하였다.

㉢. (다)에서 상승한 기온의 폭이 클수록 미국너도밤나무의 서식지는 더욱 북쪽으로 이동할 것이라고 예측하였다.

02 세균과 바이러스

X는 세포벽과 세포막이 있으므로 세균이고, Y는 바이러스이다. (가)는 DNA와 이를 감싸는 단백질 껍질로 이루어져 있으므로 바이러스(Y)이다.

㉠. (가)는 바이러스(Y)이다.

✘. 세균(X)은 세포 구조로 이루어져 있으므로 세포막을 갖지만, 바이러스(Y)는 세포막을 갖지 않는다.

㉢. 세균(X)은 독립적으로 물질대사를 할 수 있으므로 '스스로 물질대사가 가능함'은 ⓐ에 해당한다.

03 연역적 탐구 과정

연역적 탐구 방법에서는 자연 현상을 관찰하면서 생긴 의문에 대한 답을 찾기 위해 가설을 세우고, 이를 실험적으로 검증해 결론을 이끌어낸다. 탐구 결과 종자 크기가 커질수록 묘목의 생존 확률이 증가하고, 종자 크기가 같을 때 습한 환경에서 묘목의 생존 확률이 더 높게 나타났다.

㉠. A는 종자를 습한 환경, B는 종자를 건조한 환경에서 발아시킨 집단이다.

㉡. 가설은 의문에 대한 답을 추측하여 내린 잠정적인 결론으로, (가)에서 가설을 설정했다.

✘. 종속변인은 조작 변인의 영향을 받아 변하는 요인으로 탐구에서

측정되는 값에 해당한다. 따라서 종속변인은 묘목의 생존 확률이다.

04 생물의 특성

체내·외의 환경 변화에 대해 생물이 체내 환경을 일정 범위로 유지하려는 성질인 항상성에는 삼투압 조절, 체온 조절, 혈당량 조절 등이 있다.

㉠. 체액의 농도를 조절하는 것은 삼투압과 관련된 것으로 ⓐ와 가장 관련이 깊은 생물의 특성은 항상성이다.

㉡. 육상으로 올라오면 건조한 환경에서 체내 수분량을 유지해야 하므로 ㉠은 재흡수이다.

㉢. 양서류에 속하는 생물은 많은 수의 세포로 이루어져 있는 다세포 생물이다.

05 생물의 특성

민들레는 제시된 3가지 특징을 모두 가지므로 B이고, ⓐ는 '있음', ⓑ는 '없음'이다. '환경에 적응하여 생활한다.'는 대장균, 민들레, 사막여우가 모두 갖는 특징이므로 ㉡이고, 대장균은 제시된 3가지 특징 중 1가지만 가지므로 C이다. 나머지 A는 사막여우이다. 사막여우가 갖지 않는 특징인 ㉢은 '광합성을 한다.'이고, 나머지 ㉠은 '다세포 생물이다.'이다.

✗. ⓐ는 '있음', ⓑ는 '없음'이다.

✗. ㉠은 '다세포 생물이다.'이고, ㉡은 '환경에 적응하여 생활한다.'이며, ㉢은 '광합성을 한다.'이다.

㉢. 각 생물을 구성하는 세포의 수에 따라 생물을 구분할 때 대장균(C)과 짚신벌레는 모두 단세포 생물이므로 동일한 집단으로 구분된다.

06 연역적 탐구 방법

연역적 탐구 방법은 관찰 및 문제 인식 → 가설 설정 → 탐구 설계 및 수행 → 결과 정리 및 분석 → 결론 도출의 과정으로 이루어진다.

㉠. (라)에서 가설이 설정되었으므로 이 탐구에서는 연역적 탐구 방법이 이용되었다.

㉡. A에서 어버이의 생존율이 가장 높게 나타났으므로 A는 새끼의 수가 3~4마리인 집단이다.

✗. 탐구 과정은 (다) → (라) → (나) → (가) 순으로 이루어졌다.

02 생명 활동과 에너지

수능 2점 테스트   본문 22~24쪽

01 ⑤	02 ②	03 ⑤	04 ⑤	05 ④	06 ⑤
07 ⑤	08 ④	09 ③	10 ④	11 ④	12 ③

01 물질대사

단백질의 분해 산물인 아미노산이 세포 호흡에 사용되면 질소 노폐물과 CO_2, H_2O이 생성된다.

✗. ㉠은 O_2, ㉡은 CO_2이다.

㉡. I은 단백질이 아미노산으로 분해되어 체내에 흡수되는 과정으로 단백질이 아미노산으로 분해되는 과정(이화 작용)에서 에너지가 방출된다.

㉢. I과 II 모두에서 물질이 전환되는 화학 반응이 일어났다. 생물체 내의 화학 반응에는 효소가 이용된다.

02 물질대사

I에서 에너지가 방출되므로 I은 이화 작용이고, II에서 에너지가 흡수되므로 II는 동화 작용이다. 녹말이 포도당으로 분해되는 과정은 이화 작용인 소화에 의해 일어나고, 포도당이 결합하여 글리코젠으로 합성되는 반응은 동화 작용에 해당하므로, ㉠은 포도당, ㉡은 글리코젠이다.

✗. ㉠은 포도당, ㉡은 글리코젠이다.

✗. II는 에너지가 흡수되는 흡열 반응이므로 1분자당 에너지양은 글리코젠(㉡)이 포도당(㉠)보다 크다.

㉢. 간에서 포도당(㉠)이 결합하여 글리코젠(㉡)으로 합성되는 II가 일어난다.

03 연소와 세포 호흡

자동차에서 일어나는 연소는 휘발유와 같은 연료를 에너지원으로 하여 화학 에너지를 운동 에너지와 열에너지 등으로 전환한다. 사람에서 일어나는 세포 호흡은 포도당과 같은 영양 물질을 에너지원으로 하여 영양 물질의 화학 에너지를 ATP의 화학 에너지와 열에너지로 전환한다.

㉠. 세포 호흡은 포도당과 같은 영양 물질을 에너지원으로 하여 물질의 분해가 일어나는 이화 작용이다.

㉡. 연소와 세포 호흡에서 모두 열에너지가 방출되므로 열에너지는 ⓐ에 해당한다.

㉢. 세포 호흡에서는 ATP가 생성되지만 연소에서는 ATP가 생성되지 않는다. 따라서 'ATP 생성 여부가 다르다.'는 연소와 세

포 호흡의 차이점인 ㉠에 해당한다.

04 ATP와 ADP
아데닌과 리보스로 이루어진 아데노신에 인산이 3개 결합된 ㉠은 ATP이고, 아데노신에 인산이 2개 결합된 ㉡은 ADP이다.
㉠. 1분자당 고에너지 인산 결합의 수는 ATP(㉠)가 ADP(㉡)보다 많다.
㉡. 근수축 과정에서는 ATP를 분해하여 방출되는 에너지가 사용된다. 따라서 운동 중일 때 근육 세포에서 과정 Ⅰ이 일어난다.
㉢. 세포 호흡에서 방출된 에너지의 일부는 과정 Ⅱ에 이용되어 ATP에 저장되고, 나머지는 열에너지로 방출된다.

05 물질대사
Ⅰ은 ATP가 분해되는 과정을 나타낸 것이다.
㉠. Ⅰ은 ATP가 ADP와 무기 인산(P_i)으로 분해되는 과정이므로 Ⅰ에서 에너지가 방출된다.
✗. (가)에서 평탄한 길을 달릴 때 속도가 증가함에 따라 에너지 소비량이 증가하고 있으므로 v_2로 달릴 때가 v_1로 달릴 때보다 세포 호흡이 활발히 일어나고, 그 결과 단위 시간당 발생하는 이산화 탄소의 양이 많다.
㉢. ATP를 ADP와 무기 인산(P_i)으로 분해하는 과정에서 방출된 에너지를 사용하여 신체 활동이 일어난다. 따라서 (가)에서 달리는 속도가 v_2일 때 단위 시간당 소모되는 ATP의 양은 에너지 소비량이 더 많은 오르막길을 달릴 때가 내리막길을 달릴 때보다 많다.

06 근육 세포에서의 ATP 생성
(가)는 세포에 산소가 충분히 공급될 때 일어나는 세포 호흡이고, (나)는 세포에 산소가 부족할 때 일어나는 화학 반응(젖산 발효)이다.
㉠. 세포 호흡(가)에서 포도당이 산소(O_2)와 반응하여 분해되면 물(H_2O, ㉠)과 이산화 탄소가 생성된다.
㉡. 세포 호흡(가) 과정에서 방출된 에너지의 일부는 ATP 합성에 사용되고, 나머지는 열에너지로 방출된다.
㉢. 운동 중 세포에 산소 공급이 원활하지 않을 때 (나)가 일어나며, 이 과정에서 방출된 에너지의 일부는 근육 수축에 이용된다.

07 효모의 세포 호흡
효모의 세포 호흡 과정에서 포도당이 O_2와 반응하여 분해되면 물(H_2O)과 CO_2(A)가 생성된다. 또한 실험 장치에서 포도당 수용액과 효모가 든 유리병이 석회수가 들어 있는 비커와 연결되어 있으므로 CO_2(A)에 의해 석회수가 뿌옇게 흐려진다.
㉠. 효모의 세포 호흡 결과 방출된 기체인 A는 CO_2이다.

㉡. 효모의 세포 호흡 과정에서 에너지를 얻기 위해 포도당(ⓐ)이 분해된다.
㉢. 효모의 세포 호흡(㉠) 결과 발생한 에너지 중 일부는 열에너지로 방출되어 ㉡에서처럼 병 안의 온도 상승에 영향을 준다.

08 물질대사
(나)에서 반응물인 ㉠의 에너지양이 생성물인 ㉡의 에너지양보다 크므로 ㉠은 단백질, ㉡은 아미노산이고, (나)는 Ⅰ에서의 에너지 변화를 나타낸 것이다.
✗. ㉠은 단백질, ㉡은 아미노산이다.
㉡. 생물체 내에서 일어나는 물질대사 과정에는 효소가 이용된다.
㉢. 음식물의 소화 과정에서는 분자량이 큰 물질이 분자량이 작은 물질로 분해되므로 에너지가 방출된다. 따라서 (나)와 같은 에너지 변화가 일어난다.

09 효모의 세포 호흡
효모의 세포 호흡 과정에서 포도당이 산소(O_2)와 반응하여 분해되면 물과 이산화 탄소가 생성된다.
㉠. t_1에서 t_2로 시간이 흐름에 따라 고무풍선 안에 기체가 모여 고무풍선의 부피가 늘어났다. 따라서 효모에서 포도당이 분해되는 세포 호흡이 일어나 이산화 탄소가 생성되었음을 알 수 있다. 세포 호흡은 에너지가 방출되는 화학 반응이다.
✗. 삼각 플라스크에 들어 있는 용액 내 포도당의 양은 t_1일 때가 t_2일 때보다 많다.
㉢. 세포 호흡 과정에서 방출되는 기체는 이산화 탄소이므로 t_2일 때 고무풍선에 모인 기체에는 이산화 탄소(CO_2)가 있다.

10 세포 호흡과 에너지 전환
㉠은 포도당, ㉡은 CO_2이다.
✗. 세포 호흡 과정에서 포도당이 분해되어 H_2O과 CO_2가 생성되므로 1분자당 저장된 에너지는 포도당(㉠)이 CO_2(㉡)보다 크다.
㉡. 세포 호흡 과정에서 방출되는 에너지 중 일부는 열에너지로 방출되고, 나머지는 ADP와 무기 인산(P_i)을 연결하여 ATP로 전환하는 과정에 사용된다. 따라서 E_1은 열에너지이다.
㉢. ATP가 ADP와 무기 인산(P_i)으로 분해될 때 방출되는 에너지인 E_3은 발성, 체온 유지, 근육 수축 등 다양한 생명 활동에 이용된다.

11 광합성과 세포 호흡
A는 이산화 탄소(CO_2)와 물(H_2O)로부터 포도당이 합성되는 과정이므로 광합성이고, B는 세포 호흡이다.
✗. 사람의 간세포에서는 광합성(A)이 일어나지 않으며, 광합성

은 주로 엽록체를 갖고 있는 식물에서 일어나는 물질대사 과정이다.

ⓛ. 광합성(A)에서는 빛에너지가 포도당의 화학 에너지로 전환되고, 세포 호흡(B)에서는 포도당의 화학 에너지가 ATP의 화학 에너지로 전환된다. 따라서 광합성(A)과 세포 호흡(B)에서 모두 에너지 전환이 일어난다.

ⓒ. 세포 호흡(B)에서 방출되는 에너지의 일부는 ATP(X)에 저장된다. 이후 ATP를 분해하여 방출되는 에너지를 이용하여 생명 활동이 일어난다.

12 물질대사

물질대사는 생물체 내에서 일어나는 화학 반응으로 이 과정에는 효소가 이용된다.

Ⓐ. 사람의 간세포에서는 글리코젠을 합성하는 동화 작용과 세포 호흡과 같은 이화 작용이 모두 일어난다.

ⓧ. ATP는 아데닌과 리보스로 이루어진 아데노신에 3개의 인산이 결합한 화합물이다.

Ⓒ. 뉴클레오타이드가 결합하여 DNA가 합성되는 과정은 에너지가 흡수되는 동화 작용이다.

수능 3점 테스트   본문 25~27쪽

01 ⑤   **02** ⑤   **03** ①   **04** ⑤   **05** ⑤   **06** ③

01 물질대사

Y는 미토콘드리아이고, ㉠은 O_2, ㉡은 CO_2, ㉢은 ADP, ㉣은 ATP이다.

㉠. Y는 미토콘드리아이고, 미토콘드리아에서 세포 호흡의 일부 과정이 일어난다.

ⓛ. (나)에서 세포 호흡이 일어날 때 사용되는 ㉠은 포도당을 산화시키는 O_2이다.

ⓒ. (가)에서 X가 수축하기 위해서는 에너지가 필요하다. ATP의 인산 결합이 끊어져 ADP와 무기 인산(P_i)으로 분해되고, 이 과정에서 방출되는 에너지를 이용하여 X의 수축이 일어난다.

02 세포 호흡과 단백질 합성

㉠은 H_2O, ㉡은 ATP, ㉢은 ADP이다.

㉠. ㉠은 H_2O이다.

ⓛ. Ⅰ은 ATP가 분해되는 과정이고, Ⅱ는 아미노산으로부터 단백질이 합성되는 과정이다. 생물체 내에서 ATP를 분해하여 얻

은 에너지를 이용하여 다양한 생명 활동이 일어나며, 세포 내 필요한 단백질의 합성이 일어나기도 한다. 따라서 Ⅰ에서 방출된 에너지는 Ⅱ에서 이용된다.

ⓒ. ADP는 2개의 인산이 연결되어 있고, ATP는 3개의 인산이 연결되어 있으므로 ADP(㉢)가 ATP(㉡)로 전환될 때 인산 결합이 형성된다.

03 효모의 세포 호흡

X의 총발생량을 측정한 결과에서 A에서는 X가 발생하지 않았고, 시간이 흐름에 따라 C에서가 B에서보다 X의 총발생량이 많았다. 따라서 C에 넣은 포도당 용액 농도가 B에 넣은 포도당 용액 농도보다 높고, ㉠은 5 % 포도당 용액, ㉡은 10 % 포도당 용액이다.

㉠. X는 이산화 탄소(CO_2)이다.

ⓧ. ㉠은 5 % 포도당 용액, ㉡은 10 % 포도당 용액이다.

ⓧ. CO_2 총발생량을 토대로 추론하면 t_1일 때 C에서는 세포 호흡이 일어나고 있지만, B에서는 포도당이 고갈되어 세포 호흡이 일어나지 않고 있다. 따라서 포도당이 분해되는 속도는 C에서가 B에서보다 빠르다.

04 물질대사

반딧불이의 발광 세포에서 발광 물질인 루시페린은 산소에 의해 산화되어 빛이 나고, 효소는 생물체 내에서 물질대사를 촉매하는 역할을 하므로 루시페레이스는 발광 과정을 촉매한다.

㉠. 발광이 일어나기 위해서는 화학 분자에 저장된 화학 에너지가 빛에너지로 전환되어야 한다. 따라서 반딧불이의 발광 과정에서 루시페린에 저장된 화학 에너지가 빛에너지로 전환된다.

ⓛ. 산소(㉠)는 사람의 세포 호흡 과정에서도 포도당과 같은 영양 물질의 산화에 사용되며, 포도당이 산소와 반응하여 분해되면 물과 이산화 탄소가 생성된다.

ⓒ. 효소(㉡)는 생물체 내에서의 화학 반응을 촉매한다.

05 물질대사

외부 온도가 변하는 상황에서 A는 B보다 일정한 체온을 유지하며, 이 과정에서 물질대사를 통해 체온을 조절한다.

㉠. 외부 온도가 25 ℃에서 15 ℃로 낮아지면 A의 물질대사율이 증가한다. 따라서 A에서 세포 호흡이 촉진되고, 열에너지의 방출량이 증가한다.

ⓛ. 구간 Ⅰ에서 B는 외부 온도가 증가함에 따라 체온이 증가하는데, A는 외부 온도의 변화와 관계없이 일정한 체온을 유지한다. 따라서 외부 온도에 따른 체온 변화는 B에서가 A에서보다 크다.

ⓒ. (나)에서 A와 B의 물질대사율을 비교해보면, 외부 온도가 30 ℃일 때 A의 물질대사율이 B의 물질대사율보다 높다. 따라서

생물체의 단위 부피당 물질대사에 의한 열 발생량은 A에서가 B에서보다 많다.

06 물질대사

X가 분해되어 생성된 ㉠을 세포 호흡에 사용하는 과정에서 질소 노폐물인 암모니아가 생성되므로 X는 구성 원소에 질소를 포함하고 있는 단백질이다. ㉠은 아미노산, ㉡은 O_2, ㉢은 H_2O, ㉣은 요소이다.

㉠. 단백질이 분해되어 생성되는 아미노산(㉠)과 요소(㉣)를 구성하는 원소에는 모두 질소(N)가 있다.

㉡. 세포 호흡 과정에서 ㉡은 물질의 산화에 관여하는 O_2이고, ㉢은 세포 호흡 결과 발생하는 H_2O이다.

✗. Ⅰ은 단백질(X)이 아미노산(㉠)으로 분해되는 과정이고, Ⅱ는 ADP와 무기 인산(P_i)이 결합하여 ATP가 생성되는 과정이다. Ⅰ에서는 에너지가 방출되고, Ⅱ에서는 에너지가 흡수되므로 Ⅰ과 Ⅱ 중 (나)와 같은 에너지 변화가 일어나는 것은 Ⅰ이다.

03 물질대사와 건강

01 노폐물의 생성과 제거

아미노산이 세포 호흡에 이용된 후 배출되는 물질은 물, 요소, 이산화 탄소이고, 오줌을 통해 배출되는 물질은 물과 요소이며, 질소(N)를 포함하는 물질은 요소이므로, A는 요소, B는 이산화 탄소, C는 물이다.

✗. 요소(A)는 3가지 특징을 모두 가지므로 ㉠은 3이다.

✗. '아미노산이 세포 호흡에 이용된 후 배출된다.'는 1가지 특징만을 갖는 B는 이산화 탄소이다.

㉢. 물(C)은 오줌으로 배설되거나 날숨을 통해 배출된다.

02 기관계의 특성

대장이 속한 (가)는 소화계, 콩팥이 속한 (다)는 배설계, 폐가 속한 (라)는 호흡계이므로, (나)는 순환계이다.

㉠. 혈관은 순환계(나)에 속한 기관이다.

㉡. 소화계(가)에 속하는 간에서 생성된 요소는 순환계(나)를 통해 배설계(다)에 속한 콩팥으로 이동한다.

㉢. 호흡계(라)를 포함한 모든 기관계의 세포에서는 세포 호흡이 일어난다.

03 혈액 순환 경로

A는 폐, B는 심장, C는 콩팥이고, ㉠은 콩팥을 거친 혈액이 흐르는 콩팥 정맥, ㉡은 심장에서 나와 콩팥으로 들어가는 혈액이 흐르는 콩팥 동맥이다.

㉠. 폐(A)에서 흡수한 O_2는 순환계를 통해 콩팥(C)을 포함한 모든 기관으로 운반되어 세포 호흡에 이용된다.

㉡. 심장(B)은 순환계에 속하는 기관이다.

✗. 콩팥(C)에서 요소의 일부가 오줌으로 빠져나가므로 단위 부피당 요소의 양은 ㉡의 혈액이 ㉠의 혈액보다 많다.

04 기관의 특징

'노폐물을 몸 밖으로 배출하는 기관계에 속한다.'는 폐와 콩팥이, '소화된 양분을 융털을 통해 흡수한다.'는 소장이, '항이뇨 호르몬(ADH)이 작용하여 수분의 재흡수가 일어난다.'는 콩팥이 갖는 특징이므로 표의 내용은 다음과 같다.

특징 \ 기관	A (폐)	B (콩팥)	C (소장)
㉠(항이뇨 호르몬(ADH)이 작용하여 수분의 재흡수가 일어난다.)	×	○	?(×)
㉡(소화된 양분을 융털을 통해 흡수한다.)	?(×)	?(×)	○
㉢(노폐물을 몸 밖으로 배출하는 기관계에 속한다.)	?(○)	○	?(×)

(○: 있음, ×: 없음)

㉠. '노폐물을 몸 밖으로 배출하는 기관계에 속한다.(㉢)'는 특징만을 갖는 A는 폐이다.

㉡. 소장(C)과 간은 모두 소화계에 속한다.

✗. 콩팥(B)이 갖지 않는 특징 ㉡은 '소화된 양분을 융털을 통해 흡수한다.'이다.

05 질소 노폐물과 유레이스의 작용

아미노산이 세포 호흡에 이용될 때 생기는 질소 노폐물인 암모니아(㉠)는 간에서 비교적 독성이 약한 요소(㉡)로 전환된 후, 오줌으로 배출된다. 생콩즙에는 요소를 암모니아로 분해하는 효소인 유레이스가 있다.

㉠. 간에서 암모니아(㉠)가 요소(㉡)로 합성되므로 ㉡은 요소이다.

㉡. Ⅳ에서 생콩즙 속의 유레이스는 요소(㉡)를 염기성을 띠는 암모니아(㉠)로 분해하므로 pH가 증가된다.

✗. 생콩즙 속의 유레이스는 요소(㉡)를 암모니아(㉠)로 분해한다.

06 기관계의 특성

소화계, 순환계, 호흡계, 배설계는 통합적으로 작용한다.

㉠. 소화계의 기관인 간에서 글리코젠의 합성과 분해가 일어나는 것처럼 동화 작용과 이화 작용이 모두 일어난다.

㉡. 콩팥에서 재흡수된 물의 일부는 혈액을 통해 폐로 운반되어 날숨으로 배출된다.

㉢. 배설계에 속하는 방광에 자율 신경인 교감 신경과 부교감 신경이 작용한다.

07 기관의 특성

'소화계에 속한다.'는 간과 이자에, '글루카곤을 분비한다.'는 이자에, '순환계와 연결되어 있다.'는 간, 폐, 이자 모두에 있는 특징이므로 ㉠은 '없음', ㉡은 '있음'이다.

특징 \ 기관	A (이자)	B (폐)	C (간)
소화계에 속한다.	?(있음)	㉠(없음)	?(있음)
글루카곤을 분비한다.	?(있음)	?(없음)	㉠(없음)
순환계와 연결되어 있다.	?(있음)	㉡(있음)	?(있음)

✗. '순환계와 연결되어 있다.'는 간, 폐, 이자 모두에 있는 특징이므로, ㉡이 '있음'이다.

㉡. 모든 기관에서는 세포 호흡을 포함한 물질대사가 일어난다.

㉢. 간(C)은 이자(A)에서 분비되는 인슐린의 작용을 받는 표적기관이다.

08 대사량과 에너지 균형

1일 대사량은 기초 대사량, 활동 대사량, 음식물의 소화와 흡수에 필요한 에너지양 등을 더한 값이다.

㉠. 심장 박동, 호흡 활동과 같은 생명 현상을 유지하는 데 필요한 최소한의 에너지양은 기초 대사량이다.

㉡. 음식물의 소화와 흡수에 필요한 에너지양은 기초 대사량 이외에 사용되는 에너지양이다.

✗. 에너지 섭취량은 1900 kcal이고, 에너지 소비량은 2700 kcal이므로, 이러한 상황이 지속되면 체중이 감소할 것이다.

09 노폐물 제거와 기관계의 통합적 작용

아미노산이 O_2(㉠)를 사용하는 세포 호흡에 이용되면 H_2O(㉣), CO_2, 암모니아(㉡)가 생성된다. 암모니아(㉡)는 간에서 요소(㉢)로 전환된다. 음식물 속의 영양소를 분해하여 흡수하는 (가)는 소화계이고, 방광이 속하는 (나)는 배설계이므로 (다)는 호흡계이다.

㉠. 소화계(가)에 속하는 간에서 암모니아(㉡)가 요소(㉢)로 전환된다.

㉡. 배설계(나)에서 요소(㉢)와 H_2O(㉣)이 몸 밖으로 배출된다.

㉢. 호흡계(다)에 속하는 폐에서 O_2(㉠)를 흡수하고 H_2O(㉣)을 날숨으로 배출한다.

10 에너지 균형

에너지 섭취량과 에너지 소비량이 균형을 이룰 때 체중이 유지된다.

㉠. A는 에너지 섭취량이 에너지 소비량보다 크므로 체중 변화는 '증가함'(㉠)이다.

✗. B는 체중 변화가 '감소함'(㉡)이므로 에너지 소비량보다 에너지 섭취량(ⓐ)이 작아야 한다.

✗. 에너지 섭취량이 에너지 소비량보다 클 때 체중이 증가하므로 A~C 중 비만이 될 가능성이 가장 높은 사람은 A이다.

11 대사성 질환

고지혈증(고지질 혈증)(가), 당뇨병(나), 고혈압(다)은 대사성 질환에 해당한다. 건강한 사람에서 포도당 용액 섭취 후 증가하는 호르몬 ㉠은 인슐린이다.

㉠. 고혈압은 심혈관 질환 및 뇌혈관 질환의 원인이 된다.

✗. P에서 포도당 용액 섭취 후 인슐린(㉠) 농도가 지속적으로 높

아지므로, P는 인슐린이 분비되지만 제대로 작용하지 못해 당뇨병 증상이 나타남을 알 수 있다.
ⓒ. 고지혈증(고지질 혈증)은 혈액 속에 콜레스테롤이나 중성 지방이 많은 상태로, 동맥 경화 등 심혈관 질환의 원인이 된다.

12 에너지 대사와 균형

1일 대사량은 기초 대사량, 활동 대사량, 기타 에너지 소모량을 더한 값이다.
Ⓐ. 심장 박동과 같은 생명 현상을 유지하는 데 필요한 최소한의 에너지양이 기초 대사량이다.
Ⓑ. 에너지 소비량이 에너지 섭취량보다 많으면 몸에 저장된 지방이나 단백질로부터 에너지를 얻으므로 체중이 감소한다.
✗. 1일 대사량은 기초 대사량, 활동 대사량, 소화와 흡수에 필요한 에너지양 등을 더한 값이므로 항상 활동 대사량보다 크다.

수능 3점 테스트 · 본문 36~39쪽

| 01 ③ | 02 ④ | 03 ⑤ | 04 ③ | 05 ④ | 06 ⑤ |
| 07 ⑤ | 08 ② | | | | |

01 혈액 순환 경로

A는 폐, B는 간, C는 콩팥이고, ⊙은 간을 거쳐 심장으로 들어가는 혈액이 흐르는 간정맥, ⓛ은 심장에서 나와 간으로 들어가는 혈액이 흐르는 간동맥이다. 질소(N)를 갖는 (나)는 암모니아이고, 수소(H)를 갖지 않는 (다)는 이산화 탄소이며, (가)는 물이다.
ⓒ. 물(가)은 폐(A)를 통해 날숨으로 배출되거나 콩팥(C)을 통해 오줌으로 배출된다.
✗. 간(B)에서 암모니아(나)가 요소로 전환되므로 혈액의 단위 부피당 암모니아(나)의 양은 간동맥(ⓛ)의 혈액이 간정맥(⊙)의 혈액보다 많다.
ⓒ. 콩팥(C)은 뇌하수체 후엽에서 분비되는 항이뇨 호르몬(ADH)의 표적 기관이다.

02 세포 호흡과 호흡계의 작용

암모니아가 요소로 전환되는 기관계 Ⅱ가 소화계이므로 기관계 Ⅰ은 호흡계이다. 따라서 ⊙은 O₂, ⓛ은 아미노산, ⓒ은 CO₂이다. 기관 X는 폐이다.
ⓒ. O₂(⊙)와 아미노산(ⓛ)은 모두 순환계를 통해 조직 세포로 이동한다.
✗. 폐(X)는 호흡계(기관계 Ⅰ)에 속한다.
ⓒ. 단위 부피당 CO₂(ⓒ)의 양은 폐를 거치기 전인 ⓐ의 혈액이

폐를 거친 후인 ⓑ의 혈액보다 많다.

03 기관계의 통합적 작용과 물질대사

A는 소화계, B는 순환계, C는 배설계이다. 글리코젠과 ⊙ 사이의 전환이 일어나므로 ⊙은 포도당이고, 암모니아로부터 합성되는 ⓛ은 요소이다.
ⓒ. 간에서 암모니아가 요소(ⓛ)로 전환된다.
ⓒ. 소화계(A)에 글리코젠의 분해와 합성(Ⅰ과 Ⅱ), 요소 합성(Ⅲ)이 모두 일어나는 기관인 간이 있다.
ⓒ. 배설계(C)에 속하는 콩팥으로 순환계(B)를 통해 포도당(⊙)과 요소(ⓛ)가 이동한다.

04 비만과 대사성 질환

체질량 지수가 커서 비만인 사람 집단에서 대사성 질환을 나타내는 사람의 비율이 높다.
ⓒ. 체질량 지수가 18.5 이상 25.0 미만인 경우는 정상 체중으로 분류되어 있다.
ⓒ. 당뇨병과 고혈압을 나타내는 사람의 비율은 모두 비만인 사람 집단에서가 정상 체중인 사람 집단에서보다 높다.
✗. 비만 1단계인 사람 집단과 비만 3단계인 사람 집단에서 질병을 나타내는 사람의 비율 차이는 고혈압에서가 고지혈증(고지질 혈증)에서보다 크다.

05 기관계의 통합적 작용

⊙~ⓜ 중에 3가지 과정에 관여하는 (나)는 호흡계이고, ⓜ 과정에 호흡계와 함께 관여하는 (다)는 배설계이므로, (가)는 소화계이다. ⊙은 ⓑ, ⓛ은 ⓒ, ⓒ은 ⓓ, ⓔ은 ⓔ, ⓜ은 ⓐ이다.
✗. ⓑ(⊙)와 ⓔ(ⓔ)에 관여하는 (가)는 소화계이다.
ⓒ. O₂를 체내로 유입하여 조직 세포로 공급하는 과정인 ⓛ은 호흡계(나)가 관여하고 대동맥을 통해 일어나는 ⓒ이다.
ⓒ. 호흡계(나)에 속하는 기관의 호흡 운동을 조절하는 중추는 연수이다. ⓓ는 호흡계(나)가 관여하는 CO₂ 배출 과정으로, 호흡 운동의 조절 중추는 연수이다.

06 유레이스 작용 탐구

생콩즙에는 요소를 암모니아로 분해하는 유레이스가 들어 있다.
ⓒ. 생콩즙 속의 유레이스가 요소를 분해하면 염기성인 암모니아가 생성되므로 pH가 증가한다.
ⓒ. (나)에서 요소 용액과 오줌에 각각 증류수를 첨가한 시험관과 생콩즙을 첨가한 시험관을 설정하여 비교 실험을 진행하였으므로 대조 실험이 수행되었다.
ⓒ. pH 변화는 조작 변인에 의해 변화하는 종속변인이다.

07 호흡계의 기체 교환

혈액이 흘러가면서 O_2양이 증가하고, CO_2양이 감소하는 X는 폐이다. 따라서 (나)는 호흡계, (가)는 배설계, (다)는 소화계이다.

㉠. 배설계(가)의 조직 세포에서 세포 호흡 결과 생성된 이산화 탄소와 H_2O 중 일부는 호흡계(나)를 통해 몸 밖으로 배출된다.

㉡. 호흡계(나)에 속한 기관을 이루는 세포를 비롯한 우리 몸의 여러 세포에서는 O_2가 이용되는 세포 호흡이 일어난다.

㉢. 소화계(다)에 속하는 간에서는 글리코젠 등이 합성된다.

08 에너지 균형

하루 동안 소비되는 에너지양은 하루 동안의 '활동 유형별 에너지 소비량×체중(kg)×활동 시간(h)'을 모두 더한 값으로 구한다.

✗. A의 1일 에너지 소비량은 3156 kcal이고, B의 1일 에너지 소비량은 2658 kcal이다.

㉡. B는 공부에 972 kcal를 소비했으므로, 가장 많은 에너지를 소비한 활동은 공부이다.

✗. A와 B의 하루 에너지 섭취량은 각각 2800 kcal이므로, B는 체중이 감소하지 않을 것이다.

04 자극의 전달

수능 **2점** 테스트   본문 48~51쪽

01 ③	02 ①	03 ③	04 ①	05 ④	06 ⑤
07 ③	08 ③	09 ④	10 ③	11 ⑤	12 ②
13 ④	14 ①	15 ②	16 ③		

01 뉴런의 구조

㉠은 랑비에 결절, ㉡은 축삭 돌기, ㉢은 가지 돌기이다.

㉠. 랑비에 결절(㉠) 부위의 뉴런 세포막에는 Na^+ 통로가 있어 역치 이상의 자극이 전도되면 Na^+ 통로가 열려 Na^+이 세포 내부로 유입되고 탈분극이 일어난다.

㉡. 축삭 돌기(㉡)의 말단에는 신경 전달 물질이 들어 있는 시냅스 소포가 있고, 흥분 전달 과정에서 신경 전달 물질이 시냅스 틈으로 분비된다.

✗. 흥분은 시냅스 이전 뉴런의 축삭 돌기 말단에서 시냅스 이후 뉴런의 가지 돌기나 신경 세포체로만 전달된다. 따라서 시냅스 이후 뉴런의 가지 돌기(㉢)에 역치 이상의 자극이 주어져도 시냅스 이전 뉴런의 랑비에 결절(㉠)에서 활동 전위가 발생하지는 않는다.

02 활동 전위

휴지 상태인 뉴런의 한 지점에 역치 이상의 자극이 가해지면 막전위가 빠르게 상승하였다가 하강하는 활동 전위가 생성된다.

✗. (나)에 주어진 자극의 세기가 (가)에 주어진 자극의 세기보다 크고, 발생한 활동 전위의 빈도도 (나)에서가 (가)에서보다 높다. 따라서 자극의 세기가 클수록 같은 시간 동안 활동 전위가 더 빈번하게 발생한다.

㉡. (가)와 (나)에서 모두 활동 전위가 발생하였으므로 (가)와 (나)에서 모두 역치 이상의 자극이 주어졌다.

✗. 구간 I에서 X의 세포막에 있는 Na^+-K^+ 펌프를 통해 Na^+은 세포 밖으로 이동한다.

03 뉴런의 종류

(가)는 골격근(반응 기관, X)에 연결된 원심성 뉴런(운동 뉴런)이고, (나)는 연합 뉴런이며, (다)는 피부(감각 기관, Y)에 연결된 구심성 뉴런(감각 뉴런)이다.

㉠. X는 반응 기관인 골격근이고, Y는 감각 기관인 피부이다.

㉡. 연합 뉴런(나)은 뇌와 척수로 이루어진 중추 신경계를 구성한다.

✗. 원심성 뉴런(운동 뉴런, (가))에서 발생한 흥분은 구심성 뉴런(감각 뉴런, (다))으로 전달되지 않는다.

04 막전위

탈분극의 한 시점인 t_1일 때 세포막을 경계로 측정된 막전위는 $-50\,mV$이고, Na^+ 통로를 통해 Na^+이 이동하고 있다.

㉠. 뉴런에서 세포막을 경계로 Na^+ 농도는 세포 밖에서가 세포 안에서보다 높고, K^+ 농도는 세포 안에서가 세포 밖에서보다 높다. 따라서 Na^+ 통로를 통한 Na^+의 확산은 세포 밖에서 세포 안으로 일어나고, (가)는 세포 밖, (나)는 세포 안이다.

✕. Na^+ 통로(A)를 통한 Na^+의 이동은 확산에 의해 일어나며, 이 과정에서는 ATP가 사용되지 않는다.

✕. Na^+-K^+ 펌프가 작동하여 Na^+과 K^+이 세포막을 경계로 불균등하게 분포하므로 t_1일 때 K^+의 농도는 세포 안이 세포 밖보다 높다.

05 이온의 막 투과도

활동 전위가 발생할 때 막 투과도는 Na^+이 K^+보다 먼저 높아진다. 따라서 ⓐ는 Na^+, ⓑ는 K^+이다. 뉴런에서 세포막을 경계로 Na^+ 농도는 세포 밖에서가 세포 안에서보다 높고, K^+ 농도는 세포 안에서가 세포 밖에서보다 높으므로 ㉠은 Na^+, ㉡은 K^+이다.

✕. ㉠은 Na^+(ⓐ), ㉡은 K^+(ⓑ)이다.

㉡. 역치 이상의 자극이 주어지면 Na^+ 통로를 통해 Na^+이 세포 밖에서 세포 안으로 확산된다. t_1일 때 Na^+의 막 투과도가 가장 높으므로 세포 안쪽의 Na^+ 농도가 증가하고 있다. 따라서 X의 안에서 Na^+(㉠)의 농도는 t_1일 때가 분극 상태일 때보다 높다.

㉢. t_2일 때 K^+ 통로를 통해 K^+이 X의 안에서 X의 밖으로 확산되는 재분극이 일어난다.

06 활동 전위

(나)에서는 K^+의 이동이 억제되어 재분극이 정상 뉴런에 비해 천천히 일어난다. 따라서 (나)는 K^+ 통로에 이상이 있는 돌연변이 뉴런에서 발생한 활동 전위를 나타낸 것이다.

㉠. ㉠은 K^+이다.

㉡. 세포막의 Na^+ 통로가 열려 Na^+이 세포 밖에서 세포 안으로 확산되면 막전위가 상승하는 탈분극이 일어나므로 (가)에서 확산에 의한 Na^+의 막 투과도는 t_1일 때가 t_2일 때보다 크다.

㉢. ATP를 사용하는 Na^+-K^+ 펌프의 작동에 의해 세포 안과 밖의 이온의 불균등 상태가 형성되고, 자극에 의한 활동 전위 발생 이후 휴지 전위인 분극 상태로 회복되므로 (나)에서 t_2일 때 Na^+-K^+ 펌프를 통해 K^+이 세포 안으로 유입되고, Na^+이 세포 밖으로 유출된다.

07 각성제의 작용

카페인은 대표적인 각성제의 예로 아데노신 수용체에 아데노신 대신 결합하여 아데노신의 작용을 억제한다.

㉠. 카페인에는 아데노신과 유사한 분자 구조가 있어 아데노신 수용체에 아데노신 대신 결합할 수 있다.

✕. 카페인을 섭취하면 아데노신에 의한 작용이 억제되므로 ⓐ(시냅스 이전 뉴런의 축삭 돌기 말단에서의 신경 전달 물질 분비)가 카페인을 섭취하지 않았을 때보다 활발히 일어난다.

㉢. 카페인을 과도하게 섭취하면 시냅스에서 지속적인 흥분 전달이 일어나 불면증, 불안, 심장 박동 증가 등의 부작용이 나타날 수 있다.

08 골격근의 구조

ⓐ는 명대(I대)이고, ⓑ는 암대(A대)이다.

㉠. 원심성 뉴런(운동 뉴런)은 연합 뉴런으로부터 반응 명령을 전달받아 근육과 같은 반응 기관으로 흥분을 전달하므로 ㉠과 ㉡에는 모두 원심성 뉴런(운동 뉴런)이 연결되어 있다.

㉡. 구부린 팔을 펴는 (가)가 일어날 때 ㉠에서 X의 길이는 증가하고, ⓑ(암대)의 길이는 변하지 않는다.

✕. ⓐ(명대)는 액틴 필라멘트만 있는 부분으로 전자 현미경으로 관찰했을 때 마이오신 필라멘트가 있는 부분보다 밝게 관찰된다.

09 골격근의 수축과 이완

근육 원섬유의 길이에 따라 골격근의 수축 강도가 달라진다.

✕. A대의 길이는 마이오신 필라멘트의 길이이므로 근육 원섬유 마디의 길이가 변해도 A대의 길이는 변하지 않는다. 따라서 A대의 길이에 따라 수축 강도가 달라지지는 않는다.

㉡. H대는 근육 원섬유 마디에서 마이오신 필라멘트만 있는 부분이다. 따라서 $L_1{\sim}L_3$ 중 H대의 길이는 L_3일 때가 가장 길다.

㉢. 근육 원섬유를 구성하는 마이오신 필라멘트와 액틴 필라멘트의 길이는 근수축 과정에서 변하지 않는다. 따라서 L_2에서 L_1로 변할 때 액틴 필라멘트의 길이는 변하지 않는다.

10 활동 전위

뉴런에 역치 이상의 자극을 주었을 때 Na^+ 통로를 통한 Na^+의 이동은 세포 밖에서 세포 안으로 일어나고, K^+ 통로를 통한 K^+의 이동은 세포 안에서 세포 밖으로 일어난다. 따라서 A는 Na^+이고, B는 K^+이다.

㉠. t_1은 분극 상태의 한 시점이며, 세포 안에는 음전하를 띠는 단백질이 있어 휴지 상태의 막전위 형성에 영향을 준다.

㉡. A는 Na^+이고, (나)에서 A가 이동하는 과정에서는 ATP가 사용되지 않는다.

✕. K^+ 통로를 통한 K^+(B)의 막 투과도는 재분극이 일어나는 시점인 t_3일 때가 탈분극이 일어나는 시점인 t_2일 때보다 크다.

11 흥분의 전도

(가)와 (나)는 말이집의 유무만 다르고, 말이집 뉴런에서는 도약전도가 일어나므로 말이집 뉴런인 (나)에서가 민말이집 뉴런인 (가)에서보다 흥분 전도 속도가 빠르다.

㉠. 자극 지점인 d_1의 막전위는 (가)와 (나)에서 같으므로 ㉠은

d_1이고, 나머지 ⓒ은 d_2이다. X는 (나), Y는 (가)라고 가정하면 d_2(ⓒ)에서의 막전위를 고려했을 때 (가)의 d_3은 탈분극이 일어난 상태이고, (나)의 d_3은 분극 상태이므로 (가)의 흥분 전도 속도가 (나)보다 빨라야 하는데 이는 주어진 조건에 모순된다. 따라서 X는 (가), Y는 (나)이다.

ⓒ. t_1일 때 (가)와 (나)의 d_2에서의 막전위를 비교하면 (가)의 d_2는 탈분극이 일어난 상태이다. 따라서 t_1일 때 (가)의 d_2에서 Na^+이 세포 밖에서 세포 안으로 확산된다.

ⓒ. t_1일 때 Y의 d_3에서의 막전위는 $-68\,mV$이고, d_2(ⓒ)에서의 막전위는 $+30\,mV$이며, 자극 지점인 d_1(⊙)에서의 막전위가 $-80\,mV$이므로 t_1일 때 Y(나)의 d_3에서는 탈분극이 일어나고 있다.

12 골격근의 수축 원리

A대의 길이는 마이오신 필라멘트의 길이와 같으므로 근수축 과정에서 길이가 일정하게 유지된다. 따라서 t_2일 때 A대의 길이는 $1.6\,\mu m$이고, H대의 길이가 $0.4\,\mu m$이므로 ⊙의 길이는 0.6(ⓐ)μm이다. t_1일 때 H대의 길이가 0.6(ⓐ)μm이므로 ⊙의 길이는 $0.5\,\mu m$이다.

✗. ⓐ는 0.6이다.

ⓒ. X의 길이 변화량은 H대의 길이 변화량과 같다. H대의 길이가 t_1일 때 0.6(ⓐ)μm, t_2일 때 $0.4\,\mu m$이므로 X의 길이는 t_1일 때가 t_2일 때보다 $0.2\,\mu m$ 길다.

✗. t_1에서 t_2가 될 때 근수축이 일어나므로 ⊙의 길이는 t_2일 때가 t_1일 때보다 길고, I대의 길이는 t_2일 때가 t_1일 때보다 짧다. 따라서 $\dfrac{⊙의\ 길이}{I대의\ 길이}$는 t_2일 때가 t_1일 때보다 크다.

13 막단백질

Na^+-K^+ 펌프는 ATP를 사용하여 Na^+을 세포 밖으로, K^+을 세포 안으로 이동시키므로 (다)이다. 따라서 ⓐ는 '이동 안함', ⓑ는 '이동함'이고, (가)는 Na^+ 통로, (나)는 K^+ 통로, (다)는 Na^+-K^+ 펌프이다.

✗. (가)는 Na^+ 통로, (나)는 K^+ 통로, (다)는 Na^+-K^+ 펌프이다.

ⓒ. t_1은 탈분극의 한 시점, t_2는 재분극의 한 시점이다. 뉴런의 한 지점에 역치 이상의 자극을 주면 세포막에 있는 Na^+ 통로가 열려 Na^+이 세포 밖에서 세포 안으로 이동하면서 막전위가 상승하는 탈분극이 일어난다. 따라서 Na^+의 막 투과도는 t_1일 때가 t_2일 때보다 크다.

ⓒ. Na^+-K^+ 펌프를 통해 Na^+은 세포 안에서 세포 밖으로, K^+은 세포 밖에서 세포 안으로 이동하며, 이 과정에서 ATP가 사용된다.

14 골격근의 구조

A는 다핵성 세포인 근육 섬유이고, B는 근육 섬유로 이루어진 근육 섬유 다발이다. C는 마이오신 필라멘트와 액틴 필라멘트로 이루어진 근육 원섬유이고, H대는 마이오신 필라멘트(⊙)로만 이루

어진 부분이다.

⊙. 근육 섬유(A)는 다핵성 세포이다.

✗. B는 근육 섬유 다발이다.

✗. 근육 원섬유(C)에서 마이오신 필라멘트(⊙)가 있는 부분은 전자 현미경으로 관찰했을 때 어둡게 보이는 암대이다.

15 골격근의 수축 원리

골격근의 수축 과정에서 X의 길이 변화량은 ⊙의 길이 변화량과 같으므로 ⓐ는 ⊙이 아니고, 액틴 필라멘트가 있는 ⓒ는 ⓒ과 ⓒ 중 하나이다. 따라서 ⓑ는 ⊙이다. t_1에서 t_2가 될 때 X의 길이 변화량을 $-2d$라고 가정하면 ⊙의 길이 변화량은 $-2d$, ⓒ의 길이 변화량은 $+d$, ⓒ의 길이 변화량은 $-d$이다. ⓐ가 ⓒ, ⓒ가 ⓒ이라고 가정하면 주어진 표의 값을 만족하지 않으므로 ⓐ는 ⓒ, ⓒ는 ⓒ이고, d는 0.2이다. t_1일 때 H대(⊙, ⓑ)의 길이가 $1.0\,\mu m$이므로 ⓒ(ⓒ)의 길이는 $0.3\,\mu m$이고, A대의 길이는 $1.6\,\mu m$이다.

✗. A대의 길이는 마이오신 필라멘트의 길이와 같으므로 $1.6\,\mu m$이다.

ⓒ. t_1일 때 H대의 길이가 $1.0\,\mu m$이므로 t_2일 때 H대의 길이는 $0.6\,\mu m$이다.

✗. ⓒ(ⓐ)의 길이와 ⊙(ⓑ)의 길이를 더한 값은 t_1일 때가 t_2일 때보다 $0.6\,\mu m$ 길다.

16 골격근의 수축 원리

⊙은 마이오신 필라멘트, ⓒ은 액틴 필라멘트이고, ⓐ는 H대, ⓑ는 I대이다.

ⓐ. ⊙은 A대를 구성하는 마이오신 필라멘트이다.

✗. 골격근의 수축 과정에서 마이오신 필라멘트(⊙)와 액틴 필라멘트(ⓒ)의 길이는 변하지 않는다.

ⓒ. 골격근이 수축할 때 H대(ⓐ)의 길이 변화량은 I대(ⓑ)의 길이 변화량과 같다.

수능 **3점** 테스트					본문 52~57쪽
01 ④	02 ③	03 ④	04 ⑤	05 ④	06 ③
07 ①	08 ⑤	09 ⑤	10 ①		

01 흥분의 전달

시냅스 이전 뉴런에서 분비된 신경 전달 물질이 시냅스 틈에서 확산되어 시냅스 이후 뉴런의 신경 전달 물질 수용체에 결합하면 시냅스 이후 뉴런의 이온 통로가 열리면서 흥분이 전달되고, 이후 시냅스 틈의 신경 전달 물질은 시냅스 이전 뉴런에 재흡수된다.

✗. X는 신경 전달 물질인 ⊙이 시냅스 이전 뉴런에 재흡수되는 작용을 억제하므로 ⊙을 통한 시냅스에서의 흥분 전달이 지속적으

로 일어나게 한다.

ㄴ. X를 처리하면 ㉠이 시냅스 이전 뉴런에 재흡수되지 않고 지속적으로 흥분이 전달된다. 우울증 환자에서는 ㉠의 분비 감소로 인해 불안, 섭식 장애, 수면 장애 등의 증세가 나타나므로 X는 우울증 환자에게 치료제로 사용될 수 있다.

ㄷ. 시냅스 이전 뉴런의 축삭 돌기 말단에서 ㉠이 들어 있는 시냅스 소포가 세포막과 융합하면 시냅스 틈으로 ㉠이 방출된다.

02 말이집과 랑비에 결절

말이집은 슈반 세포가 뉴런의 축삭 돌기를 반복적으로 감아 형성된 구조이며, 말이집이 있는 부위는 절연체의 역할을 하므로 흥분이 발생하지 않는다. 말이집 뉴런에서는 도약전도가 일어나는데, 말이집이 손상되면 도약전도가 정상적으로 일어나지 못하므로 흥분의 전도가 억제된다. 따라서 ㉠은 A, ㉡은 B이다.

ㄱ. (가)의 A에서 말이집은 슈반 세포로 이루어져 있다.

ㄴ. (나)에서 ㉡의 막전위 변화를 살펴보면 역치 전위보다 낮은 수준의 탈분극이 발생하였다. 따라서 (나)에서 말이집이 손상된 뉴런(B, ㉡)의 랑비에 결절의 한 지점인 d_2에서는 활동 전위가 발생하지 않았다.

ㄷ. 말이집이 있는 부위에는 Na^+ 통로가 거의 없고 말이집이 절연체의 역할을 하므로 손상된 말이집 부위의 세포막에도 Na^+ 통로가 거의 없고, 역치 이상의 자극이 주어졌을 때 탈분극이 일어나지 않는다. 따라서 B의 d_1에 역치 이상의 자극이 주어져도 d_3에서는 활동 전위가 발생하지 않는다.

03 흥분의 전도

자극 지점에서의 막전위는 A~C에서 모두 같으므로 d_4는 Ⅳ이다. A의 흥분 전도 속도가 2 cm/ms라고 가정하면 A의 d_3에서의 막전위는 −80 mV와 −70 mV 사이의 값이고, A의 d_2에서의 막전위는 0 mV이다. ㉠이 0, Ⅰ은 d_2인데, B의 흥분 전도 속도가 1 cm/ms이므로 시냅스의 위치와 상관없이 B의 d_2(Ⅰ)에서의 막전위는 −70 mV이어야 하므로 모순이다. 따라서 ⓐ는 1, ⓑ는 2이고, A의 d_3에서의 막전위는 +30 mV, A의 d_2와 d_1에서의 막전위는 각각 −70 mV이다. ㉠은 +30, Ⅰ은 d_3이고, B의 흥분 전도 속도가 2 cm/ms인데 B의 d_3(Ⅰ)에서의 막전위가 0 mV 또는 −80 mV이므로 B의 ㉮에 시냅스가 있다. B와 C에는 각각 ㉮와 ㉯ 중 서로 다른 한 곳에만 시냅스가 있다는 조건에 따라 C에는 ㉯에 시냅스가 있다. ㉡이 0이라고 가정하면 B의 d_2와 d_1의 막전위가 제시된 조건을 만족하지 않으므로 ㉡은 −80이고, 막전위가 +30(㉠) mV인 Ⅱ는 d_2, 나머지 Ⅲ은 d_1이다.

ㄱ. ㉠은 +30, ㉡은 −80, ㉢은 0이다.

ㄴ. Ⅰ은 d_3, Ⅱ는 d_2, Ⅲ은 d_1, Ⅳ는 d_4이다.

ㄷ. C에는 ㉯에 시냅스가 있고, C를 구성하는 두 뉴런의 흥분 전도 속도가 모두 2(ⓑ) cm/ms이므로 C의 d_2에 역치 이상의 자극을

주고 경과된 시간이 4 ms일 때의 Ⅳ에서의 막전위는 0 mV이다.

04 흥분의 전달

시냅스 이후 뉴런의 신경 전달 물질 수용체에 신경 전달 물질이 결합하면 시냅스 이후 뉴런의 Na^+ 통로가 열려 뉴런 밖의 Na^+이 유입되고 탈분극이 일어난다. 따라서 ㉠은 Na^+이다.

ㄱ. Na^+(㉠)은 시냅스 이전 뉴런(X)에서 시냅스 이후 뉴런(Y)으로의 흥분 전달에 관여한다.

ㄴ. 시냅스 이전 뉴런의 축삭 돌기 말단에는 신경 전달 물질이 들어 있는 시냅스 소포가 있다.

ㄷ. 시냅스 틈에 방출된 신경 전달 물질은 불활성화 효소에 의해 구조가 변형되어 더 이상 작용하지 못한다. 그 결과 시냅스 이후 뉴런의 Na^+ 통로가 열리지 않아 시냅스에서의 흥분 전달이 종결된다.

05 막전위

휴지 상태의 뉴런은 Na^+-K^+ 펌프의 작동으로 Na^+ 농도는 항상 세포 밖이 안보다 높고, K^+ 농도는 항상 세포 안이 밖보다 높다.

ㄱ. Y는 분극 상태일 때 세포 밖의 K^+ 농도가 X보다 높은 사람이고, Z는 분극 상태일 때 세포 밖의 K^+ 농도가 X보다 낮은 사람이다. 세포 밖의 K^+ 농도가 상대적으로 높은 Y는 휴지 전위가 −70 mV보다 높게 나타났고, 세포 밖의 K^+ 농도가 상대적으로 낮은 Z는 휴지 전위가 −70 mV보다 낮게 나타났다. 이온의 분포가 막전위 형성에 영향을 주므로 분극 상태일 때 세포 밖의 K^+ 농도는 휴지 전위 형성에 영향을 미친다.

ㄴ. X에서 K^+ 농도는 세포 안에서가 세포 밖에서보다 높다.

ㄷ. (가)와 (나) 중 (나)에서만 활동 전위가 발생하였으므로 자극의 세기는 S_2가 S_1보다 크다. S_1이 주어진 Y의 뉴런에서는 활동 전위가 발생하였고, S_2가 주어진 Z의 뉴런에서는 활동 전위가 발생하지 않았으므로 Y에서는 X나 Z에서보다 세기가 작은 자극에 의해서도 활동 전위가 쉽게 발생할 수 있다.

06 흥분의 전도와 전달

자극을 준 지점에서의 막전위는 A~C에서 동일하게 변하며, 활동 전위가 가장 먼저 발생한다. 따라서 A의 ⓐ에서의 막전위 변화는 (나)이다. ⓐ가 d_1 또는 d_2라고 가정하면 C의 d_3과 d_4에 흥분이 도달하지 않으므로 막전위 변화가 일어나지 않아야 하는데 그렇지 않으므로 ⓐ는 d_3과 d_4 중 하나이다. ㉠이 (나)~(마) 중 하나인데 A의 ⓑ에서의 막전위 변화가 (라)이므로 ⓐ는 d_3이고, ⓑ와 ⓓ는 d_2와 d_4 중 하나이다. C의 ⓓ에서가 ⓑ에서보다 막전위 변화가 먼저 일어나므로 ⓑ는 d_2, ⓓ는 d_4이다. 나머지 ⓒ는 d_1이다.

ㄱ. ⓐ는 d_3, ⓑ는 d_2, ⓒ는 d_1, ⓓ는 d_4이다.

ㄴ. ㉠은 (라)이다.

ㄷ. B의 d_4(ⓓ)에 역치 이상의 자극을 주고 경과된 시간이 t_1일 때, d_1(ⓒ)은 자극이 도달하지 않은 상태이다.

07 흥분의 전도와 전달

역치 이상의 자극을 동시에 1회 주고 경과한 시간이 5 ms일 때 자극을 준 지점의 막전위는 -70 mV이므로 자극을 준 지점은 ⓒ이다.

ⓒ이 d_4라고 가정하면 ⓔ에서의 막전위가 C에서는 -80 mV이므로 C의 d_4(ⓒ)에서 ⓔ까지 흥분의 이동 시간은 2 ms이다. d_1에서 d_2까지의 거리가 4 cm, d_2에서 d_3까지의 거리가 2 cm, d_3에서 d_4까지의 거리가 1 cm이므로 A~C의 흥분 전도 속도와 거리를 고려했을 때 주어진 조건을 만족하는 지점은 d_1~d_3 중 존재하지 않는다. 따라서 ⓒ은 d_1이다. ㉠에서의 막전위가 A에서는 -80 mV이고, B에서는 -60 mV이므로 A의 d_1(ⓒ)에서 ㉠까지 흥분의 이동 시간은 2 ms이고, A의 흥분 전도 속도가 B의 흥분 전도 속도보다 빠르다. A의 흥분 전도 속도가 3 cm/ms라고 가정하면 ㉠은 d_3, ㉡은 d_2, ㉣은 d_4이다. 이때 B의 흥분 전도 속도는 1 cm/ms 또는 2 cm/ms인데, 두 경우 모두 d_2(ⓒ)에서의 막전위 값이 주어진 조건에 모순되므로 A의 흥분 전도 속도는 2 cm/ms이고, ㉠은 d_2이다. 따라서 B의 흥분 전도 속도는 1 cm/ms이다. ⓒ과 ⓔ은 각각 d_3과 d_4 중 하나인데, C의 ⓔ에서의 막전위가 -80 mV이므로 C의 흥분 전도 속도는 3 cm/ms이고, ⓒ은 d_3, ⓔ은 d_4이다.

ㄱ. ㉠은 d_2, ⓒ은 d_1, ⓒ은 d_3, ⓔ은 d_4이다.

ㄴ. A의 흥분 전도 속도가 2 cm/ms이므로 ⓐ에 시냅스가 없다면 d_4까지 흥분이 도달하는 데 3.5 ms가 소요되고, 자극을 주고 경과한 시간이 5 ms일 때 d_4에서 측정한 막전위는 0 mV이어야 한다. 이를 만족하지 않고, d_4에서 측정한 막전위가 -60 mV이므로 ⓐ에 시냅스가 있다.

ㄷ. 흥분 전도 속도는 A가 2 cm/ms, B가 1 cm/ms, C가 3 cm/ms이다.

08 근수축의 에너지원

근육 원섬유가 수축하는 과정에 필요한 에너지는 ATP로부터 공급받고, ATP가 분해될 때 방출되는 에너지는 액틴 필라멘트가 마이오신 필라멘트 사이로 미끄러져 들어가는 데 사용된다. ㉠은 ATP, ⓒ은 크레아틴 인산, ⓒ은 크레아틴이다.

ㄱ. (가)에서 크레아틴 인산(ⓒ)이 크레아틴(ⓒ)으로 전환될 때 ADP에 인산기가 전달되어 ATP(㉠)가 생성된다.

ㄴ. (가)에서 근수축에 필요한 에너지 공급을 위해 포도당, 아미노산, 지방산과 같은 영양소의 분해가 일어난다.

ㄷ. 운동 초기에는 근육 세포에 저장된 ATP가 크레아틴 인산보다 먼저 소비되어 에너지원으로 사용된다.

09 골격근의 수축 원리

㉠은 근육 원섬유를 구성하는 액틴 필라멘트 길이의 절반에 해당하므로 골격근 수축 과정에서 길이가 일정하게 유지된다. 골격근

수축 과정에서 X의 길이가 $-2d$만큼 변할 때 ⓒ의 길이는 $+d$만큼, ⓒ의 길이는 $-2d$만큼 변한다. t_1에서 t_2로 변할 때 $\frac{ⓑ}{ⓐ}$의 값이 증가하고, $\frac{ⓒ}{ⓑ}$의 값이 감소하므로 ⓑ는 증가, ⓐ와 ⓒ 중 하나는 감소한다. 따라서 ⓑ는 ⓒ이고, $\frac{ⓑ}{ⓐ}$의 변화가 $\frac{ⓒ}{ⓑ}$의 변화보다 크므로 ⓐ는 ⓒ, ⓒ는 ㉠이다. t_1일 때 ⓐ : ⓑ : ⓒ=10 : 3 : 9이므로 ⓐ(ⓒ)의 길이는 1.0 μm, ⓑ(ⓒ)의 길이는 0.3 μm, ⓒ(㉠)의 길이는 0.9 μm이다.

ㄱ. t_2일 때 $\frac{ⓒ(㉠)}{ⓑ(ⓒ)}=1.5$이므로 ⓑ(ⓒ)의 길이는 0.6 μm이고, $\frac{ⓑ(ⓒ)}{ⓐ(ⓒ)}=1.5$이므로 ⓐ(ⓒ)의 길이는 0.4 μm이다. 따라서 t_2일 때 X의 길이는 2.2 μm이다.

ㄴ. t_1일 때 ⓒ(㉠)의 길이는 0.9 μm이고, t_1에서 t_3이 될 때 X의 길이가 0.2 μm 증가하므로 ⓒ의 길이는 0.1 μm 감소하며, ⓒ의 길이는 0.2 μm 증가한다. 따라서 t_3일 때 ⓒ의 길이는 1.2 μm이다.

ㄷ. X의 길이가 2.4 μm일 때 ⓑ(ⓒ)의 길이는 0.5 μm, ⓐ(ⓒ)의 길이는 0.6 μm이다.

10 골격근의 수축 원리

골격근 수축 과정에서 X의 길이가 $-2d$만큼 변할 때 ㉠의 길이는 $-d$만큼, ⓒ의 길이는 $+d$만큼, ⓒ의 길이는 $-2d$만큼 변한다. A대의 길이가 1.6 μm이므로 X의 길이에서 A대의 길이를 뺀 후 2로 나누어 t_2와 t_3일 때의 ㉠의 길이를 구할 수 있고, 나머지 ⓒ, ⓒ의 길이도 주어진 자료를 통해 구할 수 있다. t_1일 때 ⓒ의 길이를 x μm라고 가정하면, ⓒ의 길이는 $(1.6-2x)$ μm이고, ㉠+ⓒ의 값을 이용하여 구한 ㉠의 길이는 $(2x-0.3)$ μm이다. t_3일 때 ㉠의 길이가 0.3 μm, ⓒ의 길이가 0.4 μm이므로 t_1에서 t_3이 될 때 ⓒ의 변화량은 ㉠의 변화량의 2배와 같다는 수식을 세우면 $2(2x-0.6)=1.2-2x$이고, x는 0.4이다. t_1~t_3일 때 ㉠~ⓒ, X의 길이를 구한 값은 표와 같다.

구분	길이(μm)			
	㉠	ⓒ	ⓒ	X
t_1	0.5	0.4	0.8	2.6
t_2	0.6	0.3	1.0	2.8
t_3	0.3	0.6	0.4	2.2

ㄱ. ⓐ는 0.4 μm보다 짧으므로 Q는 ㉠이고, t_3일 때가 t_2일 때보다 ㉠의 길이가 짧으므로 R은 ⓒ이다. t_3일 때 ㉠의 길이는 0.3 μm인데 Z_1로부터 Z_2 방향으로 거리가 ⓐ인 지점이 ⓒ에 해당하므로 ⓐ는 0.3 μm보다 길어야 한다.

ㄴ. P는 ⓒ, Q는 ㉠, R은 ⓒ이다.

ㄷ. t_3일 때 ⓒ의 길이는 0.6 μm이고, t_1일 때 ㉠의 길이는 0.5 μm이다.

05 신경계

수능 2점 테스트					본문 64~67쪽
01 ④	02 ⑤	03 ③	04 ⑤	05 ①	06 ④
07 ⑤	08 ②	09 ③	10 ④	11 ⑤	12 ⑤
13 ②	14 ③	15 ①	16 ③		

01 신경계의 분류

신경계는 뇌와 척수로 이루어진 중추 신경계와 구심성 신경(감각 신경)과 원심성 신경(운동 신경)으로 이루어지는 말초 신경계로 구분된다.

ㄱ. A는 구심성 신경(감각 신경)과 원심성 신경(운동 신경)으로 구성되는 말초 신경계이다.

✗. 뇌 신경은 뇌와 연결된 말초 신경이므로 B(뇌)가 아닌 A에 속한다.

ㄷ. 중추 신경계의 명령을 반응 기관에 전달하는 교감 신경과 부교감 신경은 모두 원심성 신경(운동 신경)에 속한다.

02 사람의 신경계

A는 대뇌, B는 척수, C는 뇌줄기, D는 척수 신경이다.

✗. A는 겉질이 회색질이고, B는 겉질이 백색질이다.

ㄴ. 뇌줄기(C)는 중간뇌, 뇌교, 연수로 이루어지므로 연수는 C에 속한다.

ㄷ. D는 척수(B)에 연결되어 있는 말초 신경인 척수 신경이다.

03 뇌

뇌는 대뇌, 소뇌, 간뇌, 중간뇌, 뇌교, 연수로 이루어져 있다. A는 대뇌, B는 중간뇌, C는 소뇌이다.

ㄱ. 대뇌(A)의 겉질은 기능에 따라 감각령, 연합령, 운동령으로 구분된다.

ㄴ. 중간뇌(B)는 홍채와 연결된 자율 신경을 통해 홍채의 크기를 조절한다.

✗. 소뇌(C)는 뇌줄기에 속하지 않는다.

04 대뇌의 겉질과 속질

대뇌의 겉질은 주로 신경 세포체가 있는 회색질이며, 속질은 주로 축삭 돌기가 있는 백색질이다. 대뇌 겉질은 각 부위에 따라 담당하는 역할이 구분되어 있다. A는 겉질, B는 속질이다.

ㄱ. (나)는 대뇌 겉질인 A의 영역별 기능을 나타낸 것이다.

ㄴ. ㉠은 두정엽이고, ㉡은 측두엽이다.

ㄷ. ㉡은 측두엽이다. 측두엽(㉡)에서는 청각을 담당하므로 측두엽(㉡)이 손상되면 소리를 듣는 기능에 이상이 생길 수 있다.

05 말초 신경계

A는 눈과 연결된 감각 뉴런이고, B는 눈과 연결된 체성 운동 뉴런이다. C는 방광과 연결된 부교감 신경의 신경절 이전 뉴런이고, D는 방광과 연결된 교감 신경의 신경절 이후 뉴런이다.

ㄱ. 눈과 연결된 감각 뉴런인 A와 체성 운동 뉴런인 B는 모두 뇌와 연결되어 있으므로 ㉠은 뇌이다. 방광과 연결된 자율 신경은 모두 척수와 연결되어 있으므로 ㉡은 척수이다.

✗. A는 눈으로 들어온 자극을 뇌로 전달하므로 감각 뉴런이지만 C는 ㉡의 명령을 방광에 전달하므로 운동 뉴런이다.

✗. B는 체성 신경계에 속하고, D는 자율 신경계에 속한다.

06 뇌 손상과 기능

연수가 손상된 환자는 연수가 담당하는 심장 박동이나 호흡 운동에 이상이 생길 수 있고, 대뇌가 손상된 환자는 대뇌가 담당하는 감각, 운동, 기억, 판단 등에 이상이 생길 수 있다.

ㄱ. (가)는 연수의 기능이 상실된 환자이고, (나)는 대뇌의 기능이 상실된 환자이다.

✗. 스스로 호흡을 하는 것은 연수의 기능이므로 연수의 기능이 정상인 (나)는 스스로 호흡을 할 수 있다.

ㄷ. (가)와 (나)는 모두 중간뇌의 기능이 정상이므로 모두 동공 반사가 일어난다.

07 말초 신경계

중추 신경계와 기관은 감각 신경이나 운동 신경으로 연결되어 있다. 운동 신경에는 체성 신경과 자율 신경이 있다.

ㄱ. A는 부교감 신경의 신경절 이전 뉴런이고, B는 체성 운동 뉴런이며, C는 감각 뉴런이다. 따라서 ㉠은 심장이고, ㉡은 팔의 골격근이다.

ㄴ. A는 부교감 신경의 신경절 이전 뉴런이고, B는 체성 운동 뉴런이다. 부교감 신경의 신경절 이전 뉴런과 체성 운동 뉴런의 축삭 돌기 말단에서는 모두 아세틸콜린이 분비된다.

ㄷ. C는 피부에서 받아들인 자극에 의해 발생한 흥분을 척수로 전달하는 감각 뉴런이다.

08 중추 신경계

중추 신경계는 뇌와 척수로 구성되며, 뇌는 대뇌, 소뇌, 간뇌, 중간뇌, 뇌교, 연수로 구성된다.

✗. C는 뇌줄기를 구성하고 홍채와 자율 신경으로 연결되므로 중간뇌이다. 뇌줄기를 구성하지 않는 A는 척수이며, 홍채와 자율 신경으로 연결되어 있지 않은 B는 연수이다.

✗. 척수는 홍채와 교감 신경으로 연결되어 있으므로 ⓐ는 'X'이다.
ⓒ. 척수(A)는 방광의 수축과 이완에 모두 관여한다.

09 척수

척수의 겉질은 백색질이고, 속질은 회색질이다. 척수와 연결된 감각 뉴런은 후근을 이루고, 운동 뉴런은 전근을 이룬다.
㉠. A는 감각 뉴런(B)으로부터 정보를 받아들이고 이에 대한 적절한 명령을 운동 뉴런(C)에게 전달하는 연합 뉴런이다.
✗. B는 감각 뉴런이므로 후근을 이룬다.
ⓒ. C는 다리의 골격근과 연결되어 있으므로 체성 신경계에 속한다.

10 심장 박동 조절

중추 신경계와 심장은 자율 신경으로 연결되며, 심장과 연결된 교감 신경에서 활동 전위 발생 빈도가 증가하면 심장 박동 속도가 증가하고, 심장과 연결된 부교감 신경에서 활동 전위 발생 빈도가 증가하면 심장 박동 속도가 감소한다.
㉠. A는 신경절 이전 뉴런이 신경절 이후 뉴런보다 짧으므로 심장과 연결된 교감 신경이다. 교감 신경의 신경절 이전 뉴런의 신경 세포체는 척수에 있다.
✗. B는 신경절 이전 뉴런이 신경절 이후 뉴런보다 길므로 심장과 연결된 부교감 신경이다. 부교감 신경의 신경절 이후 뉴런의 축삭 돌기 말단에서는 아세틸콜린이 분비된다.
ⓒ. 심장 세포에서 활동 전위가 발생하는 빈도가 자극을 준 이후 감소하였으므로 (나)는 부교감 신경인 B를 자극했을 때의 변화를 나타낸 것이다.

11 방광과 요도 조절

방광과 연결된 감각 뉴런은 방광의 크기와 압력에 대한 정보를 척수로 전달한다. 척수와 방광은 교감 신경과 부교감 신경으로 연결되며, 교감 신경에서 활동 전위 발생 빈도가 증가하면 방광이 이완하고, 부교감 신경의 활동 전위 발생 빈도가 증가하면 방광이 수축한다. 요도의 골격근에는 척수와 연결된 체성 운동 뉴런이 연결되어 있다.
㉠. A는 신경 세포체가 축삭 돌기의 끝부분이 아닌 중간 부분에 있으므로 감각 뉴런이다.
ⓒ. B는 골격근과 연결된 신경이므로 체성 신경계에 속한다.
ⓒ. C는 부교감 신경의 신경절 이후 뉴런이다. 부교감 신경의 신경절 이후 뉴런에서는 아세틸콜린이 분비된다.

12 말초 신경계

연수, 척수, 중간뇌를 포함하는 중추 신경계는 심장, 방광, 홍채 등과 자율 신경으로 연결되어 있다.
㉠. 방광과 연결된 부교감 신경은 척수에 연결되어 있고, 심장과 연결된 부교감 신경은 연수와 연결되어 있으므로 ㉠은 심장이고, ㉡은 방광이다.
ⓒ. 방광(㉡)과 교감 신경으로 연결된 A는 척수이고, 홍채와 부교감 신경으로 연결된 B는 중간뇌이다.
ⓒ. 중간뇌(B)는 뇌줄기에 속한다.

13 회피 반사

손이 날카로운 물체에 닿으면 손이 순간적으로 물체에서 떨어지도록 하는 회피 반사가 일어난다.
✗. A는 감각 뉴런이고, B는 운동 뉴런이다.
ⓒ. C는 척수와 연결된 운동 신경이므로 전근을 이룬다.
✗. 자극에 의해 팔을 구부리는 반사가 일어날 때 B와 연결된 골격근은 수축하고, C와 연결된 골격근은 이완한다. 따라서 단위 시간당 $\dfrac{\text{B의 말단에서 분비되는 신경 전달 물질의 양}}{\text{C의 말단에서 분비되는 신경 전달 물질의 양}}$ 은 자극 전이 자극 후보다 작다.

14 동공 크기 조절

동공의 크기는 홍채와 연결된 교감 신경과 부교감 신경에 의해 조절된다. ㉠과 ㉡은 부교감 신경을 구성하는 뉴런이고, ㉢은 교감 신경을 구성하는 뉴런이다.
㉠. ㉠은 부교감 신경의 신경절 이전 뉴런이므로 ㉠의 신경 세포체는 중간뇌에 있다.
ⓒ. ㉡은 부교감 신경의 신경절 이후 뉴런이므로 ㉡의 축삭 돌기 말단에서는 아세틸콜린이 분비된다.
✗. ㉢은 교감 신경의 신경절 이후 뉴런이므로 ㉢에서 활동 전위 발생 빈도가 증가하면 동공이 확장된다.

15 심장 박동 조절

㉠은 부교감 신경, ㉡은 교감 신경이다.
㉠. ㉠과 ㉡은 모두 자율 신경계에 속한다.
✗. ㉠은 부교감 신경이므로 ㉠의 신경절 이전 뉴런의 신경 세포체는 척수가 아닌 연수에 있다.
✗. ㉡은 교감 신경이므로 ㉡의 신경절 이후 뉴런에서 분비되는 신경 전달 물질의 양이 증가하면 심장 박동 속도가 증가한다.

16 중추 신경계

간뇌, 소뇌, 척수 중 뇌를 구성하는 것은 간뇌와 소뇌이므로 ⓒ은 '뇌를 구성한다.'이고, B는 척수이다. 체온 조절 중추는 간뇌이므로 ㉠은 '체온 조절 중추이다.'이고, A는 간뇌, C는 소뇌이다. ⓒ은 '무릎 반사 중추이다.'이다.

ㄱ. 간뇌, 소뇌, 척수 중 뇌를 구성하는 것은 간뇌와 소뇌이므로 ⓐ와 ⓑ는 모두 '○'이다.

ㄴ. 척수(B)의 겉질은 주로 축삭 돌기가 있는 백색질이다.

ㄷ. ㉠은 '체온 조절 중추이다.'이다.

---

01 대뇌의 운동령과 감각령

대뇌의 운동령은 몸의 움직임에 관여하고, 감각령은 몸에서 받아들인 자극을 인식하는 데 관여한다.

ㄱ. ㉠은 대뇌의 좌반구에 속하고, ㉡은 대뇌의 우반구에 속한다.

ㄴ. 무릎 반사에는 대뇌가 직접적으로 관여하지 않으므로 A가 손상되어도 무릎 반사는 일어난다.

ㄷ. B는 손에서 받아들인 자극을 인식하는 데 관여하며 손이 움직이는 것에는 직접적으로 관여하지 않으므로 B가 손상되어도 손을 움직일 수 있다.

02 말하기와 관련된 대뇌의 영역

대뇌에는 말하기와 관련된 주요 영역이 있으며, 각 영역이 손상되면 정확하게 말하는 것이 어려워진다.

ㄱ. ㉠은 혀와 입을 움직여 말하는 것과 관련된 운동령이다.

ㄴ. 대뇌 겉질에서 보는 것은 후두엽에서, 듣는 것은 측두엽에서 담당한다.

ㄷ. B가 손상되었을 때 단어의 뜻을 이해하지 못하므로 단어의 뜻을 이해하는 데 관여하는 영역은 B이다.

03 자극에 대한 반응

자극에 대한 반응에는 의식적인 반응과 무조건 반사가 있다.

ㄱ. (가)와 (나)에서는 모두 눈이 받아들인 빛 자극에 대한 반응이 일어나므로 A는 (가)와 (나)가 일어날 때 모두 관여한다.

ㄴ. 손을 넣고 더듬어 필통을 잡았으므로 (다)가 일어날 때 흥분은 E → C → 뇌 → D → F로 전달된다.

ㄷ. B는 자율 신경계에 속하고, F는 체성 신경계에 속한다.

04 동공 크기 조절

빛의 세기에 따라 홍채에 연결된 교감 신경과 부교감 신경의 활동 전위 발생 빈도가 변하며, 이로 인해 동공의 크기가 조절된다.

ㄱ. ㉠은 부교감 신경의 신경절 이전 뉴런이므로 ㉠의 신경 세포체는 중간뇌에 있다.

ㄴ. ㉡과 ㉢의 축삭 돌기 말단에서는 모두 아세틸콜린이 분비된다.

ㄷ. 빛의 세기가 p_1에서 p_2로 바뀔 때 동공의 크기가 축소된다. 동공의 크기가 축소될 때 ㉡의 말단에서 분비되는 신경 전달 물질의 양은 증가하고 ㉣의 말단에서 분비되는 신경 전달 물질의 양은 감소한다. 따라서 단위 시간당 $\dfrac{㉣의\ 말단에서\ 분비되는\ 신경\ 전달\ 물질의\ 양}{㉡의\ 말단에서\ 분비되는\ 신경\ 전달\ 물질의\ 양}$ 은 작아진다.

05 신경 전달 물질

ㄱ. ⓐ와 ⓑ에서 모두 A에서 분비된 신경 전달 물질에 의해 심장 세포에서의 활동 전위 발생 빈도가 감소하였으므로 A에서 분비된 신경 전달 물질은 ㉠에서 ㉡으로 이동하였다.

ㄴ. A를 자극하였을 때 심장 세포에서 활동 전위 발생 빈도의 변화는 ⓑ에서가 ⓐ에서보다 먼저 일어났으므로 ⓑ는 Ⅰ이고, ⓐ는 Ⅱ이다.

ㄷ. 노르에피네프린은 심장과 연결된 교감 신경의 신경절 이후 뉴런의 축삭 돌기 말단에서 분비된다. 따라서 ㉡에 노르에피네프린을 처리하면 Ⅱ를 구성하는 세포의 활동 전위 발생 빈도가 증가한다.

06 교감 신경과 부교감 신경

교감 신경과 부교감 신경은 길항 작용으로 여러 기관의 기능을 조절한다.

ㄱ. 소화액 분비를 촉진하는 (가)는 부교감 신경이고, 소화액 분비를 억제하는 (나)는 교감 신경이다. 부교감 신경이 작용하면 폐의 기관지는 수축하므로 ㉠은 수축이다.

ㄴ. (나)는 교감 신경이므로 (나)의 신경절 이전 뉴런의 축삭 돌기 말단에서는 아세틸콜린이 분비되며, 신경절 이후 뉴런의 축삭 돌기 말단에서는 노르에피네프린이 분비된다.

ㄷ. A가 심장에 작용하면 심장 박동이 빨라지므로 A는 (나)에 속하며, B는 (가)에 속한다. 방광에 연결된 부교감 신경이 작용하면 방광이 수축되므로 '방광이 수축된다'는 ⓐ에 해당한다.

07 회피 반사

뜨거운 물체에 손이 닿았을 때 순간적으로 손을 떼는 반응에는 B와 C가 관여하며, 뜨거운 물체에 손이 닿았다는 것을 인식하는 과정에는 A와 B가 관여한다.

ㄱ. 뜨거운 물체를 만졌을 때 순간적으로 손을 떼는 반사에는 A가 직접적으로 관여하지 않으므로 A가 손상되어도 손을 떼는 반사는 일어난다.

ㄴ. B는 감각 뉴런이므로 후근을 이룬다.

ㄷ. C는 팔의 골격근과 연결되어 있으므로 자율 신경계가 아닌

체성 신경계에 속한다.

08 무릎 반사

무릎 반사가 일어나면 자극이 척수로 전달되고, 척수의 명령이 B를 통해 B와 연결된 골격근에 전달된다.

ㄱ. A는 발생한 흥분을 척수에 전달하는 감각 뉴런이다.

ㄴ. 무릎 반사가 일어나 B와 연결된 골격근이 수축하였으므로 B의 활동 전위 발생 빈도는 고무망치로 무릎을 치기 전이 친 후보다 낮다.

ㄷ. ⓐ가 일어날 때 ㉠의 길이는 짧아지고 ㉡의 길이는 변하지 않으므로 $\frac{㉡의 길이}{㉠의 길이}$는 커진다.

수능 2점 테스트   본문 79~82쪽

01 ⑤	02 ③	03 ④	04 ③	05 ①	06 ⑤
07 ③	08 ③	09 ⑤	10 ①	11 ④	12 ③
13 ②	14 ③	15 ⑤	16 ④		

01 호르몬과 신경

호르몬에 의한 신호는 내분비샘에서 분비된 호르몬이 혈액의 흐름을 통해 전달되고, 신경에 의한 신호는 뉴런에서 전기적 신호와 시냅스에서 신경 전달 물질을 통해 전달된다.

ㄱ. (가)에서는 내분비 세포가 A를 분비하고 A가 혈액의 흐름을 통해 이동하여 ㉠에 작용하였으므로 (가)는 호르몬에 의한 신호 전달이며, A는 티록신이다.

ㄴ. B는 아세틸콜린이다. B가 ㉡에 작용하였으므로 ㉡에 아세틸콜린 수용체가 있다.

ㄷ. 신호 전달 속도는 신경에 의한 신호 전달인 (나)가 호르몬에 의한 신호 전달인 (가)보다 빠르다.

02 사람의 호르몬

인슐린은 이자에서, 생장 호르몬은 뇌하수체 전엽에서, 에피네프린은 부신 속질에서 분비된다.

ㄱ. A는 뇌하수체 전엽에서 분비되므로 생장 호르몬이다.

ㄴ. C는 부신 속질에서 분비되므로 에피네프린이며, B는 인슐린이다. 인슐린은 이자에서 분비되므로 ㉠은 이자이다.

ㄷ. C는 에피네프린이다. 혈중 에피네프린 농도가 증가하면 혈당량이 증가한다.

03 사람의 호르몬

티록신은 표적 세포의 물질대사를 촉진하고, 글루카곤은 간에서 글리코젠 분해를 촉진한다. 항이뇨 호르몬(ADH)은 콩팥에서 물의 재흡수를 촉진한다.

ㄱ. A는 이자에서 분비되므로 글루카곤이다.

ㄴ. C는 콩팥에서 물의 재흡수를 촉진하는 ADH이다. ADH는 뇌하수체 후엽에서 분비된다.

ㄷ. B는 티록신이다. 따라서 '표적 세포의 물질대사를 촉진한다.'는 ㉠에 해당한다.

04 호르몬과 내분비샘

특정 호르몬은 호르몬 분비를 담당하는 특정 내분비샘에서 분비된다. A는 뇌하수체 전엽, B는 갑상샘, C는 부신, D는 이자이다.
○. 뇌하수체 전엽(A)에서는 갑상샘(B)에 작용하는 TSH가 분비된다.
✗. 티록신은 부신(C)이 아닌 갑상샘(B)에서 분비된다.
○. 이자(D)에서는 혈당량 조절에 관여하는 글루카곤과 인슐린이 분비된다.

05 티록신 농도 조절

갑상샘에서 분비되는 티록신의 혈중 농도가 정상 범위보다 증가하면 시상 하부에서 TRH 분비와 뇌하수체 전엽에서 TSH 분비가 억제된다.
○. ㉠은 시상 하부, ㉡은 뇌하수체 전엽이다.
✗. A는 시상 하부에서 분비되는 TRH이고, B는 뇌하수체 전엽에서 분비되는 TSH이다.
✗. C는 갑상샘에서 분비되는 티록신이다. 티록신의 혈중 농도가 정상 범위보다 증가하면 뇌하수체 전엽(㉡)에서 TSH(B)의 분비가 억제된다.

06 이자와 혈당량 조절

이자에서는 혈당량 조절에 관여하는 인슐린과 글루카곤이 분비된다.
○. 혈당량을 증가시키는 역할을 하는 ㉠은 글루카곤이다. 글루카곤은 α세포에서 분비되므로 X는 α세포이다.
○. 혈당량을 감소시키는 역할을 하는 ㉡은 인슐린이다.
○. 인슐린(㉡)은 세포막을 통한 포도당의 이동을 조절하여 세포로의 포도당 흡수를 촉진한다.

07 온도 자극과 피부 근처 혈관

저온 자극을 받으면 피부 근처 혈관이 수축되고, 고온 자극을 받으면 피부 근처 혈관이 확장된다.
○. 피부 근처 혈관이 (가)일 때는 수축되어 있고, (나)일 때는 확장되어 있으므로 (가)는 체온보다 낮은 온도의 물에 들어갔을 때이다.
✗. (나)는 체온보다 높은 온도의 물에 들어갔을 때이므로 몸의 떨림은 (가)일 때 일어났다.
○. (가)일 때는 저온 자극을 받고 있고, (나)일 때는 고온 자극을 받고 있으므로 단위 시간당 열 발생량(열 생산량)은 (가)일 때가 (나)일 때보다 많다.

08 항이뇨 호르몬(ADH)과 혈장 삼투압 조절

뇌하수체 후엽에서 분비되는 ADH는 콩팥에서 물의 재흡수를 촉진하여 혈장 삼투압을 낮춘다.
✗. 콩팥에서 물의 재흡수를 촉진하여 혈장 삼투압을 감소시키는 X는 ADH이다. ADH는 뇌하수체 후엽에서 분비되므로 ㉠은 뇌하수체 후엽이다.

✗. 전체 혈액량이 증가하면 혈중 ADH 농도는 감소하므로 ⓐ는 전체 혈액량이 아닌 혈장 삼투압이다.
○. 혈중 ADH 농도가 높을수록 단위 시간당 오줌 생성량이 감소하므로 단위 시간당 오줌 생성량은 p_1일 때가 p_2일 때보다 많다.

09 체온 조절

체온보다 높은 온도의 물에 들어가면 고온 자극에 의해 땀 분비량은 증가하고 열 발생량(열 생산량)은 감소한다. 체온보다 낮은 온도의 물에 들어가면 저온 자극에 의해 땀 분비량은 감소하고 열 발생량(열 생산량)은 증가한다.
○. 체온 조절 중추는 간뇌의 시상 하부이다.
○. 체온보다 높은 온도의 물에 들어갔을 때 A가 증가하므로 A는 땀 분비량이다.
○. 피부 근처 혈관을 흐르는 단위 시간당 혈액량은 고온 자극을 받고 있는 구간 Ⅰ에서가 저온 자극을 받고 있는 구간 Ⅱ에서보다 많다.

10 혈장 삼투압 조절

혈장 삼투압보다 농도가 낮은 용액을 섭취하면 혈장 삼투압은 감소하고, 혈장 삼투압보다 농도가 높은 용액을 섭취하면 혈장 삼투압은 증가한다.
○. A를 섭취한 후에 혈장 삼투압이 증가하였으므로 A는 1 L의 소금물이다.
✗. 생성되는 오줌의 삼투압은 혈장 삼투압이 낮은 t_1일 때가 혈장 삼투압이 높은 t_2일 때보다 낮다.
✗. 혈중 항이뇨 호르몬(ADH)의 농도는 혈장 삼투압이 낮은 t_1일 때가 혈장 삼투압이 높은 t_2일 때보다 낮다.

11 혈당량 조절

탄수화물을 섭취하면 혈당량이 증가하고 증가한 혈당량을 낮추기 위해 인슐린 분비는 촉진되고, 글루카곤 분비는 억제된다.
○. 탄수화물 섭취 이후 ㉠의 농도가 증가하고 ㉡의 농도는 감소하므로 ㉠은 인슐린이고, ㉡은 글루카곤이다.
✗. 이자의 α세포에서는 글루카곤(㉡)이 분비되고, β세포에서는 인슐린(㉠)이 분비된다.
○. t_1에서 t_2 사이에 인슐린에 의한 혈당량 감소가 일어나므로 혈당량은 t_1일 때가 t_2일 때보다 높다.

12 항이뇨 호르몬(ADH) 분비 이상

ADH의 분비가 부족해지면 오줌 생성량이 증가한다.
○. ADH는 뇌하수체 후엽에서 분비된다.
✗. 정상인에 ADH를 투여하면 콩팥에서 물의 재흡수가 촉진되므로 체중 1 kg당 하루 오줌 생성량이 감소한다. 따라서 ㉠은 20

보다 작다.

ⓒ. A에게 ADH를 투여하였을 때 체중 1 kg당 하루 오줌 생성량이 감소하였으므로 A는 ADH 분비가 부족한 환자이다.

13 운동과 혈당량 조절

운동을 하면 세포에서 많은 양의 포도당을 소비하므로 글루카곤의 농도는 증가하고, 인슐린의 농도는 감소한다.

✗. t_1 이후 혈당량을 증가시키는 역할을 하는 글루카곤의 농도가 증가하였으므로 (가)는 운동이다.

ⓒ. 인슐린과 글루카곤은 길항 작용한다. 따라서 혈중 인슐린 농도는 혈중 글루카곤 농도가 낮은 t_1일 때가 혈중 글루카곤 농도가 높은 t_2일 때보다 높다.

✗. 글루카곤은 간에서 글리코젠의 분해를 촉진한다. 따라서 간에서 단위 시간당 분해되는 글리코젠의 양은 t_1일 때가 t_2일 때보다 적다.

14 운동 중 체온 변화

열 발생량(열 생산량)이 열 발산량(열 방출량)보다 많으면 체온은 올라가고 열 발생량(열 생산량)이 열 발산량(열 방출량)보다 적으면 체온은 내려간다.

ⓒ. 구간 Ⅰ에서 체온이 올라갔고, A가 B보다 많으므로 A는 열 발생량(열 생산량)이다.

ⓒ. 땀 분비량은 체온이 증가할 때 증가하고 체온이 감소할 때 감소한다. 따라서 단위 시간당 땀 분비량은 구간 Ⅰ에서가 구간 Ⅱ에서보다 많다.

✗. 피부 근처 혈관을 흐르는 단위 시간당 혈액량은 열 발산량(열 방출량)이 적은 t_1일 때가 열 발산량(열 방출량)이 많은 t_2일 때보다 적다.

15 혈장 삼투압과 혈액량

혈장 삼투압이 높을수록 혈중 항이뇨 호르몬(ADH) 농도가 증가하며, 전체 혈액량이 많을수록 혈중 ADH 농도는 감소한다.

ⓒ. ⓐ가 증가할수록 혈중 ADH 농도가 감소하므로 ⓐ는 전체 혈액량이다.

ⓒ. 전체 혈액량이 같을 때 혈중 ADH 농도는 Ⅱ가 Ⅰ보다 높으므로 Ⅱ는 ADH가 과다하게 분비되는 사람이다.

ⓒ. 혈중 ADH 농도가 높을수록 생성되는 오줌의 삼투압은 높다. 따라서 Ⅰ에서 생성되는 오줌의 삼투압은 혈중 ADH 농도가 높은 V_1일 때가 혈중 ADH 농도가 낮은 V_2일 때보다 높다.

16 피부 근처 혈관의 수축과 확장

피부 근처 혈관이 수축하면 피부를 통한 열 발산량(열 방출량)이 감소하고, 피부 근처 혈관이 확장하면 피부를 통한 열 발산량(열

방출량)이 증가한다.

ⓒ. 온도가 ⓐ인 물에서 ⓑ인 물로 이동할 때 피부 근처 혈관의 혈류량이 감소하였으므로 ⓐ는 ⓑ보다 높다.

✗. t_1일 때는 저온 자극을 받고 있고, t_2일 때는 고온 자극을 받고 있으므로 몸의 떨림이 일어난 시점은 t_1이다.

ⓒ. 피부 근처 혈관의 혈류량 조절에는 혈관과 연결된 교감 신경이 관여한다.

수능 3점 테스트　　　　　　　　　　본문 83~89쪽

01 ②	02 ①	03 ②	04 ③	05 ⑤	06 ④
07 ⑤	08 ③	09 ③	10 ②	11 ⑤	12 ③
13 ⑤	14 ②

01 온도 감각과 체온 조절

저온 자극이 주어지면 냉점과 연결된 신경의 단위 시간당 활동 전위 발생 수가 많아지고, 온점과 연결된 신경의 단위 시간당 활동 전위 발생 수가 적어진다. 고온 자극이 주어지면 온점과 연결된 신경의 단위 시간당 활동 전위 발생 수가 많아지고, 냉점과 연결된 신경의 단위 시간당 활동 전위 발생 수는 적어진다.

✗. 온도가 높은 물에 들어갈수록 온점과 연결된 신경의 단위 시간당 활동 전위 발생 수는 증가하고, 냉점과 연결된 단위 시간당 활동 전위 발생 수는 감소한다. 따라서 ⓐ은 36 ℃이고, ⓑ은 30 ℃이며, ⓒ은 42 ℃이다.

ⓒ. 피부 근처 혈관을 흐르는 단위 시간당 혈액량은 온도가 36 ℃(ⓐ)인 물에 들어갔을 때가 30 ℃(ⓑ)인 물에 들어갔을 때보다 많다.

✗. 단위 시간당 땀 분비량은 고온 자극을 받을 때 증가한다. 따라서 단위 시간당 땀 분비량은 온도가 30 ℃(ⓑ)인 물에 들어갔을 때가 42 ℃(ⓒ)인 물에 들어갔을 때보다 적다.

02 혈중 티록신 농도 조절

갑상샘이나 뇌하수체 전엽에 이상이 생기면 혈중 티록신 농도가 정상보다 높거나 낮을 수 있다.

ⓒ. B에서 티록신 분비가 부족하므로 뇌하수체 전엽이 정상이면 티록신 분비가 부족할 때 TSH의 분비는 증가한다. 따라서 B는 ⓒ이다.

✗. A는 티록신 분비가 과다하므로 티록신 농도가 정상보다 높은 ⓐ이다. 따라서 C는 ⓑ이며, ⓑ에서 TSH의 농도가 정상보다 낮

으므로 ⓐ는 부족이다.

✗. ⓒ은 갑상샘 이상으로 티록신의 분비가 부족하며, 뇌하수체 전엽은 정상이다. 따라서 ⓒ에게 티록신을 투여하면 투여 전보다 TSH 분비가 억제된다.

03 체온 조절

고온 자극을 받으면 털세움근이 이완되고, 피부 근처 혈관은 확장된다. 저온 자극을 받으면 털세움근이 수축하고, 피부 근처 혈관도 수축한다.

✗. 이 동물의 체온 조절 중추에 ㉠ 자극을 주었을 때 체온이 증가하였으므로 ㉠은 저온이고, ㉡은 고온이다.

✗. 고온(㉡) 자극을 받으면 털세움근이 이완되고, 피부 근처 혈관이 확장되므로 이 동물에 ㉡ 자극을 주면 과정 ⓑ가 일어난다.

㉢. 과정 ⓑ가 일어나면 피부 근처 혈관이 확장되어 열 발산량(열 방출량)이 증가한다.

04 혈당량 조절 이상

인슐린 분비가 정상보다 적거나 인슐린이 인슐린의 표적 세포에 작용하지 못하면 혈당량 조절에 이상이 발생할 수 있다. A는 인슐린 분비가 정상보다 적어 혈당량이 높은 상태가 지속되고, B는 인슐린 분비가 충분하지만 인슐린의 표적 세포가 인슐린에 반응하지 않아 혈당량이 높은 상태가 지속된다.

㉠. 인슐린은 이자의 β세포에서 분비되므로 ㉠은 β세포이다.

㉡. B는 A에 비해 혈중 인슐린 농도가 높은데도 불구하고 혈당량이 높게 유지되고 있는 것은 인슐린의 표적 세포가 인슐린에 반응하지 않기 때문이다.

✗. 혈중 인슐린 농도가 높을수록 단위 시간당 세포로 흡수되는 포도당의 양은 증가한다. 따라서 A에서 단위 시간당 세포로 흡수되는 포도당의 양은 인슐린 농도가 낮은 t_1일 때가 인슐린 농도가 높은 t_2일 때보다 적다.

05 혈장 삼투압 조절

항이뇨 호르몬(ADH)의 분비를 촉진하면 단위 시간당 오줌 생성량은 감소하고, 분비를 억제하면 단위 시간당 오줌 생성량은 증가한다.

㉠. 뇌하수체 후엽에서 분비된 ADH가 콩팥에 작용하면 콩팥에서 물의 재흡수가 촉진된다.

㉡. 오줌 생성량이 X와 물을 함께 먹은 A가 물만 먹은 B보다 많으므로 X는 ADH의 분비를 억제하는 물질이다.

㉢. 생성되는 오줌의 삼투압은 단위 시간당 오줌 생성량이 많을수록 낮다. 따라서 B에서 생성되는 오줌의 삼투압은 단위 시간당 오줌 생성량이 적은 t_1일 때가 단위 시간당 오줌 생성량이 많은 t_2

일 때보다 높다.

06 혈중 티록신 농도 조절

시상 하부, 뇌하수체 전엽, 갑상샘에 이상이 생기면 혈중 티록신 농도가 정상보다 많거나 적을 수 있다. 혈중 티록신 농도는 음성 피드백에 의해 조절된다.

㉠. TRH를 분비하는 (가)는 시상 하부이고, TSH를 분비하는 (나)는 뇌하수체 전엽이며, 티록신을 분비하는 (다)는 갑상샘이다.

✗. B는 혈중 TRH 농도가 낮은데도 불구하고 혈중 TSH 농도가 높으므로 TSH를 분비하는 (나)에 이상이 있다.

㉢. C는 혈중 TSH 농도가 높은데도 불구하고 혈중 티록신 농도가 낮으므로 티록신을 분비하는 (다)에 이상이 있다. 따라서 TRH를 분비하는 (가)는 정상이고, 혈중 티록신 농도가 낮으므로 ⓐ는 '높음'이다.

07 혈당량 조절 이상

혈당량 조절에 이상이 있는 환자는 인슐린 분비와 작용을 조절하는 물질이나 글루카곤 분비와 작용을 조절하는 물질로 치료할 수 있다.

㉠. X와 Y는 모두 표적 세포에서 P와 P 수용체의 결합을 억제하여 당뇨병을 치료하는 효과를 내므로 P는 글루카곤이다.

㉡. 간은 글루카곤의 표적 기관이므로 간은 ㉠에 해당한다.

㉢. X와 Y는 모두 표적 세포에서 글루카곤이 글루카곤 수용체에 결합하는 것을 억제하는 물질이므로 X와 Y를 각각 주사하였을 때 모두 혈당량 상승을 억제하는 효과를 얻는다. 따라서 ⓐ는 억제이다.

08 혈장 삼투압 조절

혈장 삼투압이 증가할수록 혈중 항이뇨 호르몬(ADH) 농도가 상승하며, 수분 공급을 중단하면 혈장 삼투압이 증가한다. 따라서 ⓐ는 혈장 삼투압이다.

㉠. B에 비해 A에서 혈장 삼투압(ⓐ)이 증가한 정도가 더 크므로 수분 공급을 중단한 사람은 A이다.

㉡. 생성되는 오줌의 삼투압은 혈중 ADH 농도가 높을수록 높다. 따라서 (가)에서 생성되는 오줌의 삼투압은 ⓐ가 300일 때가 270일 때보다 높다.

✗. 혈장 삼투압이 증가할수록 혈중 ADH 농도는 증가하므로 A에서 혈중 ADH 농도는 t_1일 때가 t_2일 때보다 낮다.

09 항이뇨 호르몬(ADH) 분비 이상

X는 콩팥에 작용하여 물의 재흡수를 촉진하므로 ADH이다.

㉠. ADH는 뇌하수체 후엽에서 분비되므로 ㉠은 뇌하수체 후엽이다.

ⓒ. ADH가 과다하게 분비되는 사람은 정상인에 비해 전체 혈액량이 많고 혈압이 높다.

✗. X 과다증 환자는 몸 안에 물이 많으므로 물 섭취를 줄여야 혈중 Na^+ 농도를 높일 수 있다.

10 혈당량 조절

α세포에서는 글리코젠 분해를 촉진하는 글루카곤이 분비되고, β세포에서는 글리코젠 합성을 촉진하는 인슐린이 분비된다.

✗. ㉠은 α세포에서 분비되고, ㉡은 β세포에서 분비되므로 ㉠은 글루카곤, ㉡은 인슐린이다.

ⓒ. 글루카곤은 글리코젠이 포도당으로 분해되는 것을 촉진하므로 ⓐ는 글리코젠이고, ⓑ는 포도당이다.

✗. 혈중 인슐린(㉡)의 농도가 증가하면 세포로의 포도당 흡수가 촉진된다.

11 혈장 삼투압과 오줌 삼투압

혈중 항이뇨 호르몬(ADH) 농도가 증가하면 혈장 삼투압은 감소하고 오줌 삼투압은 증가한다. 단위 시간당 오줌 생성량이 증가할수록 오줌 삼투압은 감소한다.

㉠. ADH는 뇌하수체 후엽에서 분비된다.

ⓒ. 혈중 ADH 농도가 증가할수록 ⓐ가 증가하므로 ⓐ는 오줌 삼투압이다.

ⓒ. 단위 시간당 오줌 생성량은 혈중 ADH 농도가 높을수록 줄어든다. 따라서 단위 시간당 오줌 생성량은 C_1일 때가 C_2일 때보다 많다.

12 체온 조절

시상 하부 온도가 증가하면 피부에서의 열 발산량(열 방출량)이 증가한다. 저온 자극을 받으면 피부 근처 혈관은 수축하여 피부에서의 열 발산량이 감소한다.

㉠. 시상 하부의 온도가 증가할수록 ㉠이 증가하므로 ㉠은 피부에서의 열 발산량이다.

ⓒ. ⓐ가 시상 하부에 전달되었을 때 피부 근처 혈관이 수축하였으므로 ⓐ는 저온 자극이다.

✗. 시상 하부의 온도가 증가할수록 피부에서의 열 발산량이 증가하므로 피부 근처 혈관을 흐르는 단위 시간당 혈액량도 증가한다. 따라서 피부 근처 혈관을 흐르는 단위 시간당 혈액량은 T_2일 때가 T_1일 때보다 많다.

13 인슐린과 혈당량 조절

인슐린은 세포로의 포도당 흡수를 촉진한다. 세포 외 포도당 농도가 높고 인슐린이 처리된 세포에서 세포 내 포도당 농도가 가장 높다.

㉠. A와 B의 세포 외 포도당 농도가 같고, 세포 내 포도당 농도는 ㉠을 넣은 A에서가 ㉠을 넣지 않은 B에서보다 높으므로 ㉠은 인슐린이다.

ⓒ. 혈중 인슐린(㉠)의 농도가 증가하면 세포로의 포도당 흡수가 촉진된다.

ⓒ. C와 D의 세포 외 포도당 농도는 같고, C에만 인슐린(㉠)을 처리하였으므로 실험 결과 세포 내 포도당 농도는 C가 D보다 높다.

14 혈장 삼투압 조절

혈장 삼투압이 증가할수록 혈중 항이뇨 호르몬(ADH) 농도가 증가하며 갈증을 느끼는 정도도 증가한다.

✗. ㉠이 증가할수록 혈중 ADH 농도가 증가하고 갈증을 느끼는 정도도 증가하므로 ㉠은 혈장 삼투압이다.

ⓒ. 단위 시간당 오줌 생성량은 혈중 ADH 농도가 높을수록 적다. 따라서 단위 시간당 오줌 생성량은 p_1일 때가 안정 상태일 때보다 적다.

✗. 혈중 ADH 농도가 증가할수록 갈증을 느끼는 정도는 증가한다. 따라서 혈중 ADH 농도는 갈증 정도가 5일 때가 10일 때보다 낮다.

07 방어 작용

01 ⑤	02 ⑤	03 ②	04 ①	05 ④	06 ①
07 ⑤	08 ①	09 ①	10 ⑤	11 ②	12 ⑤
13 ③	14 ②	15 ⑤	16 ②		

01 질병의 구분

낮 모양 적혈구 빈혈증은 비감염성 질병이고, 결핵과 독감은 감염성 질병이다. 결핵의 병원체는 세균으로 독립적으로 물질대사를 하지만 독감의 병원체는 바이러스로 독립적으로 물질대사를 하지 못한다.

ㄱ. A는 낮 모양 적혈구 빈혈증, B는 결핵, C는 독감이다.

ㄴ. 항생제는 세균의 증식과 성장을 억제하는 물질이다. 따라서 결핵(B)의 치료에 항생제가 사용된다.

ㄷ. 결핵(B)의 병원체인 세균과 독감(C)의 병원체인 바이러스는 모두 유전 물질을 갖는다.

02 병원체의 특징

결핵의 병원체는 세균으로 유전 물질을 갖고, 세포 구조로 되어 있다. 무좀의 병원체는 곰팡이로 유전 물질을 갖고, 세포 구조로 되어 있다. 후천성 면역 결핍증의 병원체는 바이러스로 유전 물질을 갖지만 세포 구조로 되어 있지 않다.

ㄱ. A는 후천성 면역 결핍증(AIDS), B는 결핵, C는 무좀이다.

ㄴ. 결핵(B)의 병원체는 세균으로 세포 구조로 되어 있다.

ㄷ. 무좀(C)의 병원체는 (가)의 특징을 모두 가지므로 ⓐ는 3이다.

03 병원체의 특징

결핵의 병원체는 세균, 독감의 병원체는 바이러스, 수면병과 말라리아의 병원체는 모두 원생생물이다.

ㄱ. 결핵의 병원체는 세균으로 독립적으로 물질대사를 하지만 독감의 병원체는 바이러스로 독립적으로 물질대사를 하지 못한다. 따라서 '독립적으로 물질대사를 하지 못한다.'는 (가)에 해당하지 않는다.

ㄴ. 결핵의 병원체는 세균, 독감의 병원체는 바이러스이다.

ㄷ. 말라리아는 모기를 매개로 전염된다.

04 염증 반응

병원체가 체내로 침입하면 열, 부어오름, 붉어짐, 통증이 나타나는 염증 반응이 일어나며, 염증은 병원체를 제거하기 위한 방어 작용이다.

ㄱ. 염증 반응이 일어날 때 히스타민은 비만세포에서 분비된다.

ㄴ. 히스타민이 모세 혈관을 확장시켜 혈관벽의 투과성이 증가되면 상처 부위는 붉게 부어오르고 백혈구는 손상된 조직으로 유입된다.

ㄷ. (다)에서 일어나는 식세포 작용(식균 작용)은 비특이적 방어 작용에 해당한다.

05 방어 작용

비특이적 방어 작용은 병원체의 종류와 감염 경험의 유무와 관계없이 일어나는 방어 작용이고, 특이적 방어 작용은 특정 항원을 인식하여 제거하는 방어 작용이다.

ㄱ. 라이소자임(㉠)은 세균의 세포벽을 분해하는 물질이다.

ㄴ. 항체(㉡)는 B 림프구로부터 분화된 형질 세포가 생성하여 분비하는 면역 단백질이다.

ㄷ. 백혈구가 식세포 작용(식균 작용)으로 병원체를 제거하는 것과 눈물샘에서 라이소자임이 들어 있는 눈물이 분비되는 것은 비특이적 방어 작용의 예에 해당한다. 병원체에 대한 항체가 생성되어 병원체를 무력화시키는 것은 특이적 방어 작용의 예에 해당한다.

06 세포성 면역과 체액성 면역

세포성 면역은 활성화된 세포독성 T림프구가 병원체에 감염된 세포를 제거하는 면역 반응이고, 체액성 면역은 형질 세포가 생성하는 항체가 항원과 결합함으로써 항원을 더 효율적으로 제거하는 면역 반응이다.

ㄱ. (가)는 세포성 면역, (나)는 체액성 면역이다.

ㄴ. ㉠은 세포독성 T림프구, ㉡은 B 림프구, ㉢은 형질 세포이다. B 림프구(㉡)는 골수에서 성숙된다.

ㄷ. 세포독성 T림프구(㉠)가 아니라 보조 T 림프구가 B 림프구(㉡)가 형질 세포(㉢)로 증식·분화되는 과정을 촉진한다.

07 림프구의 생성과 성숙

골수에서 성숙하는 ㉠은 B 림프구, 가슴샘에서 성숙하는 ㉡은 T 림프구이다.

ㄱ. B 림프구(㉠)가 형질 세포와 기억 세포로 분화되고, 형질 세포에서 항체가 분비된다. 따라서 ㉮는 ㉠이다.

ㄴ. B 림프구(㉠)와 T 림프구(㉡)는 모두 특이적 방어 작용에 관여한다.

ㄷ. 항체(ⓐ)에는 항원과 특이적으로 결합하는 부위가 있다. 따라서 항체는 항원에 특이적으로 결합하여 작용하며, 이를 항원 항체 반응의 특이성이라고 한다.

08 우리 몸의 방어 작용

라이소자임은 세균의 세포벽을 분해하는 물질이고, 항체는 형질 세포에서 생성되고 분비되는 물질이다. 따라서 A는 라이소자임, B는 항체이다.

✗. ㉠은 세균이다.

○. 항체(B)는 항원의 특정 부위와 결합하여 항원을 무력화시킨다.

✗. 라이소자임(A)은 비특이적 방어 작용에, 항체(B)는 특이적 방어 작용에 관여한다.

09 항원과 항체

병원체가 침입했을 때 병원체에 있는 항원과 결합하는 항체가 만들어지며, 항체는 특정 항원과 결합하여 작용하는 항원 특이성이 있다.

○. X_1은 ⓐ를 갖고 있고, X_2는 ⓐ와 ⓑ를 갖고 있다. (가)에서 X_1에 감염된 생쥐 Ⅰ에게서 ㉠이 생성되었으므로 ㉠은 ⓐ와 결합한다.

✗. 항체는 B 림프구에서 분화된 형질 세포에서 분비된다.

✗. Ⅰ은 X_2에 노출된 적이 없으므로 Ⅰ이 X_2에 감염되면 ⓑ에 대한 1차 면역 반응이 일어난다. 따라서 ⓑ에 대한 기억 세포가 없어 기억 세포로부터 형질 세포로의 분화가 일어나지는 않는다.

10 체액성 면역

병원체에 처음 감염되면 병원체에 대한 1차 면역 반응이 일어난다. 다시 병원체에 감염되면 병원체에 대한 2차 면역 반응이 일어난다. 생성되는 항체의 양은 2차 면역 반응에서가 1차 면역 반응에서보다 많다.

○. X를 처음 주사한 이후에 ⓐ의 농도가 증가하므로 ⓐ는 X에 대한 항체이다.

○. X를 다시 주사한 이후에 ⓐ의 농도가 급격하게 증가했다. 따라서 X를 다시 주사하기 이전인 구간 Ⅰ의 ㉠에 X에 대한 기억 세포가 있다.

○. 구간 Ⅱ의 ㉠에는 항체 ⓑ(Y에 대한 항체)가 있으므로 구간 Ⅱ의 ㉠에서 Y에 대한 체액성 면역 반응이 일어났다.

11 ABO식 혈액형 판정

항 A 혈청에는 응집소 α가, 항 B 혈청에는 응집소 β가 들어 있다. ABO식 혈액형이 A형인 사람은 항 A 혈청에만 응집 반응을 일으키고, AB형인 사람은 항 A 혈청과 항 B 혈청 모두와 응집 반응을 일으키고, O형인 사람은 항 A 혈청과 항 B 혈청 모두와 응집 반응을 일으키지 않으므로 Ⅰ은 A형, Ⅱ는 AB형, Ⅲ은 O형이다.

✗. ㉠은 항 A 혈청, ㉡은 항 B 혈청이다.

○. Ⅰ의 ABO식 혈액형은 A형이다.

✗. Ⅱ의 적혈구에는 응집원 A와 응집원 B가 모두 있고, Ⅲ의 혈장에는 응집소 α와 응집소 β가 모두 있다. 따라서 Ⅱ의 적혈구와 Ⅲ의 혈장을 섞으면 항원 항체 반응이 일어난다.

12 체액성 면역과 세포성 면역

○. ㉠은 X에 감염된 세포를 제거하므로 세포독성 T림프구이고, X에 대한 기억 세포가 ㉡으로 분화되므로 ㉡은 형질 세포이다.

○. X에 1차 감염되기 전에 생쥐는 X에 노출된 적이 없다. 따라서 X에 2차 감염되기 이전인 구간 Ⅰ에서는 X에 대한 기억 세포가 형질 세포(㉡)로 분화되지 않는다. 구간 Ⅱ에서 X에 대한 기억 세포가 형질 세포(㉡)로 분화되어 항체의 농도가 급격히 올라간다.

○. (가)에서 세포성 면역이, (나)에서 체액성 면역이 일어나므로 (가)와 (나)는 모두 특이적 방어 작용에 해당한다.

13 백신

백신은 1차 면역 반응을 일으키기 위해 체내로 주입하는 물질로, 백신을 주사하면 체내에 기억 세포가 형성된다. 따라서 동일한 항원이 침입했을 때 신속하게 다량의 항체를 생성할 수 있다.

○. X를 주사했을 때 생성되는 항체의 양은 ㉠에서가 ㉡에서보다 많으므로 ㉠은 X에 대한 백신을 접종한 ⓐ이고, ㉡은 X에 대한 백신을 접종하지 않은 ⓑ이다.

✗. ㉡(ⓑ)에 X에 대한 백신을 접종하지 않았으므로 구간 Ⅰ의 ㉡에서 X에 대한 2차 면역 반응이 일어나지 않았다.

○. 항체는 B 림프구 또는 기억 세포에서 분화된 형질 세포에서 분비된다. 구간 Ⅱ의 ㉠에서 X에 대한 항체는 형질 세포에서 생성되었다.

14 ABO식 혈액형

ABO식 혈액형이 AB형인 학생 수를 x라고 하면, A형인 학생 수와 B형인 학생 수는 각각 $(60-x)$와 $(68-x)$ 중 하나이다. A형인 학생 수가 $(68-x)$라고 하면 $\dfrac{x}{68-x}=2$이다. 이 경우 x는 $45\dfrac{1}{3}$이므로 모순이다. A형인 학생 수가 $(60-x)$이고, x는 40이다. 따라서 X에서 A형인 학생 수는 20, B형인 학생 수는 28, AB형인 학생 수는 40, O형인 학생 수는 12이다.

✗. ㉠은 응집원 A, ㉡은 응집원 B이다.

✗. X에서 응집소 β가 있는 학생 수는 32이다.

○. X에서 ABO식 혈액형이 O형인 학생 수는 12이다.

15 ABO식 혈액형

사람 (가)의 혈액에 항 B 혈청을 섞었을 때 응집 반응이 일어나므로 (가)의 ABO식 혈액형은 B형이고, ㉠은 응집소 β, ㉡은 응집소 α이다.

X. ㉠은 응집소 β이다.

㉡. (나)의 혈장에는 응집소 β(㉠)가 있고, 응집소 α(㉡)가 없으므로 ABO식 혈액형은 A형이다. (나)의 적혈구에는 응집원 A가 있다.

㉢. (다)의 혈장에는 응집소 α(㉡)가 있고, 응집소 β(㉠)가 없으므로 ABO식 혈액형은 B형이다. 따라서 (가)와 (다)의 ABO식 혈액형은 서로 같다.

16 면역 관련 질환

X. A는 면역계가 자신의 세포나 조직을 공격하여 나타나는 질환이므로 자가 면역 질환이다.

X. B는 특정 항원에 대한 면역 반응이 과민하게 나타나는 질환이므로 알레르기이다. C는 면역을 담당하는 세포나 기관에 이상이 생겨 나타나는 질환으로 면역 결핍이다. 알레르기(B)와 면역 결핍(C)은 모두 백신을 이용하여 예방할 수 없다.

㉢. 후천성 면역 결핍증(AIDS)은 면역 결핍(C)의 예에 해당한다.

수능 3점 테스트 본문 101~107쪽

01 ①	02 ②	03 ④	04 ⑤	05 ③	06 ②
07 ⑤	08 ⑤	09 ③	10 ②	11 ④	12 ⑤
13 ⑤	14 ③				

01 병원체

무좀의 병원체는 곰팡이로 단백질을 갖고, 세포 구조로 되어 있다. 세균성 폐렴의 병원체는 세균으로 단백질을 갖고 세포 구조로 되어 있다. 홍역의 병원체는 바이러스로 단백질을 갖지만 세포 구조로 되어 있지 않다.

㉠. A는 무좀, B는 홍역, C는 세균성 폐렴이다.

X. ⓐ는 '○'이다.

X. ㉠은 '병원체가 곰팡이이다.', ㉡은 '병원체가 단백질을 갖는다.', ㉢은 '병원체가 세포 구조로 되어 있다.'이다.

02 질병의 구분

당뇨병은 비감염성 질병이고, 결핵, 말라리아, 독감은 감염성 질병이다. 독감의 병원체인 바이러스는 살아 있는 세포 안에서만 증

식할 수 있다. 말라리아는 모기를 매개로 전염된다.

X. A는 당뇨병, B는 독감, C는 말라리아, D는 결핵이다.

X. 말라리아(C)의 병원체인 원생생물과 결핵(D)의 병원체인 세균은 모두 세포 구조로 되어 있다. 독감(B)의 병원체는 바이러스로 세포 구조로 되어 있지 않다.

㉢. 말라리아(C)의 병원체인 원생생물과 결핵(D)의 병원체인 세균은 독립적으로 물질대사를 한다.

03 병원체

결핵의 병원체는 세균, 후천성 면역 결핍증(AIDS)의 병원체는 바이러스, 수면병의 병원체는 원생생물이다. 바이러스는 독립적으로 물질대사를 못하지만 세균과 원생생물은 모두 독립적으로 물질대사를 한다. 따라서 ㉠은 후천성 면역 결핍증(AIDS), ㉡은 결핵, ㉢은 수면병이다.

X. 세균과 원생생물은 세포 구조로 되어 있지만 바이러스는 세포 구조로 되어 있지 않다. X는 세포 구조로 되어 있고, 후천성 면역 결핍증(AIDS, ㉠)의 병원체와 결핵(㉡)의 병원체 중 하나이므로 결핵(㉡)의 병원체이다.

㉡. 항생제는 세균의 증식이나 성장을 억제하는 약물이다. 따라서 결핵(㉡)의 치료에 항생제가 사용된다.

㉢. 바이러스(후천성 면역 결핍증(AIDS)(㉠)의 병원체), 세균(결핵(㉡)의 병원체), 원생생물(수면병(㉢)의 병원체)은 모두 유전 물질을 가진다.

04 비특이적 방어 작용과 특이적 방어 작용

㉠은 대식세포, ㉡은 보조 T 림프구이다.

㉠. 대식세포(㉠)는 식세포 작용(식균 작용)으로 X를 삼킨 후 분해하여 X의 조각을 세포 표면에 제시한다.

㉡. 보조 T 림프구(㉡)는 가슴샘에서 성숙한다.

㉢. ⓐ는 식세포 작용으로 X를 삼킨 대식세포(㉠)가 제시한 항원을 보조 T 림프구(㉡)가 인식하고, 이 보조 T 림프구에 의해 B 림프구로부터 분화된 형질 세포에서 분비한 항체이다. 따라서 ⓐ는 X에 특이적으로 작용한다.

05 림프구의 특징

보조 T 림프구, 세포독성 T림프구, 형질 세포는 모두 특이적 방어 작용에 관여한다. 보조 T 림프구, 세포독성 T림프구는 가슴샘에서 성숙하고, 세포독성 T림프구는 병원체에 감염된 세포를 직접 파괴한다. 따라서 ㉠은 세포독성 T림프구, ㉡은 형질 세포, ㉢은 보조 T 림프구이다.

㉠. 세포독성 T림프구(㉠)는 (가)의 특징을 모두 가지므로 ⓐ는 3이다.

㉡. 형질 세포(㉡)는 항체를 생성한다.

X. ㉢은 보조 T 림프구이다.

06 체액성 면역

대식세포가 병원체를 분해한 후 항원 조각을 제시하면, 이 항원 조각을 보조 T 림프구가 인식하여 활성화된다. 활성화된 보조 T 림프구는 B 림프구가 형질 세포와 기억 세포로 분화되는 것을 촉진한다. ㉠은 보조 T 림프구, ㉡은 기억 세포, ㉢은 형질 세포이다.

✗. 보조 T 림프구(㉠)는 가슴샘에서 성숙한다.

✗. ㉢은 형질 세포이다.

○. P가 X에 다시 감염되면 기억 세포(㉡)가 형질 세포로 분화되며, 분화된 형질 세포가 항체를 분비한다.

07 1차 면역 반응과 2차 면역 반응

항원의 1차 침입 시 활성화된 보조 T 림프구의 도움을 받아 B 림프구가 형질 세포와 기억 세포로 분화되고, 동일 항원의 재침입 시 그 항원에 대한 기억 세포가 빠르게 형질 세포로 분화된다.

✗. 항체는 형질 세포에서 생성되므로, ㉠은 X에 대한 기억 세포, ㉡은 형질 세포이다.

○. 체액성 면역은 형질 세포가 생성하는 항체가 항원과 결합함으로써 더 효율적으로 항원을 제거할 수 있는 면역 반응이다. 구간 I에는 항체가 있으므로 체액성 면역 반응이 일어난다.

○. X에 2차 감염된 이후 항체가 급격히 증가하므로 X에 대한 기억 세포(㉠)가 형질 세포(㉡)로 분화된 후 형질 세포(㉡)에서 항체를 분비하는 과정(나)이 일어난다.

08 백신

○. (마)의 V와 Ⅵ에 각각 X를 주사하고 일정 시간이 지난 후 V는 죽었고, Ⅵ은 살았으므로 ⓐ는 Ⅳ에서 분리한 ㉡에 대한 B 림프구에서 분화한 기억 세포이고, ⓑ는 Ⅲ에서 분리한 ㉠에 대한 B 림프구에서 분화한 기억 세포이다.

○. Ⅲ에서 ㉠에 대한 B 림프구에서 분화한 기억 세포(ⓑ)가 생성되었으므로 (다)의 Ⅲ에서 ㉠에 대한 1차 면역 반응이 일어났다.

○. (마)에서 Ⅵ은 X를 주사한 후에도 살았으므로 (마)의 Ⅵ에서 ⓑ(Ⅲ에서 분리한 ㉠에 대한 B 림프구에서 분화한 기억 세포)로부터 형질 세포로의 분화가 일어났다.

09 특이적 방어 작용

㉠은 대식세포, ㉡은 보조 T 림프구이다.

○. 대식세포(㉠)의 X에 대한 식세포 작용(식균 작용)은 비특이적 방어 작용에 해당한다.

✗. 대식세포(㉠)가 결핍되면 X를 식세포 작용(식균 작용)으로 제거하지 못하고, 이에 따라 보조 T 림프구(㉡)에 의해 B 림프구가 형질 세포로 분화되지 못한다. 보조 T 림프구(㉡)가 결핍되면 대식세포(㉠)가 식세포 작용(식균 작용)으로 X를 제거하지만 B 림

프구가 형질 세포로 분화되지 못한다. I은 X의 수가 계속 증가하고 있고, Ⅱ는 X의 수가 증가하다가 일정해지고, Ⅲ은 X의 수가 증가하다가 감소하므로 I은 '대식세포(㉠)가 결핍된 생쥐', Ⅱ는 '보조 T 림프구(㉡)가 결핍된 생쥐', Ⅲ은 '정상 생쥐'이다.

○. ⓐ를 생성하는 형질 세포의 수는 '보조 T 림프구가 결핍된 생쥐'(Ⅱ)가 '정상 생쥐'(Ⅲ)보다 적다. 따라서 t_1일 때 혈중 ⓐ의 농도는 Ⅱ에서가 Ⅲ에서보다 낮다.

10 2차 면역 반응

어떤 항원 X에 처음 노출되면 1차 면역 반응이 일어나 X에 대한 기억 세포가 형성된다. 이후 X에 다시 노출되면 2차 면역 반응이 일어나 X에 대한 기억 세포가 형질 세포로 분화된다.

✗. X를 주사한 후 ㉠만 생성되고, Y를 주사한 후 ㉠과 ㉡이 모두 생성되므로 X는 ⓐ만 갖고, Y는 ⓐ와 ⓑ를 모두 갖고 있다.

✗. ㉠은 ⓐ에 대한 항체이고, ㉡는 ⓑ에 대한 항체이다. ㉠의 증가 속도가 X를 주사했을 때보다 Y를 주사했을 때가 더 빠르므로 X를 주사한 후 ⓐ에 대한 1차 면역 반응이 일어났고, Y를 주사한 후 ⓐ에 대한 2차 면역 반응이 일어났다. 따라서 구간 I에서 ⓐ에 대한 2차 면역 반응이 일어나지 않았다.

○. 구간 Ⅱ에는 Y에 대한 항체 ㉠과 ㉡이 있으므로 Y에 대한 특이적 방어 작용인 항원 항체 반응이 일어났다.

11 체액성 면역

㉠은 B 림프구, ㉡은 대식세포, ㉢은 보조 T 림프구이다.

○. B 림프구(㉠)는 골수에서 성숙한다.

✗. 대식세포(㉡)가 X를 세포 안으로 끌어들인 후 분해하는 것은 비특이적 방어 작용이다.

○. (다)에서 활성화된 보조 T 림프구(㉢)는 B 림프구(㉠)가 기억 세포와 형질 세포로 분화하는 과정인 (가)를 촉진한다.

12 ABO식 혈액형

I~Ⅲ의 ABO식 혈액형은 각각 서로 다르며, I~Ⅲ 중 2명의 적혈구에는 응집원 A가 있으므로 I~Ⅲ 중 한 명은 A형이고, 다른 한 명은 AB형이며, 나머지 한 명은 B형 또는 O형이다. I~Ⅲ의 적혈구는 적어도 한 사람 이상의 혈장과 응집 반응이 일어나므로 I~Ⅲ의 혈액형은 각각 A형, B형, AB형 중 서로 다른 하나이다. 응집소 α와 응집소 β가 모두 없는 AB형인 사람의 혈장은 다른 혈액형의 적혈구와 응집 반응이 일어나지 않으므로 ㉠은 AB형인 사람의 혈장이다. ㉢에는 응집소 β가 있으므로 ㉢은 A형인 사람의 혈장이고, 따라서 ㉡은 B형인 사람의 혈장이다.

✗. ㉠에는 응집소 α와 응집소 β가 모두 없다.

○. I의 적혈구는 ㉢(A형인 사람의 혈장)과 응집 반응이 일어나

지 않으므로 Ⅰ은 A형이고, Ⅱ의 적혈구는 ⓛ(B형인 사람의 혈
장)과 응집 반응이 일어나지 않으므로 Ⅱ는 B형이다. 따라서 Ⅲ
은 AB형이며, Ⅰ~Ⅲ 사이의 ABO식 혈액형에 대한 응집 반응
결과는 표와 같다.

적혈구 \ 혈장	㉠ (Ⅲ의 혈장)	㉡ (Ⅱ의 혈장)	㉢ (Ⅰ의 혈장)
Ⅰ(A형)의 적혈구	−	+	?(−)
Ⅱ(B형)의 적혈구	?(−)	−	+
Ⅲ(AB형)의 적혈구	?(−)	?(+)	+

(+ : 응집됨, − : 응집 안 됨)

ㄷ. AB형인 Ⅲ의 혈액에 항 B 혈청을 섞으면 항원 항체 반응이
일어난다.

13 ABO식 혈액형

P의 혈액에 항 A 혈청을 섞었을 때 응집 반응이 일어나고, 그림
에서 응집소 ㉠과 ㉡이 모두 있으므로 P는 A형이고, ㉠은 응집소
α, ㉡은 응집소 β이다. ㉡이 있는 사람 수는 100보다 작고, 응집
소 ㉯가 있는 사람 수가 128이므로 ㉯는 응집소 α이다. 응집원 ㉮
와 응집소 ㉯(응집소 α)가 모두 있는 사람 수는 69이므로 ㉮는 응
집원 B이고, B형인 사람 수는 69이다. 응집원 B(㉮)가 있는 사람
수는 104이므로 AB형인 사람 수는 35이고, 응집소 α(㉯)가 있는
사람 수는 128이므로 O형인 사람 수는 59이다.

ㄱ. P의 ABO식 혈액형은 A형이므로 P의 혈장에는 응집소
α(㉯)가 없다.

ㄴ. ㉡은 응집소 β이고, ㉮는 응집원 B이므로 ㉡(응집소 β)에는
㉮(응집원 B)와 특이적으로 결합하는 부위가 있다.

ㄷ. 이 집단에서 ABO식 혈액형이 O형인 사람 수는 59이다.

14 ABO식 혈액형

응집원 B가 있는 학생 수는 B형인 학생 수와 AB형인 학생 수의
합이고, 응집원 A가 있는 학생 수는 A형인 학생 수와 AB형인
학생 수의 합이다. 응집원 B가 있는 학생 수는 응집원 A가 있는
학생 수보다 12가 많으므로 B형인 학생 수는 A형인 학생 수보다
12가 많다. $\dfrac{\text{ABO식 혈액형이 A형인 학생 수}}{\text{ABO식 혈액형이 AB형인 학생 수}}=\dfrac{4}{5}$이므로 A형
인 학생 수를 x라고 하면 B형인 학생 수는 $(x+12)$이고, AB형
인 학생 수는 $\dfrac{5}{4}x$이다. X에 속한 모든 학생 수는 100이므로 O
형인 학생 수는 $\left(88-\dfrac{13}{4}x\right)$이다.

ㄱ. 응집소 α를 가진 학생 수(B형인 학생 수와 O형인 학생 수의 합)
는 $\left(100-\dfrac{9}{4}x\right)$이고, 응집소 β를 가진 학생 수(A형인 학생 수와 O

형인 학생 수의 합)는 $\left(88-\dfrac{9}{4}x\right)$이다. $\dfrac{\text{㉠이 있는 학생 수}}{\text{㉡이 있는 학생 수}}=\dfrac{13}{16}$

이므로 ㉠은 응집소 β이고, ㉡은 응집소 α이다.

ㄴ. $\dfrac{\text{㉠이 있는 학생 수}}{\text{㉡이 있는 학생 수}}=\dfrac{88-\dfrac{9}{4}x}{100-\dfrac{9}{4}x}=\dfrac{13}{16}$이므로 $x=16$이다. 각

ABO식 혈액형별 학생 수는 표와 같으며 응집원 B가 있는 학생
수는 48이다.

혈액형	A형	B형	AB형	O형
학생 수	16	28	20	36

ㄷ. ABO식 혈액형이 A형인 학생 수는 16이고, ㉠(응집소 β)과
㉡(응집소 α)이 모두 있는 학생 수는 36이다.

08 유전 정보와 염색체

수능 2점 테스트				본문 118~121쪽	
01 ②	02 ①	03 ③	04 ①	05 ③	06 ④
07 ④	08 ③	09 ④	10 ①	11 ②	12 ⑤
13 ⑤	14 ④	15 ②	16 ④		

01 염색체의 구조

㉠은 응축된 염색체, ㉡은 덜 응축된 염색체(염색사), ㉢은 히스톤 단백질, ㉣은 DNA이다. 염색체는 DNA가 히스톤 단백질을 감아 형성한 많은 수의 뉴클레오솜으로 구성된다.

✗. 염색사(㉡)가 막대 모양의 염색체(㉠)로 응축되는 시기는 분열기의 전기이다.

✗. 유전체는 한 개체가 가진 DNA에 저장된 유전 정보 전체이므로 히스톤 단백질(㉢)은 포함되지 않는다.

㉢. DNA(㉣)의 기본 구성 단위는 인산, 당, 염기로 이루어진 뉴클레오타이드이다.

02 염색체와 유전자

대립유전자는 모양과 크기가 같은 상동 염색체의 같은 위치에 존재하며, 하나의 형질을 결정하는 유전자이다.

✗. 유전자형이 Aa일 경우, 상동 염색체 중 한 염색체에 A가 있으면, 다른 염색체에는 a가 있어야 한다.

㉡. 남자의 성염색체는 모양과 크기가 다른 X 염색체와 Y 염색체이다. Ⅰ과 Ⅱ는 모양과 크기가 같으므로 성염색체가 아닌 상염색체이다.

✗. 이 사람에게서 형성될 수 있는 생식세포의 유전자 조합은 Ab와 aB이므로 생식세포가 A와 B를 모두 가질 확률은 0이다.

03 핵형 분석

그림에는 상염색체 2쌍과 성염색체 1쌍 중 ㉠의 상동 염색체가 표시되어 있지 않다.

㉠. (가)에서 모든 염색체가 2개씩 상동 염색체 쌍을 이루고 있으므로 핵상은 $2n$이다.

㉡. A의 성염색체는 XY로 모양과 크기가 다른 염색체 쌍이 표시되어 있으므로, ㉠은 상염색체이다.

✗. ㉡과 ㉢은 상동 염색체로, 생식세포 형성 시 서로 다른 딸세포로 나뉘어 들어가므로 ㉠~㉢을 모두 갖는 생식세포는 형성될 수 없다.

04 세포 주기

'뉴클레오솜이 있다.'(㉡)는 M기의 중기, G_1기, G_2기에, '핵막이 소실되어 있다.'(㉢)는 M기의 중기에, 'DNA 상대량이 체세포의 세포 주기 중 M기의 전기에 관찰되는 세포와 같다.'(㉠)는 M기의 중기, G_2기에 해당하는 특징이다. 따라서 A는 G_1기에, B는 M기의 중기에, C는 G_2기에 관찰되는 세포이다.

㉠. A는 '뉴클레오솜이 있다.'(㉡)에만 해당되는 G_1기에 관찰되는 세포이다.

✗. C는 G_2기에 관찰되는 세포로, G_2기가 속하는 간기에는 방추사를 관찰할 수 없다.

✗. ㉡은 '뉴클레오솜이 있다.'이다.

05 상염색체와 성염색체

1번 염색체, X 염색체, Y 염색체 중 2가지의 염색체 개수를 더한 값은 정자에서 (2, 1, 1), 남자의 체세포에서 (3, 3, 2), 여자의 체세포에서 (4, 2, 2)의 조합으로 나온다. 따라서 A는 여자의 체세포, B는 남자의 체세포, C는 정자이고, ㉠은 1번 염색체, ㉡은 X 염색체, ㉢은 Y 염색체이며, C는 X 염색체를 갖고 있다.

㉠. 여자의 체세포(A)에는 없고, 남자의 체세포(B)에 1개 있는 ㉢은 Y 염색체이다.

✗. 여자의 체세포(A)의 핵상은 $2n$이다.

㉢. 남자의 체세포(B)에는 1번 염색체(㉠), X 염색체(㉡), Y 염색체(㉢)가 모두 있다.

06 세포 주기

구간 Ⅰ에는 G_1기의 세포가, 구간 Ⅱ에는 G_2기와 M기의 세포가 포함된다. 방추사가 없는 A는 G_1기 세포, 방추사가 있는 B는 M기의 중기 세포이다.

✗. M기에 핵막이 소실되므로 B에서 핵막이 관찰되지 않는다.

㉡. 구간 Ⅰ에는 DNA 복제가 일어나기 전인 G_1기 세포(A)가 있다.

㉢. 염색체의 성분인 DNA와 히스톤 단백질은 세포 주기의 모든 시기에 존재한다.

07 감수 분열

t_2는 감수 1분열 중기, t_3은 감수 2분열 중기의 한 시점이고, 감수 1분열 중기와 같은 DNA 상대량을 갖는 t_1은 간기 중 G_2기의 한 시점이다.

㉠. (나)는 2가 염색체가 세포 중앙에 배열되어 있으므로 감수 1분열 중기(t_2)에 관찰된다.

✗. t_1은 S기를 거치며 DNA가 복제된 G_2기의 한 시점이다.

㉢. 핵상은 감수 1분열에서 $2n \rightarrow n$, 감수 2분열에서 $n \rightarrow n$으로 되므로, 감수 2분열 중기(t_3)의 세포와 감수 2분열이 끝난(t_4) 세

포의 핵상은 모두 n이다.

08 유전체

유전체는 한 개체가 가진 유전 정보 전체이고, 유전 정보는 DNA에 저장된다. ㉠은 염색체, ㉡은 DNA, ㉢은 유전자, ㉣은 뉴클레오솜이다.

㉠. 유전 정보가 저장된 DNA(㉡)의 특정 부위가 유전자(㉢)이다.

㉡. DNA(㉡)가 히스톤 단백질을 감아 뉴클레오솜(㉣)을 형성하고, 염색체(㉠)는 많은 뉴클레오솜으로 이루어져 있다.

✗. 염색체(㉠)는 세포 주기의 분열기(M기)에 막대 모양으로 응축된다.

09 핵형 분석

(나)와 (다)는 모양과 크기가 같은 염색체를 갖고 있으므로 같은 종의 세포이고, (나)의 경우 모든 상동 염색체 쌍이 모양과 크기가 같은 염색체를 갖고 있으므로 성염색체가 XX인 암컷의 세포이다. 따라서 (나)는 암컷 B의 세포, (다)는 수컷 A의 세포이고, (가)가 수컷 C의 세포이다.

㉠. (가)는 A, B와 다른 종이고 수컷인 C의 세포이다.

✗. (나)를 갖는 개체와 (다)를 갖는 개체는 같은 종이지만 성염색체 구성이 서로 다르므로 핵형은 다르다.

㉢. B의 체세포는 $2n=6$이고 감수 2분열 중기의 핵상은 n이므로 3개의 염색체가 있고, 각각 2개씩의 염색 분체로 구성되므로 세포 1개당 염색 분체 수는 6이다.

10 세포 분열과 DNA양 변화

감수 분열 시 핵상은 $2n$ 또는 n이고, 대립유전자의 DNA 상대량은 1, 2, 4의 값을 갖는다. 1은 유전자가 복제되지 않은 상태로 하나만 있는 경우, 2는 복제되어 하나가 있는 경우와 복제되지 않고 동형 접합성($2n$)으로 있는 경우, 4는 복제되어 동형 접합성($2n$)으로 있는 경우에 나타날 수 있다. ㉣을 통해 이 동물의 유전자형이 AaBB임을 알 수 있고, ㉡과 ㉣의 핵상은 모두 $2n$이며, ㉡은 유전자가 복제되지 않은 상태이고 ㉣은 유전자가 복제된 상태임을 알 수 있다. ㉠, ㉢, ㉤의 핵상은 모두 n이고, 이 중 ㉤만 유전자가 복제된 상태이다.

㉠. ㉠과 ㉤의 핵상은 n으로 같다.

✗. 체세포의 총염색체 수를 $2n=2a$라 하면, ㉤(n)의 총염색체 수는 a, ㉣($2n$)의 총염색 분체 수는 $2 \times 2a$이므로, $\dfrac{㉣의 총염색 분체 수}{㉤의 총염색체 수}=4$이다.

✗. ㉡의 핵상은 $2n$으로 생식세포가 아니다.

11 체세포 분열과 염색체

염색체는 간기에 염색사의 형태로 있다가 핵분열 전기에 응축되어 막대 모양의 염색체가 되고, 핵분열 말기에 다시 염색사의 형태로 돌아간다.

✗. 2가 염색체는 감수 1분열에서 나타나므로 ㉠은 2가 염색체가 아니다.

✗. 체세포 분열 시에는 염색체 수의 변화가 없으므로 Ⅱ에서의 염색체 수가 Ⅰ에서와 같다.

㉢. 구간 Ⅲ은 간기의 G_2기와 M기를 모두 포함하고 있으므로 염색체의 응축과 풀림이 모두 일어난다.

12 염색체와 대립유전자

대립유전자 1쌍은 상염색체에, 다른 1쌍은 X 염색체에 있는 경우, 암컷(XX)의 세포는 최소 2종류 이상의 대립유전자를 갖게 된다. 그런데 대립유전자를 한 종류만 갖는 Ⅳ가 있으므로 P는 수컷이다. 핵상이 $2n$인 세포는 다른 세포가 갖는 대립유전자를 모두 갖고 있어야 하므로, Ⅱ는 $2n$, Ⅰ, Ⅲ, Ⅳ는 모두 n이다. 핵상이 n인 세포에서 대립유전자는 하나씩만 있어야 하므로 ㉣은 ㉠ 또는 ㉢과는 대립유전자가 아니고, ㉡과 대립유전자이다. Ⅱ를 통해 ㉣은 X 염색체에, ㉠과 ㉢은 상염색체에 있음을 알 수 있다.

㉠. ㉡과 ㉣이 대립유전자이므로 ㉠은 ㉢과 대립유전자이다.

㉡. Ⅰ과 Ⅲ의 핵상은 n으로 같다.

㉢. 핵상이 n인 Ⅳ에서 X 염색체에 있는 대립유전자 ㉣이 없으므로 X 염색체는 없고, Y 염색체가 있다.

13 감수 분열과 DNA 상대량 변화

G_1기 세포는 핵상이 $2n$이고 DNA가 복제되지 않은 상태, 감수 2분열 중기 세포는 핵상이 n이고 DNA가 복제된 상태, 생식세포는 핵상이 n이고 DNA가 복제되지 않은 상태이다. 생식세포는 DNA 상대량을 짝수로 가질 수 없고, 감수 2분열 중기의 세포는 DNA 상대량을 짝수로 가진다. 따라서 ㉠은 G_1기 세포, ㉡은 생식세포, ㉢은 감수 2분열 중기 세포이다.

㉠. G_1기 세포에서 상염색체에 있는 각 대립유전자 쌍의 DNA 상대량 합은 2가 되어야 하므로 P는 a와 D를 갖는다. 따라서 P의 ㉮의 유전자형은 AaBBDd이다.

㉡. 감수 2분열 중기 세포(㉢)는 상동 염색체가 분리된 상태의 세포이므로 핵상이 n이다.

㉢. 핵상이 n인 감수 2분열 중기 세포(㉢)에서 A, B, d의 DNA 상대량이 각각 2이므로 a, b, D는 없다.

따라서 $\dfrac{\text{a의 DNA 상대량}+\text{d의 DNA 상대량}}{\text{B의 DNA 상대량}}=\dfrac{0+2}{2}=1$이다.

14 핵상과 DNA 상대량

ⓛ은 D의 DNA 상대량이 A의 DNA 상대량의 2배이므로 유전자형이 AaBbDD인 Ⅱ의 세포이고, 핵상이 $2n$이다. ⓔ은 D의 DNA 상대량이 4이므로 핵상이 $2n$이며, 유전자형이 DD인 Ⅱ의 세포이다. 따라서 ⊙과 ⓒ은 Ⅰ의 세포이고, B의 DNA 상대량과 D의 DNA 상대량이 같은 ⓒ의 핵상은 n이다.

세포	사람	핵상	DNA 상대량		
			A	B	D
⊙	Ⅰ	$2n$	?(1)	2	?(1)
ⓛ	Ⅱ	?($2n$)	1	ⓐ(1)	2
ⓒ	Ⅰ	?(n)	?(0 또는 2)	2	2
ⓔ	Ⅱ	?($2n$)	ⓑ(2)	2	4

⊙. ⓛ은 Ⅱ의 DNA 복제 전 세포이고, ⓔ은 Ⅱ의 DNA 복제 후 세포이므로, 2ⓐ=ⓑ이다.

✗. ⊙~ⓔ 중 핵상이 $2n$인 세포는 ⊙, ⓛ, ⓔ로 3개이다.

ⓒ. ⓒ은 핵상이 n인 Ⅰ의 세포이다.

15 감수 분열과 체세포 분열

Ⅳ의 'A와 a의 DNA 상대량을 더한 값'이 1이므로 Ⅳ는 핵상이 n이고 DNA가 복제되지 않은 상태인 감수 2분열이 끝난 세포이다. 따라서 ㉮는 체세포 분열, ㉯는 감수 분열(감수 2분열)이다. ㉮가 체세포 분열이므로 Ⅰ과 Ⅱ는 상염색체 수($2n-2$)가 같고, DNA 상대량의 합은 Ⅰ이 Ⅱ의 2배이다. ㉯가 감수 2분열이므로 Ⅲ과 Ⅳ의 상염색체 수($n-1$)는 같고, DNA 상대량의 합은 Ⅲ이 Ⅳ의 2배이다. 따라서 상염색체 수가 4인 ⓛ이 Ⅲ이고, DNA 상대량 합이 2인 ⊙이 Ⅱ이며, ⓒ은 Ⅰ이다.

세포	상염색체 수	A와 a의 DNA 상대량을 더한 값
⊙(Ⅱ)	?(8)	2
ⓛ(Ⅲ)	4	?(2)
ⓒ(Ⅰ)	8	?(4)
Ⅳ	?(4)	1

✗. ㉯가 감수 2분열이므로 ㉮는 체세포 분열이다.

ⓒ. ⓛ은 감수 2분열 중기 세포인 Ⅲ이다.

✗. 세포 1개당 A의 DNA 상대량은 ⊙에서 1, ⓒ에서 2이므로 서로 다르다.

16 핵형

핵형은 한 생물이 가진 염색체의 수, 모양, 크기 등과 같은 염색체의 형태적 특징이다. 종에 따라 핵형이 서로 다르고, 같은 종의 생물에서는 성별이 같으면 핵형이 같다.

⊙. A와 B는 C, D와 서로 종이 다르므로 핵형이 다르다. A와 B는 같은 종이지만 서로 성별이 다르므로 핵형이 같지 않다. 따라서 A~D는 모두 핵형이 다르다.

✗. Ⅰ에서 수컷의 생식세포는 X 염색체 또는 Y 염색체를 갖고, 암컷의 생식세포는 X 염색체만 갖는다. ⓐ=$2p$라 하면, Y 염색체를 갖는 생식세포 1개당 총염색체 수-X 염색체 수는 p(ⓒ), X 염색체를 갖는 생식세포 1개당 총염색체 수-X 염색체 수는 $p-1$(ⓓ)이므로 ⓒ>ⓓ이다.

ⓒ. A($2n$=ⓐ=2ⓒ)는 ⓒ쌍의 상동 염색체를 가지므로 감수 분열 시 상동 염색체의 무작위 배열과 독립적인 분리에 의해 유전적으로 서로 다른 2ⓒ종류의 생식세포가 형성될 수 있다.

수능 **3점** 테스트   본문 122~127쪽

| 01 ① | 02 ③ | 03 ② | 04 ④ | 05 ④ | 06 ③ |
| 07 ③ | 08 ④ | 09 ⑤ | 10 ⑤ | | |

01 세포 주기

방추사 형성을 억제하는 물질을 처리하면 세포 주기 중 M기가 진행되지 못해 M기의 세포 수가 증가한다. M기에는 핵막이 소실되므로 C가 M기이고, B와 D는 G_1기와 G_2기 중 하나이다. 세포 1개당 $\dfrac{\text{B 시기의 DNA양}}{\text{D 시기의 DNA양}}$의 값이 1보다 크므로 B는 G_2기, D는 G_1기이다.

⊙. B가 G_2기, C가 M기, D가 G_1기이므로 세포 주기는 ⊙ 방향으로 진행된다.

✗. 세포에서 DNA 복제가 일어나는 시기는 S기로 A이다.

✗. 간기에는 G_1기(D), S기(A), G_2기(B)가 포함된다. C는 M기(분열기)이므로 간기에 속하지 않는다.

02 감수 1분열과 감수 2분열

감수 1분열 후기에 상동 염색체가 분리되어 세포의 양극으로 이동하고, 감수 2분열 후기에 염색 분체가 분리되어 세포의 양극으로 이동한다.

⊙. ⊙과 ⓛ은 한 염색체의 염색 분체로, 세포 주기의 S기에 DNA가 복제되어 형성되므로 대립유전자 구성이 서로 같다.

✗. t_1은 감수 1분열 후기의 한 시점이고, t_2는 감수 2분열 후기의 한 시점이다. 감수 1분열 말기에 세포 1개당 DNA 상대량이 반감되므로, 세포 1개당 DNA 상대량은 t_1에서가 t_2에서의 2배이다.

ⓒ. 상동 염색체와 염색 분체의 분리는 방추사의 작용으로 일어나므로, 상동 염색체의 분리가 진행 중인 t_1과 염색 분체의 분리가

진행 중인 t_2에서 방추사가 동원체에 결합되어 있다.

03 체세포 분열

Ⅰ은 세포가 가장 많이 생장하는 G_1기, Ⅱ는 DNA 복제가 일어나는 S기, Ⅲ은 세포 분열을 준비하는 G_2기이다. M기(분열기)는 전기, 중기(㉠), 후기(㉡), 말기(㉢)의 순서로 진행된다. ⓐ는 염색 분체가 분리되어 양극으로 이동하는 후기(㉡)의 세포, ⓑ는 염색체가 세포 중앙에 배열된 중기(㉠)의 세포, ⓒ는 응축된 염색체가 풀어지고, 핵막이 나타나며, 세포질 분열이 시작되는 말기(㉢)의 세포이다.

✗. ⓑ는 중기의 세포이므로 ㉠ 시기의 세포이다.

✗. 상동 염색체끼리 접합한 2가 염색체는 감수 1분열 전기와 중기에 관찰되는 구조로, 체세포 분열에서는 형성되지 않는다.

㉢. 체세포 분열에서는 핵상의 변화가 없으므로 Ⅰ 시기(G_1기)에서와 Ⅲ 시기(G_2기)에서의 핵상은 $2n$으로 같다.

04 생식세포 형성 과정과 DNA양 변화

Ⅰ은 G_1기 세포이므로 핵상이 $2n$이고, DNA가 복제되지 않은 상태이다. 핵상이 $2n$일 때는 다른 세포가 갖는 유전자를 모두 갖고 있어야 하므로 Ⅰ은 ㉢이다. Ⅱ는 감수 1분열을 마친 감수 2분열 중기 세포로 핵상이 n이고 DNA가 복제된 상태인 ㉠이다. 따라서 감수 2분열을 마친 세포인 Ⅲ은 ㉡이다.

㉠. G_1기 세포(Ⅰ, ㉢)에서 각 대립유전자 쌍의 DNA 상대량 합은 각각 2가 되어야 하므로, a와 d를 갖고 있다. 따라서 이 사람의 ⓐ에 대한 유전자형은 AabbDd이다.

✗. 감수 2분열 중기 세포(Ⅱ, ㉠)의 핵상은 n으로 상염색체 수가 22이고, 염색체 하나당 염색 분체는 2개씩이므로, ㉠의 상염색체의 염색 분체 수는 44(2×22)이다.

㉢. ㉡은 감수 2분열을 마친 세포인 Ⅲ이다.

05 생식세포 유전자의 전달

자손의 체세포 1개당 대립유전자의 DNA 상대량에서 D+d가 A+a와 B+b 각각의 절반이므로, d는 X 염색체에 있고, 자손의 유전자형은 $aaBBX^dY$이다. 자손의 유전자형이 $aaBBX^dY$이므로 부모 모두에게서 핵상이 $2n$인 세포는 유전자형이 bb가 아님을 알 수 있다. 따라서 Ⅱ와 Ⅳ는 모두 핵상이 $2n$인 세포가 될 수 없으므로 핵상이 n이고, Ⅰ과 Ⅲ의 핵상이 $2n$이다. Ⅰ이 핵상이 $2n$인 ㉮의 세포이므로, ㉮의 유전자형은 aa이고, A를 갖는 Ⅱ와 Ⅲ은 ㉯의 세포임을 알 수 있고, 나머지 Ⅳ는 ㉮의 세포임을 알 수 있다.

✗. Ⅰ은 핵상이 $2n$인 ㉮의 세포, Ⅱ는 핵상이 n인 ㉯의 세포이므로 Ⅰ과 Ⅱ의 핵상은 서로 다르다.

㉡. Ⅰ이 핵상이 $2n$인 ㉮의 세포이므로, A를 갖는 Ⅱ와 Ⅲ은 모두 ㉯의 세포이다.

㉢. ㉮의 세포인 Ⅳ의 유전자형이 abY, ㉯의 세포인 Ⅱ의 유전자형이 AbX^D이고, 자손의 유전자형이 $aaBBX^dY$이며, 자손의 X^d가 ㉯로부터 전달되어야 하므로, ㉮의 유전자형은 $aaBbX^DY$, ㉯의 유전자형은 $AaBbX^DX^d$이다. 따라서 체세포 1개당 $\dfrac{\text{a의 DNA 상대량}+\text{d의 DNA 상대량}}{\text{B의 DNA 상대량}}$이 ㉮는 $\dfrac{2+0}{1}$($=2$), ㉯는 $\dfrac{1+1}{1}$($=2$)이므로 ㉮와 ㉯에서 같다.

06 생식세포 형성과 수정 시 DNA 상대량 변화

t_1 시점의 세포는 G_1기 세포, t_2 시점의 세포는 감수 2분열 중기 세포, t_3 시점의 세포는 생식세포(㉠, 정자), t_4 시점의 세포는 수정란이다. t_2 시점의 세포는 핵상이 n이고 복제된 DNA를 가지므로 A, b, D의 상대량을 더한 값으로 0 또는 짝수를 갖는다. t_2 시점의 세포는 A를 가지므로, A, b, D의 상대량을 더한 값으로 0이 아닌 6을 갖는 Ⅲ이다. G_1기 세포인 t_1 시점의 세포가 A, b, D의 상대량을 더한 값으로 0을 가지면 안되므로, t_1 시점의 세포는 Ⅰ, t_3 시점의 세포(㉠, 정자)는 Ⅱ이다.

㉠. t_2 시점의 세포는 유전자 구성이 AAbbDD(복제된 상태)인 Ⅲ이다.

㉡. Ⅰ(t_1 시점의 세포)은 AaBbDd, Ⅱ(t_3 시점의 세포, ㉠)는 aBd, Ⅲ(t_2 시점의 세포)은 AAbbDD, ㉡은 AbD, 수정란은 AaBbDd를 갖는다. 따라서 Ⅰ과 ㉡은 모두 b와 D를 갖는다.

✗. AaBbDd의 유전자 구성을 갖는 Ⅰ은 감수 1분열을 통해 AAbbDD(복제된 상태)의 유전자 구성을 갖는 딸세포(Ⅲ)와 aaBBdd(복제된 상태)의 유전자 구성을 갖는 딸세포를 형성한다. Ⅱ는 aaBBdd(복제된 상태)의 유전자 구성을 갖는 딸세포의 감수 2분열을 통해 생성된 것이다.

07 핵형 분석

(나)는 3쌍 모두 모양과 크기가 같은 상동 염색체를 갖는 암컷(XX)이다. (나)에서 모든 염색체가 표시되었으므로 생략된 것(㉠)은 Y 염색체이고, (다)와 (라)는 Y 염색체를 갖는다. (라)는 a를 갖지 않고, (나)는 B를 갖지 않으므로, (가)와 (다)가 Ⅰ(AaX^BY)의 세포, (라)가 Ⅲ(AAX^bY)의 세포, (나)가 Ⅱ(AaX^bX^b)의 세포이다.

㉠. (가)와 (다)가 Ⅰ의 세포이므로 Ⅰ은 수컷이다.

㉡. Ⅲ의 세포는 (라)로, Ⅰ과 Ⅱ로부터 각각 A를 하나씩 물려받아 AA의 유전자 조합을 갖는다.

✗. (가)와 (다)는 Ⅰ의 세포이고, (나)가 Ⅱ의 세포이다.

08 감수 분열과 대립유전자

E, F, g의 DNA 상대량 합은 Ⅱ가 Ⅰ의 2배인 짝수, Ⅲ은 0 또는 짝수이며, Ⅱ가 Ⅲ보다 커야 한다. 따라서 Ⅰ은 ㉠, Ⅱ는 ㉡,

Ⅲ은 ⓔ, Ⅳ는 ⓒ이다. 핵상이 n인 Ⅳ에 e가 없으므로 E가 있고, E, F, g의 DNA 상대량 합이 1이므로, 유전자형은 EfG이다.

ㄴ. Ⅳ(ⓒ)의 유전자형은 EfG, Ⅲ(ⓔ)의 유전자 구성은 EEFFgg(복제된 상태)이므로 Ⅰ(ⓐ)의 ㉮의 유전자형은 EEFfGg이다.

ㄴ. Ⅰ(ⓐ)과 Ⅱ(ⓑ)의 핵상은 $2n$으로 같다.

ㄷ. Ⅱ(ⓑ)의 유전자 구성은 EEEEFFffGGgg이므로 E의 DNA 상대량은 4이다.

09 상동 염색체와 대립유전자

ⓐ에 A와 d, ⓑ에 B와 E, ⓒ에 D와 f가 있으므로 ⓐ는 ⓒ와 상동 염색체이고, ⓑ는 ⓓ와 상동 염색체이다. Ⅱ에서 E의 DNA 상대량이 A, D, f 각각의 DNA 상대량의 2배이므로 Ⅱ의 핵상은 $2n$이고, 염색체 ⓐ~ⓓ가 모두 있다. Ⅰ에는 D가 없고, Ⅲ에는 A가 없으므로 Ⅰ과 Ⅲ의 핵상은 모두 n이다. Ⅰ~Ⅲ의 대립유전자 DNA 상대량으로부터 ⓐ에 A, d, F, ⓒ에 a, D, f, ⓑ에 B, E, ⓓ에 b, E가 있음을 알 수 있다.

ㄱ. ⓑ는 ⓓ와 상동 염색체이므로 감수 1분열 전기에 접합하여 2가 염색체를 형성한다.

ㄴ. Ⅰ에 ⓐ, ⓓ, Ⅱ에 ⓐ, ⓑ, ⓒ, ⓓ, Ⅲ에 ⓒ, ⓓ가 있으므로 ㉠과 ㉡은 모두 '없음'이다.

ㄷ. Ⅰ~Ⅲ에는 모두 ⓓ가 있으므로 b와 E가 있다.

10 상염색체와 성염색체

㉠은 A, a, B, b를 모두 가지고, ㉢은 A, B, b를 가지므로 A와 a는 X 염색체에 있고, B와 b는 상염색체에 있으며, ㉠과 ㉣은 암컷 Ⅱ의 세포, ㉡과 ㉢은 수컷 Ⅰ의 세포이다.

ㄱ. Q는 감수 2분열 중기 세포(n)이므로, 핵상이 n이고 DNA가 복제된 상태인 ㉣이다.

ㄴ. ㉡과 ㉢이 Ⅰ의 세포이므로 ㉣은 Ⅱ의 세포이다.

ㄷ. ㉡에는 X 염색체가 없으므로 Y 염색체가 있다.

09 사람의 유전

01 ⑤	02 ④	03 ③	04 ①	05 ①	06 ②
07 ⑤	08 ④	09 ②	10 ③	11 ③	12 ④
13 ①	14 ⑤	15 ①	16 ③		

01 사람의 유전 연구

A. 쌍둥이 연구에서는 1란성 쌍둥이와 2란성 쌍둥이를 대상으로 성장 환경과 형질 발현의 일치율을 조사하여 형질의 차이가 유전에 의한 것인지 환경에 의한 것인지를 알아낼 수 있다.

B. 가계도는 한 집안 구성원과 그 혈연 관계에 있는 사람들의 유전적 특성을 쉽게 파악하기 위해 그린 그림이다. 특정 형질을 가지는 집안의 가계도를 통해 그 형질의 우열 관계와 유전자의 전달 경로를 알아낼 수 있다.

C. 집단 조사에서는 여러 가계를 포함한 집단에서 유전 형질이 나타나는 빈도를 조사하고 자료를 통계 처리하여 유전 형질의 특징과 분포 등을 알아낼 수 있다.

02 사람의 유전 연구

(가)는 여러 가계를 포함한 집단에서 유전 형질이 나타나는 빈도를 조사하고 자료를 통계 처리하므로 집단 조사이고, (나)는 특정 형질을 가지는 집안의 가계도를 조사하므로 가계도 조사이다.

ㄱ. (가)는 집단 조사이다.

ㄴ. 가계도 조사(나)를 통해 특정 형질의 우열 관계나 유전자의 전달 경로를 알아낼 수 있다.

ㄷ. 가계도(㉠)에서 남자를 표시하는 기호는 □이고, 여자를 표시하는 기호는 ○이다.

03 상염색체 유전

정상인 1과 2 사이에서 (가)가 발현된 3과 4가 태어났으므로 (가)는 열성 형질이다.

ㄱ. (가)의 유전자가 성염색체에 있다면 3에게서 (가)가 발현되었으므로 1에게서도 (가)가 발현되어야 한다. 하지만 1이 정상이므로 (가)의 유전자는 상염색체에 있다. 가족 구성원의 (가)의 유전자형은 그림과 같다.

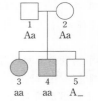

□ 정상 남자
○ 정상 여자
■ (가) 발현 남자
● (가) 발현 여자

ㄴ. (가)의 유전자형은 1이 Aa, 4가 aa이므로

$$\frac{1의\ 체세포\ 1개당\ A의\ DNA\ 상대량}{4의\ 체세포\ 1개당\ a의\ DNA\ 상대량}=\frac{1}{2}\ 이다.$$

✗. 1과 2의 (가)의 유전자형은 모두 Aa이므로 5의 동생이 태어날 때, 이 아이에게서 (가)가 발현될 확률은 $\frac{1}{4}$이다.

04 상염색체 유전

정상인 1과 2 사이에서 (가)가 발현된 5가 태어났으므로 (가)는 열성 형질이다.

㉠. (가)의 유전자가 성염색체에 있다면 (가)가 발현된 7의 (가)의 유전자형은 X^aX^a이므로 3의 (가)의 유전자형이 X^aY이어야 한다. 이 경우 3에게서 (가)가 발현되어야 하지만 정상이므로 (가)의 유전자는 상염색체에 있다.

✗. 이 집안 구성원의 (가)의 유전자형은 그림과 같다.

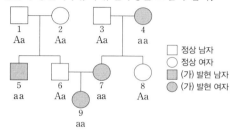

이 집안 구성원에서 (가)의 유전자형이 Aa인 사람은 1, 2, 3, 6, 8로 모두 5명이다.

✗. 6의 (가)의 유전자형은 Aa이고, 7의 (가)의 유전자형은 aa이므로 9의 동생이 태어날 때, 이 아이에게서 (가)가 발현될 확률은 $\frac{1}{2}$이다.

05 상염색체 유전

(가)가 발현된 2에게서 정상 남자인 5가 태어났으므로 (가)는 X 염색체 열성 형질이 아니다. 따라서 (가)는 상염색체 열성 형질이며, 이 집안 구성원의 (가)의 유전자형은 그림과 같다.

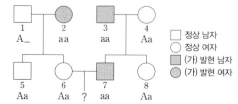

✗. (가)의 유전자는 상염색체에 있다.
㉡. 4와 5의 (가)의 유전자형은 Aa로 같다.
✗. 6의 (가)의 유전자형은 Aa이고, 7의 (가)의 유전자형은 aa이므로 6과 7 사이에서 아이가 태어날 때, 이 아이에게서 (가)가 발현될 확률은 $\frac{1}{2}$이다.

06 성염색체 유전

1의 a의 DNA 상대량이 0이므로 1은 A만을 가지고 있다. (가)의 유전자가 상염색체에 있다면 1의 (가)의 유전자형은 AA이다. 이 경우 3과 4는 모두 1로부터 우성 대립유전자인 A를 물려받으므로 (가)의 표현형이 같아야 한다. 하지만 3에게서 (가)가 발현되었지만 4는 정상이므로 (가)의 유전자는 성염색체에 있다. 1의 (가)의 유전자형은 X^AY이므로 X^A는 정상 대립유전자이고, X^a는 (가) 발현 대립유전자이다. 따라서 (가)가 발현된 2의 (가)의 유전자형은 X^aX^a이다. 가족 구성원의 (가)의 유전자형은 그림과 같다.

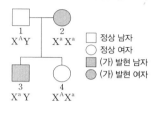

✗. (가)의 유전자는 성염색체에 있다.
✗. 2의 (가)의 유전자형은 X^aX^a이므로 ㉠은 2이고, 3의 (가)의 유전자형은 X^aY이므로 ㉡은 1이다. 따라서 ㉠+㉡=3이다.
㉢. 1의 (가)의 유전자형은 X^AY이고, 2의 (가)의 유전자형은 X^aX^a이므로 4의 동생이 태어날 때, 이 아이에게서 (가)가 발현될 확률은 $\frac{1}{2}$이다.

07 사람의 유전 형질의 특징

적록 색맹을 결정하는 유전자는 성염색체에, 귓불 모양과 ABO식 혈액형을 결정하는 유전자는 상염색체에 있다. 적록 색맹과 귓불 모양을 결정하는 대립유전자는 각각 2가지이고, ABO식 혈액형을 결정하는 대립유전자는 3가지이다. 따라서 ㉠은 귓불 모양, ㉡은 ABO식 혈액형, ㉢은 적록 색맹이다.

㉠. ㉠은 귓불 모양, ㉡은 ABO식 혈액형, ㉢은 적록 색맹이다.
㉡. ABO식 혈액형(㉡)의 유전은 단일 인자 유전이다.
㉢. 적록 색맹(㉢)의 유전자는 성염색체에 있으므로 성별에 따라 발현 빈도가 다르다.

08 성염색체 유전

(가)의 유전자가 상염색체에 있다고 가정하자. 3과 4의 체세포 1개당 a의 DNA 상대량의 합은 2이므로 3과 4의 (가)의 유전자형은 모두 Aa이거나, 한 명은 AA이고 다른 한 명은 aa이다. 3과 4의 (가)의 표현형이 다르므로 3과 4의 (가)의 유전자형은 모두 Aa가 아니다. 7과 8의 (가)의 표현형이 다르므로 3과 4의 (가)의 유전자형은 한 명은 AA이고 다른 한 명은 aa인 경우도 아니다. 따라서 (가)의 유전자는 성염색체에 있다. 3에서 (가)가 발현되었지만 8은 정상이므로 (가)는 열성 형질이다. 이 집안 구성원의 (가)의 유전자형은 그림과 같다.

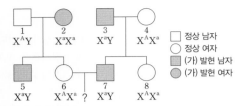

1 X^AY	2 X^aX^a
3 X^aY	4 X^AX^a

정상 남자
정상 여자
(가) 발현 남자
(가) 발현 여자

5 X^aY 6 X^AX^a ? 7 X^aY 8 X^AX^a

✗. (가)의 유전자는 성염색체에 있다.

○. 1, 4, 6, 8 각각의 체세포 1개당 A의 DNA 상대량이 1이고, 나머지 구성원의 체세포 1개당 A의 DNA 상대량은 0이다. 1~8 각각의 체세포 1개당 A의 DNA 상대량의 합은 4이다.

○. 6의 (가)의 유전자형은 X^AX^a이고, 7의 (가)의 유전자형은 X^aY이므로 6과 7 사이에서 아이가 태어날 때, 이 아이에게서 (가)가 발현될 확률은 $\frac{1}{2}$이다.

09 ABO식 혈액형 유전

아버지의 혈액과 아들의 혈액을 각각 항 A 혈청과 섞으면 응집 반응이 일어나므로 아버지와 아들은 각각 A형과 AB형 중 하나이다. 아들이 A형이라면 아버지가 AB형, 어머니가 O형, 딸이 B형이다. 이 경우 아들의 혈장과 딸의 적혈구를 섞으면 응집 반응이 일어나므로 모순이다. 따라서 아버지는 A형(I^Ai), 어머니는 B형(I^Bi), 아들은 AB형(I^AI^B), 딸은 O형(ii)이다.

✗. 아버지의 ABO식 혈액형은 A형이다.

✗. 딸의 ABO식 혈액형의 유전자형이 ii이므로 동형 접합성이다.

○. 아버지의 유전자형이 I^Ai, 어머니의 유전자형이 I^Bi이므로 아들의 동생이 태어날 때, 이 아이의 ABO식 혈액형이 O형일 확률은 $\frac{1}{4}$이다.

10 상염색체 유전과 적록 색맹 유전

(가)가 발현된 1과 2 사이에서 정상인 3이 태어났으므로 (가)는 우성 형질이다. 1에게서 (가)가 발현되었지만 3은 정상이므로 (가)의 유전자는 상염색체에 있다. 따라서 (가)의 유전자형은 1이 Aa, 2가 Aa, 3이 aa, 4가 AA 또는 Aa이다. 정상 대립유전자를 X^R, 적록 색맹 대립유전자를 X^r이라고 하자. 1, 2, 3은 모두 정상이고, 4는 적록 색맹이므로 적록 색맹의 유전자형은 1이 X^RY, 2가 X^RX^r, 3이 X^RX^R 또는 X^RX^r, 4가 X^rY이다. (가)와 적록 색맹의 유전자형은 그림과 같다.

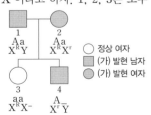

1 Aa X^RY 2 Aa X^RX^r

○ 정상 여자
■ (가) 발현 남자
● (가) 발현 여자

3 aa X^RX^- 4 A_ X^rY

○. (가)의 유전자는 상염색체에 있다.

○. 2의 적록 색맹의 유전자형이 X^RX^r이므로 이형 접합성이다.

✗. 1과 2의 (가)의 유전자형은 모두 Aa이므로 4의 동생이 태어

날 때, 이 아이에게서 (가)가 발현될 확률은 $\frac{3}{4}$이다. 1의 적록 색맹의 유전자형은 X^RY, 2의 적록 색맹의 유전자형은 X^RX^r이므로 4의 동생이 태어날 때, 이 아이가 적록 색맹일 확률은 $\frac{1}{4}$이다. (가)의 유전자는 상염색체에, 적록 색맹 유전자는 X 염색체에 있으므로 4의 동생이 태어날 때, 이 아이에게서 (가)가 발현되고 적록 색맹일 확률은 $\frac{3}{16}\left(=\frac{3}{4}\times\frac{1}{4}\right)$이다.

11 복대립 유전

복대립 유전은 하나의 형질을 결정하는 데 3가지 이상의 대립유전자가 관여하는 경우이다.

○. (나)는 1쌍의 대립유전자에 의해 결정되고, 대립유전자가 3가지이므로 (나)의 유전은 복대립 유전이다.

○. P와 Q의 (가)의 유전자형이 Aa이므로 ⓐ의 (가)의 표현형은 최대 3가지이다. (나)의 유전자형은 P가 BE이고, Q가 DE이므로 ⓐ의 (나)의 표현형은 최대 3가지이다. (가)의 유전자와 (나)의 유전자는 서로 다른 상염색체에 있으므로 ⓐ의 (가)와 (나)의 표현형은 최대 9(=3×3)가지이다.

✗. P와 Q의 (가)의 유전자형이 Aa이므로 ⓐ의 (가)의 표현형이 Q와 같을 확률은 $\frac{1}{2}$이다. (나)의 유전자형은 P가 BE이고, Q가 DE이므로 ⓐ의 (나)의 표현형이 Q와 같을 확률은 $\frac{1}{4}$이다. (가)의 유전자와 (나)의 유전자는 서로 다른 상염색체에 있으므로 ⓐ의 (가)와 (나)의 표현형이 모두 Q와 같을 확률은 $\frac{1}{8}\left(=\frac{1}{2}\times\frac{1}{4}\right)$이다.

12 다인자 유전

P에서 형성되는 생식세포의 유전자형은 ABd, Abd, aBd, abd이고, Q에서 형성되는 생식세포의 유전자형은 ABD, ABd, AbD, Abd, aBD, aBd, abD, abd이다. P와 Q 사이에서 아이가 태어날 때, 이 아이의 (가)의 유전자형은 표와 같다. (괄호 안의 숫자는 유전자형에서 대문자로 표시되는 대립유전자 수이다.)

Q \ P	ABd(2)	Abd(1)	aBd(1)	abd(0)
ABD(3)	AABBDd(5)	AABbDd(4)	AaBBDd(4)	AaBbDd(3)
ABd(2)	AABBdd(4)	AABbdd(3)	AaBBdd(3)	AaBbdd(2)
AbD(2)	AABbDd(4)	AAbbDd(3)	AaBbDd(3)	AabbDd(2)
Abd(1)	AABbdd(3)	AAbbdd(2)	AaBbdd(2)	Aabbdd(1)
aBD(2)	AaBBDd(4)	AaBbDd(3)	aaBBDd(3)	aaBbDd(2)
aBd(1)	AaBBdd(3)	AaBbdd(2)	aaBBdd(2)	aaBbdd(1)
abD(1)	AaBbDd(3)	AabbDd(2)	aaBbDd(2)	aabbDd(1)
abd(0)	AaBbdd(2)	Aabbdd(1)	aaBbdd(1)	aabbdd(0)

P와 Q 사이에서 아이가 태어날 때, 이 아이의 (가)의 표현형이 P 와 같을 확률은 $\frac{5}{16}\left(=\frac{10}{32}\right)$이다.

13 가계도 분석

(나)가 발현되지 않은 1과 2 사이에서 (나)가 발현된 6이 태어났으므로 (나)는 열성 형질이다. (나)가 발현되지 않은 1에게서 (나)가 발현된 6이 태어났으므로 (나)의 유전자는 상염색체에 있다. 따라서 (가)의 유전자는 성염색체에 있고, 1에게서 (가)가 발현되었지만 5에게서 (가)가 발현되지 않았으므로 (가)의 유전자는 Y 염색체가 아닌 X 염색체에 있다. (가)가 발현된 3에게서 (가)가 발현되지 않은 8이 태어났으므로 (가)는 열성 형질이다. 구성원 1~8의 (가)와 (나)의 유전자형은 그림과 같다.

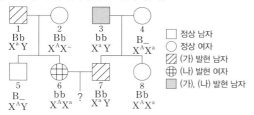

| □ 정상 남자 |
| ○ 정상 여자 |
| ▨ (가) 발현 남자 |
| ⊕ (나) 발현 여자 |
| ▩ (가), (나) 발현 남자 |

X. (가)의 유전자는 성염색체에, (나)의 유전자는 상염색체에 있다.
◯. (가)와 (나)는 모두 열성 형질이다.
X. (가)와 (나)의 유전자형은 6이 bbX^AX^a이고, 7이 BbX^aY이므로 6과 7 사이에서 아이가 태어날 때, 이 아이에게서 (가)가 발현될 확률은 $\frac{1}{2}$이고, (나)가 발현될 확률은 $\frac{1}{2}$이다. 따라서 (가)와 (나)가 모두 발현될 확률은 $\frac{1}{4}\left(=\frac{1}{2}\times\frac{1}{2}\right)$이다.

14 단일 인자 유전

유전자형이 AaBbDE인 아버지와 aaBbEF인 어머니 사이에서 아이가 태어날 때, 이 아이에게서 나타날 수 있는 (가)의 유전자형은 Aa, aa이므로 표현형의 최대 가짓수는 2이고, (나)의 유전자형은 BB, Bb, bb이므로 표현형의 최대 가짓수는 3이고, (다)의 유전자형은 DE, DF, EE, EF이므로 표현형의 최대 가짓수는 3이다. (가)~(다)의 유전자는 각각 서로 다른 상염색체에 있으므로 이 아이에게서 나타날 수 있는 (가)~(다)의 표현형의 최대 가짓수는 18(=2×3×3)이다.

15 다인자 유전

P에서 형성되는 생식세포의 유전자형은 AbD, Abd, aBD, aBd이고, Q에서 형성되는 생식세포의 유전자형은 ABD, ABd, abD, abd이다. P와 Q 사이에서 아이가 태어날 때, 이 아이의 ㉠과 ㉡의 유전자형은 표와 같다. (괄호 안의 숫자는 ㉡의

유전자형에서 대문자로 표시되는 대립유전자 수이다.)

Q＼P	AbD(1)	Abd(0)	aBD(2)	aBd(1)
ABD(2)	AABbDD(3)	AABbDd(2)	AaBBDD(4)	AaBBDd(3)
ABd(1)	AABbDd(2)	AABbdd(1)	AaBBDd(3)	AaBBdd(2)
abD(1)	AabbDD(2)	Aabbdd(1)	aaBbDD(3)	aaBbDd(2)
abd(0)	AabbDd(1)	Aabbdd(0)	aaBbDd(2)	aaBbdd(1)

P와 Q 사이에서 아이가 태어날 때, 이 아이의 ㉠과 ㉡의 표현형이 모두 P와 같을 확률은 $\frac{1}{8}\left(=\frac{2}{16}\right)$이다.

16 성염색체 유전

아들의 X 염색체는 어머니로부터 물려받는다. 아들인 자녀 1과 자녀 3의 (가)의 형질이 다르므로 어머니의 (가)의 유전자형은 이형 접합성이다. 어머니에게서 (가)가 발현되었으므로 (가)는 우성 형질이다. 아들인 자녀 1과 자녀 3의 (나)의 형질이 다르므로 어머니의 (나)의 유전자형은 이형 접합성이다. 어머니에게서 (나)가 발현되지 않았으므로 (나)는 열성 형질이다. 따라서 (가)와 (나)의 유전자형은 아버지가 $X^{ab}Y$, 어머니가 $X^{AB}X^{ab}$, 자녀 1이 $X^{AB}Y$, 자녀 2가 $X^{ab}X^{ab}$, 자녀 3이 $X^{ab}Y$이다.
㉠. (가)는 우성 형질, (나)는 열성 형질이다.
◯. 자녀 2의 (가)와 (나)의 유전자형은 $X^{ab}X^{ab}$이므로 자녀 2의 (가)와 (나)의 유전자형은 모두 동형 접합성이다.
X. (가)와 (나)의 유전자형은 아버지가 $X^{ab}Y$, 어머니가 $X^{AB}X^{ab}$이므로 자녀 3의 동생이 태어날 때, 이 아이에게서 (가)와 (나)가 모두 발현될 확률은 0이다.

수능 3점 테스트   본문 142~147쪽

| 01 ④ | 02 ② | 03 ② | 04 ③ | 05 ④ | 06 ⑤ |
| 07 ① | 08 ③ | 09 ⑤ | 10 ③ | | |

01 다인자 유전과 성염색체 유전

1, 2, 3, 4의 (나)의 표현형은 모두 다르고, 2의 (나)의 유전자형이 동형 접합성이므로 (나)의 유전자형은 1이 DE, 2가 FF이고, 3과 4는 각각 DF와 EF 중 하나이다. 1과 5의 (나)의 유전자형은 서로 같으므로 5의 (나)의 유전자형은 DE이다. 1과 2가 모두 정상이지만 3에게서 (가)가 발현되었으므로 (가)는 열성 형질이다. (가)의 유전자가 상염색체에 있다면 (가)의 유전자형은 4가 Aa, 5가 aa이다. 이 경우 4, 5 각각의 체세포 1개당 E의 DNA 상대량의 합이 3일 수 없으므로 모순이다. 따라서 (가)의 유전자는 X 염색체에 있으며 (가)와 (나)의 유전자형은 4가 X^AX^aEF, 5가 X^aYDE이

다. 이 집안 구성원의 (가)와 (나)의 유전자형은 그림과 같다.

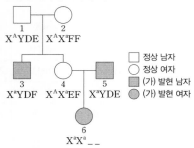

○ 정상 남자
○ 정상 여자
■ (가) 발현 남자
● (가) 발현 여자

✗. (가)의 유전자는 X 염색체에 있다.
Ⓛ. 3의 (나)의 유전자형은 DF이다.
Ⓒ. (가)와 (나)의 유전자형은 4가 $X^A X^a EF$, 5가 $X^a YDE$이므로 6의 동생이 태어날 때, 이 아이에게서 (가)가 발현될 확률은 $\frac{1}{2}$이고, (나)의 표현형((나)의 유전자형이 EE 또는 EF)이 4와 같을 확률은 $\frac{1}{2}$이다. (가)의 유전자와 (나)의 유전자는 서로 다른 염색체에 있으므로 6의 동생이 태어날 때, 이 아이에게서 (가)가 발현되면서 (나)의 표현형이 4와 같을 확률은 $\frac{1}{4}\left(=\frac{1}{2}\times\frac{1}{2}\right)$이다.

02 복대립 유전

P와 Q의 (가)의 유전자형이 모두 Aa이므로 ⓐ에게서 나타날 수 있는 (가)의 표현형은 최대 2가지이다. P와 Q의 (나)의 유전자형이 모두 Bb이므로 ⓐ에게서 나타날 수 있는 (나)의 표현형은 최대 3가지이다. P의 (다)의 유전자형이 DE이고, Q의 (다)의 유전자형이 EF이므로 ⓐ에게서 나타날 수 있는 (다)의 표현형은 최대 2가지이다. ⓐ에게서 나타날 수 있는 (가)~(다)의 표현형은 최대 9가지이므로 (가)와 (다)의 유전자는 같은 염색체에 있고, (나)의 유전자는 다른 염색체에 있다. ⓐ가 가질 수 있는 (가)~(다)의 유전자 중 aaBbDF가 있으므로 P에서 a와 D는 같은 염색체에 있고, Q에서 a와 F는 같은 염색체에 있다. P와 Q의 (나)의 유전자형이 모두 Bb이므로 ⓐ의 (나)의 표현형이 P와 같을 확률은 $\frac{1}{2}$이다. P에서 형성되는 생식세포의 (가)와 (다)의 유전자형은 AE, aD이고, Q에서 형성되는 생식세포의 (가)와 (다)의 유전자형은 AE, aF이므로 ⓐ의 (가)와 (다)의 표현형이 P와 같을 확률은 $\frac{1}{4}$이다. (가)와 (다)의 유전자는 같은 염색체에 있고, (나)는 다른 염색체에 있으므로 ⓐ의 (가)~(다)의 표현형이 모두 P와 같을 확률은 $\frac{1}{8}\left(=\frac{1}{2}\times\frac{1}{4}\right)$이다.

03 상염색체 유전과 적록 색맹 유전

적록 색맹은 열성 형질이며, 적록 색맹 유전자는 X 염색체에 있다. 구성원 중 4가 적록 색맹이고, 나머지는 적록 색맹이 아니므

로 적록 색맹의 유전자형은 1이 $X^B Y$, 2가 $X^B X^b$, 3이 $X^B X^-$, 4가 $X^b Y$이다. 1과 2는 정상이지만 4에게서 (가)가 발현되었으므로 (가)는 열성 형질이다. (가)의 유전자가 X 염색체에 있다면 (가)의 유전자형은 1이 $X^A Y$, 2가 $X^A X^a$, 3이 $X^A X^-$, 4가 $X^a Y$이다. 이 경우 1의 체세포 1개당 $a(X^a)$의 DNA 상대량과 $b(X^b)$의 DNA 상대량의 합은 0이므로 모순이다. 따라서 (가)의 유전자는 상염색체에 있으며, (가)의 유전자형은 1이 Aa, 2가 Aa, 3이 A_, 4가 aa이고, ㉠은 1, ㉡이 2, ㉢이 3이다. 3에서 체세포 1개당 a의 DNA 상대량과 b의 DNA 상대량의 합이 2(㉡)이므로 3의 (가)와 적록 색맹의 유전자형은 $AaX^B X^b$이다. 이 가족 구성원의 (가)와 적록 색맹의 유전자형은 그림과 같다.

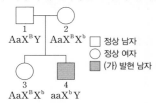

□ 정상 남자
○ 정상 여자
■ (가) 발현 남자

✗. (가)의 유전자는 상염색체에, 적록 색맹 유전자는 X 염색체에 있다.
Ⓛ. 3의 (가)의 유전자형은 Aa이다.
✗. (가)와 (나)의 유전자형은 1이 $AaX^B Y$, 2가 $AaX^B X^b$이므로 4의 동생이 태어날 때, 이 아이에게서 (가)가 발현될 확률은 $\frac{1}{4}$이고, 적록 색맹일 확률은 $\frac{1}{4}$이다. (가)의 유전자는 상염색체에, 적록 색맹 유전자는 X 염색체에 있으므로 4의 동생이 태어날 때, 이 아이에게서 (가)가 발현되면서 적록 색맹일 확률은 $\frac{1}{16}\left(=\frac{1}{4}\times\frac{1}{4}\right)$이다.

04 다인자 유전

아버지는 B를 갖고 있지 않으므로 아버지는 자녀 1과 자녀 2에게 모두 b를 물려준다. 따라서 자녀 1과 자녀 2는 모두 b를 갖고 있어야 하므로 ㉢은 b이다. 자녀 1은 D를 갖고 있지 않으므로 d를 갖고 있어야 한다. 따라서 ㉠은 d, ㉡은 a이다. (가)의 유전자형은 아버지가 AAbbDd, 어머니가 AaBbDd이고, 자녀 1이 AABdd, 자녀 2가 AAbbDD이다.

Ⓛ. ㉠은 d, ㉡은 a, ㉢은 b이다.
Ⓛ. 자녀 1의 (가)의 유전자형이 AABbdd이므로 ⓐ는 3, 자녀 2의 (가)의 유전자형은 AAbbDD이므로 ⓑ는 4이다. 따라서 ⓐ+ⓑ=7이다.
✗. (가)의 유전자형은 아버지가 AAbbDd이고, 어머니가 AaBbDd이므로 아버지에서 형성되는 생식세포의 유전자형은 AbD(2), Abd(1)이고, 어머니에서 형성되는 생식세포의 유전자형은 ABD(3), ABd(2), AbD(2), aBD(2), Abd(1), aBd(1), abD(1), abd(0)이다. (괄호 안의 숫자는 (가)의 유전자형에서 대문자로 표시되는 대립유전자 수이다.) 따라서 자녀 2의 동생이 태

어날 때, 이 아이의 (가)의 유전자형에서 대문자로 표시되는 대립 유전자의 수는 1, 2, 3, 4, 5 중 하나이다. 따라서 자녀 2의 동생이 태어날 때, 이 아이에게서 나타날 수 있는 (가)의 표현형은 최대 5가지이다.

05 다인자 유전

㉮가 B, ㉯가 b라고 하면 ⓐ의 유전자형은 다음 표와 같으며, ⓐ가 태어날 때, ⓐ에게서 나타날 수 있는 표현형의 최대 가짓수는 8가지이다.(괄호 안의 숫자는 ㉡의 유전자형에서 대문자로 표시되는 대립유전자 수이다.)

P Q	AbD(1)	Abd(0)	aBD(2)	aBd(1)
ABD(2)	AABbDD(3)	AABbDd(2)	AaBBDD(4)	AaBBDd(3)
ABd(1)	AABbDd(2)	AABbdd(1)	AaBBDd(3)	AaBBdd(2)
abD(1)	AabbDD(2)	AabbDd(1)	aaBbDD(3)	aaBbDd(2)
abd(0)	AabbDd(1)	Aabbdd(0)	aaBbDd(2)	aaBbdd(1)

따라서 ㉮는 b, ㉯는 B이고, ⓐ의 유전자형은 다음 표와 같으며, ⓐ가 태어날 때, ⓐ에게서 나타날 수 있는 표현형의 최대 가짓수는 7가지이다.(괄호 안의 숫자는 ㉡의 유전자형에서 대문자로 표시되는 대립유전자 수이다.)

P Q	AbD(1)	Abd(0)	aBD(2)	aBd(1)
AbD(1)	AAbbDD(2)	AAbbDd(1)	AaBbDD(3)	AaBbDd(2)
Abd(0)	AAbbDd(1)	AAbbdd(0)	AaBbDd(2)	AaBbdd(1)
aBD(2)	AaBbDD(3)	AaBbDd(2)	aaBBDD(4)	aaBBDd(3)
aBd(1)	AaBbDd(2)	AaBbdd(1)	aaBBDd(3)	aaBBdd(2)

ⓐ의 ㉠과 ㉡의 표현형이 모두 Q와 같을 확률은 $\frac{5}{16}$이다.(위의 표에서 음영으로 나타낸 유전자형이 ㉠과 ㉡의 표현형이 모두 Q와 같은 유전자형이다.)

06 상염색체 유전과 성염색체 유전

(나)가 발현되지 않은 4와 5 사이에서 (나)가 발현된 7이 태어났으므로 (나)는 열성 형질이다. 따라서 (나)의 유전자형은 2가 Bb, 3이 bb이다. ㉠이 B라면

$\frac{2의\ 체세포\ 1개당\ A와\ ㉠의\ DNA\ 상대량을\ 더한\ 값}{3의\ 체세포\ 1개당\ A와\ ㉠의\ DNA\ 상대량을\ 더한\ 값} = \frac{1}{2}$이므로

2의 체세포 1개당 A의 DNA 상대량이 0이고, 3의 체세포 1개당 A의 DNA 상대량이 2이다. 하지만 2와 3에서 모두 (가)가 발현되지 않아 모순이므로, ㉠은 b이다. 3의 체세포 1개당 A의 DNA 상대량이 2라면 3의 (가)의 유전자형은 AA이다. 이 경우 1과 2 모두 A를 갖고 있다. 하지만 1에게서 (가)가 발현되었지만

2에게서 (가)가 발현되지 않았으므로 모순이다. 따라서 2와 3의 체세포 1개당 A의 DNA 상대량은 모두 0이며, (가)는 우성 형질이다. 1에게서 (가)가 발현되었지만 3에게서 (가)가 발현되지 않았으므로 (가)의 유전자는 상염색체에, (나)의 유전자는 X 염색체에 있다. 이 집안 구성원의 (가)와 (나)의 유전자형은 그림과 같다.

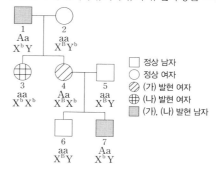

㉠. (가)의 유전자는 상염색체에 있다.

㉡. (나)의 유전자형은 4가 $X^B X^b$, 5가 $X^B Y$, 7이 $X^b Y$이므로 4, 5, 7 각각의 체세포 1개당 ㉠(b)의 DNA 상대량을 더한 값은 2이다.

㉢. (가)와 (나)의 유전자형은 4가 $AaX^B X^b$이고, 5가 $aaX^B Y$이므로 7의 동생이 태어날 때, 이 아이에게서 (가)가 발현될 확률은 $\frac{1}{2}$이고, (나)가 발현될 확률은 $\frac{1}{4}$이다. (가)의 유전자는 상염색체에, (나)의 유전자는 X 염색체에 있으므로 7의 동생이 태어날 때, 이 아이에게서 (가)와 (나)가 모두 발현될 확률은 $\frac{1}{8}\left(=\frac{1}{2} \times \frac{1}{4}\right)$이다.

07 상염색체 유전과 성염색체 유전

적록 색맹의 유전자는 X 염색체에 있다. 정상 대립유전자를 X^R, 적록 색맹 대립유전자를 X^r라고 하면 X^R는 X^r에 대해 완전 우성이다. (가)의 유전자가 적록 색맹의 유전자와 같은 염색체(X 염색체)에 있다면 남자인 자녀 1과 자녀 3의 (가)의 발현 여부가 다르므로 어머니의 (가)의 유전자형은 이형 접합성이고, (가)는 우성 형질이다. (가)와 적록 색맹 유전자형은 자녀 1이 $X^r Y$, 자녀 3이 $X^{RT} Y$이므로 어머니의 (가)와 적록 색맹 유전자형은 $X^{RT} X^r$이다. (가)와 적록 색맹 유전자형은 아버지가 $X^r Y$이므로 (가)가 발현되지 않으면서 적록 색맹에 대해 정상인 자녀 2가 태어날 수 없다. 따라서 (가)의 유전자는 ABO식 혈액형 유전자와 같은 염색체에 있다. (가)가 우성 형질이라면 B형인 어머니와 O형인 자녀 3에게서 (가)가 발현되었고 AB형인 자녀 1에게서 (가)가 발현되지 않았으므로 어머니와 자녀 3은 *i*와 T가 같은 염색체에 있다. 이 경우 A형인 자녀 2도 어머니로부터 *i*와 T가 모두 있는 염색체를 물려받아 (가)가 발현되어야 한다. 하지만 자녀 2에게서 (가)가 발현되지 않았으므로 모순이다. 따라서 (가)는 열성 형질이다. (가)와 ABO식 혈액형의 유전자형은 아버지가 TI^A/ti, 어머니가 tI^B/ti, 자녀 1이 TI^A/tI^B, 자녀 2가 TI^A/ti, 자녀 3이 $ti/$

ti이다.

◯. (가)는 열성 형질이다.

✗. (가)의 유전자는 ABO식 혈액형의 유전자와 같은 염색체에 있다.

✗. (가)의 유전자형은 아버지가 Tt, 어머니가 tt이므로 자녀 3의 동생이 태어날 때, 이 아이에게서 (가)가 발현될 확률은 $\frac{1}{2}$이다. 적록 색맹의 유전자형은 아버지가 $X^r Y$이고, 어머니가 $X^R X^r$이므로 자녀 3의 동생이 태어날 때, 이 아이가 적록 색맹일 확률은 $\frac{1}{2}$이다. (가)의 유전자는 상염색체에, 적록 색맹의 유전자는 X 염색체에 있으므로 자녀 3의 동생이 태어날 때, 이 아이에게서 (가)가 발현되면서 적록 색맹일 확률은 $\frac{1}{4}\left(=\frac{1}{2}\times\frac{1}{2}\right)$이다.

08 상염색체 유전과 성염색체 유전

3과 4의 ⊙의 DNA 상대량이 같은데 3에게서 (가)가 발현되었지만 4에게서 (가)가 발현되지 않았으므로 (가)의 유전자는 X 염색체에 있다. 4에게서 (가)가 발현되지 않았으므로 (가)는 열성 형질이고, (가)의 유전자형은 3이 $X^a Y$, 4가 $X^A X^a$이다. 따라서 ⊙은 a이다. 2에게서 (가)가 발현되었으므로 2의 (가)의 유전자형은 $X^a X^a$이고 ⓐ는 2이다. (나)의 유전자는 상염색체에 있고, 4의 ⓒ의 DNA 상대량이 2이므로 4의 (나)의 유전자형은 BB와 bb 중 하나이다. ⓒ이 B라면 4의 (나)의 유전자형은 BB이다. 이 경우 7에게서 (나)가 발현되었지만 8에게서 (나)가 발현되지 않았으므로 모순이다. 따라서 ⓒ은 b이다. 3에게서 (나)가 발현되지 않았지만 7에게서 (나)가 발현되었으므로 3의 (나)의 유전자형은 Bb이고, ⓑ는 1이다. 이 집안 구성원의 (가)와 (나)의 유전자형은 그림과 같다.

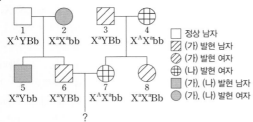

		정상 남자
1 $X^A YBb$	2 $X^a X^a bb$	▨ (가) 발현 남자
3 $X^a YBb$	4 $X^A X^a bb$	◩ (가) 발현 여자
5 $X^a Ybb$	6 $X^a YBb$	⊕ (나) 발현 여자
7 $X^A X^a bb$	8 $X^a X^a Bb$	■ (가), (나) 발현 남자
?		● (가), (나) 발현 여자

◯. ⓒ은 b이다.

◯. ⓐ는 2, ⓑ는 1이므로 ⓐ+ⓑ=3이다.

✗. (가)와 (나)의 유전자형은 6이 $X^a YBb$, 7이 $X^A X^a bb$이므로 6과 7 사이에서 아이가 태어날 때, 이 아이에게서 (가)가 발현될 확률은 $\frac{1}{2}$이고, (나)가 발현될 확률은 $\frac{1}{2}$이다. (가)의 유전자는 X 염색체에 있고, (나)의 유전자는 상염색체에 있으므로 6과 7 사이에서 아이가 태어날 때, 이 아이에게서 (가)와 (나)가 모두 발현될 확률은 $\frac{1}{4}\left(=\frac{1}{2}\times\frac{1}{2}\right)$이다.

09 다인자 유전

2의 동생이 태어날 때, 이 아이(⊙)에게서 나타날 수 있는 (가)와 (나)의 표현형은 최대 21가지이므로 ⊙에게서 나타날 수 있는 (가)의 표현형은 최대 7가지이고, (나)의 표현형은 최대 3가지이어야 한다. ⊙에게서 나타날 수 있는 (가)의 표현형은 최대 7가지이므로 ⓐ의 (가)의 유전자형은 AaBbDd이고, (나)의 표현형이 최대 3가지이므로 ⓐ의 (나)의 유전자형은 Ee이다. ⓐ와 ⓑ의 (가)와 (나)의 표현형이 모두 같으므로 ⓑ의 (나)의 유전자형은 Ee이며, 4의 동생이 태어날 때, 이 아이(ⓒ)에게서 나타날 수 있는 (가)와 (나)의 표현형은 최대 15가지이므로 ⓒ에게서 나타날 수 있는 (가)의 표현형은 최대 5가지이어야 한다. 따라서 ⓑ의 (가)의 유전자형은 AABbdd, AAbbDd, AaBBdd, AabbDD, aaBBDd, aaBbDD 중 하나이다.

◯. ⓐ의 (가)와 (나)의 유전자형은 AaBbDdEe이므로 ⓐ에게서 A, b, D, e를 모두 갖는 생식세포가 형성될 수 있다.

◯. ⓑ의 (나)의 유전자형은 Ee이다.

◯. ⓑ의 (가)의 유전자형을 AaBBdd라고 하면 ⓑ에서 형성되는 생식세포의 (가)의 유전자형은 ABd와 aBd이다. 3에서 형성되는 생식세포의 (가)의 유전자형은 ABD, ABd, AbD, Abd, aBD, aBd, abD, abd이다. 4의 동생이 태어날 때, 이 아이의 (가)의 유전자형은 표와 같으며, (가)의 표현형이 ⓑ와 같을 확률은 $\frac{3}{8}$이다.(괄호 안의 숫자는 (가)의 유전자형에서 대문자로 표시되는 대립유전자 수이다.)

ⓑ \ 3	ABd(2)	aBd(1)
ABD(3)	AABBDd(5)	AaBBDd(4)
ABd(2)	AABBdd(4)	AaBBdd(3)
AbD(2)	AABbDd(4)	AaBbDd(3)
Abd(1)	AABbdd(3)	AaBbdd(2)
aBD(2)	AaBBDd(4)	aaBBDd(3)
aBd(1)	AaBBdd(3)	aaBBdd(2)
abD(1)	AaBbDd(3)	aaBbDd(2)
abd(0)	AaBbdd(2)	aaBbdd(1)

ⓑ와 3의 (나)의 유전자형이 모두 Ee이므로 4의 동생이 태어날 때, 이 아이의 (나)의 표현형이 ⓑ와 같을 확률은 $\frac{1}{2}$이다. (가)와 (나)는 서로 다른 상염색체에 있으므로 4의 동생이 태어날 때, 이 아이의 (가)와 (나)의 표현형이 모두 ⓑ와 같을 확률은 $\frac{3}{16}\left(=\frac{3}{8}\times\frac{1}{2}\right)$이다.

10 성염색체 유전

ⓐ와 ⓑ에게서 모두 (가)가 발현되지 않았지만 7에게서 (가)가 발현되었으므로 (가)는 열성 형질이다. 5에게서 (가)가 발현되었으므로 5의 (가)의 유전자형은 aa이고 ㉠은 2이며, ㉡과 ㉢은 각각 0과 1 중 하나이다. (가)의 유전자가 상염색체에 있다면 ⓐ와 ⓑ 중 1명의 (가)의 유전자형은 AA이다. 이 경우 (가)가 발현된 7이 태어날 수 없으므로 모순이다. 따라서 (가)와 (나)의 유전자는 모두 X 염색체에 있다. ⓐ와 ⓑ 중 여자의 (가)의 유전자형이 $X^A X^A$라면 (가)가 발현된 7이 태어날 수 없으므로 모순이다. 따라서 ⓐ와 ⓑ의 (가)의 유전자형은 각각 $X^A X^a$와 $X^A Y$ 중 하나이다. 1에게서 (나)가 발현되지 않았지만 5에게서 (나)가 발현되었으므로 (나)는 우성 형질이다. (가)와 (나)의 유전자형은 1이 $X^{Ab} Y$이고, 7이 $X^{aB} Y$이다. ⓐ가 여자라면 ⓐ는 1에게서 X^{Ab}를 물려받고, 7에게 X^{aB}를 물려주어야 하므로 ⓐ의 (가)와 (나)의 유전자형은 $X^{aB} X^{Ab}$이다. 이 경우 ⓐ와 ⓑ에게서 모두 (가)가 발현되지 않는다는 조건에 위배되고, ㉡은 2이므로 모순이다. 따라서 ⓐ는 남자이다. 8에게서 (나)가 발현되지 않았으므로 (가)와 (나)의 유전자형은 ⓐ가 $X^{Ab} Y$이고, ⓑ가 $X^{Ab} X^{ab}$이다. 이 집안 구성원의 (가)와 (나)의 유전자형은 그림과 같다.

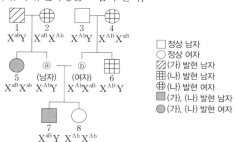

○. (나)는 우성 형질이다.
X. (나)의 유전자형은 2가 $X^B X^b$이고, 4가 $X^B X^B$이므로 2와 4의 (나)의 유전자형은 서로 다르다.
○. (가)와 (나)의 유전자형은 ⓐ가 $X^{Ab} Y$이고, ⓑ가 $X^{Ab} X^{ab}$이므로 8의 동생이 태어날 때, 이 아이에게서 (가)와 (나)가 모두 발현될 확률은 $\frac{1}{4}$이다.

10 사람의 유전병

수능 **2점** 테스트 ───────────── 본문 154~157쪽

01 ③	**02** ⑤	**03** ①	**04** ①	**05** ④	**06** ④
07 ④	**08** ②	**09** ①	**10** ①	**11** ③	**12** ③
13 ②	**14** ②	**15** ⑤			

01 유전병

사람의 유전병의 원인은 유전자 돌연변이와 염색체 돌연변이로 구분할 수 있다. 알비노증과 낭성 섬유증은 유전자 돌연변이에 의한 유전병이고, 고양이 울음 증후군과 터너 증후군은 염색체 돌연변이에 의한 유전병이다. A는 유전자 돌연변이, B는 염색체 돌연변이이다.
○. A는 유전자 돌연변이이다.
X. 알비노증(ⓐ)은 병원체에 의해 나타나지 않으므로 감염성 질병이 아니다.
○. 터너 증후군(ⓑ)의 염색체 이상을 보이는 사람의 체세포에서 성염색체 구성은 X이므로 터너 증후군(ⓑ)의 돌연변이는 핵형 분석으로 확인할 수 있다.

02 유전자 돌연변이

낫 모양 적혈구 빈혈증(X)은 헤모글로빈 유전자의 DNA 염기 서열 변화로 아미노산 하나가 달라진 비정상 헤모글로빈이 생성되어 나타나는 유전병이다.
○. X는 낫 모양 적혈구 빈혈증이다.
○. 낫 모양 적혈구 빈혈증은 상염색체 유전 형질이므로 남자와 여자에게서 모두 나타날 수 있다.
○. 비정상 헤모글로빈을 가진 낫 모양 적혈구는 정상 적혈구보다 산소 운반 능력이 낮다.

03 유전자 돌연변이

헌팅턴 무도병이 발현된 3과 4 사이에서 헌팅턴 무도병이 발현되지 않은 7이 태어났으므로 헌팅턴 무도병은 우성 형질이다. 헌팅턴 무도병이 발현된 남자 1로부터 헌팅턴 무도병이 발현되지 않은 여자 5가 태어났으므로 헌팅턴 무도병의 유전자는 상염색체에 있다.
○. 헌팅턴 무도병은 우성 형질이다.
X. 헌팅턴 무도병의 유전자는 상염색체에 있다.
X. 헌팅턴 무도병 발현 대립유전자를 A, 정상 대립유전자를 a라고 하면 6의 유전자형은 Aa이고, 7의 유전자형은 aa이다. 6과 7 사이에서 아이가 태어날 때, 이 아이에게서 헌팅턴 무도병이 발현

될 확률은 $\frac{1}{2}$이다.

04 유전자 돌연변이

(가)가 발현되지 않은 1과 2 사이에서 (가)가 발현된 3이 태어났으므로 (가)는 열성 형질이다. A는 정상 대립유전자, a는 (가) 발현 대립유전자이다. 가족 구성원의 (가)의 유전자형은 1은 X^AY, 2는 X^AX^a, 3은 X^aY, 4는 X^aX^a이다. 1의 생식세포 형성 과정에서 A(㉠)가 a(㉡)로 바뀌는 돌연변이가 일어났다.

㉠. (가)는 열성 형질이다.

✗. 대립유전자 ㉠이 대립유전자 ㉡으로 바뀌는 돌연변이(ⓐ)는 1의 생식세포 형성 과정에서 일어났다.

✗. ㉡은 a이다.

05 염색체 돌연변이

염색체 돌연변이는 염색체 구조 이상과 염색체 수 이상으로 구분할 수 있다.

✗. 염색체 구조 이상 중 염색체의 일부가 떨어져 없어진 것은 결실에 해당한다.

㉡. 고양이 울음 증후군은 5번 염색체의 특정 부분이 결실되어 나타나는 유전병으로 고양이 울음 증후군의 염색체 이상은 핵형 분석으로 확인할 수 있다.

㉢. 21번 염색체의 비분리에 의해 다운 증후군의 염색체 이상을 보이는 사람이 태어날 수 있다.

06 염색체 구조 이상 돌연변이

염색체 구조 이상 돌연변이에는 결실, 역위, 중복, 전좌가 있다. (가)는 역위가 일어난 세포, (나)는 정상 세포, (다)는 전좌가 일어난 세포이다. Ⅰ은 수컷이며, 정상 세포에서 A와 a는 상염색체에 있고, B와 b는 성염색체에 있다.

✗. Ⅰ은 수컷이다.

㉡. (가)는 역위가 일어난 세포이다.

㉢. (다)에는 성염색체에 있는 대립유전자 B가 상염색체로 이동하여 형성된 염색체가 있다.

07 염색체 구조 이상 돌연변이

Ⅰ에서 결실 1회로 A, B, E가 함께 없어졌으므로 a, b, e의 배열 순서로 가능한 것은 a-b-e(e-b-a), a-e-b(b-e-a), b-a-e(e-a-b)가 있다. Ⅱ에서 결실 1회로 A와 B가 함께 없어졌으므로 a, b, e의 배열 순서로 a-e-b(b-e-a)는 가능하지 않다. Ⅲ에서 결실 1회로 B가 없어졌으므로 a, b, e의 배열 순서로 a-b-e(e-b-a)는 가능하지 않으며, a, b, d, e의 배열 순서로 가능한 것은 b-a-e-d(d-e-a-b)이다.

08 염색체 수 이상 돌연변이

염색체 이상을 보이는 사람의 체세포 1개당 성염색체 수는 A<B<C이므로 A는 터너 증후군, B는 다운 증후군, C는 클라인펠터 증후군이다. ㉠은 '적록 색맹 유전자가 있는 염색체의 수 이상에 의한 유전병에 해당한다.'이고, ㉡은 '상염색체 비분리에 의해 나타날 수 있다.'이다.

✗. C는 클라인펠터 증후군이다.

✗. ㉠은 '적록 색맹 유전자가 있는 염색체의 수 이상에 의한 유전병에 해당한다.'이다.

㉢. 터너 증후군(A)은 ㉠('적록 색맹 유전자가 있는 염색체의 수 이상에 의한 유전병에 해당한다.')이 있으므로 ⓐ는 '○'이다. 다운 증후군(B)은 ㉡('상염색체 비분리에 의해 나타날 수 있다.')이 있으므로 ⓑ는 '○'이다.

09 염색체 수 이상 돌연변이

(가)의 성염색체 구성은 XXY이므로 Ⅰ은 클라인펠터 증후군의 염색체 이상을 보이는 사람이고, (나)의 성염색체 구성은 X이므로 Ⅱ는 터너 증후군의 염색체 이상을 보이는 사람이다.

㉠. Ⅰ은 클라인펠터 증후군의 염색체 이상을 보인다.

✗. 낭성 섬유증의 발현 여부는 핵형 분석으로 확인할 수 없다.

✗. $\dfrac{\text{상염색체의 염색 분체 수}}{\text{X 염색체 수}}$ 는 (가)가 $\dfrac{88}{2}$이고, (나)가 $\dfrac{88}{1}$이므로 (나)가 (가)의 2배이다.

10 염색체 수 이상 돌연변이

A와 a가 상염색체에 있는 대립유전자라면 자녀 1과 자녀 2의 (가)의 유전자형은 모두 Aa이므로 자녀 1과 자녀 2의 (가)의 표현형은 같아야 한다. 자녀 1과 자녀 2의 (가)의 표현형이 서로 다르므로 A와 a는 X 염색체에 있는 대립유전자이다. (가)의 유전자형이 X^AX^a인 자녀 1에게서 (가)가 발현되었으므로 (가)는 우성 형질이다. 가족 구성원의 핵형은 모두 정상이므로 자녀 3의 (가)의 유전자형은 X^AY이다. 자녀 3은 염색체 수가 22인 난자(㉠)가 염색체 수가 24인 정자(㉡)와 수정되어 태어났다. ㉠은 감수 1분열 또는 감수 2분열에서 성염색체 비분리가 일어나 형성된 난자이고, ㉡은 감수 1분열에서 성염색체 비분리가 일어나 형성된 정자이다.

구성원	아버지	어머니	자녀 1	자녀 2	자녀 3
성별	남	여	여	남	남
(가)	○	×	○	×	○
유전자형	X^AY	X^aX^a	X^AX^a	X^aY	X^AY

(○: 발현됨, ×: 발현 안 됨)

✗. (가)는 우성 형질이다.

㉡. 난자(㉠)에는 성염색체가 없다.

✗. 정자(ⓒ)의 형성 과정에서 염색체 비분리는 감수 1분열에서 일어났다.

11 염색체 수 이상 돌연변이

ⓐ~ⓒ의 염색체 수가 모두 비정상이므로 염색체 비분리는 감수 1분열에서 일어났다. Ⅰ과 Ⅱ의 염색체 수는 같으므로 ⓑ는 Ⅲ이다. ⓑ의 총염색체 수는 24이고, '상염색체 수−X 염색체 수'는 23이므로 ⓑ의 상염색체 수는 23이고, X 염색체 수는 0이다. 감수 1분열에서 상염색체 비분리가 일어났다. ⓐ~ⓒ의 염색체 구성은 표와 같다.

세포	염색체 구성
ⓐ(Ⅰ/Ⅱ)	21+X
ⓑ(Ⅲ)	23+Y
ⓒ(Ⅱ/Ⅰ)	21+X

◯. ⓑ는 Ⅲ이다.

✗. 염색체 비분리는 감수 1분열에서 일어났다.

◯. Ⅲ에는 X 염색체가 없으므로 Ⅱ에는 X 염색체가 있다.

12 염색체 수 이상 돌연변이

정상 대립유전자를 A, 적록 색맹 대립유전자를 a라고 하면, 적록 색맹의 유전자형은 1은 $X^A Y$, 2는 $X^a X^a$, 4는 $X^a Y$, 6은 X^a이다. 적록 색맹에 대해 정상 남자인 3은 X^A가 있는 X 염색체와 Y 염색체를 모두 가지므로 (가)에서 ⓒ이 형성될 때 1의 감수 1분열에서 성염색체 비분리가 일어났다. ⓒ은 정자이고, 3의 적록 색맹의 유전자형은 $X^A X^a Y$이다. (나)에서 정자(ⓒ)가 형성될 때 4의 감수 분열에서 성염색체 비분리가 일어났다. 6의 대립유전자 X^a는 5로부터 물려받은 것이고, 5의 적록 색맹의 유전자형은 $X^A X^a$이다.

◯. ⓒ은 정자이다.

◯. (가)에서 ⓒ이 형성될 때 염색체 비분리는 감수 1분열에서 일어났다.

✗. 6의 적록 색맹 대립유전자는 5로부터 물려받은 것이다.

13 염색체 수 이상 돌연변이

G_1기 세포 Ⅰ에는 Ⅱ~Ⅳ에 있는 모든 대립유전자가 있어야 하므로 Ⅰ은 ⓒ이다. ⓒ는 남자의 세포인데 B와 b가 모두 존재하므로 B와 b는 상염색체에 있는 대립유전자이고, A와 a는 X 염색체에 있는 대립유전자이다. ⓒ에서 A와 a의 DNA 상대량을 더한 값은 1인데, ⓐ와 ⓑ에 A가 있으므로 ⓒ은 1이다. 이 남자의 (가)와 (나)의 유전자형은 $BbX^A Y$이다. Ⅱ는 중기의 세포이므로 대립유전자의 DNA 상대량으로 1을 가질 수 없다. Ⅱ는 ⓑ이다. Ⅲ에 Y 염색체가 있으므로 Ⅱ에는 Y 염색체가 있고, Ⅱ에 A가 있으므로 X 염색체도 있다. 감수 1분열에서 성염색체 비분리가 일어났다. Ⅱ에 B와 b 중 하나는 있어야 하므로 ⓒ은 2이다. Ⅱ에

는 Ⅲ에 있는 모든 대립유전자가 있어야 하므로 Ⅲ은 ⓐ이고, Ⅳ는 ⓓ이다. 정자 Ⅲ에서 b의 DNA 상대량이 2이므로 감수 2분열에서 상염색체 비분리가 일어났다.

✗. ⓐ는 Ⅲ이다.

◯. ⓒ은 2, ⓒ은 1이므로 ⓒ+ⓒ=3이다.

✗. 감수 2분열에서 상염색체 비분리가 일어났다.

14 염색체 수 이상 돌연변이

Ⅰ은 감수 2분열 후기 세포, Ⅱ는 체세포 분열 후기 세포이다. Ⅰ에서 상동 염색체인 2개의 흰색 염색체가 각각 2개의 염색 분체로 분리되므로 Ⅰ의 형성 과정에서 염색체 비분리는 감수 1분열에서 일어났다.

✗. Ⅰ의 형성 과정에서 염색체 비분리는 감수 1분열에서 일어났다.

◯. 하나의 검은색 염색체가 2개의 염색 분체로 분리되므로 ⓐ에는 A가 있다.

✗. Ⅱ는 체세포 분열 후기 세포이다.

15 염색체 수 이상 돌연변이

(가)가 발현되지 않은 1과 2 사이에서 (가)가 발현된 5가 태어났으므로 (가)는 열성 형질이다. A는 정상 대립유전자, a는 (가) 발현 대립유전자이다. (가)가 발현되지 않은 남자 1로부터 (가)가 발현된 여자 5가 태어났으므로 (가)와 (나)의 유전자는 같은 상염색체에 있다. $\dfrac{2, 6 \text{ 각각의 체세포 1개당 b의 DNA 상대량을 더한 값}}{2, 6 \text{ 각각의 체세포 1개당 A의 DNA 상대량을 더한 값}}$ 은 (나)가 우성 형질일 때 1이고, (나)가 열성 형질일 때 2이므로 (나)는 우성 형질이다. B는 (나) 발현 대립유전자, b는 정상 대립유전자이다. 8의 (가)와 (나)의 유전자형은 AaBb이므로 8은 염색체 수가 22인 난자 ⓒ과 염색체 수가 24인 정자 ⓒ이 수정되어 태어났으며, ⓒ의 형성 과정에서 염색체 비분리는 감수 1분열에서 일어났다.

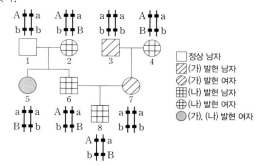

◯. (나)는 우성 형질이다.

◯. 4의 (가)와 (나)의 유전자형은 AaBb이므로 모두 이형 접합성이다.

◯. ⓒ의 형성 과정에서 염색체 비분리는 감수 1분열에서 일어났다.

01 ③	02 ②	03 ③	04 ⑤	05 ③	06 ①
07 ②	08 ④	09 ⑤	10 ⑤	11 ③	

01 유전자 돌연변이

대기 중 산소 분압에 따른 혈중 산소 농도가 높은 A는 정상인이고, 혈중 산소 농도가 낮은 B는 낫 모양 적혈구 빈혈증을 나타내는 사람이다. (나)는 낫 모양 적혈구 빈혈증을 나타내는 사람의 모세 혈관에서 일어나는 혈액의 흐름이다.

◯. B는 낫 모양 적혈구 빈혈증을 나타내는 사람이다.

✗. (나)는 낫 모양 적혈구 빈혈증을 나타내는 사람의 모세 혈관에서 일어나는 혈액의 흐름이다.

◯. 낫 모양 적혈구 빈혈증은 유전자 돌연변이에 의해 나타난다.

02 염색체 돌연변이

검은색 부분과 회색 부분이 모두 나타나는 염색체가 있는 (나)는 염색체 구조 이상 돌연변이가 일어나 형성된 세포이며, (나)에서 일어난 염색체 구조 이상 돌연변이는 전좌이다. 모양, 크기, 색이 같은 염색체가 있는 (다)와 (라)는 같은 종의 세포이며, 염색체 수는 (다)가 3, (라)가 2이므로 (다)와 (라) 중 하나는 염색체 비분리가 일어나 형성된 세포이다. (가)와 (마)는 정상 세포이다. (마)에서 ⓐ와 ⓑ는 상동 염색체이므로 각각 X 염색체와 Y 염색체 중 하나이다. (마)는 수컷의 세포이고, ⓒ는 상염색체이다. (가)에서 2개의 성염색체의 모양과 크기가 서로 같으므로 이 성염색체는 X 염색체이고, (가)는 암컷의 세포이다. ⓒ가 있는 (가), (다), (라)는 같은 종의 세포이며, (가)의 염색체 수는 4이므로 염색체 비분리가 일어나 형성된 세포는 (다)이다. (가)와 같은 종의 세포인 (다)와 (라)에서 성염색체의 모양과 크기가 X 염색체와 다르므로 이 성염색체는 Y 염색체이고, (다)와 (라)는 수컷의 세포이다. A와 B는 같은 종이고, B와 C의 성은 같으므로 A의 세포는 (가), B의 세포는 (다)와 (라), C의 세포는 (나)와 (마)이다. (다)에는 Y 염색체가 2개 있으므로 (다)의 형성 과정에서 염색체 비분리는 감수 2분열에서 일어났다.

✗. (가)~(마) 중 A의 세포는 1개이다.

◯. (나)에서 일어난 염색체 구조 이상 돌연변이는 전좌이다.

✗. (다)의 형성 과정에서 염색체 비분리는 감수 2분열에서 일어났다.

03 염색체 구조 이상 돌연변이

B와 b가 모두 있는 (다)의 핵상은 $2n$이다. B와 b의 DNA 상대량을 더한 값(2)은 A와 a의 DNA 상대량을 더한 값(1)과 D와 d의 DNA 상대량을 더한 값(1)의 2배이므로 B와 b는 상염색체

에, A, a, D, d는 성염색체에 있고, (다)는 I (아버지)의 세포이다. B의 DNA 상대량이 4인 (라)의 핵상은 $2n$이고, (라)는 II (어머니)의 세포이다. 여자인 II가 D를 가지므로 A, a, D, d가 있는 성염색체는 X 염색체이다. I 의 유전자형은 $BbX^{Ad}Y$이다. (라)에서 A와 a의 DNA 상대량을 더한 값, B와 b의 DNA 상대량을 더한 값, D와 d의 DNA 상대량을 더한 값은 모두 4이므로 II의 유전자형은 $BBX^{aD}X^{ad}$이다. (가)가 b를 가지므로 (가)는 I 의 세포이고, (나)가 D를 가지므로 (나)는 II의 세포이다. 돌연변이가 일어나지 않았다면 유전자형이 Bb인 I 과 유전자형이 BB인 II 사이에서 유전자형이 bb인 III이 태어날 수 없으므로 B와 b가 있는 부분에서 염색체 구조 이상 돌연변이가 일어났다. ㉠은 'b(ⓑ)가 있는 부분의 중복'이고, ㉡은 'B(ⓐ)가 있는 부분의 결실'이다. (마)가 A를 가지므로 III은 I로부터 X 염색체를 받았고, III의 성별은 여자이다.

세포	DNA 상대량					
	A	a	B	b	D	d
(가)(I)	0	?(0)	?(0)	1	?(0)	?(0)
(나)(II)	?(0)	?(2)	2	0	2	0
(다)(I)	1	0	1	1	0	1
(라)(II)	0	?(4)	4	0	2	?(2)
(마)(III)	1	?(1)	0	2	1	?(1)

◯. III은 딸이다.

◯. ㉡은 'ⓐ(B)가 있는 부분의 결실'이다.

✗. ⓑ는 b이다.

04 염색체 구조 이상 돌연변이

염색체에서 결실되어 떨어져 나간 부분에 들어 있는 유전자의 조합을 통해 유전자의 배열 순서를 추론할 수 있다. I 과 II를 통해 (가)의 유전자의 배열 순서는 e-A-B-F/E-a-b-f 또는 e-A-F-B/E-a-f-b라는 것을 알 수 있다. IV를 통해 (가)의 유전자의 배열 순서는 e-A-F-B/E-a-f-b라는 것을 알 수 있다. III을 통해 (가)의 유전자의 배열 순서는 e-A-F-B-d/E-a-f-b-D라는 것을 알 수 있다.

05 유전자 돌연변이

IV는 DNA 상대량으로 1과 2를 모두 가지므로 G_1기의 세포이다. 남자의 세포 IV에서 B와 B^*의 DNA 상대량을 더한 값과 D와 D^*의 DNA 상대량을 더한 값은 모두 2이므로 (나)와 (다)의 유전자는 7번 염색체에 있고, (가)의 유전자는 X 염색체에 있다. 자녀 2의 (가)~(다)의 유전자형은 BD/BD^*, X^AY이다. 자녀 2는 어머니로부터 X^A를 물려받았으므로 X^A가 없는 II는 핵상이 n이다. 어머니의 (가)의 유전자형은 X^AX^{A*}이고, 어머니는 B와 D가 함께 있는 7번 염색체를 갖는다. 자녀 1은 B^*과 D^*

이 함께 있는 7번 염색체를 갖는다. 자녀 1이 아버지로부터 B^* 과 D^*이 함께 있는 7번 염색체를 물려받았다면 아버지의 (나)와 (다)의 유전자형은 B^*D^*/BD 또는 B^*D^*/BD^*이다. Ⅰ에서 B^*은 있고, D^*은 없으므로 자녀 1은 어머니로부터 B^*과 D^*이 함께 있는 7번 염색체를 물려받았다. 어머니의 (가)~(다)의 유전자형은 BD/B^*D^*, $X^AX^{A^*}$이다. 자녀 2는 아버지로부터 B와 D^*이 함께 있는 7번 염색체를 물려받았다. Ⅰ에서 A^*과 B^*은 있고, D^*은 없으므로 아버지의 (가)~(다)의 유전자형은 BD^*/B^*D, $X^{A^*}Y$이다. Ⅴ는 DNA 상대량으로 1과 2를 모두 가지므로 G_1기의 세포이고, 자녀 3의 (가)~(다)의 유전자형은 B^*D^*/B^*D^*, $X^AX^{A^*}$이다. 자녀 3은 아버지와 어머니로부터 각각 B^*과 D^*이 함께 있는 7번 염색체를 물려받았다. 아버지의 생식세포 형성 과정에서 대립유전자 ⊙(B 또는 D)이 대립유전자 ⓒ(B^* 또는 D^*)으로 바뀌는 돌연변이가 일어나 ⓒ을 갖는 G가 형성되었다.

구분	성별	세포	DNA 상대량					
			A	A^*	B	B^*	D	D^*
아버지	남	Ⅰ	0	1	?(0)	1	?(1)	0
어머니	여	Ⅱ	0	?(1)	1	?(0)	1	?(0)
자녀 1	여	Ⅲ	?	?	0	?	0	?
자녀 2	남	Ⅳ	?(1)	0	2	?(0)	1	1
자녀 3	여	Ⅴ	1	?(1)	?(0)	2	?(0)	2

⊙. (가)의 유전자는 X 염색체에 있다.
✗. 자녀 1은 아버지로부터 B와 D^*이 함께 있는 7번 염색체를 물려받거나 B^*과 D가 함께 있는 7번 염색체를 물려받는다. Ⅲ에서 B와 D가 모두 없으므로 Ⅲ의 핵상은 n이다.
ⓒ. G는 아버지에게서 형성되었다.

06 염색체 수 이상 돌연변이

Ⅱ와 Ⅲ은 중기의 세포이므로 대립유전자의 DNA 상대량으로 1을 가질 수 없다. ⓑ는 Ⅳ이다. 세포 분열에서 모세포는 딸세포가 가지는 모든 대립유전자를 가지므로 ⓒ는 Ⅱ, ⓐ는 Ⅲ이다. 생식세포 Ⅳ가 B와 b를 모두 가지므로 (가)에서 염색체 비분리는 감수 1분열에서 일어났다. 감수 1분열 중기 세포 Ⅱ에서 B와 b의 DNA 상대량은 모두 2이므로 ⓒ은 a이다. P의 ㉮의 유전자형은 aaBb이다.
✗. ⓒ는 Ⅱ이다.
ⓒ. P의 ㉮의 유전자형은 aaBb이다.
✗. (가)에서 염색체 비분리는 감수 1분열에서 일어났다.

07 염색체 수 이상 돌연변이

(나)가 발현되지 않은 6과 7 사이에서 (나)가 발현된 8이 태어났으므로 (나)는 열성 형질이다. B는 정상 대립유전자, b는 (나) 발현 대립유전자이다. (나)의 유전자가 X 염색체에 있다면 (나)의 유전자형은 1이 X^bY, 2가 X^BX^b, 5가 X^bX^b, 6이 X^BY이므로 1, 2, 5, 6 각각의 체세포 1개당 b의 DNA 상대량을 더한 값은 4이다. 3, 4, 7 각각의 체세포 1개당 A의 DNA 상대량을 더한 값이 $\frac{4}{3}$가 될 수 없으므로 (나)의 유전자는 상염색체에 있고, (가)의 유전자는 X 염색체에 있다. (가)가 발현되지 않은 남자 1로부터 (가)가 발현된 여자 5가 태어났으므로 (가)는 우성 형질이다. A는 (가) 발현 대립유전자, a는 정상 대립유전자이다. 6과 7에서 모두 적록 색맹이 발현되었다면 8과 9에서도 모두 적록 색맹이 발현되므로 6과 7 중 한 명에서만 적록 색맹이 발현되었다. 정상 대립유전자를 D, 적록 색맹 대립유전자를 d라고 하자. 6에게서 적록 색맹이 발현되고, ⓐ가 8이라면 적록 색맹과 (가)의 유전자형은 6이 $X^{ad}X^{ad}$, 9가 $X^{Ad}X^{ad}$, 7이 $X^{Ad}X^{aD}$이므로 6과 7 사이에서 적록 색맹은 발현되고, (가)는 발현되지 않는 8이 태어날 수 없다. 6에게서 적록 색맹이 발현되고, ⓐ가 9라면 적록 색맹과 (가)의 유전자형은 6이 $X^{ad}Y$, 8이 $X^{ad}Y$, 7이 $X^{AD}X^{ad}$이므로 6과 7 사이에서 적록 색맹과 (가)가 모두 발현되는 9가 태어날 수 없다. 7에게서 적록 색맹이 발현되었다. 적록 색맹이 발현되지 않은 남자 6으로부터 적록 색맹이 발현된 여자 9가 태어났으므로 ⓐ는 9이다. 6의 생식세포 형성 과정에서 염색체 비분리가 1회 일어났고, 9(ⓐ)는 터너 증후군의 염색체 이상을 보인다. 가계도는 6~9에게서 (가)와 (나)의 발현 여부를 나타낸 것이다.

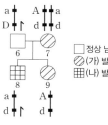

✗. (가)의 유전자는 X 염색체에 있다.
✗. 6에게서 적록 색맹이 발현되지 않았다.
ⓒ. 9(ⓐ)는 터너 증후군의 염색체 이상을 보인다.

08 염색체 수 이상 돌연변이

(가)의 유전자형이 모두 AaBb인 아버지와 어머니 사이에서 아이가 태어날 때, 이 아이에게서 나타날 수 있는 (가)의 표현형은 최대 2가지이므로 아버지와 어머니 중 한 명은 A와 B가 함께 있는 염색체와 a와 b가 함께 있는 염색체를 가지고, 나머지 한 명은 A와 b가 함께 있는 염색체와 a와 B가 함께 있는 염색체를 가진다. ⓒ의 ⊙이 5이므로 어머니는 A와 B가 함께 있는 염색체와 a와 b가 함께 있는 염색체를 가지고, 아버지는 A와 b가 함께 있는 염색체와 a와 B가 함께 있는 염색체를 가진다. 어머니의 생식세포 형성 과정에서 염색체 비분리는 감수 2분열에서 일어났다.
✗. 아버지(ⓐ)에게서 A와 B를 모두 갖는 정자가 형성될 수 없다.
ⓒ. 염색체 비분리는 감수 2분열에서 일어났다.
ⓒ. ⓒ의 체세포 1개당 21번 염색체 수는 3이므로 ⓒ는 다운 증후

군의 염색체 이상을 보인다.

09 염색체 수 이상 돌연변이

여자인 자녀 2가 (가)에 대해 열성 표현형을 가지는데 아버지가 (가)에 대해 우성 표현형을 가지므로 (가)의 유전자는 상염색체에 있고, (나)의 유전자는 X 염색체에 있다. ⓐ는 '발현 안 됨', ⓑ는 '발현됨'이라면 (가)와 (나)는 모두 열성 형질이다. (가)와 (나) 중 하나는 우성 형질이고, 나머지 하나는 열성 형질이므로 이는 모순이다. ⓐ는 '발현됨', ⓑ는 '발현 안 됨'이며, (가)는 우성 형질, (나)는 열성 형질이다. (나)의 유전자형은 아버지가 X^bY, 어머니가 X^BX^b, 자녀 3이 X^BX^B이므로 ㉠은 X^BX^B를 갖는 어머니의 난자, ㉡은 성염색체가 없는 아버지의 정자이다. ㉠의 형성 과정에서 염색체 비분리는 감수 2분열에서 일어났다.

구성원	아버지	어머니	자녀 1	자녀 2	자녀 3
성별	남	여	남	여	여
(가)	ⓐ(발현됨)	ⓐ(발현됨)	발현 안 됨	ⓑ(발현 안 됨)	ⓐ(발현됨)
(나)	ⓐ(발현됨)	발현 안 됨	ⓑ(발현 안 됨)	발현됨	ⓑ(발현 안 됨)

㉠. (가)의 유전자는 상염색체에 있다.
㉡. ⓑ는 '발현 안 됨'이다.
㉢. ㉠의 형성 과정에서 염색체 비분리는 감수 2분열에서 일어났다.

10 염색체 수 이상 돌연변이

생식세포 형성 과정에서 염색체 비분리가 일어나지 않으면 유전자형에서 대문자로 표시되는 대립유전자의 수가 2인 아버지와 3인 어머니로부터 6인 자녀 1이 태어날 수 없으므로 ⓐ는 자녀 1이다. 자녀 2의 유전자형에서 대문자로 표시되는 대립유전자의 수가 0이므로 어머니의 (가)의 유전자형은 AaBbDd이다. 아버지의 체세포에는 대립유전자 A가 없으므로 아버지의 (가)의 유전자형은 aaBbDd이다. 자녀 1의 (가)의 유전자형은 AABBDD이므로 자녀 1은 염색체 수가 24인 난자 ㉠과 염색체 수가 22인 정자 ㉡이 수정되어 태어났으며, ㉠의 형성 과정에서 염색체 비분리는 감수 2분열에서 일어났다.

구성원	유전자형	대립유전자		대문자로 표시되는 대립유전자의 수
		A	d	
아버지	aaBbDd	×	?(○)	2
어머니	AaBbDd	?(○)	○	3
자녀 1	AABBDD	○	?(×)	6
자녀 2	aabbdd	×	?(○)	0

(○: 있음, ×: 없음)

㉠. ⓐ는 자녀 1이다.
㉡. 아버지의 (가)의 유전자형은 aaBbDd이다.

㉢. ㉠의 염색체 수는 24이다.

11 유전자 돌연변이

(가)의 유전자와 (나)의 유전자는 모두 상염색체에 있으므로 1~8 각각의 A+a+E+F+G=4이다. 6의 A+a+F+G=2이므로 6의 (나)의 유전자형은 EE이다. 6의 A+G=1, a+F=1이므로 6의 (가)의 유전자형은 Aa이다. 3, 4, 6의 (가)의 표현형은 모두 다르므로 3과 4의 (가)의 유전자형은 각각 AA와 aa 중 하나이다. 3의 A+G=1이므로 (가)의 유전자형은 3이 aa, 4가 AA이다. E를 가지는 3, 4, 6의 유전자형이 모두 다르므로 3과 4의 (나)의 유전자형은 각각 EF와 EG 중 하나이다. 3의 A+G=1이므로 (나)의 유전자형은 3이 EG, 4가 EF이다. 1의 a+F=4이므로 1의 (가)와 (나)의 유전자형은 aaFF이다. 1~6의 (나)의 유전자형은 모두 다르므로 2와 5의 (나)의 유전자형은 각각 FG와 GG 중 하나이다. 5의 A+G=1이므로 (나)의 유전자형은 5가 FG, 2가 GG이며, 5의 (가)의 유전자형은 aa이다. 2의 a+F=1이므로 2의 (가)의 유전자형은 Aa이다. 5의 (가)의 유전자형은 aa이므로 ㉠은 a, ㉡은 A이다. 7은 5로부터 A를 받고, 6으로부터 E를 받는데 7의 a+F=2이므로 7의 (가)와 (나)의 유전자형은 AaEF이다. 7의 'A+G'(ⓐ)=1이다. 8은 5로부터 a를 받는데 8의 A+G=3이므로 8의 (가)와 (나)의 유전자형은 AaGG이다. 8의 'a+F'(ⓑ)=1이며, ㉢은 E, ㉣은 G이다.

구성원	유전자형	A+G	a+F
1	aaFF	?(0)	4
2	AaGG	?(3)	1
3	aaEG	1	?(2)
4	AAEF	?(2)	?(1)
5	aaFG	1	?(3)
6	AaEE	1	1
7	AaEF	ⓐ(1)	2
8	AaGG	3	ⓑ(1)

㉠. ⓐ와 ⓑ는 각각 1이므로 ⓐ+ⓑ=2이다.
㉡. 4의 (가)의 유전자형은 AA(㉡㉡)이다.
✗. (나)의 유전자형이 EG(㉢㉣)인 사람과 GG(㉣㉣)인 사람의 표현형은 서로 다르다.

11 생태계의 구성과 기능

수능 2점 테스트					본문 172~174쪽
01 ⑤	**02** ④	**03** ①	**04** ②	**05** ③	**06** ③
07 ③	**08** ①	**09** ④	**10** ②	**11** ⑤	**12** ④

01 생태계의 구성 요소

생태계에서 물질은 생산자에서 소비자와 분해자로, 소비자에서 분해자로 이동한다. A는 생산자, B는 소비자, C는 분해자이다. ㉠은 비생물적 요인이 생물적 요인에 영향을 주는 것이고, ㉡은 생물적 요인이 비생물적 요인에 영향을 주는 것이다.

㉠. 물질은 생산자(A)에서 소비자(B)로 먹이 사슬을 따라 이동한다.

㉡. C는 분해자이다.

㉢. 빛의 세기가 참나무의 생장에 영향을 미치는 것은 비생물적 요인이 생물적 요인에 영향을 주는 것(㉠)의 예에 해당한다.

02 생태계의 구성 요소

㉠은 물(비생물적 요인)이 생산자(생물적 요인)에 영향을 주는 것이고, ㉡은 소비자(생물적 요인)가 공기(비생물적 요인)에 영향을 주는 것이며, ㉢은 소비자(생물적 요인)가 토양(비생물적 요인)에 영향을 주는 것이다. (가)는 ㉢, (나)는 ㉡, (다)는 ㉠이다.

✗. (가)는 ㉢이다.

㉡. 물이 부족한 곳에 사는 식물의 뿌리와 저수 조직이 발달하는 것은 (다)(㉠)의 예에 해당한다.

㉢. 생물적 요인과 비생물적 요인은 서로 영향을 주고받는다.

03 개체군의 생장 곡선

A는 자원의 제한이 없는 이상적 환경에서 나타나는 이론적 생장 곡선이고, B는 자원의 제한이 있는 실제 환경에서 나타나는 실제 생장 곡선이다.

㉠. A는 이론적 생장 곡선이다.

✗. 개체 수가 증가하면 개체군의 밀도가 증가하므로 A에서 개체군의 밀도는 구간 Ⅱ에서가 구간 Ⅰ에서보다 크다.

✗. 개체 수가 증가하면 환경 저항이 증가하므로 B에서 개체군에 작용하는 환경 저항은 구간 Ⅲ에서가 구간 Ⅱ에서보다 크다.

04 개체군의 생존 곡선

한 번에 적은 수의 자손을 낳으며, 초기 사망률이 후기 사망률보다 낮은 ㉠의 생존 곡선은 Ⅰ형에 해당하고, 한 번에 많은 수의 자손을 낳으며, 초기 사망률이 후기 사망률보다 높은 ㉡의 생존 곡선은 Ⅲ형에 해당한다.

✗. ㉡의 생존 곡선은 Ⅲ형에 해당한다.

✗. Ⅱ형 생존 곡선에서 사망률은 시간에 따라 비교적 일정하다. 시작 시점의 생존 개체 수는 A 시기가 B 시기보다 많으므로 사망한 개체 수는 A 시기가 B 시기보다 많다.

㉢. 부모의 어린 자손에 대한 보호 행동은 한 번에 적은 수의 자손을 낳는 ㉠에서가 한 번에 많은 수의 자손을 낳는 ㉡에서보다 뚜렷하게 나타난다.

05 개체군의 연령 분포

생식 전 연령층의 비율이 상대적으로 높은 A의 연령 피라미드는 안정형에 해당하고, 생식 전 연령층의 비율이 상대적으로 낮은 B의 연령 피라미드는 쇠퇴형에 해당한다.

㉠. A의 연령 피라미드는 안정형에 해당한다.

㉡. A와 B 중 인구수가 감소할 가능성이 높은 지역은 생식 전 연령층의 비율이 상대적으로 낮은 B이다.

✗. $\dfrac{\text{생식 연령층의 인구수}}{\text{생식 전 연령층의 인구수}}$는 B에서가 A에서보다 크다.

06 개체군 내의 상호 작용

'높은 순위의 닭은 낮은 순위의 닭보다 모이를 먼저 먹는다.'는 순위제의 예에 해당하고, '우두머리 하이에나는 무리의 사냥 시기와 사냥감을 결정한다.'는 리더제의 예에 해당하며, '여왕벌은 생식을 담당하고, 일벌은 먹이 획득을 담당한다.'는 사회생활의 예에 해당한다. A는 순위제, B는 리더제, C는 사회생활이다.

㉠. 순위제(A)는 과도한 종내 경쟁을 완화하는 상호 작용이다.

✗. B는 리더제이다.

㉢. 사회생활(C)은 개체군 내의 상호 작용이므로 여왕벌(ⓐ)은 일벌(ⓑ)과 한 개체군을 이룬다.

07 방형구법을 이용한 식물 군집 조사

방형구법을 이용하여 식물 군집을 조사한 결과는 표와 같다.

종	밀도 (/m²)	빈도	상대 밀도 (%)	상대 빈도 (%)	상대 피도 (%)	중요치
A	2.5	1	25	40	40	105
B	4	1	40	40	30	110
C	3.5	0.5	35	20	30	85

㉠. B의 밀도는 4 /m²이다.

㉡. C의 상대 빈도는 20 %이다.

✗. 중요치가 가장 큰 종은 B이다.

08 방형구법을 이용한 식물 군집 조사

A의 상대 밀도와 상대 빈도는 서로 같으므로 각각 10 %이다. 상대 밀도는 A가 10 %, B가 30 %, D가 20 %이므로 C의 상대 밀도는 40 %이고, C의 개체 수는 48이다. 상대 빈도는 A가 10 %, C가 35 %, D가 15 %이므로 B의 상대 빈도는 40 %이고, B의 빈도(ⓐ)는 0.8이다. 상대 피도는 A가 25 %, B가 15 %, C가 25 %, D가 35 %이다. 중요치는 A가 45, B가 85, C가 100, D가 70이다. 이 식물 군집의 우점종은 C이다.

종	개체 수	빈도	상대 피도(%)	중요치
A	12	0.2	25	45
B	36	ⓐ(0.8)	15	?(85)
C	?(48)	0.7	25	?(100)
D	24	0.3	?(35)	?(70)

ㄱ. ⓐ는 0.8이다.
✗. 지표를 덮고 있는 면적이 가장 큰 종은 D이다.
✗. 이 식물 군집의 우점종은 C이다.

09 군집의 종류

기온이 높고 강수량이 적은 A는 열대 사막, 기온이 낮고 강수량이 적은 B는 툰드라, 기온과 강수량이 보통 수준인 C는 낙엽 활엽수림, 기온이 높고 강수량이 많은 D는 열대 우림이다.
✗. 열대 사막(A)은 열대 우림(D)보다 강수량이 적은 지역에서 형성된다.
ㄴ. B는 툰드라이다.
ㄷ. 툰드라(B)는 낙엽 활엽수림(C)보다 고위도에 분포한다.

10 군집 내 개체군 사이의 상호 작용

(나)에서 매와 참매의 상호 작용은 경쟁의 예에 해당하므로 C는 경쟁이다. 경쟁을 하면 두 종 모두 손해를 입으므로 ⓛ은 손해, ㄱ은 이익이다. A에서 두 종 모두 이익을 얻으므로 A는 상리 공생이고, B에서 한 종은 이익을 얻고 나머지 한 종은 손해를 입으므로 B는 포식과 피식이다.
✗. ㄱ은 이익이다.
ㄴ. B는 포식과 피식이다.
✗. (나)는 종 사이의 상호 작용인 C(경쟁)의 예이므로 매는 참매와 한 개체군을 이루지 않는다.

11 군집 내 개체군 사이의 상호 작용

창형흡충은 숙주인 달팽이, 개미, 양에게 피해를 주면서 생활하는 기생 생물이다.
ㄱ. ㉠('창형흡충은 번식하여 알을 낳는다.')은 생물의 특성 중 생식과 유전의 예에 해당한다.
ㄴ. 창형흡충은 기생 생물, 개미는 숙주이므로 창형흡충은 개미와의 상호 작용을 통해 이익을 얻는다.
ㄷ. 달팽이(ⓐ)와 양(ⓑ)은 일정한 지역에 모여 생활하므로 같은 군집에 속한다.

12 군집의 천이

군집의 천이는 토양이 형성되지 않은 곳에서 시작하는 1차 천이와 토양이 이미 형성되어 있는 곳에서 시작하는 2차 천이로 구분할 수 있다. 이 식물 군집의 천이는 용암 대지에서 시작하므로 1차 천이이다. A는 초원, B는 양수림, C는 음수림이다.
✗. 이 지역에서 일어난 천이는 1차 천이이다.
ㄴ. B는 양수림이다.
ㄷ. 지표면에 도달하는 빛의 세기는 초원(A)에서가 음수림(C)에서보다 크다.

수능 3점 테스트 본문 175~179쪽

01 ②	02 ⑤	03 ①	04 ④	05 ①	06 ②
07 ④	08 ③	09 ③	10 ⑤		

01 생태계의 구성 요소

㉠은 군집 내 개체군 사이의 상호 작용, ㉡은 개체군 내의 상호 작용, ㉢은 비생물적 요인이 생물적 요인에 미치는 영향, ㉣은 생물적 요인이 비생물적 요인에 미치는 영향이다. (가)는 ㉣, (나)는 ㉠, (다)는 ㉢, (라)는 ㉡이다.
✗. (나)는 ㉠이다.
✗. 영양염류(ⓐ)는 비생물적 요인에 해당한다.
ㄷ. 같은 종의 개미가 일을 분담하며 협력하는 것은 개체군 내의 상호 작용 중 사회생활이므로 (라)(㉡)의 예에 해당한다.

02 개체군의 밀도

개체군을 구성하는 개체 수를 증가시키는 요인으로는 출생과 이입이 있고, 감소시키는 요인으로는 사망과 이출이 있다.
ㄱ. 지리산 반달가슴곰 복원 사업은 국가적 수준의 생물 다양성 보전 방안에 해당한다.
ㄴ. '2027년 예상 개체 수(ⓐ)=2017년 개체 수(56)+예상되는 출생 개체 수(62)+예상되는 이입 개체 수(10)−예상되는 사망 개체 수(30)−예상되는 이출 개체 수(0)'이므로 ⓐ는 98이다.
ㄷ. 2024년 지리산에 서식하는 반달가슴곰의 개체 수(86)는 서식지의 환경 수용력(78)보다 크다.

03 개체군의 생존 곡선

Ⅰ형의 생존 곡선을 나타내는 종은 초기 사망률이 후기 사망률보다 낮고, Ⅱ형의 생존 곡선을 나타내는 종은 사망률이 일정하며, Ⅲ형의 생존 곡선을 나타내는 종은 초기 사망률이 후기 사망률보다 높다. A의 생존 곡선은 Ⅲ형, B의 생존 곡선은 Ⅱ형, C의 생존 곡선은 Ⅰ형에 해당한다.

ㄱ. B의 생존 곡선은 Ⅱ형에 해당한다.

✗. 어린 개체의 사망률은 Ⅲ형에서가 Ⅰ형에서보다 높다.

✗. 한 번에 낳는 자손의 수는 A가 C보다 많다.

04 개체군의 주기적 변동

㉠에서 ⓐ와 ⓑ가 모두 사라졌으므로 ㉠은 Ⅰ, ㉡은 Ⅱ이다. ㉡에서 ⓐ의 개체 수가 증가한 후 ⓑ의 개체 수가 증가하고, ⓐ의 개체 수가 감소한 후 ⓑ의 개체 수가 감소하므로 ⓐ는 피식자 B, ⓑ는 포식자 A이다.

✗. ㉠은 Ⅰ이다.

ㄴ. ⓑ는 A이다.

ㄷ. 피식자의 은신처 파괴는 생물 다양성 감소의 원인이다.

05 군집 내 개체군 사이의 상호 작용

종 사이의 경쟁은 A와 B, B와 C, C와 D 사이에서만 발생한다. A와 C, A와 D 사이에서는 경쟁이 발생하지 않으므로 ⓐ는 '×', ⓑ는 '○'이고, ㉡은 B이다. B와 D 사이에서는 경쟁이 발생하지 않으므로 ㉠은 D, ㉢은 C이다.

ㄱ. ⓑ는 '○'이다.

✗. ㉠은 D이다.

✗. 구간 Ⅲ에서 B(㉡)와 C(㉢) 사이에 경쟁이 일어나지 않았다.

06 방형구법을 이용한 식물 군집 조사

방형구법을 이용하여 식물 군집을 조사한 결과는 표와 같다.

종	밀도 (/m²)	빈도	피도	상대 밀도(%)	상대 빈도(%)	상대 피도(%)	중요치
A	1	0.2	0.04	5	10	20	35
B	4	0.6	0.04	20	30	20	70
C	10	0.8	0.02	50	40	10	100
D	5	0.4	0.1	25	20	50	95

✗. A의 빈도(0.2)는 B의 빈도(0.6)보다 작다.

ㄴ. 피도가 가장 작은 종은 C이다.

✗. 중요치가 가장 큰 종은 C이므로 이 식물 군집의 우점종은 C이다.

07 방형구법을 이용한 식물 군집 조사

A~D 각각의 상대 밀도의 합, 상대 빈도의 합, 상대 피도의 합은 100 %이며, 우점종은 상대 밀도, 상대 빈도, 상대 피도를 모두 합한 중요치가 가장 큰 종이다. ㉠은 상대 밀도, ㉡은 상대 빈도, ㉢은 상대 피도이다. Ⅰ과 Ⅱ에서 방형구법을 이용하여 식물 군집을 조사한 결과는 표와 같다.

지역	종	개체 수	㉠ (상대 밀도) (%)	㉡ (상대 빈도) (%)	㉢ (상대 피도) (%)	중요치
Ⅰ	A	?(48)	32	?(35)	25	92
	B	24	?(16)	15	?(20)	51
	C	51	34	20	40	94
	D	?(27)	18	30	15	63
Ⅱ	A	64	?(40)	30	30	100
	B	?(16)	10	30	10	50
	C	?(48)	30	24	?(35)	89
	D	32	?(20)	?(16)	25	61

✗. Ⅰ에서의 중요치는 A는 92, B는 51, C는 94, D는 63이므로 Ⅰ에서 중요치가 가장 큰 종은 C이다.

ㄴ. Ⅱ에서의 상대 빈도는 C는 24 %, D는 16 %이므로 Ⅱ에서 C가 출현한 방형구의 수는 D가 출현한 방형구의 수보다 많다.

ㄷ. Ⅱ의 면적을 S라고 할 때, B의 개체군 밀도는 Ⅰ에서 $\frac{24}{2S}$, Ⅱ에서 $\frac{16}{S}$이므로 B의 개체군 밀도는 Ⅰ에서가 Ⅱ에서보다 작다.

08 생물적 요인 사이의 상호 작용

기생에서는 상호 작용을 하는 두 개체군 중 하나는 이익을 얻고 다른 하나는 손해를 입으며, 상리 공생에서는 상호 작용을 하는 두 개체군이 모두 이익을 얻는다. A는 상리 공생, B는 기생이다.

ㄱ. A는 상리 공생이다.

ㄴ. 3가지 특징 중 '개체군 내의 상호 작용이다.'만 텃세에 해당하므로 ⓐ는 1이다.

✗. 분서는 군집 내 개체군 사이의 상호 작용에 해당한다.

09 군집 내 개체군 사이의 상호 작용

A와 B 사이의 상호 작용은 기생에 해당한다. D로부터 공격받는 횟수는 ㉠이 ㉡보다 적으므로 ㉠은 'A에 감염되지 않은 B', ㉡은 'A에 감염된 B'이다.

ㄱ. A는 기생 생물, B는 숙주이므로 A와 B 사이의 상호 작용은 기생에 해당한다.

ㄴ. C는 식물이므로 C의 광합성을 통해 대기 중의 이산화 탄소

(CO_2)가 유기물로 합성된다.

✗. ⓒ은 'A에 감염된 B'이다.

10 군집의 천이

기존의 식물 군집이 있었던 곳에 벌목이 일어나 군집이 파괴된 후 천이가 시작되므로 이 지역에서 2차 천이가 일어났다. A는 음수림, B는 초원, C는 관목림이다. 관목과 교목이 차지하는 면적이 가장 작은 ⓐ은 초원(B)이고, 교목이 차지하는 면적이 가장 큰 ⓒ은 음수림(A)이며, ⓑ은 관목림(C)이다.

ⓐ. ⓑ은 관목림(C)이다.

ⓑ. 지표면에 도달하는 빛의 세기는 초원(ⓐ)에서가 음수림(ⓒ)에서보다 크다.

ⓒ. 이 지역에서 2차 천이가 일어났다.

수능 **2점** 테스트 본문 186~188쪽

01 ③	02 ⑤	03 ⑤	04 ②	05 ⑤	06 ③
07 ⑤	08 ④	09 ③	10 ③	11 ⑤	12 ④

01 식물 군집의 물질 생산과 소비

순생산량은 총생산량에서 호흡량을 뺀 것이며, 피식량, 고사량, 낙엽량, 생장량은 순생산량에 포함된다.

ⓐ. ⓐ은 식물 군집이 생산한 유기물의 총량인 총생산량이다.

ⓑ. ⓑ은 식물이 세포 호흡으로 소비한 유기물량인 호흡량이다.

✗. 1차 소비자의 섭식량은 ⓒ(피식량)과 같다. 섭식한 유기물 중 일부가 1차 소비자의 생장에 이용되므로 1차 소비자의 생장량은 ⓒ보다 작다.

02 식물 군집의 유기물량 변화

총생산량은 호흡량보다 크다.

✗. 총생산량은 호흡량보다 크므로 A는 총생산량이고, B는 호흡량이다.

ⓑ. 식물 군집의 천이가 일어날 때 양수림은 음수림보다 먼저 출현하므로 ⓐ은 양수림이고, ⓑ은 음수림이다.

ⓒ. 구간 Ⅰ에서 호흡량은 증가하고 순생산량은 감소하므로 $\frac{호흡량}{순생산량}$ 은 시간에 따라 증가한다.

03 탄소 순환

대기 중 CO_2는 생산자에 의해 유기물로 전환되고 유기물은 먹이 사슬을 따라 상위 영양 단계로 운반된다. 사체나 배설물에 포함된 유기물은 분해자가 이용한다. 따라서 A는 분해자, B는 소비자, C는 생산자이다.

ⓐ. 곰팡이는 분해자인 A에 속한다.

ⓑ. 생산자인 C는 대기 중 CO_2를 이용하여 유기물을 생산한다.

ⓒ. 분해자, 소비자, 생산자는 모두 세포 호흡을 통해 CO_2를 방출한다.

04 생태 피라미드

안정된 생태계에서는 상위 영양 단계로 갈수록 에너지양이 감소한다.

✗. 생산자의 에너지양은 (가)에서와 (나)에서 모두 1000으로 같다.

✗. 2차 소비자의 에너지 효율은 (가)에서는 15 %이고, (나)에서

는 20 %이다.

ㄷ. (나)에서 1차 소비자의 에너지 효율은 15 %, 2차 소비자의 에너지 효율은 20 %, 3차 소비자의 에너지 효율은 30 %이다.

05 물질 순환과 에너지 흐름

물질은 생태계 내에서 순환하며 에너지는 태양으로부터 전달되어 생태계를 거쳐 지구 밖으로 흘러간다.

ㄱ. X는 태양으로부터 전달되어 생태계를 거쳐 지구 밖으로 흘러가는 경로이므로 에너지 이동 경로이다.

ㄴ. A는 빛에너지를 화학 에너지로 전환하는 생산자이다.

ㄷ. B는 1차 소비자, C는 2차 소비자이다. 유기물 형태의 탄소는 먹이 사슬을 따라 상위 영양 단계로 이동하므로 B에서 C로 유기물 형태의 탄소가 이동한다.

06 먹이 그물

먹이 그물이 복잡하게 형성될수록 생태계는 안정적으로 유지된다.

ㄱ. (가)에서 메뚜기와 다람쥐는 모두 초식 동물이므로 1차 소비자이다.

ㄴ. (나)에서 늑대와 족제비는 서로 다른 종이므로 같은 개체군을 이루지 않는다.

ㄷ. (가)에서 족제비는 다람쥐, 들쥐, 꿩을 먹이로 삼고 있고, (나)에서 족제비는 들쥐만을 먹이로 삼고 있으므로 들쥐가 멸종되었을 때 족제비가 멸종될 가능성은 (나)에서가 (가)에서보다 높다.

07 질소 순환

질소 기체(N_2)는 질소 고정을 거쳐 암모늄 이온(NH_4^+)으로 전환되고, 암모늄 이온(NH_4^+)은 질소 동화를 거쳐 단백질이나 핵산으로 전환된다. 단백질이나 핵산이 분해자에 의해 분해되면 암모늄 이온(NH_4^+)이 생성된다. ㉠은 뿌리혹박테리아, ㉡은 완두, ㉢은 곰팡이이다.

ㄱ. ㉠이 질소 고정을 통해 질소 기체(N_2)를 ⓐ로 전환하므로 ⓐ는 암모늄 이온(NH_4^+)이다.

ㄴ. ㉢은 분해자에 속하는 곰팡이이므로 ㉢에서 유기물이 무기물로 분해된다.

ㄷ. ㉠은 ㉡에게 암모늄 이온(NH_4^+)을 제공하고, ㉡은 ㉠에게 유기물을 제공하므로 ㉠과 ㉡ 사이의 상호 작용은 상리 공생이다.

08 외래종과 생물 다양성

외래종 중 일부는 빠르게 번식하면서 토착종의 서식에 악영향을 미칠 수 있다.

ㄱ. 우리나라에 자생하지 않는 미국가재와 가시상추가 인간의 활동이나 목적에 의해 우리나라로 도입되었으므로 ⓐ와 ⓒ는 모두 우리나라의 외래종이다.

ㄴ. 미국가재로 인해 토착종 가재가 손해를 보았으므로 ⓐ와 ⓑ 사이의 상호 작용은 상리 공생이 아니다.

ㄷ. ⓓ는 생물을 이용하여 인간에게 유용한 것을 얻은 것이므로 생물 자원을 이용한 예이다.

09 서식지 단편화

서식지가 단편화되면 서식지의 내부 공간은 크게 감소하고 서식지 가장자리는 증가한다.

ㄱ. t_1에서 t_2로 될 때 하나의 서식지가 분할되는 서식지 단편화가 일어났다.

ㄴ. 가장자리에 주로 분포하는 종은 ⓐ와 ⓑ이다. 따라서 가장자리에 주로 분포하는 종의 개체 수를 더한 값은 t_1일 때가 t_2일 때보다 적다.

ㄷ. 종 다양성은 종의 수가 많을수록 각 종을 구성하는 개체의 수가 고를수록 높다. 따라서 동물 종 다양성은 t_1일 때가 t_2일 때보다 높다.

10 에너지 흐름

태양으로부터 전달되는 빛에너지는 생산자에서 화학 에너지로 전환되어 먹이 사슬을 따라 상위 영양 단계로 이동한다.

ㄱ. A는 빛에너지를 화학 에너지로 전환하는 생산자이다.

ㄴ. C에서 방출된 에너지양이 $15+5=20$이므로 B에서 C로 이동한 에너지양은 20이다. B에서 방출된 에너지양이 $50+20+10=80$이므로 A에서 B로 이동한 에너지양은 B에서 C로 이동한 에너지양의 4배인 80이다.

ㄷ. A가 태양으로부터 받아들인 에너지양이 1000이고 A에서 방출된 에너지양이 ㉠$+80+100$이므로 ㉠은 820이다.

11 질소 순환

콩과식물의 뿌리에는 뿌리혹을 형성하는 질소 고정 세균인 뿌리혹박테리아가 공생하고 있다.

ㄱ. X는 생산자인 식물이므로 유기물을 스스로 합성한다.

ㄴ. X는 뿌리로 흡수한 암모늄 이온(NH_4^+)이나 질산 이온(NO_3^-)을 이용하여 단백질이나 핵산을 합성하는 질소 동화를 한다.

ㄷ. Y에서는 질소(N_2)를 암모늄 이온(NH_4^+)으로 전환하는 질소 고정이 일어난다.

12 생태 피라미드

안정된 생태계에서는 하위 영양 단계에서 상위 영양 단계로 갈수록 에너지양이 감소한다.

ㄱ. (나)에서 A의 에너지양이 B의 에너지양보다 적으므로 A는 2차 소비자이고, B는 1차 소비자이다.

ㄴ. (나)에서 1차 소비자의 에너지 효율은 15 %이므로 ⓐ는 200
이다.

ㄷ. 3차 소비자의 에너지 효율은 (가)에서 $\frac{10}{30} \times 100 = 33.33$ %이
고, (나)에서 $\frac{18}{60} \times 100 = 30$ %이다. 따라서 3차 소비자의 에너
지 효율은 (가)에서가 (나)에서보다 높다.

수능 **3점** 테스트 본문 189~191쪽

01 ④ **02** ④ **03** ⑤ **04** ② **05** ③ **06** ④

01 질소 순환

뿌리혹박테리아에서는 질소 고정이 일어나고, 탈질산화 세균에서
는 탈질산화 반응이 일어난다.

✗. 뿌리혹박테리아와 탈질산화 세균은 모두 세포 호흡을 통해 유
기물을 분해하여 CO_2를 방출하므로 ㉠은 '세포 호흡을 통해 유기
물을 분해하여 CO_2를 방출한다.'이다.

ㄴ. 질산 이온(NO_3^-)을 이용해 질소 기체(N_2)를 생성하는 것은
탈질산화 세균이 갖는 특징이고, 뿌리혹박테리아는 갖지 않는 특
징이므로 A는 뿌리혹박테리아, B는 탈질산화 세균이다.

ㄷ. 질산화 세균은 암모늄 이온(NH_4^+)을 이용해 질산 이온(NO_3^-,
ⓐ)을 생성하는 질산화 작용을 한다.

02 서식지 단편화

서식지가 단편화되면 생물이 서식할 수 있는 충분한 면적이 확보
되지 못하고, 생물의 이동이 차단된다. 이로 인해 생물 다양성은
감소할 수 있다.

✗. A에서는 멸종이 일어나지 않았으며 멸종한 절지동물의 종 수
가 가장 많은 이끼층은 B이다.

ㄴ. 서식지 단편화로 인해 멸종이 일어났으므로 서식지 단편화는
종 다양성에 영향을 미친다.

ㄷ. 멸종한 절지동물의 수가 B에서가 C에서보다 많은 것은 C에
서 서식지가 모두 연결되어 있기 때문이다. 따라서 단편화된 서식
지를 연결해주는 생태 통로는 생물 다양성 보전에 효과가 있다.

03 생물 다양성

인간의 활동으로 인한 기후 변화와 환경 오염은 생물 다양성 감소
의 주요 원인이다.

㉠. 기후 변화와 환경 오염은 생태계에 큰 영향을 미치면서 생물
다양성에도 영향을 미친다.

ㄴ. 기후 변화로 인해 나비의 종 다양성이 감소되었으므로 기후

변화는 종 다양성 감소의 원인 중 하나이다.

ㄷ. X의 유전적 다양성이 감소하였으므로 X의 유전적 변이의 다
양한 정도는 1990년대가 2010년대보다 높다.

04 식물 군집의 물질 생산과 소비

총생산량에서 호흡량을 뺀 값이 순생산량이며, 순생산량에서 피
식량, 고사량, 낙엽량을 뺀 값이 생장량이다. A는 호흡량, B는
피식량, 고사량, 낙엽량이다.

✗. 식물 군집이 세포 호흡으로 소비한 유기물의 양은 호흡량이다.

ㄴ. 피식량은 순생산량에서 생장량을 제외한 B에 속한다.

✗. A는 총생산량에서 순생산량을 뺀 값이므로 구간 Ⅰ에서 시간
에 따라 증가한다.

05 순생산량

지구 상에는 다양한 군집이 형성되어 있으며 특정 군집에서는 단
위 면적당 순생산량이 높은 반면 다른 군집에서는 단위 면적당 순
생산량이 낮다.

㉠. 기후 변화로 인해 고유의 생물종이 살고 있는 군집이 축소되
거나 파괴되므로 기후 변화는 생물 다양성 감소에 영향을 미친다.

✗. ⓐ는 산호초 지역에서 생산된 유기물을 이용하여 세포 호흡을
하므로 ⓐ의 호흡량은 산호초 지역에서의 순생산량보다 작다.

ㄷ. 지구의 면적에서 차지하는 비율이 툰드라 지역이 산호초 지역
에 비해 크지만 순생산량에서 차지하는 비율이 작은 것은 단위 면
적당 순생산량이 툰드라 지역이 산호초 지역보다 적기 때문이다.

06 외래종

외래종이 유입되어 빠르게 번식하면 토착종이 손해를 보면서 생
물 다양성 감소에 영향을 미칠 수 있다.

㉠. ⓐ는 인간의 활동으로 한국에 유입되었으므로 외래종이다.

✗. ⓐ의 유입으로 ⓑ가 손해를 보므로 ⓐ와 ⓑ 사이의 상호 작용
은 상리 공생이 아니다.

ㄷ. ⓒ는 생물로부터 얻은 인간에게 유용한 것이므로 생물 자원을
이용한 예이다.

01 생명 과학의 이해

수능 2점 테스트
본문 12~14쪽

01 ②	02 ④	03 ④	04 ⑤	05 ③	06 ③
07 ⑤	08 ⑤	09 ③	10 ⑤	11 ⑤	12 ⑤

수능 3점 테스트
본문 15~17쪽

01 ⑤	02 ③	03 ③	04 ⑤	05 ②	06 ③

02 생명 활동과 에너지

수능 2점 테스트
본문 22~24쪽

01 ⑤	02 ②	03 ⑤	04 ⑤	05 ④	06 ⑤
07 ⑤	08 ④	09 ③	10 ④	11 ④	12 ③

수능 3점 테스트
본문 25~27쪽

01 ⑤	02 ⑤	03 ①	04 ⑤	05 ⑤	06 ③

03 물질대사와 건강

수능 2점 테스트
본문 33~35쪽

01 ②	02 ⑤	03 ③	04 ③	05 ③	06 ⑤
07 ⑤	08 ③	09 ⑤	10 ①	11 ④	12 ③

수능 3점 테스트
본문 36~39쪽

01 ③	02 ④	03 ⑤	04 ③	05 ④	06 ⑤
07 ⑤	08 ②				

04 자극의 전달

수능 2점 테스트
본문 48~51쪽

01 ③	02 ①	03 ③	04 ①	05 ④	06 ⑤
07 ③	08 ③	09 ④	10 ③	11 ⑤	12 ②
13 ④	14 ①	15 ②	16 ③		

수능 3점 테스트
본문 52~57쪽

01 ④	02 ③	03 ④	04 ⑤	05 ④	06 ③
07 ①	08 ⑤	09 ⑤	10 ①		

05 신경계

수능 2점 테스트 본문 64~67쪽

01 ④ 02 ⑤ 03 ③ 04 ⑤ 05 ① 06 ④
07 ⑤ 08 ② 09 ③ 10 ④ 11 ⑤ 12 ⑤
13 ② 14 ③ 15 ① 16 ③

수능 3점 테스트 본문 68~71쪽

01 ① 02 ⑤ 03 ③ 04 ② 05 ⑤ 06 ④
07 ② 08 ④

06 항상성

수능 2점 테스트 본문 79~82쪽

01 ⑤ 02 ③ 03 ④ 04 ③ 05 ① 06 ⑤
07 ③ 08 ③ 09 ⑤ 10 ① 11 ④ 12 ③
13 ② 14 ③ 15 ⑤ 16 ④

수능 3점 테스트 본문 83~89쪽

01 ② 02 ① 03 ② 04 ③ 05 ⑤ 06 ④
07 ⑤ 08 ① 09 ③ 10 ② 11 ⑤ 12 ③
13 ⑤ 14 ②

07 방어 작용

수능 2점 테스트 본문 97~100쪽

01 ⑤ 02 ⑤ 03 ② 04 ① 05 ④ 06 ①
07 ⑤ 08 ① 09 ① 10 ⑤ 11 ② 12 ⑤
13 ③ 14 ② 15 ⑤ 16 ②

수능 3점 테스트 본문 101~107쪽

01 ① 02 ② 03 ④ 04 ④ 05 ③ 06 ②
07 ⑤ 08 ⑤ 09 ③ 10 ② 11 ④ 12 ⑤
13 ⑤ 14 ③

08 유전 정보와 염색체

수능 2점 테스트 본문 118~121쪽

01 ② 02 ① 03 ③ 04 ① 05 ③ 06 ④
07 ④ 08 ① 09 ④ 10 ① 11 ② 12 ⑤
13 ⑤ 14 ④ 15 ② 16 ④

수능 3점 테스트 본문 122~127쪽

01 ① 02 ② 03 ② 04 ④ 05 ④ 06 ③
07 ③ 08 ④ 09 ⑤ 10 ⑤

www.ebsi.co.kr

09 사람의 유전

수능 2점 테스트 138~141쪽

01 ⑤	02 ④	03 ③	04 ①	05 ①	06 ②
07 ⑤	08 ④	09 ②	10 ③	11 ③	12 ④
13 ①	14 ⑤	15 ①	16 ③		

수능 3점 테스트 본문 142~147쪽

01 ④	02 ②	03 ②	04 ③	05 ④	06 ⑤
07 ①	08 ③	09 ⑤	10 ③		

10 사람의 유전병

수능 2점 테스트 본문 154~157쪽

01 ③	02 ⑤	03 ①	04 ①	05 ④	06 ④
07 ④	08 ②	09 ①	10 ②	11 ③	12 ③
13 ②	14 ②	15 ⑤			

수능 3점 테스트 본문 158~163쪽

01 ③	02 ②	03 ③	04 ⑤	05 ③	06 ①
07 ②	08 ④	09 ⑤	10 ⑤	11 ③	

11 생태계의 구성과 기능

수능 2점 테스트 본문 172~174쪽

01 ⑤	02 ④	03 ①	04 ②	05 ③	06 ③
07 ③	08 ①	09 ④	10 ②	11 ⑤	12 ④

수능 3점 테스트 본문 175~179쪽

01 ②	02 ⑤	03 ①	04 ④	05 ①	06 ②
07 ④	08 ③	09 ③	10 ⑤		

12 에너지 흐름과 물질 순환, 생물 다양성

수능 2점 테스트 본문 186~188쪽

01 ③	02 ⑤	03 ⑤	04 ②	05 ⑤	06 ③
07 ⑤	08 ④	09 ③	10 ③	11 ⑤	12 ④

수능 3점 테스트 본문 189~191쪽

01 ④	02 ④	03 ⑤	04 ②	05 ③	06 ④

고1~2, 내신 중점

구분	고교 입문 >	기초 >	기본 >	특화	+ 단기
국어	고등예비과정	윤혜정의 개념의 나비효과 입문 편 + 워크북 / 어휘가 독해다! 수능 국어 어휘	**기본서** 올림포스 / 올림포스 전국연합학력평가 기출문제집 / **유형서** 올림포스 유형편	**국어 특화** 국어 독해의 원리 / 국어 문법의 원리	단기 특강
영어		내 등급은? / 정승익의 수능 개념 잡는 대박구문 / 주혜연의 해석공식 논리 구조편		**영어 특화** Grammar POWER / Listening POWER / Reading POWER / Voca POWER / **영어 특화** 고급영어독해	
수학		**기초** 50일 수학 + 기출 워크북 / 매쓰 디렉터의 고1 수학 개념 끝장내기		**고급** 올림포스 고난도 / **수학 특화** 수학의 왕도	
한국사 사회			**기본서** 개념완성	고등학생을 위한 多담은 한국사 연표	
과학		50일 과학	개념완성 문항편	**인공지능** 수학과 함께하는 고교 AI 입문 / 수학과 함께하는 AI 기초	

과목	시리즈명	특징	난이도	권장 학년
전 과목	고등예비과정	예비 고등학생을 위한 과목별 단기 완성		예비 고1
	내 등급은?	고1 첫 학력평가 + 반 배치고사 대비 모의고사		예비 고1
국/영/수	올림포스	내신과 수능 대비 EBS 대표 국어·수학·영어 기본서		고1~2
	올림포스 전국연합학력평가 기출문제집	전국연합학력평가 문제 + 개념 기본서		고1~2
	단기 특강	단기간에 끝내는 유형별 문항 연습		고1~2
한/사/과	개념완성&개념완성 문항편	개념 한 권 + 문항 한 권으로 끝내는 한국사·탐구 기본서		고1~2
국어	윤혜정의 개념의 나비효과 입문 편 + 워크북	윤혜정 선생님과 함께 시작하는 국어 공부의 첫걸음		예비 고1~고2
	어휘가 독해다! 수능 국어 어휘	학평·모평·수능 출제 필수 어휘 학습		예비 고1~고2
	국어 독해의 원리	내신과 수능 대비 문학·독서(비문학) 특화서		고1~2
	국어 문법의 원리	필수 개념과 필수 문항의 언어(문법) 특화서		고1~2
영어	정승익의 수능 개념 잡는 대박구문	정승익 선생님과 CODE로 이해하는 영어 구문		예비 고1~고2
	주혜연의 해석공식 논리 구조편	주혜연 선생님과 함께하는 유형별 지문 독해		예비 고1~고2
	Grammar POWER	구문 분석 트리로 이해하는 영어 문법 특화서		고1~2
	Reading POWER	수준과 학습 목적에 따라 선택하는 영어 독해 특화서		고1~2
	Listening POWER	유형 연습과 모의고사·수행평가 대비 올인원 듣기 특화서		고1~2
	Voca POWER	영어 교육과정 필수 어휘와 어원별 어휘 학습		고1~2
	고급영어독해	영어 독해력을 높이는 영미 문학/비문학 읽기		고2~3
수학	50일 수학 + 기출 워크북	50일 만에 완성하는 초·중·고 수학의 맥		예비 고1~고2
	매쓰 디렉터의 고1 수학 개념 끝장내기	스타강사 강의, 손글씨 풀이와 함께 고1 수학 개념 정복		예비 고1~고1
	올림포스 유형편	유형별 반복 학습을 통해 실력 잡는 수학 유형서		고1~2
	올림포스 고난도	1등급을 위한 고난도 유형 집중 연습		고1~2
	수학의 왕도	직관적 개념 설명과 세분화된 문항 수록 수학 특화서		고1~2
한국사	고등학생을 위한 多담은 한국사 연표	연표로 흐름을 잡는 한국사 학습		예비 고1~고2
과학	50일 과학	50일 만에 통합과학의 핵심 개념 완벽 이해		예비 고1~고1
기타	수학과 함께하는 고교 AI 입문/AI 기초	파이선 프로그래밍, AI 알고리즘에 필요한 수학 개념 학습		예비 고1~고2

고2~N수, 수능 집중

구분	수능 입문 >	기출/연습 >	연계 + 연계 보완	> 고난도 >	모의고사
국어	윤혜정의 개념/패턴의 나비효과	윤혜정의 기출의 나비효과	수능특강 문학 연계 기출 / 수능특강 사용설명서	하루 3개 1등급 국어독서	FINAL 실전모의고사
영어	기본서 수능 빌드업 / 강의노트 수능개념 / 수능특강 Light	수능 기출의 미래	수능완성 사용설명서 / 수능연계교재의 VOCA 1800 / 수능연계 기출 Vaccine VOCA 2200 / 수능 영어 간접연계 서치라이트	하루 6개 1등급 영어독해	만점마무리 봉투모의고사 시즌1 / 만점마무리 봉투모의고사 시즌2
수학	수능 감(感)잡기	수능 기출의 미래 미니모의고사		수능연계완성 3주 특강	만점마무리 봉투모의고사 고난도 Hyper
한국사 사회	수능 스타트	수능특강Q 미니모의고사	박봄의 사회·문화 표 분석의 패턴		수능 직전보강 클리어 봉투모의고사
과학					

수능 연계교재
감수 수능특강 | 감수 수능완성

eBook 전용
수능완성R 모의고사 | 수능 등급을 올리는 변별 문항 공략

구분	시리즈명	특징	난이도	영역
수능 입문	윤혜정의 개념/패턴의 나비효과	윤혜정 선생님과 함께하는 수능 국어 개념/패턴 학습		국어
	수능 빌드업	개념부터 문항까지 한 권으로 시작하는 수능 특화 기본서		국/수/영
	수능 스타트	2028학년도 수능 예시 문항 분석과 문항 연습		사/과
	수능 감(感) 잡기	동일 소재·유형의 내신과 수능 문항 비교로 수능 입문		국/수/영
	수능특강 Light	수능 연계교재 학습 전 가볍게 시작하는 수능 도전		영어
	수능개념	EBSi 대표 강사들과 함께하는 수능 개념 다지기		전 영역
기출/연습	윤혜정의 기출의 나비효과	윤혜정 선생님과 함께하는 까다로운 국어 기출 완전 정복		국어
	수능 기출의 미래	올해 수능에 딱 필요한 문제만 선별한 기출문제집		전 영역
	수능 기출의 미래 미니모의고사	부담 없는 실전 훈련을 위한 기출 미니모의고사		국/수/영
	수능특강Q 미니모의고사	매일 15분 연계교재 우수문항 풀이 미니모의고사		국/수/영/사/과
	수능완성R 모의고사	과년도 수능 연계교재 수능완성 실전편 수록		수학
연계 + 연계 보완	수능특강	최신 수능 경향과 기출 유형을 반영한 종합 개념 학습		전 영역
	수능특강 사용설명서	수능 연계교재 수능특강의 국어·영어 지문 분석		국/영
	수능특강 문학 연계 기출	수능특강 수록 작품과 연관된 기출문제 학습		국어
	수능완성	유형·테마 학습 후 실전 모의고사로 문항 연습		전 영역
	수능완성 사용설명서	수능 연계교재 수능완성의 국어·영어 지문 분석		국/영
	수능 영어 간접연계 서치라이트	출제 가능성이 높은 핵심 간접연계 대비		영어
	수능연계교재의 VOCA 1800	수능특강과 수능완성의 필수 중요 어휘 1800개 수록		영어
	수능연계 기출 Vaccine VOCA 2200	수능 - EBS 연계와 평가원 최다 빈출 어휘 선별 수록		영어
고난도	하루 N개 1등급 국어독서/영어독해	매일 꾸준한 기출문제 학습으로 완성하는 1등급 실력		국/영
	수능연계완성 3주 특강	단기간에 끝내는 수능 1등급 변별 문항 대비		국/수/영
	박봄의 사회·문화 표 분석의 패턴	박봄 선생님과 사회·문화 표 분석 문항의 패턴 연습		사회탐구
	수능 등급을 올리는 변별 문항 공략	EBSi 선생님이 직접 선별한 고변별 문항 연습		수/영
모의고사	FINAL 실전모의고사	EBS 모의고사 중 최다 분량 최다 과목 모의고사		전 영역
	만점마무리 봉투모의고사 시즌1/시즌2	실제 시험지 형태와 OMR 카드로 실전 연습 모의고사		전 영역
	만점마무리 봉투모의고사 고난도 Hyper	고난도 문항까지 국·수·영 논스톱 훈련 모의고사		국·수·영
	수능 직전보강 클리어 봉투모의고사	수능 직전 성적을 끌어올리는 마지막 모의고사		국/수/영/사/과